湛江古树名木

ANCIENT AND FAMOUS TREES IN ZHANJIANG

湛江市林业局　岭南师范学院　主编

中国林业出版社

图书在版编目（CIP）数据

湛江古树名木 / 湛江市林业局，岭南师范学院主编 . -- 北京：中国林业出版社，2020.6

ISBN 978-7-5219-0624-0

Ⅰ . ①湛… Ⅱ . ①湛… ②岭… Ⅲ . ①树木－介绍－湛江 Ⅳ . ① S717.265.3

中国版本图书馆CIP数据核字（2020）第102250号

中国林业出版社
责任编辑：李　顺　陈　慧
出版咨询：（010）83143569

出版：中国林业出版社（100009 北京西城区德内大街刘海胡同7号）
网站：http://www.forestry.gov.cn/lycb.html
印刷：北京博海升彩色印刷有限公司
发行：中国林业出版社
电话：（010）83143500
版次：2020年6月第1版
印次：2020年6月第1次
开本：889mm×1194mm　1/16
印张：13.75
字数：300千字
定价：198.00元

《湛江古树名木》编委会

编写单位：湛江市林业局　岭南师范学院
主　　任：陈　列
副 主 任：蔡俊欣　易雄杰　张文胜　李　勇
　　　　　叶亲柏　徐建华　谢宝兴
主　　编：蔡俊欣　陈　燕
副 主 编：刘如鸿　宋果宇　刘　洋
参编人员：蔡俊欣　陈　燕　刘如鸿　宋果宇
　　　　　刘　洋　黄　责　余景太　易荣猷
　　　　　骆国和　叶　巍　陈则晓　谢杰雄
　　　　　肖良福　冯　驹
摄　　影：易荣猷　蔡俊欣　陈　燕　宋果宇

前 言

依据国家林业和草原局发布的《古树名木鉴定规范》,古树是指树龄在100年以上的树木,名木是指具有重要历史、文化、观赏与科学价值或具有重要纪念意义的树木。古树名木客观记录和生动反映了社会发展、历史与自然变迁,是森林资源中的瑰宝,是自然界留下的珍贵遗产,是珍贵的基因资源、独特的旅游资源和深厚的文化资源。

湛江市地处中国大陆最南端的雷州半岛,属北热带海洋性季风气候,多年平均气温22.8℃~23.2℃,年均降雨量1417~1802mm,年均日照时数约为2000小时,年积温8309~8519℃,四季如春,雨量充沛,光热丰富,良好的自然条件和当地民众爱树护树的传统造就了本地区丰富的古树名木资源。

做好古树名木普查、建档和保护工作,是贯彻落实习近平总书记关于"绿水青山就是金山银山"生态文明理念的具体行动,是推进生态文明建设、促进人与自然和谐共生的迫切需要,是保护生态资源、维护生物多样性的重要举措。2016年6月至2018年7月,湛江市林业局、湛江市绿化与生态建设委员会办公室组织实施了全市新一轮古树名木普查,查清了辖区内古树名木资源数量、种类、分布状况和生长情况,建立了古树名木档案,并进行挂牌保护。根据本次普查结果,全市现有古树名木6865株,其中古树6851株,名木14株;全市古树数量约占广东省古树总量的8.54%,其中一级古树(树龄500年以上)39株,二级古树(树龄300~499年)219株,三级古树(树龄100~299年)6593株。

为方便广大林业工作者和古树名木爱好者了解湛江地区古树名木情况,弘扬古树名木文化,树立尊重自然、顺应自然、保护自然的生态理念,激发广大民众珍爱古树、保护森林的积极性,湛江市林业局和岭南师范学院联合编著了《湛江古树名木》一书。该书共分古树名木资源、古树名木精选和古树名木目录3个部分,较全面地反映湛江地区古树名木的基本情况。书中精选了56株有代表性的古树和名木,详细描述了这些古树和名木的特征及其背后的故事,并配上精美实景图片,图文并茂,让读者更能直观欣赏古树的美,更好体验古树文化。

　　本书编写依据新一轮古树名木普查成果。在编写过程中,湛江市辖下各有关县(市、区)林业主管部门给予了鼎力协助,也得到了湛江市古迹保护协会等单位和社团的大力支持,部分古树名木的故事参考了湛江市档案局组织编写的《湛江古树,听它讲那过去的故事》一书,在此一并致以衷心感谢。

　　由于编写时间匆促,书中如有错漏,敬请读者指正。

编者
2018 年 12 月

目录
CONTENTS

第一章　湛江市古树名木资源 001

第二章　湛江市古树名木精选 005
   一级古树 006
   二级古树 022
   三级古树 038
   名　木 065

第三章　湛江市古树名木目录 067
   表1　廉江市古树目录 068
   表2　雷州市古树目录 085
   表3　吴川市古树目录 104
   表4　遂溪县古树目录 111
   表5　徐闻县古树目录 122
   表6　麻章区古树目录 165
   表7　坡头区古树目录 186
   表8　赤坎区古树目录 187
   表9　霞山区古树目录 189
   表10　湛江经济技术开发区古树目录 194
   表11　南三岛滨海旅游示范区古树目录 204
   表12　湛江市名木目录 214

第一章
湛江市古树名木资源

2016年6月至2018年7月，湛江市林业局、湛江市绿化与生态建设委员会办公室组织开展全市新一轮古树名木普查。本次古树名木普查以全国绿化委员会办公室制定的《古树名木普查技术规范》（试行）、《古树名木鉴定标准》（试行）和广东省绿化委员会制定的《广东省古树名木普查工作操作细则》等技术规范和标准为依据，普查工作历时25个月，全面完成全市古树名木普查的全部外业调查、资料收集汇总、数据统计分析、信息系统录入建档、古树名木挂牌等各项工作，并借助广东省古树名木信息管理平台，建立了湛江市古树名木资源数据库及信息管理系统。

1. 古树名木种类和数量

根据本次普查结果，全市古树名木共有45科84属111种，古树群54个，总数6865株，其中一级古树39株，占总数的0.57%，二级古树219株，占总数3.19%，三级古树6593株，占总数96.04%，名木14株，占0.20%。按树种分，榕类古树数量最多，其中榕树和垂叶榕分别有2082株和823株，各占30.3%和12.0%；其次是鹊肾树，有621株，占9.0%；再次是樟树和朴树，各有525株和381株，各占7.6%和5.5%。全市树龄最大的古树为榕树，树龄725年，位于雷州市西湖街道办西湖社区的天宁寺庭院内。本次普查未发现超过千年的古树。

依据《中国植物红皮书》《国家重点保护野生植物名录》《中国珍稀濒危保护植物名录》所公布的名录，湛江市古树中的野生荔枝为中国一类保护植物；见血封喉、龙眼、土沉香、油杉、白桂木、格木等属于国家三类保护植物，野生樟树是国家二级重点保护野生植物。

2. 古树名木分布状况

在已查明的古树名木中，有6711株分布在城郊及农村，占97.8%，湛江市城区街道154株，占2.2%。各县（市、区）的古树分布，以徐闻县最多，达2063株，约占30.0%；其次是麻章区1024株，占14.9%；第三是雷州市868株，占12.6%。各县（市、区）古树名木分布状况详见表1。

表1　湛江市各县（市、区）的古树名木数量分布

级别	全市	廉江	雷州	吴川	遂溪	徐闻	麻章	坡头	赤坎	霞山	开发区	南三
一级	39	2	7	4	7	4	8	3	1	1	2	0
二级	219	28	34	31	25	39	19	3	0	16	21	3
三级	6593	747	827	300	473	2020	994	38	68	200	455	471
名木	14	2	0	0	0	0	3	0	0	2	7	0
合计	6865	779	868	335	505	2063	1024	44	69	219	485	447

3. 古树名木生长现状

本次普查将古树名木的生长势按正常株、衰弱株和濒危株3个等级分类。枝繁叶茂、生长良好的古树名木6115株，占89.0%；长势一般树体趋于衰弱684株，约占10.0%；主干腐烂或部分腐烂、枝叶稀疏、树体病弱濒危66株，约占1.0%。总体而言，全市大部分古树名木生长和保护状况良好，但也有部分古树长势较差，极少数古树濒临死亡，需要采取抢救性保护措施。

4. 古树名木的生长环境

本次普查结果显示，全市古树名木立地环境较好的古树名木共计5207株，占75.9%；立地环境中等的古树名木1484株，占21.6%；立地环境较差的古树名木174株，占2.5%。

全市古树名木的生长环境主要有以下几种类型：

（1）古树位于村民住宅的门前屋后。这类环境的特点是土壤水肥条件较好，没有其他植物竞争养分，古树生长比较旺盛。不利因素是古树容易受人为活动影响，特别是靠近宅院或围墙的古树，往往生长空间不足，枝叶无法伸展。

（2）古树位于祠堂、寺庙旁。这类古树因传统风俗影响而深受村民敬畏和爱护。古树立地条件通常较好，树木生长空间也比较开阔。不利因素来自于拜祭活动燃放鞭炮、燃烧冥钱等，对古树生长造成一定影响。

（3）古树散布于路旁、田野和林地。这些古树生长空间大都比较开阔，人为活动影响较少，古树大多生长良好。

5. 古树名木保护管理现状

全市各级党委、政府高度重视古树名木保护和管理工作。2003年，市、县林业主管部门便组织开展了全市古树名木调查，初步查清了城区古树名木情况，并进行挂牌保护；2004年湛江市政府颁布实施了《湛江市古树名木保护管理办法》（湛府〔2004〕132号）；2013年对原有的古树名木保护规范性文件进行修订，出台实施了新的《湛江市古树名木保护管理办法》（湛府〔2013〕29号），进一步明晰了主管部门职责及保护管理措施，为古树名木保护工作提供了依据。开展新一轮古树名木普查以来，各有关主管部门根据普查结果，有针对性地加强古树名木的保护管理，对一些濒危的古树采取抢救性保护、实施"绿美古树乡村"等一批保护项目。同时，通过广泛深入宣传，进一步增强当地群众对古树名木的保护意识，形成爱树、护树的良好氛围，使全市古树名木得到有效保护。

湛江市开展古树名木调查掠影

第二章
湛江市古树名木精选

一级古树 >>>

桂木

学名：*Artocarpus nitidus* Trec. subsp. *Lingnanensis* (merr.) Jarr.

科属：桑科 波罗蜜属

树龄：620 年

编号：44088211321400021

地点：雷州市英利镇三家村委会里家村

桂木，又名红桂木，常绿乔木，有乳汁，木材坚硬，纹理细致，其果、根可入药，具有活血通络，收敛止血等功效。桂木是我国南方常见的乡土树种，但树龄数百年的屈指可数。

雷州市英利镇三家村委会里家村，有一株桂木古树，村民称为"狗榔树"。根据最新的广东省古树普查数据，全省一级古树桂木只有两株，里家村的桂木树态最老，胸围最大。这株雷州半岛最古老的桂木，树龄已达 600 多年，如今仍然枝繁叶茂，绿荫如盖，形似巨伞。数百年的风霜侵蚀，古树树干基部表面长有许多巨大疙瘩，主干局部已腐烂形成空洞。该古树高 13 米，胸径 258 厘米，冠幅 12 米，需 6 个成年人手拉手才能环抱。里家村退休教师郑泽介绍，族谱记载开村始祖从万历二年间便定居于此。据祖上代代相传，始祖开村前已有此树，长得十分壮旺，"在孩童时代，我曾听过 101 岁的祖婆也是这样说"。

当地有个传说：在明朝正德年间（1506～1521 年），有兄弟二人从福建蒲田来到雷州，在此树下停留休息，由于长途跋涉得了皮肤病，奇痒无比，无奈之下摘下树叶挠痒，无意中发现叶汁滴在皮肤上有止痒作用。后来流传此树叶煮水清洗皮肤能消炎止痒，去除疮疥等皮肤病，村民照此方法尝试，一一应验。因此，方圆十里的村民皆视古树为圣树，倍加珍惜，并制定了乡规民约加以保护。如今，古树是村民乘凉避暑的好去处，酷热盛夏的树荫下，大人谈天说地，小孩尽情玩闹，呈现一幅幸福快乐的图景。

一级古树 >>>

学名：*Carallia brachiate* (Lour.) merr.

科属：红树科 竹节树属

树龄：660 年

编号：44088210221300043

地点：雷州市客路镇六梅村委会吴西湾村祠堂

竹节树又名鹅肾木，产广东、广西及沿海岛屿；生于低海拔至中海拔的丘陵灌丛或山谷杂木林中，有时村落附近也有生长。在雷州半岛地区比较常见，保存下来的古树也比较多。吴西湾村这株古竹节树树高约 8.6 米，胸径 124 厘米，冠幅 22 米，树身粗壮坚实，古朴苍劲，干基多瘤突；主茎多枝杈，树冠宽广，枝叶繁茂，覆盖面积近 500 平方米。根据胸径生长模型法估算，古树年龄在 660 年以上。经走访村中老人了解到，吴西湾村至今已有 500 多年历史，而古树是建村选址时就已存在，据传祖辈将祠堂选址于此，就是看中了这棵大树做倚靠，背靠大树好乘凉，祈求本村庄风调雨顺、世代繁盛。

竹节树属阳性树种，在全光照下生长健壮，干形挺拔，冠幅较大，枝叶稠密，叶色常绿，是良好的城市道路绿化树种。其木材质硬而重，纹理交错，但结构偏粗，干燥后容易开裂，不甚耐腐，可作乐器、饰木、门窗、器具等。

一级古树 >>>

学名：Ficus microcarpa L. f.

科属：桑科 榕属

树龄：725 年

编号：44088200200600007

地点：雷州市西湖街道办西湖社区居委会天宁寺

  天宁寺，古称"报恩寺"，亦称"天宁万寿禅寺"，位于雷州城西关外（今雷州市西湖大道北），开山祖师岫公创建於唐代宗大历五年（770年），距今已有1200多年，是雷州第一古刹。天宁寺与曲江的南华寺、乳源的云门寺并称唐代岭南名刹。

  寺内有一棵榕树，树高约17米，胸径228厘米，冠幅24米。榕俗名榕松，叶小而繁盛，据清嘉庆《雷州府志》载："根长拂地覆以土，根又生枝成干一树之大……易生不久即可阴数亩，衙署书斋祠旁路侧多种之"。数百年来，它与千年古刹相厮相守，相得益彰，成为古刹的绝佳风景。该榕树枝繁叶茂，造型独特，总让人浮想联翩，激发诗人的灵感，一向是文人墨客抒情写意的对象。

  北宋乾兴元年（1022年）寇准贬雷州，居天宁寺西馆（今西湖宋园内），留下诗文《临海驿夏日》："最怜夏木清阴合，时有莺声似故乡"。清光绪年间内阁学士徐琪的《天宁寺访怀波堂故址》："老树当檐滴空翠，逋臣浮海作散仙"。虽物换星移，人世沧桑，而纲诗至今犹脍炙人口。

  如今，当人们来到天宁寺进香礼佛游览，走近这棵高耸云天的古榕树，仍能听闻千百年来的优美诗篇。正是：古刹不断名贤至，树历千年慰客心。

一级古树 >>>

学名：*Dimocarpus longan* Lour.

科属：无患子科 龙眼属

树龄：500 年

编号：44088111420900683

地点：廉江市雅塘镇那贺村委会甘塘村

龙眼又称桂圆，是岭南佳果，有养血益脾、补心安神、补虚益智之功效。龙眼木材坚实厚重，色褐红，属优质用材。因此，中国的西南部至东南部栽培很广，以广东最盛，福建次之。这株古龙眼位于廉江市雅塘镇那贺村委会甘塘村，经查询当地族谱《谢德四朗谱：第一部志祥分支》得知，那贺的祖先谢志祥大约在明朝成化年间（1465～1487年），从福建省汀州府武平县高大里甲搬来廉江市雅塘镇那贺定居。他们选择了有龙眼树生长的地段建设村场，祈望大树庇荫，造福桑梓。至今，古树经历500多年的风雨洗礼，树身留下了深深的印记：树皮褐黑，表面形成大量瘤突，凹凸不平；枝如虬龙，古朴苍劲。该树形如一仙风道骨的智者在默默傲视着时间的流转，世界的变迁。

一级古树 >>>

山蒲桃

学名：*Syzygium levinei* (merr.) merr. et Perry

科属：桃金娘科 蒲桃属

树龄：500 年

编号：44088310320600117

地点：吴川市王村港镇硇西村委会硇西村

山蒲桃俗称斗子树。公元1378年，明洪武年间，林祖伯祯公自广东新会市沙岗迁到吴川，择人杰地灵之宝地开基传世繁衍后嗣，伯祯公选址即现今硇西村。明朝中期时，村民为了改善生态环境，在村周种植了许多斗子树，斗子树生长得枝干粗壮，枝叶茂盛，果实累累。每逢春天，雪白的花朵竞相开放，犹如一座座雪山，空气中弥漫着浓郁的芳香；一到夏天，果实挂满枝头，食之酸甜可口，老少皆宜。自此，当地便有了食"斗子果"的习惯，并代代相传。据传，清朝年间，吴川状元公（林绍堂）每前往高州读书，与书童途经此地时，喜于斗子树荫下乘凉歇息、采摘果子食用。硇西村这株山蒲桃树跨越了500多个春秋，树体上的空洞是其见证斗转星移，经历风霜的印记。

山蒲桃树冠丰满浓郁，花叶果均可观赏，可作庭荫树和固堤、防风树用。果实除鲜食外，还可利用其独特的香味，与其他原料制成果膏、蜜饯或果酱。

一级古树 >>>

龙眼

学名：*Dimocarpus longan* Lour.

科属：无患子科 龙眼属

树龄：600 年

编号：44082311220900466

地点：遂溪县港门镇石角村委会芬塘村

龙眼是中国南部著名果树之一，常与荔枝相提并论。龙眼果肉富含维生素和磷质，含铁量也比较高，鲜果肉干制后的产品称桂圆，可作健脑滋补品，也可入药。龙眼也是优质的庭荫树、用材树和蜜源植物。位于港门镇石角村委会芬塘村的这株龙眼树，树龄600年，是芬塘村建村的见证。古树高8米，胸径137厘米，冠幅12米，树身凹凸起伏状如木雕，苍劲古朴，生机盎然，时至今日，古树仍能正常开花结果，每到春夏，花香四溢，枝头果实累累，村中弥漫花果的香甜味道。村民皆视古树为守护神，数百年守望相伴，虽然村庄几度改建变迁，但古龙眼树岿然不动。为更好地保护古树，村民建屋的院墙也远离古树，使之有足够的生长空间，展现古树风韵。现在，村民们在树周围建起了小游园，人们享受着古树绿荫和凉风，也频频回报古树以水肥滋养，以欢声笑语相伴。

一级古树 >>>

垂叶榕

学名：*Ficus benjamina* Linn.

科属：桑科 榕属

树龄：550 年

编号：44082310120200382

地点：遂溪县黄略镇坑尾村委会北峨村

    垂叶榕为常绿乔木，常具气根，小枝下垂，别称垂榕，俗称狗仔榕。垂叶榕因具气生根，繁殖力和生命力皆极强，荒野道边、墙壁、坡脊、悬石随处可长。不管是种子还是气根，只要有水分，能固定，就能迅速萌根发芽，快速生长。

    雷州半岛地处南亚热带和北热带交汇处，十分适合各种榕树生长。图中这株垂叶榕，以纵横交错的气生根攀爬于巨石上，近看如蟠龙爪石，远看如龙口含珠，让人不禁为天地造物的神奇惊叹。2011年7月12日《湛江晚报》曾以"雄踞巨石、独霸一方"为题发表文章介绍这棵垂叶榕。

    传说在十五世纪初，遂溪县黄略镇北峨村的头四祖在高岭上掘墓，从坟墓里飞出一只老鸽子，老鸽子飞到村里，停在田间的石头上就突然消失了。不久后，石头上长出了一棵榕树，当地的村民认为这棵榕树是老鸽子化身为"磐石蟠龙"，是吉祥的征兆，从此视之为神树，严加保护。

一级古树 >>>

铁线子

学名：*manilkara hexandra* (Roxb.) Dubard

科属：山榄科 铁线子属

树龄：500 年

编号：44082311320600216

地点：遂溪县草潭镇罗屋村

遂溪县草潭镇罗屋村有 4 株铁线子古树，其中国家一级古树 2 株，二级和三级古树各 1 株。据华南农业大学徐祥浩教授等专家考证，这些野生的铁线子树可能是目前中国最大和最古老的铁线子大树。

铁线子是当地植物群落的优势树种，这些群落在五六十年代被采伐破坏，现存的几株铁线子是历经洗劫后残留下来的。图中这株是其中最古老的一株，高约 18 米，胸径 146 厘米，树干粗壮，表面黑白斑驳浮凸，枝干虬曲，枝叶十分繁茂。

铁线子树的材质通体红褐色，木质细腻光滑，具有丝绸般光泽，雍容华贵，属珍贵用材树种，当地村民称之为"嫣桐树"。让人惊奇的是，这种树的纹理很特别，从横断面看，生长年轮不明显，但心材边材区别明显，交界处有一圈黑线，常具黑褐色同心圆状条纹，故又称为"铁线子"。因其木质坚硬，香气宜人，色彩绚丽多样且传说能避邪又能治病，故又称"圣树"，当地村民把它作为吉祥物，以保平安吉祥。

据年近百岁的嘉善公等老人说，该村有两项值得村民骄傲的殊荣：一是村民世世代代守护古树，二是该村在清末有罗鼎（元昌）、罗海（衍昌）兄弟两人先后考中举人，一百多年来被传为佳话。方圆十里的村民都知道罗屋村有"圣树"，每到初夏时节，嫣桐树果熟，附近的村民都来见证古树，摘嫣桐子吃。

一级古树 >>>

学名：*Carallia brachiate* (Lour.) merr.

科属：红树科 竹节树属

树龄：500 年

编号：44082311420500345

地点：遂溪县河头镇双村还砚亭南面水塘边

在湛江市遂溪县河头镇双村的"东坡楼"和"还砚亭"南面水塘边，屹立着一棵已有500余岁的参天古树——竹节树。古树高20米，胸径112厘米，冠幅20米，树形挺拔，树势雄伟，直耸云端，茎干粗壮苍劲，树冠广阔，形如一位和谒可亲的老者，挺着腰板，张开双臂，迎接来自四面八方的宾客。

这棵古树还和大文豪大书法家苏东坡有着不解之缘。相传苏东坡当年被贬琼州，后来获赦回乡，途经北部湾时在海上遭遇狂风暴雨，即上岸到遂溪县河头镇双村躲避，逗留四十余天，期间结识该村乡贤陈梦英，并结下深厚情谊。临别前将随身携带数十年的汉石渠阁瓦砚一方，赠送给陈梦英作留念，并在砚上方刻上一首"砚铭诗"："其色湿润，其制古朴。何以致之，石渠秘阁。解封即墨，兰台列爵。宜永宝之，书香是托"。苏东坡以此砚勉励陈氏子孙世代勤奋读书，以成书香世家。陈梦英获赠此砚甚喜，视为珍宝，世代相传。后来双村陈氏后人，为了纪念先贤与苏东坡的深情厚谊和东坡送砚美德，在陈氏宗祠楼上建起了东坡楼，并在东坡楼前面路旁种下这棵树，寓意着双村子孙后代的学业、生活象竹节树一样节节高。据双村史传，村中第十四世祖陈于陛是明万历丁酉科举人，其暮年闲居此处，常于此树下观书、吟诗。

这棵500多岁的竹节树，曾有过一次劫难，在1958年那场"大炼钢铁"的狂热风潮中，有人要砍这棵树当柴烧炼钢铁，当公社组织的砍伐队提锯扛斧来到树下时，村中年过八十的陈耀德和陈培文两位老人闻讯赶来，斜卧树头。来者问："你们要树，还是要命？"老叟答曰："村中若无老树，便无老人；你们若要砍树，就先砍我几个老朽吧！"言之，瞑目以待。砍伐队奉命而来，知难而退，老人用生命保护了这棵树。直至今日，两位老人舍身护

树的故事仍在当地广为传颂。

这棵参天古树，象伟岸的绿色勇士，一直守护着双村，见证双村的历史变迁和尊师、重教、重情之浓厚风气的传承。古树又象一棵不老的迎客松，屹立在东坡楼和还砚亭附近，每天迎来送往络绎不绝的名人学士和各方宾客。

一级古树 >>>

秋枫

学名：*Bischofia javanica* Bl.

科属：大戟科 秋枫属

树龄：710 年

编号：44082510421000145

地点：徐闻县曲界镇高坡村委会那朗村

秋枫属于常绿或半常绿乔木，喜温暖而耐寒力较差，对土壤要求不严，能耐水湿，根系发达，抗风力强，生长快速，叶、根和皮能入药，具有行气补血，清肿解毒的功效。

徐闻县曲界镇那朗村是历史悠久的村庄。据村中老人说，早在明代中期就迁居于此地，历21代。该村最令人瞩目的是村内那棵历史悠久的参天大树——秋枫古树。据《徐闻县志》记载，这棵秋枫树约710岁，树姿极为壮观，可称得上广东省的"树王"。相传该秋枫树是先人为祈求子孙后代繁荣昌盛而种下的，在很久以前就是村庄的一个传奇标志。该树高大粗壮，树干于2米多高处形成多分叉，枝叉繁茂，树冠扩展。树干不是圆柱状而呈长方柱状，形似一面坚实厚重的巨大墙壁。树高20余米，胸径350厘米，冠幅18米，需十来个成年人手拉手才能合抱。秋枫古树最具特色的是树头一侧气生根浮凸，酷似"招财笑脸佛"，当地人又称该古树为"千岁佛祖树"。"佛像"呈坐状，高约1.4米，宽约2米，绽放着慈爱、温暖的笑容，也展示出古树遒劲、幽远、古朴的特质。

一级古树 >>>

土坛树

学名：*Alangium salviifolium* (Linn. f.) Wanger.

科属：八角枫科 八角枫属

树龄：550 年

编号：44082510620600071

地点：徐闻县西连镇大井村委会丰隆村

土坛树俗名割舌罗，为落叶乔木，稀攀援状。小枝有显著的圆形皮孔，叶倒卵状椭圆形或倒卵状矩圆形；花白色至黄色，浓香；果实成熟时鲜红色，后变黑色，味道甜美，可直接食用。根、叶入药，可治风湿和跌打损伤，也可作解毒剂。土坛树多为天然散生，极少栽植，皆因用途广泛而受群众爱护。

古树普查发现，土坛树在雷州半岛较为常见，徐闻全县百年以上的土坛树就有 10 株，位于该县西连镇丰隆村的这一株是最古老的，树龄逾 500 岁，树高约 8 米，胸径 127 厘米。据村史记述，该古树初见于明朝，500 多年来，一直挺立于丰隆村头，见证了村庄数百年的沧海桑田和风雨洗礼，是名符其实的"活化石"。该树树体上留下了沧桑的印痕：侧根裸露，茎皮满布树结皱褶，树干腐朽形成空洞，树冠枝稀叶疏，生长势衰弱，树貌酷似一风烛残年的耄耋老者，令人感叹不已。

一级古树 >>>

乌墨

学名：*Syzygium cumini* (Linn.) Skeels

科属：桃金娘科 蒲桃属

树龄：500 年

编号：44082520421000035

地点：徐闻县角尾乡苞西村委会苞西村

乌墨，又称海南蒲桃，是桃金娘科蒲桃属的常绿乔木。产台湾、福建、广东、广西、云南等省区，常见于平地次生林及荒地上。其树姿秀美，花白色芳香，果实甘甜可食，为优良的庭院绿荫树和行道树种。

在徐闻县角尾乡苞西村，有一株远近闻名的乌墨古树，树高 18 米，胸径 188 厘米。村里的老人说，该古树是村庄的风水树，其所处位置是方圆数十公里最高处，在过去很长一段时期，挺拔茂盛的古树一直是附近海岸的海航航标，为出海打渔的往来渔船做指引，成为渔民心中的一盏指路明灯而著名。

在医药缺乏的年代，当地人常常砍割这株乌墨树皮作外用药治皮肤病，长期反复的损伤刺激，导致茎基瘤凸增生，树干畸形，仿如一个巨型的棒锤。这个大树瘤也成为了古树的显著特征，令人过目不忘，记忆深刻。

一级古树 >>>

学名：*Ficus benjamina* Linn.

科属：桑科 榕属

树龄：630 年

编号：44080200620000031

地点：赤坎区调顺街道调顺村委会祠堂

垂叶榕俗称垂榕，气生根发达，树冠广阔，叶片亮绿，是良好的遮荫树和景观树。其叶片可吸收甲醛、甲苯、二甲苯及氨气等有毒有害气体，净化混浊的空气，是大自然十分有效的空气净化器。

位于调顺岛调顺村祠堂边的一株古垂榕，是雷州半岛地区现存最大最古老的垂榕，种植时间可追溯至元末期间，距今 600 余年。其与相邻的黄氏宗祠一样历史久远，为镇村之宝。虽经 600 多年的风雨洗礼，古榕仍枝繁叶茂，数十条支柱根（气生根）插进土中变成主干，支撑着覆盖面积近 2 亩的树冠，遮天蔽日，呈现"独木成林"景观。远望宛如一座天然绿色大帐篷，近观犹似一位"儿孙满堂"的慈祥老人。古榕树下是村民们的休闲天堂，也是村民议事聊天的场所，每到夏日，众多村民相聚古树下接风纳凉，村干部更是借助此地，寓普法于人们闲聊娱乐之中，故古榕园有调顺村"普法乐园"之美誉。

一级古树 >>>

见血封喉

学名：*Antiaris toxicaria* Lesch.

科属：桑科 见血封喉属

树龄：530 年

编号：44081110121500439

地点：麻章区太平镇王村村委会古树公园

在湛江市麻章区太平镇王村，有一棵远近闻名的古树——见血封喉。古树高16米，胸径160厘米，冠幅27米，雄伟壮阔，霸气侧漏，令观者皆为之震憾。粗壮的茎干要数人才能合抱，树皮灰色，表面有棱凸或泡沫状疙瘩；树杈交错伸展，远观如"千手观音"。最奇特的是它的基部，粗壮厚实，外突垅起高达1.5~2.0米的板根，牢牢地趴扎在地面上，向四周爬伸、盘绕，或盘曲一团，裹住石头，形似城墙，其中有几枝树根竟然穿石而过，与石头融为一体，分不出是石头还是树根；或深入地下，虎踞龙蟠，形如"九龙会聚"，村民们形象地称它为"九龙神树"。

"见血封喉"又名箭毒木，其乳白色汁液含有剧毒，一经接触人畜伤口，即可经血液进入心脏，导致心脏麻痹（心率失常），血管封闭，血液凝固，以至窒息死亡，故称"见血封喉"。但只要你不去伤害它，树汁不要碰到人畜伤口就没事。当地人更喜欢称它为柑芦树，说其果子既可入药，又可以食用，有成熟柿子的味道。成熟的果实要用盐水泡浸半小时以上，去除乳液后方可食用。村民们都说这棵树是祖先的福荫，有神灵附身，关系到王村子孙后代的命运。因此，村民视其如宝，一直悉心养护。

这株见血封喉古树获得"广东十大最美古树"称号，广伞形的庞大树冠造就了近5亩的绿荫，是村民们休闲娱乐的小广场，炎热的夏季，树荫下成为村民躲避酷暑的清凉世界，大人欢声笑语，孩童与九龙嬉戏，呈现一派人与自然和谐相处的祥和景象。

二级古树 >>>

竹节树

学名：*Carallia brachiata* (Lour.) merr.

科属：红树科 竹节树属

树龄：380 年

编号：44088211620600060

地点：雷州市覃斗镇卜立村委会佛堂村路边

竹节树又名鹅肾木、山竹公。为常绿大乔木，慢生树种，叶形变化很大，矩圆形、椭圆形至倒披针形或近圆形。其木材质地硬重，纹理交错，结构颇粗，干燥后容易开裂，不甚耐腐。主产广东、广西及沿海岛屿，生于低海拔至中海拔的丘陵灌丛或山谷杂木林中，在村落附近也有生长。

雷州市覃斗镇佛堂村已有三百多年历史，村旁耸立着一天然独立的古竹节树。据村民陈述，该古树在建村前已经成材成荫，历经数百年的桑田沧海，目前仍旺盛生长。该树高达18米，胸径82厘米，冠幅19米，树体粗壮古朴，枝干伞状开展，树冠庞大，枝叶茂密，郁郁葱葱，远看犹如巨型绿伞。村民认为古树就是村中的"保护伞"，数百年来福荫村庄，造福子孙，因此，对古树倍感珍惜，呵护有加，代代相传。

二级古树 >>>

学名：*Cinnamomum camphora* (L.) J.Presl

科属：樟科 樟属

树龄：380年

编号：44088211221600033

地点：雷州市龙门镇足荣村委会足荣村文化楼路口

雷州市足荣村拥有1200多亩天然樟树林，故有"樟树湾"之称。樟树林内林木葱茏，生物多样性丰富，生态环境优良，成为雷州半岛一道亮丽风景，远近闻名。这片樟树林像一道天然的屏障，庇护村庄风调雨顺，世代繁衍生息。村民深知，樟树林是他们的命根子，因此他们象保护自己孩子一样保护林中的一草一木。在大跃进时期，附近的乌石港造船需要大量的木材，造船者看中了该村的樟树是上等好材料，随之组织了100多人前来砍树，而足荣村村民联手竭力反对，使这片树林得以保存下来。这是湛江市保存面积最大的樟树天然次生林。

据传，足荣村的樟树起源于祖先定居此地的崇祯年代，先有零散分布的樟树，后来才慢慢连片成林。图中这棵樟树是目前保留下来最古老的一株，树龄约380年，古树高17米，胸径178厘米，冠幅达32米；古树在三米高处分4杈，形成枝干粗壮、树冠舒展的宏伟气势。

二级古树 >>>

高山榕

学名：*Ficus altissima* Bl.

科属：桑科 榕属

树龄：480 年

编号：44088211120400061

地点：雷州市调风镇草朗村委会三畔湖村

　　高山榕又称大叶榕，为阳性树种，四季常青，产海南、广西、云南（南部至中部、西北部）、四川。该树高大挺拔，树冠广阔，树姿稳健，丰满壮观；树多气根，生性强健，耐干旱瘠薄，又能抵抗强风，抗大气污染，是极好的城乡绿化树种，特别宜作景观树和遮荫树。图中这棵高山榕古树，挺立于雷州市调风镇草朗村委会三畔湖村路旁，树高达21米，树体连生，气生根如钢管般直插或斜插入地，形成众多的支柱根，与主茎共同支撑高大的树体，气势巍峨，伟岸雄壮，自成一景。村民将该古榕视若神明，称为"连生贵子"树，寓意古树护佑村庄平安，子孙满堂，人丁兴旺。

二级古树 >>>

学名：*mangifera indica* Linn.

科属：漆树科 杧果属

树龄：300 年

编号：44088110521000050

地点：廉江市石角镇横石村委会文豪村

杧果原产印度，为著名热带水果。果实汁多味美，还可制罐头、果酱或盐渍供调味，亦可酿酒；其果能疏风止咳，益胃气，止晕呕，故有"凡渡海者，食之不呕浪"之说。叶和树皮可作黄色染料；木材坚硬，耐海水，可制作舟车或家具等。芒果树冠球形，常绿，郁闭度大，为热带良好的庭园和行道树。廉江市石角镇文豪村这棵芒果古树，据传植于清朝年间，树龄约 300 年，树高 15 米，胸径 159 厘米，树冠 20 米。因岁月的洗礼，该树茎干基部表面形成众多大小不一的瘤突，形态奇特，古朴粗犷，似乎想用自己变形的身体诉说历史变迁与岁月沧桑。

二级古树 >>>

垂叶榕

- **学名：** *Ficus benjamina* Linn.
- **科属：** 桑科 榕属
- **树龄：** 300 年
- **编号：** 44088110820700286
- **地点：** 廉江市安铺镇珠盘海村委会红灯村

垂叶榕又称垂榕，在雷州半岛很常见，是当地居民非常喜爱的行道树和遮荫树。垂榕节部发生许多气根，状如丝帘，别有风韵。位于廉江市安铺镇红灯村的这一棵垂叶榕古树则与众不同，树冠上依然悬垂着大量如丝的气生根，但树冠下部树干周围的气生根则画风突变，形成盘虬卧龙，突曲嶙峋，纵横交错状，恰似一只竹篾编织的大"灯罩"，成为当地一大奇观。大自然的鬼斧神工，令人叹为观止，引无数游人前来观赏。这株古垂榕栽植于清朝年间，树龄超过三百年，如今仍然生长茂盛，树冠如盖，遮天蔽日，滴翠浓阴，四季常青。

这棵古树还有一段感人的红色革命故事。据廉江市博物馆肖良福馆长介绍：红灯村是革命老区，1944年春，有数万名日伪军驻扎在遂溪县洋青镇，日伪军经常到附近村庄抢夺粮食，搔扰民众。廉遂边界党组织负责人陈章、洪荣等指派洪培燊、廖才杰到红灯村组织抗日武装，建立烟墩岭（红灯村）交通情报站，洪培燊兼任站长，郑建国、陈华（本村村民）任交通员；村里还成立了农会，为革命队伍筹集粮食，配合开展革命活动，他们在该榕树上不同部位悬挂红灯以传递不同情报，许多重要的革命情报便是通过这棵大榕树挂红灯传递出去，故当地人称之为"红灯树"。1944年2月，我方情报人员得知日伪军将进村抢粮的情况，通过红灯树及时传递情报，组织革命力量抗击，共击毙、击伤日伪军数十人。1947年3月，革命组织也是通过红灯树传递情报，组织北联乡革命游击队在红灯村附近的龙桥河伏击国民党合浦县押解壮丁之敌，解救出壮丁二百多名，并设法将其送回原籍。红灯树在革命战争年代为南路人民解放斗争作出巨大贡献。

二级古树 >>>

学名：*Litchi chinensis* Sonn.

科属：无患子科 荔枝属

树龄：350 年

编号：44088310720100166

地点：吴川市塘缀镇南埇村委会南埇村

荔枝分布于中国的西南部、南部和东南部，以广东和福建南部栽培最多。荔枝与香蕉、菠萝、龙眼一同号称"南国四大名果"。这棵荔枝古树位于吴川市塘缀镇南埇村公庙旁，树高10米余，胸径106厘米。根据胸径生长模型法估测树龄约350年，大约种植于康熙在位年间。据村民介绍，在古树旁边居住着一位101岁老人，无论春夏秋冬，天天洗冷水澡，身体非常健康。老人与古树相生相伴，因古树而健康长寿，故这棵荔枝古树又被村民称为"长寿树"，闲暇时分乡亲们喜欢聚在树下休憩交流。目前该古树仍能开花结果，但主干于4.5米高处被台风折断，断口腐烂，有白蚁侵害迹象，长势衰弱，需要采取措施加强抚养和保护。

二级古树 >>>

见血封喉

学名：*Antiaris toxicaria* Lesch.

科属：桑科 见血封喉

树龄：320 年

编号：44082310321300173

地点：遂溪县界炮镇龙塘村委会科港村

见血封喉是目前已知的世界上最毒的树，有"林中毒王"之称，多生长在海拔 1500 米以下的雨林中，我国云南、广东、广西、海南和东南亚一些国家常能见其踪影。其树体乳汁具有剧毒，据说人畜的伤口一旦碰到该树树汁即会中毒，重者可致身亡，古代人将其制成箭头，用于射杀野兽或外来入侵者，故又称"箭毒木"。该树虽有剧毒，但也有药用价值，其乳汁经去除毒性物质，提取有效成分具有加速心律、增加心血输出等作用，可治疗高血压病。

遂溪县界炮镇科港村口矗立着一棵树龄 320 年的见血封喉，这棵古树高 28 米，胸径 172 厘米，覆盖面积达 1100 平方米，主干从 10 米高处才开始分枝，上部枝杈层层叠叠、密不透光，树体伟岸挺拔，枝叶茂盛，满树葱绿。远观犹如一座小青山屹立村口，守护着科港村家园。

二级古树 >>>

学名： *Dimocarpus longan* Lour.

科属： 无患子科 龙眼属

树龄： 380 年

编号： 44082510821100155

地点： 徐闻县龙塘镇赤农村委会昌发村小学旁

龙眼是岭南著名果树，原产我国南方，栽培历史可追溯到二千多年前的汉代。北魏贾思勰《齐民要术》著述："龙眼一名益智，一名比目。"因其成熟于桂树飘香时节，俗称桂元。古时列为重要贡品，魏文帝曾诏群臣："南方果之珍异者，有龙眼、荔枝，令岁贡焉。"

龙眼树自然生长较慢，木材坚实硬重，暗红褐色，耐水湿，是造船、家具的优良材料。干龙眼即桂圆（桂元、元肉），入药壮阳益气、养血安神。

徐闻县龙塘镇昌发村小学旁生长着一株龙眼古树，树高10米，胸径101厘米。据传该树是村中祖上栽植，已有380多年历史，每年盛夏果香四溢时，村民相聚树下，啖龙眼话家常。但龙眼树在60多年前，不幸遭遇雷电火灾，将树干烧出一个大洞，后白蚁入侵，导致基干空心。该树遭此重创几近损毁，后虽长出枝杈，但树势不再，花果也稀少了。古树经历三百多年的风吹雨打，承受火烧虫蛀，虽百孔千疮，仍傲然挺立，表现出"坚忍不拔"的意志和"鞠躬尽瘁，死而后已"的奉献精神。

二级古树 >>>

学名：*Bischofia javanica* Bl.

科属：大戟科 秋枫属

树龄：310 年

编号：44082510721100115

地点：徐闻县下桥镇石板村委会石板岭

石板岭位于徐闻县北部，是县内最高岭，因有巨石面平如板而得名。相对于雷南的台地平原，石板岭的地势较高，整个山岭南北长约 5 公里，东西宽约 4 公里，无明显主峰，最高海拔 245.4 米。石板岭原生植被为热带常绿季雨林，新中国建立前，该县东北部以石板岭为中心，有约 50 平方公里的大面积原始森林，林木茂密，遮天蔽日，有华南虎出没其间，时常伤及人畜。上世纪五十年代至六十年代，大面积的原始森林被垦为耕地，种植橡胶、甘蔗、剑麻等。迄今，只有石板岭沟谷及周边保存约 100 亩的天然次生林，优势树种主要是鸭脚木、土密树、樟、山槐树、秋枫等，林分生长茂盛，郁闭度大。林内保存着一株树身光滑的秋枫古树，胸径达 159 厘米，树高 14 米。树头很大，形如卧狮，"狮子背"上竖起两根粗壮古朴的主干，茎干上部枝杈多已折损，虽然剩下枝杈不多，却顽强地撑起树冠，在林中维持着王者风范。周边的村民百姓都把这株威严的古秋枫视作石板岭的山神，并对这片天然次生林严加保护，不让外人随便进入树林中，更不让砍伐和损害林中一草一木。

二级古树 >>>

学名：*Litchi chinensis* Sonn.

科属：无患子科 荔枝属

树龄：300 年

编号：44081110121500435

地点：麻章区太平镇王村村委会古村

苏东坡于宋哲宗绍圣元年被人告以"讥斥先朝"的罪名被贬岭南，"不得签书公事"。于是，东坡先生流连风景，体察风物，对岭南产生了深深的热爱之情，连在岭南地区极为平常的荔枝都爱得十分执着，为之写下多首诗句，其中以"日啖荔枝三百颗，不辞长作岭南人"最为脍炙人口。

图中这棵荔枝古树，并非以"啖"荔枝出名，而是以奇特的"身世"被传扬。该古树约300多岁，树高7米，胸径120厘米，树体分两叉，树干呈Y字型。朝北向的支干已被台风折断，剩下朝南的一干枝叶繁茂，生机勃勃。奇特的是，树冠具阴阳两面，北向的半边树冠叶片呈深绿色，从不开花结果，而南向的半边树冠则叶色浅绿，每年都正常开花结果。同根而生，相依相拥的双色树冠，彼此守望，不离不弃，被当地人称为"鸳鸯树"、"阴阳树"。当地有一传说，若情侣、夫妻在树前请愿膜拜，往往应验有情人终成眷属，白头偕老；若该树当年枝繁叶茂有鸟结巢，则预示风调雨顺，粮食丰收。该荔枝古树成为当地一大传奇，吸引了许多专家学者、游人前来探究及祈福，它与众不同的外貌和传奇故事就像自然界的信息密码，等待世人破解。

二级古树 >>>

学名：*Syzygium championii* (Benth.) merr. et Perry

科属：桃金娘 蒲桃属

树龄：300 年

编号：44080410320600019

地点：坡头区龙头镇石窝村委会那洋村

子凌蒲桃为桃金娘科蒲桃属的灌木或乔木，其嫩枝有4棱，树冠丰满浓郁，可用作庭荫树、固堤树和防风树。雷州半岛有子棱蒲桃分布，但古树甚稀少。目前，湛江市仅存一株子凌蒲桃古树，位于坡头区龙头镇那洋村。据传，这株古树是那洋村庞氏祖先在建村之后种植，由于它的果实很像秤砣，因此人们叫它"秤砣树"。该树高近9米，胸径168厘米，树龄达三百多年。古树从基茎处分叉，形成两个主干，其中一个主干于1996年9月5日被强台风"莎莉"(Sally)折断，另一主干的枝叶受损严重，但主干得以幸存。保存下来的主干很快恢复生长，目前长势壮旺，生机勃勃。据村中老人介绍，古树在上世纪50年代"大跃进"期间，也曾遭遇被砍的命运，后因树体太大、材质坚硬，村民用手拉锯无法放倒，才使古树逃过一劫保留下来。现在，古树成为那洋村的镇村之宝，村民将古树敬为"神树"，一些五行缺木的新生儿都会来祭拜并认树为"契妈"，以"木"起名，祈求古树福泽，孩子健康成长。

二级古树 >>>

海红豆

学名：*Adenanthera pavonina* var. *microsperma* Teijsm. & Binn.

科属：含羞草科 海红豆属

树龄：400 年

编号：44080500520200386

地点：湛江经济技术开发区民安街道办文亚村

"红豆生南国，春来发几枝？愿君多采撷，此物最相思"。唐代诗人王维的著名诗句所描述的寄情相思之豆，即为海红豆的种子。

海红豆为落叶小乔木，主要分布于福建、台湾、广东、海南、广西、云南等地，多生于山沟、溪边、林中或栽培于庭园。海红豆为二回羽状复叶，种子圆形至椭圆形，鲜红色，有光泽，甚为鲜亮美丽，可作装饰品。海红豆根有催吐、泻下作用；叶则有收敛作用，可用于止泻，疏风清热，燥湿止痒，润肤养颜。在湛江市东海岛民安街道办文亚村边，有一棵巨大的海红豆古树矗立于村道旁。村中长辈介绍，这棵古树已400多年，是村边原有次生林的树王，上世纪中期毁林开荒，林地变农地，林木也基本消失殆尽。这棵古树枝杈繁多，树势磅礴，村中长老认为古树是上天恩赐的宝物，是村中的风水树，不可亵渎之，故拼死保护不让村民砍伐，才幸存下来。这是目前雷州半岛地区最古老的红豆树，树高11米，茎干粗壮，胸径达167厘米，树冠伞状扩展，枝叶繁茂。每年种子成熟季节，都有不少慕名而来的游客到此观古探奇，捡拾红豆，遥寄相思。

二级古树 >>>

学名：*Diospyros montana* Siebold et Zucc.

科属：柿科 柿属

树龄：300 年

编号：44080500420300446

地点：湛江经济技术开发区东简街道草陆坡村

在雷州半岛一些村庄，偶尔可见一种果实外形及颜色甚似柿子，但果形较小，果径约1.5厘米的"柿子"树。这种树的主干较粗壮，树皮常呈黑褐色，且有细裂纹，树干和老枝常具散生分枝的刺；叶片纸质，多数长圆形或倒卵状长圆形，基部浑圆，先端多数较钝，或有凹缺；果呈球形，红色或褐色。这种树的名字叫山柿，而非柿树，其果实味苦，有毒，不能食用，但可以醉鱼，其中有毒成分主要是7-甲基胡桃醌、君迁子醌、双异柿配等，同时含大量柿胶酚和红鞣质等可溶性收敛剂，如不慎进食，会出现吐、泄或昏迷症状。

位于湛江经济技术开发区东简街道草陆坡村的这株山柿，树高6米，胸径56厘米，冠幅11.5米，树龄约300年。古树在茎基部树桩处分叉，树身苍劲古拙，树皮褐黑，树干往一侧倾弯，形成偏冠；然而枝叶十分浓密，即使是烈日当空，树荫下也阴凉舒适。不管是农忙还是农闲，树下都聚集了众多村民，他们从自家带来小板凳，围坐树下的水泥桌旁，或劳作歇息、或下棋打牌、或聊天品茶，不一而足，非常逍遥自在，尽情享受着前人栽树的福荫。

二级古树 >>>

鹊肾树

学名：Streblus asper Lour.

科属：桑科 鹊肾树属

树龄：320 年

编号：44088410021000473

地点：南三岛滨海旅游示范区南三镇五里村委会大山脚村

　　鹊肾树属热带树种，产广东、海南、广西、云南南部，在雷州半岛地区很常见。其叶片革质，全缘或具不规钝锯齿，用手触摸叶片，感觉两面很粗糙；果实成熟时黄色，鸟喜食之，有"莺哥果"之称。湛江新一轮古树名木普查统计，百年以上的鹊肾树有621株，在古树单株数量上，仅次于榕树和垂叶榕。本地区现有的鹊肾树都呈天然散生状态，没有人工种植的植株，证明鸟类的衔食传播是该树种繁衍后代的主要模式。

　　鹊肾树具有多种药用价值，树根提取液可以用于治疗发烧、痢疾、齿龈炎、溃疡等，乳汁用作杀菌剂、收敛剂。图中的鹊肾树位于南三镇大山脚村的庙旁，树高8米余，胸径111厘米，茎干斑驳，凹凸不平，苍劲古朴。据考证，这棵古树源自17世纪末，历经300多年风霜洗礼，是南三岛最古老的"风水树"，岛上居民视树如神，将古树与寺庙作为一体保护，顶礼膜拜，祈求风调雨顺、生活富足。

二级古树 >>>

红鳞蒲桃

- **学名**：*Syzygium hancei* Merr. et Perry.
- **科属**：桃金娘科 蒲桃属
- **树龄**：420 年
- **编号**：44088410021100301
- **地点**：南三岛滨海旅游示范区南三镇巴东村委会下黄其村

红鳞蒲桃为桃金娘科的常绿乔木，嫩叶常呈红色，又称红车木。果实球形，果皮肉质，直径 5～6 毫米，成熟时黄色，可食用。产福建、广东、广西等省区，常见于低海拔疏林中的河边及河谷湿地。红鳞蒲桃是良好的抗风树种，木材材质坚实，可作车辕木；树皮含鞣质，能提制栲胶。

南三镇下黄其村，有一株 400 多岁的红鳞蒲桃，茎干粗壮苍劲，有如玉树临风般矗立于村道旁。该古树高达 20 米，胸径 134 厘米，部分枝杈因台风折断形成枯枝。村民视古树为祖荫，护树如子，代代相传，使古树在经历"大炼钢铁""毁林开荒"等多次历史性破坏后仍能得以保存。

三级古树 >>>

学名： *Ficus tinctoria* subsp. *Gibbosa* (Bl.) Corner

科属： 桑科 榕属

树龄： 140 年

编号： 44088210720900054

地点： 雷州市松竹镇龙马村委会北边村

斜叶榕为常绿乔木，也可附生，分布于台湾、海南、广西、贵州、云南、福建等地，耐干旱瘠薄，多分布于山地林中或旷地、水旁。该树种的叶片两侧极不对称，形状、大小的变异很大，卵状椭圆形至近菱形，全缘或具角棱和角齿的都有。斜叶榕气生根发达，生命力极强，它的种子是鸟类喜爱的食物，鸟的粪便拉在哪，种子就在哪里生根发芽，那怕落在石缝、墙壁、树干上也能顽强生长。

雷州市松竹镇北边村祠堂边有一棵斜叶榕百年古树。据村里一位年逾古稀的老伯介绍，他很小的时候就认识这棵树了，但当年的树干比现在要小些，他见证了大树一年一年长粗，并不断开枝散叶。古树的茎干基部形成众多分叉，枝干如伞状开展，枝叶繁茂。盛夏季节，酷暑难耐时，广伞形的树荫下是孩子们游玩嬉戏的乐园。

三级古树 >>>

学名：*Afzelia xylocarpa* (Kurz) Craib

科属：豆科 缅茄属

树龄：120 年

编号：44088110720100091

地点：廉江市横山镇横山村委会横山圩

缅茄原产于缅甸，在国内引种数量较少。缅茄种子上部为金黄色的蜡头，下部是黑褐色果身，质地硬如石。由于种皮及种柄均坚硬而有蜡质，不易被水浸透，故很难发芽，不易繁殖。我国最古老的缅茄树已四百多岁，位于高州市观山（西岸村）。湛江地区现存的百年以上缅茄古树共有两株，分别生长在廉江市横山圩和徐闻县城，种子均源自高州缅茄。图中的缅茄树位于横山圩。据七旬老人李均介绍，这棵缅茄树是其七公老秀才往高州考试时带回栽植，目前树龄约120年，树高15米，胸径118厘米，覆地半亩余。新中国成立时树已结果，由于上世纪五六十年代连遭两次雷击和1982年遭龙卷风折断了大枝垭，现古树主干形成空洞，枝叶稀疏，花果量少。当地政府相关管理部门已经针对该古树存在问题制订相应措施进行抢救性保护。

据记载，缅茄于明朝万历年间从缅甸传入我国，当时是作为缅甸的国家礼品赠贡给当朝皇帝。一个李姓高州人，当时在朝廷做大官，皇帝赏赐一粒缅茄种子给他，他爱不释手。待告老还乡时，便把缅茄种子作为"护身符"挂在他儿子颈上。后来缅茄种子丢失了，他疑为侍婢所窃，便对侍婢严加拷打致死。若干年后在他的院子里长出一棵从未见过的树，结籽后才发现是一棵缅茄树。至此，侍婢冤死的真相大白，后人便将缅茄树称为"伸冤树"。

三级古树 >>>

学名： *Keteleeria fortune* (Murr.) Carr.

科属： 松科 油杉属

树龄： 150 年

编号： 44088111720500053

地点： 廉江市塘蓬镇彭岸村委会酒店村

油杉是我国特有树种，产于浙江、福建、广东、广西等省区南部沿海山地，由于人为干扰破坏严重，成片的油杉林极少，多见散生于阔叶林中，属于渐危种，是中国珍稀植物，已列入中国三类保护植物名录。油杉的树形优雅美观，可用作庭园绿化树种；其木材纹理直，结构细，为建筑、家具、船舱、面板等良材。

廉江市塘蓬镇酒店村保存有一棵油杉古树。在调查中了解到，酒店村属于丘陵山地，原来有天然次生林，后来林木被砍伐，残留下来的成材树木极少，这棵油杉是其中最大的一棵。该树粗壮挺拔，自然整枝良好，树高13米，胸径69厘米，平均冠幅16米，根据胸径生长模型法估算该树年龄约150年。湛江地区的天然油杉极少，百年古树仅此一株，十分珍贵。

三级古树 >>>

学名：*Castanopsis chinensis* (Spreng.) Hance

科属：壳斗科 锥属

树龄：100 年

编号：44088111320300558

地点：廉江市石岭镇塘雷村委会下那福村

锥，俗称米锥，产广东、广西、贵州西南部（安龙）、云南东南部，是南亚热带常绿阔叶林的优势种之一。其木材淡棕黄色，材质较轻，结构略粗，纹理直，不耐水湿，属黄锥类，为广东及广西较常见的用材树种。种仁可榨油，出油率约 20%，树皮及壳斗可提取栲胶。

米锥自然分布于廉江市的丘陵地带。在廉江市和寮镇根竹嶂，生长着 3500 亩连片天然次生米锥林，是广东省保护最好的天然米锥林之一。图中这棵古锥树位于廉江市石岭镇那福村，是天然散生树木，树龄约 100 年。古树高 12 米，胸径 65 厘米，冠幅 20 米；茎干中上部枝杈较多，且扭曲伸展，形如舞动中的千手观音，随风摇曳起舞，婀娜多姿，十分雅致。

三级古树 >>>

岭南山竹子

学名：*Garcinia oblongifolia* Champ. ex Benth.

科属：藤黄科 藤黄属

树龄：260 年

编号：44088111720500830

地点：廉江市塘蓬镇彭岸村委会洲湾村

岭南山竹子俗称竹节果，为常绿乔木或灌木，主产广东、广西，越南有分布。生长于海拔 200 米至 1200 米的地区，常生于丘陵、沟谷密林、平地及疏林中。其果实可食用，但食后粘牙，并将牙齿染为黄色，故又称"黄牙果"；种子含油率 60% 以上，可作工业用油；树皮和果实可供药用，有消炎止痛、收敛生机之效。

图中这棵岭南山竹子位于塘蓬镇洲湾村村边，该树形态比较特别，从基干开始分叉形成二个主干，而二主干又紧贴一起，往上约 1 米多高处才分开，连体部分的树干粗壮，上部从分离处迅速缩小，远观就象两个相亲相爱、难舍难分的连体兄弟，村民亲切称之为"孖生树"（孪生树）。这棵树已有二百多岁，是村中不可多得的"风水树"，村民都非常爱护。每逢节庆日，周边的村民到附近庙宇拜祭，都会来到连体古树前插上一支香，祈求古树护佑，多子多福。

三级古树 >>>

学名：*Sterculia nobilis* Vent.

科属：梧桐科 苹婆属

树龄：170 年

编号：44088310921900264

地点：吴川市黄坡镇岭头村李汉魂故居觐园

李汉魂（1894～1987）是广东吴川人，抗日战争时期历任军长、军团长、集团军总司令、广东省政府主席。李汉魂将军一生铁血纵横，善武善文，爱国爱乡，功勋卓著，是我国广为传颂的著名儒将。李汉魂故居座落于黄坡镇岭头村，这株古苹婆树位于故居的觐园内，经走访周围多名年迈老人，结合胸围生长模型法推算古树大约种植于道光末年，树龄约170年。古树高11米，胸径96厘米，冠幅12米，由于院落空间有限，阳光受阻，使古树主干向北倾斜形成偏冠。

苹婆叶大枝繁，树冠浓密，树形美观，蓇葖果鲜红色，是很好的庭园观赏树和行道树。种子炒熟可食，每年7～8月是苹婆的收获期，鲜果经采摘脱壳后晒干即为商品，不需特殊加工。去皮后的种仁质软而色白，犹如一枚小鸟蛋，精致而美观，风味与板栗相似，其味微甜而香、肉爽多汁的口感比板栗更胜一筹。在广东常用于名菜佳肴的烹饪，如凤眼果焖鸡、凤眼果烧肉等，被列入"岭南名菜"。

三级古树 >>>

学名： *Aphanamixis polystachya* (Wall.) R. N. Parker

科属： 楝科 山楝属

树龄： 150 年

编号： 44088300200700247

地点： 吴川市塘尾街道李屋村

  山楝为楝科乔木，高 20～30 米。叶为奇数羽状复叶；蒴果近卵形，熟后橙黄色，开裂为 3 果瓣；种子有假种皮。主要分布于广东、广西、云南等省区的南部地区，种子的含油量约 44%～56%，油可供制肥皂及润滑油，周边群众曾用以点灯照明；木材赤色，坚硬，纹理密致，质匀，可作建筑、造船、茶箱和舟车等用材。这株山楝古树大约种植于同治在位期间，距今约 150 年。古树高 14.5 米，胸径 128 厘米，树干于 2 米高处分叉呈 V 形展开，向上向外扩展成广伞形树冠，枝叶繁茂，冠幅近 19 米，覆盖面积达半亩多地。村民介绍，这是李姓祖先栽植的遮荫树，前人栽树，后人乘凉，村民现在十分重视前人留下的"遗产"，保护好古树，不让人砍伐破坏；每当台风吹断古树枝干时，都及时清理，保证古树在最短时间内恢复生长，重焕生机。

三级古树 >>>

学名：*Cleistocalyx operculatus* DC.

科属：桃金娘科 水翁属

树龄：200 年

编号：44088310320600120

地点：吴川市王村港镇碌西村委会河村

这棵古树生长于王村港镇河村附近池塘堤围上，傍水而立。据调查，此地史上原有一片水翁林，后开垦为农地，或开挖成池塘，现存多株水翁老树均临水塘边生长，是开垦时未被砍伐而保存下来的。据村中老辈人相传，水翁林存在于嘉庆年间，距今约 200 余年。古树高 11 米，基径 108 厘米，冠幅 12 米，其茎干灰白色，从基部往上反复分枝，枝干苍劲古朴，斜向水塘伸展。

水翁又称水榕，耐湿性强，常生水边，有一定的抗污染能力。树皮、叶、花都可入药，具有祛风、解表、消食等作用。

三级古树 >>>

学名：*Bombax malabaricum* L.

科属：木棉科 木棉属

树龄：106 年

编号：44088310721200334

地点：吴川市塘缀镇樟山村世德小学

吴川市塘缀镇樟山村是国民革命军第十九路军爱国将领张炎将军的故乡。张炎（1902～1945），字光中，早年投身粤军，部队改编为国民革命军后参加过南征、东征、北伐、中原大战，成为十九路军主要将领，随军参加了一二八淞沪抗战，先后在吴淞、庙行战役中，浴血奋战，重创日军，后被国民政府杀害。1958 年 6 月 8 日，毛泽东主席签字追认张炎为革命烈士。

引领张炎将军走上救国革命道路的是其堂兄张世德。张世德 1893 年生于吴川市塘缀镇樟山村一个农民家庭。辛亥革命爆发，17 岁的张世德辞母从戎，他身经百战，功勋显赫。1930 年，年仅 37 岁的张世德奋战沙场阵亡，南京国民政府谥封为陆军中将。张世德阵亡后，当时的南京国民政府拨款，并由张炎将军亲自筹办，于1931年在故乡樟山村建立世德学校,一是为了纪念卓著功勋、以身殉国的张世德将军,以之激励后人,二是期望通过"教育兴国",以造福桑梓。

图中这棵木棉古树位于世德小学,是抗日英雄张炎将军当年亲手移植,以之纪念张世德将军。木棉树高大挺拔,树姿巍峨,春季满树红花,鲜艳似火,比喻英雄奋发向上的精神,因此木棉树又称为"英雄树"。后人为纪念建校人张炎将军,在陵园的另一侧移植了另一棵木棉大树。岁月流逝,象征英雄永存的两棵木棉树,沐浴着艳阳春风,也见证了世道沧桑。今天,两棵树已长成参天大树,其中一棵树龄106岁,树高17米,胸径156厘米,冠幅27米;另一棵树龄100岁,树高15米,胸径159厘米,冠幅17米。两株木棉古树高大耸立,生机勃勃,充满奋发向上的力量,每到三月,红花簇簇,宛如不息的火炬,传承着赤胆忠心、不屈不挠、保家卫国、勇于献身的革命精神和高贵品质。

三级古树 >>>

学名：*Armeniaca mume* Sieb.

科属：蔷薇科 杏属

树龄：130 年

编号：44088310600100274

地点：吴川市吴阳镇中街村深柳堂

梅是中国特有的传统花木，至今已有三千多年的栽培历史。梅与松、竹合称"岁寒三友"，"梅花香自苦寒来"、"踏雪寻梅梅未开，伫立雪中默等待"，许多咏梅诗词或典故，都将梅与"雪"和"寒"联系在一起。然而，对于地处北热带、从未下过雪的湛江来说，梅花能够落地生根，生长百年而不衰，而且年年盛花怒放，应该算是一大奇迹，而这一奇观就发生在湛江辖下吴川市吴阳镇中街村（旧称李屋巷村）"深柳堂"的庭院中。根据深柳堂后人讲述，这棵古梅树是由深柳堂主人、著名诗人李才济的爷爷、晚清秀才李秀彦从外地带回家中，并亲手栽植，距今约130年，是粤西地区绝无仅有的一株百年老梅，并已被载入《中国梅花集》。正因为有这棵古梅花，中街村成立了"梅花诗会"，村民们闲暇时常常聚在一起，以梅为题，吟诗作对，歌颂新时代、新事物。每年早春梅花盛开时节，前来赏梅的游人络绎不绝。为满足游客需要，更好地弘扬梅文化，该村新营造了一个"梅园"。

三级古树 >>>

学名：*Machilus chinensis* (Champ. ex Benth.) Hemsl.

科属：樟科 润楠属

树龄：100 年

编号：44082310721300494

地点：遂溪县城月镇仁里村委会南边岭

华润楠分布于广东、广西，是南亚热带常绿阔叶林的代表性物种。其干形好，树姿大气优美，春叶红色绚丽，是优良的用材树和园林景观树，被广东省林业厅列为重要的造林树种。

据城月镇仁里村的一位八旬老人口述，该村南边岭原有一片以樟树为优势种的天然次生林。他小的时候，经常与小朋友钻树林玩，采野果吃。上世纪五十年代的开荒垦植和大炼钢铁，毁灭了这片森林。幸运的是一些已成材的大树，被村民视为"风水树"而得以幸存。这株华润楠古树就是当年的幸存者之一，现树高12.5米，胸径57厘米，冠幅12米，树龄已达百年。随着人民生活水平的提高，村民的生态保护意识也日益增强，现在村民们都懂得风水林和古树是村庄"避凶化吉"的天然屏障，自觉保护古树，维护生态环境。

三级古树 >>>

荔枝

学名：*Litchi chinensis* Sonn.

科属：无患子科 荔枝属

树龄：110 年

编号：44082310920100058

地点：遂溪县建新镇苏二村委会城河

荔枝是我国特产，盛产于广东和福建南部，是著名的岭南佳果。据记载，南越王尉佗曾向汉高祖进贡荔枝，可见当时广东已有荔枝，从那时算起，广东栽培荔枝的历史已二千多年。

荔枝果皮有鳞斑状突起，成熟时鲜红色，新鲜果肉半透明凝脂状，味香甜可口。荔枝味甘、性偏热，入心、脾、肝经，是顽固性呃逆及五更泻者的食疗佳品，同时有补脑健身，开胃益脾，促进食欲之功效；因性热，多食易上火。荔枝木材坚实，深红褐色，纹理雅致、耐腐，历来为上等家具用材。

荔枝鲜果不耐储藏。白居易描述荔枝："一日而色变，二日而香变，三日而味变，四五日外，色香味尽去矣"。唐代杜牧诗云："长安回望绣成堆，山顶千门次第开。一骑红尘妃子笑，无人知是荔枝来"。骏马飞驰，只为了博华清宫妃子一笑，封建统治者个人口腹之好，竟如此劳民伤财！但也足见当时荔枝贮藏与运输的不易。

在湛江地区，有一条村庄因荔枝而著名，这个村就是遂溪县建新镇的苏二村。苏二村原名荔枝村，盛产荔枝。据张志诚（1986年《湛江史志》第3期）记述，在古代特别是汉唐时期，遂溪曾是荔枝的主要产地，当时遂溪出产的"双袋子"荔枝和香荔驰名，被官府指定为"贡荔"，因此也证明遂溪种植荔枝已有二千多年历史。据说上世纪八十年代，该村仍有一株千年荔枝树，当地群众流传，这棵千年荔枝树就是当年苏东坡二进荔枝村时，由村长老黄大伯从荔枝树摘来鲜果招待苏学士的原树，荔枝村也因苏学士二次前来品尝荔枝遂更名为苏二村。苏东坡非常流连荔枝的鲜美，留下了"日啖荔枝三百颗，不辞长作岭南人"的佳句。

2018年完成的新一轮古树名木普查表明，在湛江地区已找不到千年荔枝的踪迹，但百年以上的荔枝树不少，共213株，其中树龄超过三百年的二级古荔枝有3株。时至今日，苏二村仍然以种植荔枝为主业之一，村中荔枝连片种植，生态环境良好。村民们保护树木和生态意识较强，荔枝大树、老树随处可见。现全村有百年以上的古荔枝3棵，图中展示的是其中一株，树龄约110岁，树高12.5米，胸径75厘米，冠幅14米，枝叶繁茂，生机盎然，树干基部有发达的板状根，是经历岁月洗礼的见证，也是古树支撑树体、继续砥砺前行的稳固根基。

三级古树 >>>

桃榄

学名：*Pouteria annamensis* (pierre) Baehni

科属：山榄科 桃榄属

树龄：100 年

编号：44082311220600263

地点：遂溪县港门镇枫树村委会白马庙

桃榄为常绿大乔木，具乳汁；叶散生于延长的小枝上，幼时披针形，成熟时长圆状倒卵形或长椭圆状披针形；浆果多汁，球形，直径 2.5～4.5cm 厘米，成熟时紫红色，味香甜，可食用。树皮治毒蛇咬伤，木材供建筑用。

雷州半岛的桃榄数量不多，平时不易见到。根据 2018 年完成的新一轮古树普查结果，仅在遂溪县港门镇的枫树村和黄屋村各发现一株桃榄古树。黄屋村那株已被垂叶榕气生根包裹，生势衰弱。图中这棵桃榄树位于枫树村白马庙旁。据附近居住的村民介绍，古树是他的祖父于民国初期种植，后辈一直视之为祖上留下的传家宝，非常珍惜，倍加保护。现今，桃榄树历经百年岁月，仍枝繁叶茂，长势良好，古而不老。该树高达 15.5 米，胸径 83 厘米，冠幅 14 米，树干基部向外隆起众多板状根，彰显古树蹉跎岁月的痕迹。

三级古树 >>>

学名：*Ficus microcarpa* L.f.

科属：桑科 榕属

树龄：230 年

编号：44082510720300063

地点：徐闻县下桥镇北插村委会金竹村

　　榕树为常绿大乔木，冠幅宽展，遮天蔽日，是南方最常见的风景树和遮荫树。根据新一轮古树普查结果，湛江地区发现的百年以上古榕树就有2082株，是保存下来数量最多的古树。位于徐闻县下桥镇金竹村的这棵古榕树已经二百多岁，树冠覆地一亩有余，树干上大量气生根悬垂而下扎入土中，变成古树的"树干"支撑庞大的树冠。据村中一位八旬老人说，孩提时，便与小朋友在此大树下众多树干间穿梭游戏、捉迷藏，至于那么多树干，没人能说清楚哪个是"母"，哪个是"子"。几十条支柱根组成壮丽的"独木成林"景观，走在树下，恍若进入了神秘的原始森林，让人流连忘返。

三级古树 >>>

山牡荆

学名：*Vitex quinata* (Lour.) Will.

科属：马鞭草科 牡荆属

树龄：110 年

编号：44082510720300123

地点：徐闻县下桥镇北插村委会金竹村

山牡荆为常绿乔木，小枝棱形，掌状复叶；成熟果实黑色。其根、树干髓部和枝叶入药，可止咳定喘，镇静退热；木材适于作门、窗、胶合板等用材。山牡荆主要分布于我国南部，生长在海拔180～1200米的山坡林中。徐闻县下桥镇金竹村有一株山牡荆，是村边风水林中保存下来的古树，树高12米，胸径122厘米，树冠枝叶稠密，树下荫蔽清凉。由于病虫入侵，古树茎干基部已出现腐烂情况，部分干枝被台风折断，生长势趋弱。当地管理部门已将该古树实施抢救性保护，并制订了相应的保护措施。

三级古树 >>>

学名：*Endospermum chinense* Benth.

科属：大戟科 黄桐属

树龄：220 年

编号：44082510420700011

地点：徐闻县曲界镇南胜村委会干坑村

黄桐为大戟科黄桐属植物，其嫩枝、花序和果均密被灰黄色星状微柔毛；叶薄革质，椭圆形至卵圆形。木材淡黄色，纹理通直；树皮治疟疾，树叶有舒筋活络、祛瘀生新和消肿镇痛的功效。黄桐主要分布于我国广东、海南、广西、福建及云南南部，生长于海拔600米以下山地常绿林中。

在湛江地区，黄桐的分布较广，但百年以上的黄桐古树不多，全市共发现10株，主要分布在徐闻曲界镇和廉江石城镇。图中这棵古黄桐树位于徐闻县曲界镇干坑村，据传该古树大约生长于清朝嘉庆年间，至今已有二百多年。现今树高达21米，胸径131厘米，平均冠幅13米。树体高大挺拔，枝干虬曲苍劲，枝叶十分繁茂。"村有一老，如有一宝"，村民们以拥有此树为荣，闲暇之余都喜欢聚集在古树下小憩闲聊，成为村中一景。

三级古树 >>>

铁灵花

学名：*Celtis philippensis* var. *wightii* (Planch.) Soepadmo

科属：榆科 朴属

树龄：190 年

编号：44082520121300353

地点：徐闻县城北乡桃园村委会仕仁村

铁灵花是菲律宾朴树（又称油朴）的变种，产自海南，多生于海边斜坡荒地或林中。小乔木，树皮灰色，节部比较膨大；叶革质，椭圆形至长圆形，三出叶脉；果实成熟时红色。其木材坚重，可供高强度耐磨构件、工艺美术品等用材；种子仁含油量高达68%，可作食用油和工业用油。因为该树稀少，已列入近危种保护。

这棵铁灵花古树生长在徐闻县城北乡仕仁村村边杂灌丛中，经历近二百年风雨洗礼，茎干表面形成明显的棱脊，板状根特别发达，部分板根在土壤表面延伸长度达数米，表现出顽强的生命力。该古树高16米，胸径90厘米，冠幅12米，枝叶茂盛，树冠浓密，生机盎然。

三级古树 >>>

学名：*Pithecellobium dulce* (Roxb.) Benth.

科属：豆科 牛蹄豆属

树龄：110 年

编号：44080200200100052

地点：赤坎区寸金街道寸金公园

牛蹄豆为常绿大乔木，枝条通常下垂，小枝具针状刺，二回羽状复叶，小叶排列状如牛蹄。该树原产中美洲，现广布于热带干旱地区，我国台湾、广东、广西、云南均有栽培。这棵牛蹄豆古树是法国入侵广州湾时将种子带入湛江，并种植于寸金公园中。该古树高 11.6 米，胸径 132 厘米。古树从基部分成两个主干，其中一干侧倾，枝叶平展，整个树冠呈广伞形，树冠覆盖面积近半亩地，树下清风习习，荫凉舒爽，游人常常在此处停歇观景。

牛蹄豆高大开展，枝叶浓密，适作遮荫树、行道树、园景树，尤适于海岸造林绿化。木材可为箱板和一般建筑用材；荚果可作饲料；假种皮在墨西哥用来制柠檬水。

三级古树 >>>

垂叶榕

学名：*Ficus benjamina* Linn.

科属：桑科 榕属

树龄：160 年

编号：44080300200500170

地点：霞山区爱国街道办长堤码头

在湛江市霞山区海滨一路与长堤码头路口交汇处，矗立着一株枝繁叶茂、古朴苍劲的垂叶榕，当地又叫"狗仔榕"。该古树高15米，胸径480厘米，冠幅15米，树龄约160年。古榕雄踞长堤一百多年，

见证了湛江人民抗法历史和发展进程。

1899年中法签署《广州湾租借条约》（湛江当时叫广州湾），湛江从而沦为法国殖民地。据湛江文化馆出版的民间故事《湖光岩》记述，1898年法国侵略者一登陆霞山即以法旗挂于此古树，向中国人民示威，紧接着便占领了附近的炮台，焚烧了郑屋村，肆意踩躏我赤手空拳的同胞，由此激起附近郑屋、南柳等村人民强烈反抗，他们自发组织起来，以梭镖、大刀、藤牌等作武器，誓与侵略者决一死战。法国侵略者自感势孤力薄，便借刀杀人，将其从安南雇佣而来的兵丁编成"蓝带营"，作为镇压我抗法同胞的帮凶。在一次你死我活的战斗中，郑屋村三名抗法义士不幸牺牲，毫无人性的侵略者竟把我死难同胞血淋淋的头颅悬挂在榕树上示众，企图恐吓我善良的人民。谁知事与愿违，反而点燃了我同胞复仇之火。在一个伸手不见五指的黑夜，郑屋、南柳数十名村民手持钢刀、梭镖，埋伏在敌营周围，把锯成短筒的青竹放置在敌营门口，点燃鞭炮，诱敌出门。果然有三名"蓝带营"土兵闻声而出，他们踩上滑溜溜的竹筒，一个个滑倒在地。说时迟，那时快，严阵以待的村民一跃而上，手起刀落，砍下了他们的首级，也将头颅悬挂在榕树上，以牙还牙。双方均把血淋淋的人头挂于树上，由此谱写了一曲"血洒大榕树"的历史壮歌，古树因悬挂过抗法壮士的头颅，故亦称为"爱国榕"。古树见证了革命先辈为反抗侵略者抛头颅，洒热血，无畏牺牲保家卫国的历史，彰显了湛江人民捍卫民族尊严和国家利益与侵略者英勇斗争的民族精神。

时间流逝，历史变迁，但湛江人民每每说起海滨路这棵古榕树时，都会忆记起这段沧桑历史。上世纪90年代扩建道路，这株古榕树正好位于扩建道路的正中央，到底是"让道于树"还是"移树让路"，引起广泛热议。最后当地政府和广大市民作出决定，既要修路又不伤树，对古树实行原地保护。古树因而被保留下来，如今独树一帜，挺立在道路中央，成为地标性植物。

三级古树 >>>

学名： *Plumeria rubra* L. 'Acutifolia'

科属： 夹竹桃科 鸡蛋花属

树龄： 110 年

编号： 44080300200500173

地点： 霞山区爱国街道办市政府宿舍三区

鸡蛋花别名缅栀子、蛋黄花，为落叶小乔木。其小枝肥厚多肉，叶大，多聚生于枝顶，花数朵聚生，花冠筒状，外面乳白色，中心鲜黄色，极芳香。落叶后，光秃的树干呈鹿角状，其状甚美，适合于庭院观赏。图中这棵鸡蛋花是1898年法国入侵广州湾时引入栽植的观赏树木，现保存于"法国公馆"旁的市政府第三宿舍内，古树茎基部三分叉，茎干苍劲，形状虬曲，枝叶茂盛。据该树所在小区的老人介绍，本宿舍区年代老旧，绿化较差，该古树成为不可多得的绿色宝贝，特别是开花季节，淡淡的鸡蛋花香随风飘进各家各户，令人心旷神怡，住户们象爱护家人一样保护古树。

三级古树 >>>

十字架树

学名：*Crescentia alata* H. B. K.

科属：紫葳科 葫芦树属

树龄：116 年

编号：44080300600100144

地点：霞山区海滨街道办海滨公园北区

十字架树又名叉叶木，因每片叶的形状酷似基督教徒挂在胸前的"十"字架，故而得名。据说教徒们对十字架树顶礼膜拜，每次遇见它们，都会情不自禁地用手指在自己的胸前划"十字"，然后双掌合十，叩头念咒语。在湛江市海滨公园内种有5棵十字架树，其中4棵植于公园北区，一棵植于南区。

十字架树原产南美，国内罕见。这几株树是法国人引进，原植于霞山区天主教堂（建于1900年）前的花园中。上世纪七十年代因马路扩建而移植到海滨公园内，上世纪九十年代扩建公园，再次进行了移植，其中两棵迁回天主教堂。这几棵十字架树命运坎坷，一生不断颠簸迁移，不知道是树本身"水土不服"，还是移植伤了"元气"，至今树龄已达一百多岁，树体仍然很矮小。图中这棵116岁的古树，高7米，胸径38厘米，冠幅7.5米。

十字架树除叶形奇特外，其花、果也很有特色：花果直接生长于茎干或老枝上，即"老茎生花"。花呈紫色，状如漏斗，远远望去，恰似成群紫色蘑菇附着其间，姿彩绚丽。果实硕大，椭圆形，表面光滑。十字架树是公园的"明星"景观树，游人徒步至此，无不驻足探究观赏。

三级古树 >>>

学名：*Cycas revolute* Thunb.

科属：苏铁科苏铁属

树龄：110 年

编号：44081110222101035

地点：麻章区湖光镇湖光岩楞严寺

在湛江市湖光岩楞严寺门前，一左一右矗立着 2 株树龄逾百年的古苏铁，忠实地守护着古刹。令人惊奇的是，两棵古树打破了铁树茎干不分枝、茎顶只长一个"花"（孢子叶球）的常规，中上部分叉形成多干，且每干顶端又结出多个"花"来。

苏铁羽叶繁茂，四季常青，树姿刚健，挺拔秀丽，生命绵长，深受大众的喜爱，被视为吉祥与长寿的象征。民间还广泛流传着关于铁树的优美传说或谚语，如人们常用"千年铁树开了花，万年枯藤发了芽"来比喻坚韧不拔的坚强意志和百折不挠永不言败的精神；而"铁树开花，哑巴说话"、"铁树开花，百年难遇"，则用以说明铁树开花是人间难得一见的奇迹。铁树真的是百年难得开花吗？其实不然，苏铁是热带植物，日照及积温足够的热带地区，每年都能开花结果。但苏铁的"花"并没有花萼、花瓣这些特征，因此，即使正在开花的铁树，人们往往是视而不见。生境不适应而致不开花，以及花的特征不明显两个因素可能是导致上述俗语流传的原因。

苏铁起源于 3 亿年前的古生代石炭纪，中生代达到鼎盛时期。当时正值恐龙称霸，苏铁类植物是恐龙的主要食物。在漫长的历史演变过程中，恐龙灭绝了，苏铁类植物却奇迹般地生存下来，历经亿年的沧桑磨难，繁衍演化至今，成为"活化石"，这不能不说是生命的奇迹！苏铁属全球濒危物种，已被列为国际上重点保护野生植物。

三级古树 >>>

学名：*Schefflera octophylla* (Linn.) Frodin

科属：五加科 鹅掌柴属

树龄：100 年

编号：44080400220100003

地点：坡头区麻斜街道办新村

鹅掌柴又称鸭脚木，为常绿乔木，分枝多，枝条稠密。叶片 5～8 枚排成掌状。鹅掌柴是热带、亚热带地区常绿阔叶林常见的植物，喜温暖、湿润、半阳环境，不耐低温，若气温在 0℃ 以下，植株会受冻，出现落叶现象。

坡头区麻斜街道办新村有一片以鹅掌柴为优势种的"风水林"，当地人称之为环村"后林"。据传，很久以前，该树林所在地方原是一片海滩，随着时间的推移，海滩抬升为陆地，植物随之进入，形成大片树林，在这里居住的祖先就给它取了个名字叫"后林"。村中老人提起这片树林，都感慨万分地说：该片树林是村庄抵御台风灾害的屏障，也是伴随他们成长不可磨灭的记忆。在过去没有电扇和空调的年代，每到盛夏酷暑，人们就在树下挂上吊床或摆上竹床露宿，借靠树林的阴凉度过了无数酷热夏日。他们说当年的生活虽然艰苦，但却很怀念。

图中这棵鹅掌柴是这片风水林中最古老的一株。树高达 15 米，胸径 65 厘米，冠幅 14 米。该树体高大，树干挺直，干形扁化，基部板根发达，树冠露于林冠层之上，如一个高大威猛的勇士守护着这片森林及村庄。

三级古树 >>>

学名： *Erythrina variegate* Linn.

科属： 豆科 刺桐属

树龄： 120 年

编号： 44080500520500336

地点： 湛江经济技术开发区民安街道办后边村

刺桐，又名象牙红，是豆科刺桐属落叶大乔木，茎干具刺，髓部疏松，颓废部分成空腔，因此，也被称为空桐树。刺桐原产印度至大洋洲海岸林中，我国华南地区及四川栽培较广。每年春季，刺桐光秃的枝干上红花盛放，犹如一串串熟透了的火红辣椒悬挂满树，甚为喜庆吉祥。花谢后，抽出新叶，待到盛夏，再洒下一树绿荫，福荫百姓。

刺桐花是阿根廷的国花，当地有一个古老的传说：很久很久以前阿根廷有许多地区常遭水灾，但只要有刺桐的地方，就不会被洪水淹没。因此，阿根廷人便把刺桐当成保护神，并将刺桐花定为国花。

刺桐是福建泉州市花。据《异物志》记载："苍梧即刺桐，岭南多此物，因以名郡。"泉州因为刺桐的普遍，故称为"刺桐城"，广西梧州多苍梧，故以梧州命名；"刺桐城"也是我国台湾台南市之别称，台湾噶玛兰族以刺桐花开时为过年。

在我国一些地方，人们以刺桐开花情况来预测年成，如刺桐花期偏晚，花势繁盛，就认为来年会五谷丰登，六畜兴旺，所以刺桐又名"瑞桐"，代表着吉祥如意。在湛江市东海岛民安街道办后边村李氏宗祠前，就有一棵这样的刺桐古树，据传是外国传教士引入栽种，树龄约120年，现树高11米，胸径126厘米，冠幅12米。目前该古树保护良好，生长正常。

名　木 >>>

学名：*Erythrophleum fordii* Oliv.

科属：豆科 格木属

树龄：57 年

编号：44081110222101030

地点：麻章区湖光镇湖光岩环湖道

种植人：胡志明

湛江湖光岩风景区有三棵著名的树木——"中越友谊树"。这三棵树都是格木，又称铁木。1962年2月，越南民主共和国前国家主席胡志明到访湛江参观湖光岩时，将其从越南带来的三棵格木亲自种植于湖光岩风景区，作为中越友好的象征。三棵"中越友谊树"并列于湖光岩西门附近的环湖路旁，现已长成参天大树。其中最大的一棵树高超过18米，胸径71.6厘米，冠幅11米。

格木，属于苏木科格木属常绿乔木，是国家Ⅱ级重点保护野生植物，分布于我国广西、广东、福建、台湾、浙江等省区和越南，为珍贵的用材树种，木材坚硬耐腐，花纹华丽，属特级用材，其心材价值达每立方米万元以上，因材质坚硬如铁，不易加工，产地群众又称之为铁木。广西容县的真武阁建于1573年，全部采用格木建成，经历四百多年至今完好无损，足见其材质优良且坚固耐用。

名 木 >>>

学名：*Araucaria cunninghamii* Sweet

科属：南洋杉科 南洋杉属

树龄：55 年

编号：44088110420800515、44088110420800516

地点：廉江市河唇镇鹤地水库服务中心

种植人：陈毅、张茜

1963年2月2日，时任国务院副总理、外交部长陈毅元帅及夫人张茜在湛江地委孟宪德书记陪同下到湛江青年运河管理局视察工作，陈毅元帅与夫人张茜在该局办公楼（现改为服务中心）门口两侧各栽植南洋杉一株。这两株南洋杉植后生长茂盛，树高分别达26米和24米，胸径分别为53厘米和48厘米。两树树冠形同一座巍峨的宝塔，枝条轮状平展，层层叠生，肃穆庄重，从容大度，人们尊称为"元帅杉"，又称"将军树"。

南洋杉原产大洋洲东南沿海地区，树形高大，姿态优美，它和雪松、日本金松、北美红杉、金钱松被称为世界五大庭园树种，宜作园景树或作纪念树，亦可作行道树；木材可供建筑、器具、家具等用。

第三章
湛江市古树名木目录

表1 廉江市古树目录

古树编号	树种	古树等级	树龄（年）	树高（米）	胸围（厘米）	冠幅（米）	位置
44088110721600235	竹节树	一级	500	12.0	305	11	廉江市横山镇南圩村委会温村安福庙前
44088111420900683	龙眼	一级	500	15.0	470	17	廉江市雅塘镇那贺村委会甘塘村土地公庙旁
44088110121400708	山杜英	二级	360	9.0	208	8	廉江市石城镇铜锣冲村委会十字路村生态园内
44088110420700030	竹节树	二级	360	12.5	243	15	廉江市河唇镇莲塘口村委会莲塘口村篮球场旁边
44088110520300731	高山榕	二级	310	25.0	650	21	廉江市石角镇榕树村委会丰旺桐村佰公山西面山脚小路右边
44088110520400757	龙眼	二级	300	8.0	270	5	廉江市石角镇丰满村委会山地嘴村村道旁
44088110521000050	杧果	二级	300	15.0	500	20	廉江市石角镇横石村委会文豪村钟氏宗祠前
44088110623600380	竹节树	二级	320	8.0	213	10	廉江市良垌镇洪村村委会洪村祠堂旁边
44088110720200108	见血封喉	二级	420	23.0	641	16	廉江市横山镇下路村委会关塘仔村庙东南边20m
44088110720300151	樟	二级	300	19.0	473	18	廉江市横山镇六格村委会溪墩村旧村场
44088110720300152	樟	二级	300	19.0	476	24	廉江市横山镇六格村委会溪墩村旧村场
44088110720300153	榕树	二级	390	25.0	730	28	廉江市横山镇六格村委会车头村戏台旁
44088110721700228	龙眼	二级	370	15.0	300	16	廉江市横山镇峥角溪村委会东村共和堂前
44088110721900134	垂叶榕	二级	350	18.0	800	24	廉江市横山镇曲塘村委会上良村汕湛高速旁土地公庙旁
44088110721900239	龙眼	二级	430	14.0	323	9	廉江市横山镇曲塘村委会三角塘村文体活动中心旁
44088110801100265	榕树	二级	360	17.0	705	21	廉江市安铺镇东山居委会黄盘上村水泥道旁
44088110820200262	垂叶榕	二级	300	14.0	630	30	廉江市安铺镇水流村委会水流村土地公旁
44088110820700286	垂叶榕	二级	300	16.0	630	18	廉江市安铺镇珠盘海村委会红灯村村中
44088110820700287	垂叶榕	二级	310	12.0	650	19	廉江市安铺镇珠盘海村委会水沟头村神坛后面
44088110821400257	垂叶榕	二级	430	17.0	760	31	廉江市安铺镇博教村委会上垌坡村北边猪栏边
44088110821700289	竹节树	二级	310	15.0	207	8	廉江市安铺镇合河村委会虾塘坡村四队
44088110921500517	荔枝	二级	350	12.5	243	11	廉江市营仔镇福山村委会白水塘村南边
44088111021600087	见血封喉	二级	400	17.0	660	13	廉江市青平镇六旺村委会符村刘阿贵屋后
44088111120500322	竹节树	二级	330	12.0	220	11	廉江市车板镇龙眼根村委会蟹地村庙边
44088111121100328	榕树	二级	380	19.0	800	37	廉江市车板镇多浪村委会多浪公共文化活动中心
44088111520400076	榕树	二级	430	16.0	760	24	廉江市石颈镇平城村委会沙田村文化楼
44088111722100834	龙眼	二级	300	12.0	270	18	廉江市塘蓬镇六环村委会石塘村土地公旁
44088111820900525	红锥	二级	300	10.0	305	7	廉江市和寮镇三下村委会三下村显应堂后
44088111820900528	龙眼	二级	340	11.0	290	7	廉江市和寮镇三下村委会龙塘村吴海峰家门前
44088111821300609	龙眼	二级	300	13.0	270	10	廉江市和寮镇横江坡村委会根竹村根竹嶂公园黄氏宗祠堂旁
44088100200100819	榕树	三级	130	16.0	360	17	廉江市城南街道办新江居委会上水美村上寿山镜旁
44088100200100820	榕树	三级	210	12.0	500	16	廉江市城南街道办新江居委会上水美村水美镜前
44088100220200821	樟	三级	130	12.0	230	10	廉江市城南街道办深水垌村委会坡笪竹公山旁
44088100220200822	榕树	三级	210	12.0	500	23	廉江市城南街道办深水垌村委会中间垌村东风小学旧址旁
44088100320300011	榕树	三级	180	13.0	450	19	廉江市城北街道办大塘村委会扫杆坡
44088100320300012	樟	三级	100	22.0	209	14	廉江市城北街道办大塘村委会高田村
44088100320300013	樟	三级	190	23.0	328	17	廉江市城北街道办大塘村委会高田村
44088110120100001	榕树	三级	120	13.0	325	16	廉江市石城镇那良村委会那良村
44088110120200617	高山榕	三级	140	16.5	366	24	廉江市石城镇茶山村委会茶山小学东侧
44088110120200618	高山榕	三级	190	15.0	480	29	廉江市石城镇茶山村委会茶山小学外东侧
44088110120200619	榕树	三级	110	18.0	320	19	廉江市石城镇茶山村委会茶山小学外东侧
44088110120200620	高山榕	三级	190	17.0	472	24	廉江市石城镇茶山村委会茶山村茶山小学校园内
44088110120200621	高山榕	三级	140	14.5	375	25	廉江市石城镇茶山村委会茶山村黎竹境坛
44088110120300002	樟	三级	100	13.0	260	17	廉江市石城镇东风村委会响水窝村村东小溪旁边
44088110120300622	水翁	三级	140	14.0	255	25	廉江市石城镇东风村委会田背村渠桥旁
44088110120300623	水翁	三级	130	13.0	235	21	廉江市石城镇东风村委会田背村渠桥坛前
44088110120300624	荔枝	三级	100	14.5	202	8	廉江市石城镇东风村委会田背村渠桥庙前

第三章 湛江市古树名木目录

(续)

古树编号	树种	古树等级	树龄（年）	树高（米）	胸围（厘米）	冠幅（米）	位置
44088110120300625	龙眼	三级	140	15.5	172	11	廉江市石城镇东风村委会鉴埔村水塘旁
44088110120300626	橄榄	三级	130	16.0	240	19	廉江市石城镇东风村委会鉴埔村水泥路旁
44088110120300627	樟	三级	110	13.5	216	11	廉江市石城镇东风村委会鉴埔村斜坡
44088110120300628	樟	三级	110	13.0	198	12	廉江市石城镇东风村委会鉴埔村东南农田
44088110120300629	榕树	三级	140	18.0	385	19	廉江市石城镇东风村委会流埔村村边原学校后
44088110120300630	凤凰木	三级	170	19.0	292	21	廉江市石城镇东风村委会流沙埔村边
44088110120300631	凤凰木	三级	140	18.0	253	18	廉江市石城镇东风村委会流沙埔村边
44088110120300632	杧果	三级	130	13.5	241	22	廉江市石城镇东风村委会龙角埔村东边
44088110120300633	荔枝	三级	110	11.0	208	11	廉江市石城镇东风村委会龙角埔村东边
44088110120300634	荔枝	三级	110	11.0	210	13	廉江市石城镇东风村委会龙角埔村东边
44088110120300635	荔枝	三级	160	12.0	283	17	廉江市石城镇东风村委会三角塘村边水井边
44088110120300636	荔枝	三级	100	9.0	203	12	廉江市石城镇东风村委会三角塘村灵应庙前
44088110120300637	荔枝	三级	100	8.0	203	11	廉江市石城镇东风村委会三角塘村灵应庙前
44088110120300639	荔枝	三级	110	9.0	214	11	廉江市石城镇东风村委会山美村农田边坡地
44088110120300640	荔枝	三级	130	9.0	251	13	廉江市石城镇东风村委会山美村坡地
44088110120300641	荔枝	三级	100	10.0	210	8	廉江市石城镇东风村委会山美村西边坡地
44088110120300642	荔枝	三级	110	9.0	215	9	廉江市石城镇东风村委会山美村西边坡地
44088110120300644	荔枝	三级	100	8.0	210	14	廉江市石城镇东风村委会山美村东北坡地
44088110120300645	荔枝	三级	100	9.0	212	17	廉江市石城镇东风村委会山美村东北坡地
44088110120300646	荔枝	三级	110	7.0	220	12	廉江市石城镇东风村委会山美村东北坡地
44088110120500616	榕树	三级	110	17.0	320	9	廉江市石城镇上县村委会上县村中水泥路旁
44088110120700003	橄榄	三级	140	15.0	230	16	廉江市石城镇罗笛冲村委会大埔村村中
44088110120700004	榕树	三级	140	19.5	370	31	廉江市石城镇罗笛冲村委会边村乡道旁边
44088110120800653	荔枝	三级	110	10.5	216	9	廉江市石城镇谢下村委会福寿村村中烧鸡炉路前
44088110120800654	黄桐	三级	100	14.5	236	14	廉江市石城镇谢下村委会福寿村村中庙坛边
44088110120800655	黄桐	三级	100	15.5	212	9	廉江市石城镇谢下村委会福寿村庙坛前坡地
44088110120800657	荔枝	三级	110	10.5	220	9	廉江市石城镇谢下村委会棠梢村村中
44088110120800663	垂叶榕	三级	140	12.0	316	27	廉江市石城镇谢下村委会平垌村水塘边
44088110120900664	榕树	三级	100	10.5	283	16	廉江市石城镇飞鼠田村委会廖村水泥路白坟边
44088110120900665	榕树	三级	100	12.0	298	19	廉江市石城镇飞鼠田村委会廖村水泥路边农田
44088110120900666	垂叶榕	三级	210	13.0	453	25	廉江市石城镇飞鼠田村委会廖村中坡地空地
44088110120900686	乌墨	三级	130	12.0	275	7	廉江市石城镇飞鼠田村委会廖村水泥路转弯处
44088110120900687	榕树	三级	110	6.0	286	9	廉江市石城镇飞鼠田村委会廖村塘绿境公庙
44088110120900688	榕树	三级	110	7.0	283	3	廉江市石城镇飞鼠田村委会廖村塘绿境公庙东50米处
44088110120900689	榕树	三级	110	7.0	313	6	廉江市石城镇飞鼠田村委会廖村塘绿境公庙东50米处
44088110120900690	垂叶榕	三级	140	11.0	320	10	廉江市石城镇飞鼠田村委会廖村塘绿境公庙东60米
44088110120900691	榕树	三级	180	13.0	440	23	廉江市石城镇飞鼠田村委会廖村南面
44088110120900692	乌墨	三级	120	13.0	254	11	廉江市石城镇飞鼠田村委会廖村南面
44088110120900693	朴树	三级	130	13.0	208	10	廉江市石城镇飞鼠田村委会万屋村承宗公祠
44088110120900696	荔枝	三级	120	9.0	230	7	廉江市石城镇飞鼠田村委会飞鼠田村水泥路边近鱼塘
44088110120900697	荔枝	三级	150	10.0	270	10	廉江市石城镇飞鼠田村委会飞鼠田村水泥路边鱼塘旁
44088110121000694	荔枝	三级	100	7.0	205	11	廉江市石城镇官冲村委会科名垌大王公庙前
44088110121000695	木荷	三级	140	13.0	181	8	廉江市石城镇官冲村委会科名垌村中
44088110121200711	荔枝	三级	100	11.0	208	11	廉江市石城镇荔枝坑村委会龙祖尾村牛岭
44088110121200712	红锥	三级	260	10.0	280	13	廉江市石城镇荔枝坑村委会龙祖尾村牛岭
44088110121200713	樟	三级	150	10.0	270	11	廉江市石城镇荔枝坑村委会长岭村水泥路旁
44088110121200714	樟	三级	140	14.0	254	10	廉江市石城镇荔枝坑村委会长岭村球场旁
44088110121200715	樟	三级	120	12.0	220	6	廉江市石城镇荔枝坑村委会长岭村球场旁

(续)

(续)

古树编号	树种	古树等级	树龄（年）	树高（米）	胸围（厘米）	冠幅（米）	位置
44088110121200716	樟	三级	110	13.0	207	8	廉江市石城镇荔枝坑村委会长岭村球场旁
44088110121200717	铁冬青	三级	120	5.0	160	7	廉江市石城镇荔枝坑村委会龙祖尾村农田旁
44088110121200718	水翁	三级	100	15.0	215	15	廉江市石城镇荔枝坑村委会龙祖尾村农田旁
44088110121300006	樟	三级	130	15.0	240	8	廉江市石城镇龙窝江村委会桃子山村公路边庙旁
44088110121300007	樟	三级	150	15.0	270	10	廉江市石城镇龙窝江村委会桃子山村公路边庙旁
44088110121300008	黄桐	三级	150	15.0	210	8	廉江市石城镇龙窝江村委会桃子山村公路边庙旁
44088110121300009	榕树	三级	100	10.0	290	17	廉江市石城镇龙窝江村委会碑头村南边乡道旁
44088110121300010	樟	三级	180	18.0	303	14	廉江市石城镇龙窝江村委会碑头村
44088110121400005	樟	三级	160	17.0	280	21	廉江市石城镇铜锣冲村委会车平仔
44088110121400703	荔枝	三级	100	14.0	213	7	廉江市石城镇铜锣冲村委会书房岭村水塔旁
44088110121400704	荔枝	三级	100	14.0	207	7	廉江市石城镇铜锣冲村委会书房岭村水塔旁
44088110121400705	黄桐	三级	100	13.0	203	8	廉江市石城镇铜锣冲村委会十字路村生态园内
44088110121400706	黄桐	三级	100	13.0	229	8	廉江市石城镇铜锣冲村委会十字路村生态园内
44088110121400707	黄桐	三级	100	13.0	230	7	廉江市石城镇铜锣冲村委会十字路村生态园内
44088110121400709	铁冬青	三级	110	9.0	144	7	廉江市石城镇铜锣冲村委会十字路村生态园内
44088110121400710	龙眼	三级	130	10.0	165	8	廉江市石城镇铜锣冲村委会十字路村村牌
44088110121500698	樟	三级	220	18.0	337	20	廉江市石城镇石南村委会邹捱埔村福善堂后
44088110121500699	樟	三级	210	13.0	364	13	廉江市石城镇石南村委会邹捱埔村中间
44088110121500700	樟	三级	110	15.0	210	12	廉江市石城镇石南村委会邹捱埔村黄茅境公庙前
44088110121500701	荔枝	三级	160	8.0	290	6	廉江市石城镇石南村委会东边岭村中大塘边
44088110121500702	垂叶榕	三级	130	11.0	305	10	廉江市石城镇石南村委会黄捱埔村灯楼前
44088110121600720	水翁	三级	110	11.0	225	9	廉江市石城镇山头村委会坡头村东边养猪旁
44088110121600721	龙眼	三级	140	12.0	170	10	廉江市石城镇山头村委会坡头村中公园内
44088110121700719	垂叶榕	三级	130	11.0	290	15	廉江市石城镇石头岭村委会长岭嘴村内
44088110121700722	水翁	三级	110	10.0	220	9	廉江市石城镇石头岭村委会大山村小渠旁水泥路旁
44088110121700723	水翁	三级	100	10.0	210	8	廉江市石城镇石头岭村委会大山村小溪旁水泥路边
44088110121700724	水翁	三级	120	13.0	235	13	廉江市石城镇石头岭村委会大山村小溪对面岸
44088110121700725	水翁	三级	130	12.0	250	14	廉江市石城镇石头岭村委会大山村小溪旁水泥路边
44088110121700726	水翁	三级	100	9.0	210	10	廉江市石城镇石头岭村委会大山村小溪旁水泥路边
44088110121700727	水翁	三级	190	12.0	290	12	廉江市石城镇石头岭村委会大山村小溪旁水泥路边
44088110121700728	水翁	三级	120	9.0	235	9	廉江市石城镇石头岭村委会大山村小溪旁水泥路边
44088110121700729	水翁	三级	120	10.0	238	11	廉江市石城镇石头岭村委会大山村小溪旁水泥路边
44088110121700730	水翁	三级	110	9.0	220	11	廉江市石城镇石头岭村委会大山村小溪旁水泥路边
44088110220600339	见血封喉	三级	120	16.0	460	17	廉江市新民镇三角山村委会三角山村村中
44088110220600340	荔枝	三级	170	12.0	300	11	廉江市新民镇三角山村委会三角山村村中
44088110220600341	龙眼	三级	110	9.0	142	9	廉江市新民镇三角山村委会三角山村村中
44088110220600342	樟	三级	240	12.0	400	14	廉江市新民镇三角山村委会三角山四队风水林边缘
44088110220600343	樟	三级	140	18.0	246	14	廉江市新民镇三角山村委会三角山四队风水林边缘
44088110220600344	红鳞蒲桃	三级	110	10.0	142	8	廉江市新民镇三角山村委会石云村村中
44088110220600345	龙眼	三级	110	9.0	146	8	廉江市新民镇三角山村委会石云村西边
44088110220600346	垂叶榕	三级	120	8.0	282	17	廉江市新民镇三角山村委会石云村
44088110220600347	樟	三级	190	23.0	310	15	廉江市新民镇三角山村委会蔡村西南
44088110220600348	樟	三级	120	19.0	222	12	廉江市新民镇三角山村委会蔡村西南
44088110220600349	橄榄	三级	150	17.0	270	17	廉江市新民镇三角山村委会蔡村西南
44088110220800338	见血封喉	三级	110	17.0	450	12	廉江市新民镇大路边村委会李屋岭村村内
44088110320100021	荔枝	三级	160	7.0	285	9	廉江市吉水镇吉水村委会佛头埔村村中水泥路边
44088110320100022	荔枝	三级	220	9.0	350	9	廉江市吉水镇吉水村委会佛头埔村村中水泥路边
44088110320400807	垂叶榕	三级	180	16.0	450	22	廉江市吉水镇大车村委会东岸文化楼

第三章 湛江市古树名木目录

(续)

古树编号	树种	古树等级	树龄(年)	树高(米)	胸围(厘米)	冠幅(米)	位置
44088110320400808	樟	三级	170	15.0	285	12	廉江市吉水镇大车村委会东岸仔村莲塘境旁
44088110320400809	樟	三级	120	13.0	210	13	廉江市吉水镇大车村委会东岸仔莲塘境旁
44088110320400810	樟	三级	210	9.0	308	9	廉江市吉水镇大车村委会东岸仔村莲塘境旁
44088110320400811	樟	三级	150	13.0	250	14	廉江市吉水镇大车村委会东岸仔村莲塘境旁
44088110320500804	杧果	三级	190	12.0	280	12	廉江市吉水镇低山村委会低山村文化室旁
44088110320500805	杧果	三级	130	12.0	240	12	廉江市吉水镇低山村委会低山村文化室旁
44088110320500806	杧果	三级	100	10.0	200	10	廉江市吉水镇低山村委会低山村文化室
44088110320700020	见血封喉	三级	110	15.0	450	11	廉江市吉水镇大金村委会小黄洞村村道旁
44088110320800017	荔枝	三级	150	12.0	285	15	廉江市吉水镇南和村委会高岭村西北方向水泥路边
44088110320800018	荔枝	三级	120	10.0	240	11	廉江市吉水镇南和村委会高岭村西北方向水泥路边
44088110320800019	橄榄	三级	150	15.0	295	20	廉江市吉水镇南和村委会高岭村
44088110321100800	高山榕	三级	280	20.0	610	16	廉江市吉水镇梧村垌村委会大路底村文化楼附近
44088110321200812	榕树	三级	100	15.0	280	18	廉江市吉水镇荔枝颈村委会路册村公堂前
44088110321200813	榕树	三级	170	18.0	400	24	廉江市吉水镇荔枝颈村委会火烧岭村水泥路边
44088110321200814	朴树	三级	130	12.0	200	10	廉江市吉水镇荔枝颈村委会火烧岭村水泥路边
44088110321200815	垂叶榕	三级	150	6.0	340	16	廉江市吉水镇荔枝颈村委会荔枝颈村太平镜前
44088110321200816	垂叶榕	三级	130	8.0	300	15	廉江市吉水镇荔枝颈村委会荔枝颈村公共服务站前
44088110321200817	垂叶榕	三级	130	10.0	280	16	廉江市吉水镇荔枝颈村委会荔枝颈村公共服务站前
44088110321200818	龙眼	三级	190	7.0	210	6	廉江市吉水镇荔枝颈村委会荔枝颈村祖先堂后
44088110321700801	樟	三级	120	15.0	260	14	廉江市吉水镇船埠村委会踏窖村社坛
44088110321700802	樟	三级	190	14.0	330	12	廉江市吉水镇船埠村委会踏窖村社坛
44088110321700803	榕树	三级	110	8.0	320	8	廉江市吉水镇船埠村委会船埠村荔枝园内
44088110420700031	见血封喉	三级	100	15.0	420	22	廉江市河唇镇莲塘口村委会莲塘口村篮球场旁边
44088110420700032	高山榕	三级	180	20.0	460	23	廉江市河唇镇莲塘口村委会莲塘口村篮球场旁边
44088110420800033	见血封喉	三级	120	20.0	425	14	廉江市河唇镇河唇村委会苏茅角村村西
44088110421400034	荔枝	三级	200	13.0	345	13	廉江市河唇镇山祖村委会木叶山村离水泥路几十米
44088110421400035	高山榕	三级	130	10.0	350	28	廉江市河唇镇山祖村委会山祖村委会院内
44088110421400036	荔枝	三级	220	10.0	350	13	廉江市河唇镇山祖村委会木叶山村离水泥路几十米
44088110421400037	荔枝	三级	180	9.5	300	8	廉江市河唇镇山祖村委会木叶山村水泥路旁几十米
44088110421400038	荔枝	三级	220	11.0	360	17	廉江市河唇镇山祖村委会嶂下村西北边
44088110421400039	荔枝	三级	120	13.0	245	16	廉江市河唇镇山祖村委会嶂下村南边庙旁
44088110421400040	荔枝	三级	100	12.0	215	11	廉江市河唇镇山祖村委会嶂下村
44088110421400041	荔枝	三级	100	9.0	200	14	廉江市河唇镇山祖村委会嶂下村南边小溪边
44088110421400042	荔枝	三级	110	10.0	220	12	廉江市河唇镇山祖村委会嶂下村南边路旁
44088110421400043	荔枝	三级	120	10.0	240	9	廉江市河唇镇山祖村委会嶂下村村西路旁
44088110421400044	荔枝	三级	160	11.0	280	16	廉江市河唇镇山祖村委会嶂下村村西面
44088110421400045	荔枝	三级	110	9.0	220	12	廉江市河唇镇山祖村委会嶂下村近田边斜坡
44088110421400046	荔枝	三级	100	9.0	200	10	廉江市河唇镇山祖村委会嶂下村近农田
44088110421400047	荔枝	三级	120	11.0	250	16	廉江市河唇镇山祖村委会嶂下村路旁
44088110520100749	荔枝	三级	130	16.0	250	14	廉江市石角镇山腰村委会竹山村刘武财村民屋后边
44088110520100750	荔枝	三级	110	15.0	230	11	廉江市石角镇山腰村委会山塘尾村东西村道路旁
44088110520100751	荔枝	三级	120	10.0	235	9	廉江市石角镇山腰村委会长垌村东面山脚
44088110520200747	高山榕	三级	180	18.0	450	20	廉江市石角镇田头村委会大路排村西南面
44088110520200748	高山榕	三级	150	16.0	400	13	廉江市石角镇田头村委会大路排村刘德飞村民屋后
44088110520300732	米槠	三级	130	25.0	180	9	廉江市石角镇榕树村委会丰旺垌村佰公山西面山脚小路右边
44088110520300733	米槠	三级	160	26.0	203	13	廉江市石角镇榕树村委会丰旺垌村佰公山西面山脚小路右边
44088110520300734	米槠	三级	120	23.0	165	9	廉江市石角镇榕树村委会丰旺垌村佰公山西面山脚树林
44088110520300735	米槠	三级	160	23.0	200	10	廉江市石角镇榕树村委会丰旺垌村佰公山西面山脚小路右边

(续)

古树编号	树种	古树等级	树龄（年）	树高（米）	胸围（厘米）	冠幅（米）	位置
44088110520300736	米槠	三级	190	23.0	230	9	廉江市石角镇榕树村委会丰旺垌村佰公山西树林
44088110520300737	米槠	三级	120	15.0	165	10	廉江市石角镇榕树村委会丰旺垌村佰公山西面树林
44088110520300738	米槠	三级	110	22.0	150	12	廉江市石角镇榕树村委会丰旺垌村佰公山西面树林
44088110520300739	米槠	三级	170	25.0	205	16	廉江市石角镇榕树村委会丰旺垌村佰公山西面树林
44088110520300740	米槠	三级	160	25.0	200	15	廉江市石角镇榕树村委会丰旺垌村佰公山西面树林
44088110520300743	榕树	三级	180	15.0	453	19	廉江市石角镇榕树村委会苏茅垌村边北面
44088110520300744	榕树	三级	110	10.0	303	11	廉江市石角镇榕树村委会苏茅垌村边北面
44088110520300745	米槠	三级	100	20.0	150	15	廉江市石角镇榕树村委会苏茅垌村边北面
44088110520300746	米槠	三级	160	13.0	200	9	廉江市石角镇榕树村委会苏茅垌村边北面
44088110520400752	榕树	三级	150	15.0	400	17	廉江市石角镇丰满村委会上垌村土地公旁
44088110520400753	高山榕	三级	140	15.0	370	17	廉江市石角镇丰满村委会塘背村村道旁
44088110520400754	榕树	三级	140	16.0	375	18	廉江市石角镇丰满村委会塘背村村后
44088110520400755	樟	三级	150	19.0	270	15	廉江市石角镇丰满村委会塘背村土地公旁
44088110520400756	樟	三级	140	14.0	255	10	廉江市石角镇丰满村委会塘背村土地公旁
44088110520400758	荔枝	三级	110	17.0	220	14	廉江市石角镇丰满村委会杨头锅村村后背
44088110521000051	榕树	三级	200	13.0	500	15	廉江市石角镇横石村委会担伞塘村土地公旁
44088110521600048	见血封喉	三级	220	25.0	540	20	廉江市石角镇丹斗村委会丹斗村村中
44088110521600049	见血封喉	三级	100	26.0	450	21	廉江市石角镇丹斗村委会丹斗村村中
44088110600100401	海南红豆	三级	130	20.0	234	17	廉江市良垌镇良新居委会大光坡小学旁边
44088110620300350	榕树	三级	120	12.0	335	16	廉江市良垌镇东桥村委会东桥村西南水泥路旁
44088110620300351	榕树	三级	100	13.0	280	12	廉江市良垌镇东桥村委会东桥村西南
44088110620300352	鹊肾树	三级	180	9.0	219	9	廉江市良垌镇东桥村委会正奏小学内
44088110620300353	鹊肾树	三级	240	13.0	271	9	廉江市良垌镇东桥村委会正奏小学内最大那棵
44088110620300354	鹊肾树	三级	170	12.0	203	7	廉江市良垌镇东桥村委会正奏小学内有树洞那棵
44088110620300355	榕树	三级	210	25.0	510	27	廉江市良垌镇东桥村委会东桥村西南庙旁
44088110620400356	高山榕	三级	120	25.0	325	23	廉江市良垌镇山心村委会东山坡村村东路旁
44088110620400357	高山榕	三级	160	26.0	414	25	廉江市良垌镇山心村委会东山坡村村东路旁
44088110620400358	锥	三级	180	15.0	215	16	廉江市良垌镇山心村委会山心村农民公园
44088110620400359	锥	三级	170	15.0	212	13	廉江市良垌镇山心村委会山心村农民公园内
44088110620400360	榕树	三级	150	25.0	395	26	廉江市良垌镇山心村委会山心村
44088110620400363	朴树	三级	130	14.0	212	16	廉江市良垌镇山心村委会山心小学旁
44088110620400509	高山榕	三级	240	15.0	550	27	廉江市良垌镇山心村委会东山坡村西南
44088110620400510	高山榕	三级	160	13.5	405	19	廉江市良垌镇山心村委会东山坡村西南
44088110620400511	高山榕	三级	120	15.1	330	15	廉江市良垌镇山心村委会东山坡村西南
44088110620400512	高山榕	三级	110	15.5	301	21	廉江市良垌镇山心村委会东山坡村西南
44088110620400513	高山榕	三级	140	16.0	365	22	廉江市良垌镇山心村委会东山坡村西南
44088110620500361	高山榕	三级	240	23.0	560	29	廉江市良垌镇贵墩村委会白甲港村村道旁
44088110620500362	榕树	三级	110	12.0	290	38	廉江市良垌镇贵墩村委会白甲港村村西
44088110621100374	樟	三级	130	22.0	233	18	廉江市良垌镇蒲苏村委会曲央地村东南
44088110621100375	樟	三级	120	16.0	226	16	廉江市良垌镇蒲苏村委会曲央地村村东风水林边缘
44088110621100376	樟	三级	140	15.0	248	18	廉江市良垌镇蒲苏村委会曲央地村南边水泥路旁
44088110621100377	榕树	三级	170	13.0	430	19	廉江市良垌镇蒲苏村委会蒲苏村委会院子前
44088110621100378	榕树	三级	160	13.0	420	19	廉江市良垌镇蒲苏村委会蒲苏村委会院子前
44088110621200500	樟	三级	120	13.0	220	14	廉江市良垌镇白塘村委会黎碧塘村北边一片风水林内
44088110621200501	樟	三级	120	14.0	225	13	廉江市良垌镇白塘村委会黎碧塘村北边一片风水林内
44088110621200502	樟	三级	110	13.5	210	15	廉江市良垌镇白塘村委会黎碧塘村北边一片风水林内
44088110621200503	樟	三级	140	14.1	260	18	廉江市良垌镇白塘村委会黎碧塘村北边一片风水林内
44088110621200504	樟	三级	140	15.0	250	17	廉江市良垌镇白塘村委会黎碧塘北边一片风水林内

第三章 湛江市古树名木目录

(续)

古树编号	树种	古树等级	树龄(年)	树高(米)	胸围(厘米)	冠幅(米)	位置
44088110621200505	樟	三级	160	14.0	280	12	廉江市良垌镇白塘村委会黎碧塘北边一片风水林内
44088110621200506	樟	三级	180	16.5	310	13	廉江市良垌镇白塘村委会黎碧塘村北边一片风水林内
44088110621200507	樟	三级	140	18.0	260	16	廉江市良垌镇白塘村委会黎碧塘村北边一片风水林内
44088110621200508	樟	三级	130	15.0	240	12	廉江市良垌镇白塘村委会黎碧塘村北边一片风水林内
44088110621500371	红鳞蒲桃	三级	110	15.0	143	7	廉江市良垌镇平田村委会平田村东南
44088110621500858	海南红豆	三级	120	18.0	300	14	廉江市良垌镇平田村委会方塘村广应堂对面
44088110621600366	高山榕	三级	130	20.0	340	20	廉江市良垌镇赤岭村委会赤岭村东南
44088110621600367	高山榕	三级	110	23.0	285	19	廉江市良垌镇赤岭村委会赤岭村东南路旁
44088110621600368	高山榕	三级	270	18.0	600	17	廉江市良垌镇赤岭村委会赤岭村东南路边
44088110621600494	榕树	三级	110	11.0	300	21	廉江市良垌镇赤岭村委会赤岭村西北方向水泥道旁
44088110621600495	榕树	三级	130	13.0	360	14	廉江市良垌镇赤岭村委会赤岭村西北方向水泥道旁
44088110621600496	榕树	三级	160	16.0	430	28	廉江市良垌镇赤岭村委会赤岭村西北方向水泥道旁
44088110621600497	榕树	三级	130	14.5	350	22	廉江市良垌镇赤岭村委会赤岭村西北
44088110621600498	垂叶榕	三级	130	11.5	290	17	廉江市良垌镇赤岭村委会赤岭村西北方向水泥道旁
44088110621600499	榕树	三级	120	10.0	340	14	廉江市良垌镇赤岭村委会赤岭村西北方向水泥道旁
44088110621900364	樟	三级	150	16.0	275	16	廉江市良垌镇苑瑶村委会下大路塘村西南
44088110621900365	樟	三级	270	16.0	440	12	廉江市良垌镇苑瑶村委会下大路塘村省道S286旁
44088110622200402	榄仁树	三级	100	20.0	258	18	廉江市良垌镇黎屋村委会上黎村路旁
44088110622200403	红鳞蒲桃	三级	190	15.0	226	7	廉江市良垌镇黎屋村委会上黎村
44088110622200404	榕树	三级	120	9.0	321	20	廉江市良垌镇黎屋村委会杨梅根村土地公庙旁
44088110622200405	榕树	三级	170	23.0	430	18	廉江市良垌镇黎屋村委会新村村中
44088110622200406	荔枝	三级	110	17.0	225	10	廉江市良垌镇黎屋村委会新村村中
44088110622300407	榕树	三级	120	15.0	332	18	廉江市良垌镇那梭村委会三大汉村乡道旁
44088110622300408	榕树	三级	100	15.0	279	18	廉江市良垌镇那梭村委会三大汉村乡道旁
44088110622300409	榕树	三级	280	14.0	610	26	廉江市良垌镇那梭村委会那梭圩庙旁
44088110622400399	高山榕	三级	110	16.0	310	23	廉江市良垌镇松石村委会松石村
44088110622400400	高山榕	三级	140	22.0	377	26	廉江市良垌镇松石村委会松石村
44088110622700396	榕树	三级	110	8.0	281	16	廉江市良垌镇丰背村委会新村村东庙旁
44088110622700397	榕树	三级	110	9.0	283	17	廉江市良垌镇丰背村委会新村西南
44088110622700398	榕树	三级	120	8.0	350	16	廉江市良垌镇丰背村委会新村西南
44088110623100379	见血封喉	三级	110	18.0	450	20	廉江市良垌镇崇山村委会崇山村土地公旁
44088110623200382	见血封喉	三级	110	15.0	450	17	廉江市良垌镇新华村委会新华圩
44088110623300383	榕树	三级	130	13.0	352	18	廉江市良垌镇禄寿村委会牛角坑村西南
44088110623400386	榕树	三级	130	16.0	362	10	廉江市良垌镇湍流村委会湍流村
44088110623400387	榕树	三级	130	17.0	363	10	廉江市良垌镇湍流村委会湍流村村中
44088110623400388	榕树	三级	130	16.0	355	9	廉江市良垌镇湍流村委会湍流村西北方路旁
44088110623400389	榕树	三级	120	17.0	340	15	廉江市良垌镇湍流村委会湍流村西北方路边
44088110623400391	高山榕	三级	240	20.0	565	25	廉江市良垌镇湍流村委会严村村南边土地公旁
44088110623400392	高山榕	三级	160	16.0	410	19	廉江市良垌镇湍流村委会佳龙村文化楼前面
44088110623400393	朴树	三级	100	13.0	169	17	廉江市良垌镇湍流村委会佳龙村村中
44088110623400394	榕树	三级	100	12.0	280	18	廉江市良垌镇湍流村委会佳龙村东南方
44088110623400395	榕树	三级	130	17.0	335	19	廉江市良垌镇湍流村委会佳龙村
44088110623600381	榕树	三级	140	10.0	378	17	廉江市良垌镇洪村村委会龙塘村北边水泥路旁
44088110623700384	榕树	三级	130	10.0	350	20	廉江市良垌镇象路村委会象路村西南
44088110623700385	榕树	三级	140	11.0	380	18	廉江市良垌镇象路村委会象路村西南路旁
44088110720100091	缅茄	三级	120	15.0	370	20	廉江市横山镇横山村委会横山圩
44088110720100092	见血封喉	三级	240	22.0	550	16	廉江市横山镇横山村委会黄盘山村
44088110720100093	榕树	三级	160	15.0	367	16	廉江市横山镇横山村委会后朗村

(续)

古树编号	树种	古树等级	树龄（年）	树高（米）	胸围（厘米）	冠幅（米）	位置
44088110720100094	榕树	三级	140	15.0	380	31	廉江市横山镇横山村委会后朗村
44088110720100096	山棟	三级	100	18.0	250	18	廉江市横山镇横山村委会坎仔村
44088110720200097	杧果	三级	180	14.0	306	15	廉江市横山镇下路村委会豆豉村村内
44088110720200098	杧果	三级	120	13.0	238	15	廉江市横山镇下路村委会豆豉村村内
44088110720200099	杧果	三级	120	15.0	245	15	廉江市横山镇下路村委会豆豉村
44088110720200100	杧果	三级	110	14.0	230	14	廉江市横山镇下路村委会豆豉村村中
44088110720200101	杧果	三级	120	14.0	235	14	廉江市横山镇下路村委会关草棚村村东
44088110720200102	杧果	三级	140	14.0	258	17	廉江市横山镇下路村委会关草棚村村东
44088110720200104	高山榕	三级	180	18.0	472	19	廉江市横山镇下路村委会岭卜仔村
44088110720200105	高山榕	三级	170	19.0	437	21	廉江市横山镇下路村委会岭卜仔村村中
44088110720200106	高山榕	三级	150	20.0	393	13	廉江市横山镇下路村委会岭卜仔村村中
44088110720200107	榕树	三级	280	16.0	615	26	廉江市横山镇下路村委会岭卜仔村村东
44088110720200109	阳桃	三级	210	13.0	228	11	廉江市横山镇下路村委会关塘仔村村中
44088110720200110	竹节树	三级	200	11.0	141	13	廉江市横山镇下路村委会关塘仔村村中
44088110720200111	垂叶榕	三级	140	12.0	314	11	廉江市横山镇下路村委会关塘仔村
44088110720200112	高山榕	三级	150	18.0	387	28	廉江市横山镇下路村委会关塘村村中
44088110720300154	垂叶榕	三级	170	15.0	390	14	廉江市横山镇六格村委会车头村
44088110720300155	榕树	三级	170	18.0	440	23	廉江市横山镇六格村委会车头村土地公旁
44088110720300156	朴树	三级	110	9.0	180	14	廉江市横山镇六格村委会车头村土地公旁
44088110720300157	垂叶榕	三级	130	13.0	300	20	廉江市横山镇六格村委会溪墩老村
44088110720300158	垂叶榕	三级	150	17.0	340	24	廉江市横山镇六格村委会六格老村
44088110720300159	龙眼	三级	240	8.0	240	8	廉江市横山镇六格村委会六格族村祠庙与戏台之间
44088110720400113	高山榕	三级	230	21.0	533	27	廉江市横山镇排里村委会排老村村庙旁
44088110720400114	高山榕	三级	280	19.0	612	22	廉江市横山镇排里村委会排老村村中庙旁
44088110720400115	高山榕	三级	110	11.0	293	9	廉江市横山镇排里村委会排老村村中
44088110720400116	垂叶榕	三级	230	11.0	500	48	廉江市横山镇排里村委会老村
44088110720400117	朴树	三级	170	13.0	256	11	廉江市横山镇排里村委会老村村西
44088110720400118	榕树	三级	130	10.0	358	27	廉江市横山镇排里村委会老村
44088110720400119	乌墨	三级	110	16.0	285	12	廉江市横山镇排里村委会新屋村村中
44088110720500121	见血封喉	三级	190	22.0	510	26	廉江市横山镇青塘村委会青塘村村内
44088110720500123	朴树	三级	190	16.0	285	10	廉江市横山镇青塘村委会青塘村
44088110720700124	垂叶榕	三级	160	11.0	367	19	廉江市横山镇横垌村委会河墩村土地公旁
44088110720700125	垂叶榕	三级	120	11.0	280	17	廉江市横山镇横垌村委会横垌上村
44088110720700126	朴树	三级	130	15.0	215	10	廉江市横山镇横垌村委会横垌上村村内
44088110720700127	垂叶榕	三级	140	11.0	320	27	廉江市横山镇横垌村委会田坡村
44088110720900128	榕树	三级	110	11.0	293	19	廉江市横山镇盐关村委会大家朗村土地公旁
44088110720900129	榕树	三级	100	10.0	283	15	廉江市横山镇盐关村委会大家朗村
44088110721100180	高山榕	三级	170	15.0	448	28	廉江市横山镇排岭村委会后塘仔村村内北边
44088110721100181	乌墨	三级	130	10.0	278	6	廉江市横山镇排岭村委会青水村
44088110721100182	乌墨	三级	100	12.0	224	7	廉江市横山镇排岭村委会青水村
44088110721100183	榕树	三级	110	15.0	320	14	廉江市横山镇排岭村委会青水村村中
44088110721200184	樟	三级	230	17.0	387	17	廉江市横山镇铺洋村委会老陆村乡村小道旁
44088110721200185	龙眼	三级	130	10.0	164	12	廉江市横山镇铺洋村委会水蛇泊村乡村小道旁
44088110721200186	樟	三级	200	13.0	345	13	廉江市横山镇铺洋村委会水蛇泊村乡村道路旁
44088110721200187	樟	三级	110	12.0	210	10	廉江市横山镇铺洋村委会水蛇泊村乡村道路旁
44088110721200188	榕树	三级	160	25.0	415	15	廉江市横山镇铺洋村委会水蛇泊村
44088110721200189	垂叶榕	三级	250	18.0	543	18	廉江市横山镇铺洋村委会龙山仔村村中
44088110721200190	樟	三级	140	13.0	260	14	廉江市横山镇铺洋村委会铺洋村南边农田旁

第三章 湛江市古树名木目录

(续)

古树编号	树种	古树等级	树龄（年）	树高（米）	胸围（厘米）	冠幅（米）	位置
44088110721200191	垂叶榕	三级	130	12.0	304	20	廉江市横山镇铺洋村委会边塘村西南
44088110721200192	樟	三级	130	15.0	240	12	廉江市横山镇铺洋村委会龙口塘村水泥道旁
44088110721200193	樟	三级	150	16.0	264	14	廉江市横山镇铺洋村委会龙口塘村水泥道旁
44088110721200194	樟	三级	140	15.0	245	14	廉江市横山镇铺洋村委会龙口塘村西北风水林内
44088110721200195	樟	三级	120	13.0	217	12	廉江市横山镇铺洋村委会龙口塘村西北风水林内
44088110721200196	樟	三级	190	16.0	320	14	廉江市横山镇铺洋村委会龙口塘村西北风水林内
44088110721200197	垂叶榕	三级	150	9.0	340	16	廉江市横山镇铺洋村委会龙口塘村
44088110721200198	垂叶榕	三级	130	9.0	310	17	廉江市横山镇铺洋村委会龙口塘村
44088110721200199	樟	三级	140	15.0	250	11	廉江市横山镇铺洋村委会柴头塘村村内
44088110721200200	樟	三级	120	14.0	224	10	廉江市横山镇铺洋村委会柴头塘村村西
44088110721200201	樟	三级	110	13.0	205	10	廉江市横山镇铺洋村委会柴头塘村村西
44088110721200202	樟	三级	120	13.0	220	9	廉江市横山镇铺洋村委会柴头塘村村西
44088110721200203	樟	三级	110	12.0	210	10	廉江市横山镇铺洋村委会柴头塘村村西
44088110721200204	樟	三级	110	13.0	210	10	廉江市横山镇铺洋村委会柴头塘村西边
44088110721200205	樟	三级	190	14.0	325	13	廉江市横山镇铺洋村委会二公塘村村内
44088110721200206	樟	三级	120	13.0	223	14	廉江市横山镇铺洋村委会中南村
44088110721200207	樟	三级	110	15.0	210	8	廉江市横山镇铺洋村委会中南村
44088110721200208	垂叶榕	三级	150	10.0	350	21	廉江市横山镇铺洋村委会中南村
44088110721200209	榕树	三级	110	10.0	315	27	廉江市横山镇铺洋村委会子有村
44088110721200210	樟	三级	170	12.0	294	9	廉江市横山镇铺洋村委会子有村西北
44088110721200211	樟	三级	140	10.0	245	8	廉江市横山镇铺洋村委会子有村
44088110721200212	樟	三级	110	10.0	204	8	廉江市横山镇铺洋村委会子有村西北
44088110721200476	樟	三级	100	13.6	189	11	廉江市横山镇铺洋村委会边塘村西南方水泥路边
44088110721200477	樟	三级	180	15.2	310	14	廉江市横山镇铺洋村委会边塘村西南方水泥路边
44088110721200478	樟	三级	110	16.0	216	12	廉江市横山镇铺洋村委会边塘村西南方水泥路边
44088110721200479	樟	三级	120	13.5	229	14	廉江市横山镇铺洋村委会边塘村西南方水泥路边
44088110721200480	樟	三级	150	10.0	265	14	廉江市横山镇铺洋村委会边塘村西南
44088110721300161	垂叶榕	三级	230	17.0	550	42	廉江市横山镇大岭村委会下塘村南边
44088110721300162	垂叶榕	三级	290	16.0	610	37	廉江市横山镇大岭村委会下塘村
44088110721300163	垂叶榕	三级	120	12.0	340	28	廉江市横山镇大岭村委会下塘村南边
44088110721300164	垂叶榕	三级	150	14.0	350	24	廉江市横山镇大岭村委会下塘村
44088110721300165	樟	三级	130	15.0	230	8	廉江市横山镇大岭村委会下塘村东南
44088110721300166	樟	三级	110	11.0	200	8	廉江市横山镇大岭村委会下塘村东南
44088110721300167	樟	三级	110	17.0	200	11	廉江市横山镇大岭村委会南山湾村村西
44088110721300169	樟	三级	140	15.0	260	9	廉江市横山镇大岭村委会南山湾村
44088110721300170	樟	三级	170	16.0	300	10	廉江市横山镇大岭村委会南山湾村
44088110721300171	桂木	三级	150	7.0	285	14	廉江市横山镇大岭村委会南山湾村村内
44088110721300172	樟	三级	140	10.0	250	14	廉江市横山镇大岭村委会大岭村
44088110721300173	樟	三级	190	13.0	312	13	廉江市横山镇大岭村委会大岭村
44088110721300174	垂叶榕	三级	200	12.0	440	11	廉江市横山镇大岭村委会老符
44088110721300175	高山榕	三级	180	15.0	450	13	廉江市横山镇大岭村委会老符
44088110721300176	高山榕	三级	240	18.0	560	34	廉江市横山镇大岭村委会草塘村土地公旁
44088110721300177	竹节树	三级	190	11.0	137	7	廉江市横山镇大岭村委会排沟村化廉高速旁
44088110721300178	竹节树	三级	230	9.0	162	10	廉江市横山镇大岭村委会排沟村化廉高速旁
44088110721300179	见血封喉	三级	160	16.0	493	29	廉江市横山镇大岭村委会老洋塘村村内
44088110721300462	樟	三级	140	13.0	255	14	廉江市横山镇大岭村委会排沟化廉高速旁
44088110721300463	樟	三级	130	14.5	238	14	廉江市横山镇大岭村委会排沟村化廉高速旁
44088110721300464	樟	三级	130	15.0	241	20	廉江市横山镇大岭村委会排沟村化廉高速旁

(续)

(续)

古树编号	树种	古树等级	树龄（年）	树高（米）	胸围（厘米）	冠幅（米）	位置
44088110721300465	樟	三级	160	16.5	285	22	廉江市横山镇大岭村委会排沟村化廉高速旁
44088110721300466	樟	三级	100	14.0	201	12	廉江市横山镇大岭村委会排沟村化廉高速旁
44088110721300467	樟	三级	100	14.5	197	11	廉江市横山镇大岭村委会排沟村化廉高速旁
44088110721300468	樟	三级	140	12.0	255	12	廉江市横山镇大岭村委会排沟村化廉高速旁
44088110721300470	樟	三级	120	17.0	225	13	廉江市横山镇大岭村委会排沟村化廉高速旁
44088110721300471	樟	三级	120	16.5	223	23	廉江市横山镇大岭村委会排沟村化廉高速旁
44088110721300472	樟	三级	160	16.0	282	21	廉江市横山镇大岭村委会排沟村化廉高速旁庙前
44088110721300473	樟	三级	210	16.8	350	20	廉江市横山镇大岭村委会排沟村化廉高速旁庙前
44088110721300474	樟	三级	110	18.0	216	18	廉江市横山镇大岭村委会排沟村化廉高速旁
44088110721300475	樟	三级	170	13.0	300	21	廉江市横山镇大岭村委会排沟村化廉高速旁
44088110721500213	樟	三级	130	15.0	230	12	廉江市横山镇龙角塘村委会三江村村西
44088110721500214	樟	三级	210	13.0	360	13	廉江市横山镇龙角塘村委会三江村
44088110721500215	樟	三级	150	14.0	275	17	廉江市横山镇龙角塘村委会三江村西北
44088110721500217	红鳞蒲桃	三级	100	9.0	130	5	廉江市横山镇龙角塘村委会三江村西南
44088110721500218	榕树	三级	130	8.0	350	16	廉江市横山镇龙角塘村委会牛肝水村
44088110721600232	高山榕	三级	170	16.0	435	23	廉江市横山镇南圩村委会塘涵村
44088110721600233	垂叶榕	三级	170	7.0	380	21	廉江市横山镇南圩村委会胭脂村村内
44088110721600234	榕树	三级	210	15.0	505	31	廉江市横山镇南圩村委会坦塘村
44088110721600236	榕树	三级	110	11.0	290	21	廉江市横山镇南圩村委会克泥塘村西南风水林内
44088110721700219	樟	三级	210	17.0	360	16	廉江市横山镇峥角溪村委会西村
44088110721700220	龙眼	三级	260	9.0	250	12	廉江市横山镇峥角溪村委会西村一座祠堂前
44088110721700221	樟	三级	110	10.0	200	9	廉江市横山镇峥角溪村委会西村
44088110721700222	樟	三级	120	13.0	225	13	廉江市横山镇峥角溪村委会西村
44088110721700223	高山榕	三级	130	19.0	330	21	廉江市横山镇峥角溪村委会西村
44088110721700224	榕树	三级	110	10.0	318	17	廉江市横山镇峥角溪村委会高平村
44088110721700225	高山榕	三级	190	19.0	464	27	廉江市横山镇峥角溪村委会东村
44088110721700226	榕树	三级	100	14.0	280	21	廉江市横山镇峥角溪村委会东村
44088110721700227	榕树	三级	130	12.0	340	23	廉江市横山镇峥角溪村委会东村
44088110721700229	垂叶榕	三级	140	13.0	330	22	廉江市横山镇峥角溪村委会东村
44088110721700230	榕树	三级	160	11.0	420	20	廉江市横山镇峥角溪村委会东村
44088110721700231	榕树	三级	150	14.0	400	20	廉江市横山镇峥角溪村委会东村
44088110721700237	朴树	三级	120	16.0	194	11	廉江市横山镇峥角溪村委会尖角村东南方路旁
44088110721700238	榕树	三级	160	10.0	410	19	廉江市横山镇峥角溪村委会尖角村
44088110721800144	樟	三级	150	13.0	273	16	廉江市横山镇央村村委会央村小学内
44088110721800145	樟	三级	210	17.0	345	16	廉江市横山镇央村村委会央村小学内
44088110721800146	台湾相思	三级	100	14.0	233	15	廉江市横山镇央村村委会央村小学内
44088110721800147	樟	三级	140	12.0	251	16	廉江市横山镇央村村委会央村小学内
44088110721800148	榕树	三级	130	13.0	357	19	廉江市横山镇央村村委会央村
44088110721800149	榕树	三级	160	13.0	408	14	廉江市横山镇央村村委会横埔村村中
44088110721800150	朴树	三级	150	16.0	235	11	廉江市横山镇央村村委会横埔村村北
44088110721900130	见血封喉	三级	190	21.0	520	24	廉江市横山镇曲塘村委会三角塘村村中
44088110721900131	朴树	三级	250	17.0	380	13	廉江市横山镇曲塘村委会陈曲塘村村中
44088110721900132	榕树	三级	170	16.0	442	13	廉江市横山镇曲塘村委会洋官塘村村中
44088110721900133	榕树	三级	150	15.0	400	12	廉江市横山镇曲塘村委会洋官塘村东南
44088110721900135	樟	三级	120	17.0	222	21	廉江市横山镇曲塘村委会泥墩塘村村西
44088110721900136	龙眼	三级	200	12.0	217	14	廉江市横山镇曲塘村委会泥墩塘村东南
44088110721900137	荔枝	三级	240	13.0	239	13	廉江市横山镇曲塘村委会泥墩塘村庙旁
44088110721900138	樟	三级	170	19.0	301	17	廉江市横山镇曲塘村委会泥墩塘村村内

(续)

古树编号	树种	古树等级	树龄（年）	树高（米）	胸围（厘米）	冠幅（米）	位置
44088110721900139	樟	三级	150	19.0	270	18	廉江市横山镇曲塘村委会泥墩塘村村内
44088110721900140	樟	三级	130	18.0	245	19	廉江市横山镇曲塘村委会柯村南边
44088110721900141	樟	三级	150	20.0	266	11	廉江市横山镇曲塘村委会柯村南边
44088110721900452	樟	三级	130	15.0	235	12	廉江市横山镇曲塘村委会福建塘村西南一土地公旁
44088110721900453	樟	三级	140	12.0	250	11	廉江市横山镇曲塘村委会福建塘村西南一土地公旁
44088110721900454	樟	三级	110	14.0	203	12	廉江市横山镇曲塘村委会福建塘村西南一土地公旁
44088110721900455	樟	三级	140	18.0	250	15	廉江市横山镇曲塘村委会福建塘村西南一土地公旁
44088110721900456	樟	三级	100	12.0	190	10	廉江市横山镇曲塘村委会福建塘村西南一土地公旁
44088110721900457	樟	三级	150	18.0	275	15	廉江市横山镇曲塘村委会福建塘村西南一土地公旁
44088110721900458	樟	三级	120	12.0	225	12	廉江市横山镇曲塘村委会福建塘村西南一土地公旁
44088110721900459	樟	三级	130	13.0	235	11	廉江市横山镇曲塘村委会福建塘村西南一土地公旁
44088110721900460	樟	三级	120	20.0	226	14	廉江市横山镇曲塘村委会福建塘村西南一土地公旁
44088110721900461	樟	三级	130	18.0	229	13	廉江市横山镇曲塘村委会福建塘村西南一土地公旁
44088110800100240	人面子	三级	150	16.0	490	14	廉江市安铺镇东大街居委会工人文化宫旁
44088110801100264	榕树	三级	210	7.0	515	16	廉江市安铺镇东山居委会黄盘上村
44088110801100266	见血封喉	三级	130	17.0	467	18	廉江市安铺镇东山居委会黄盘上村
44088110801100267	朴树	三级	120	18.0	197	13	廉江市安铺镇东山居委会黄盘中村
44088110801100268	榕树	三级	130	14.0	345	18	廉江市安铺镇东山居委会黄盘中村庙旁
44088110801100269	朴树	三级	130	17.0	210	12	廉江市安铺镇东山居委会黄盘中村
44088110801100270	海红豆	三级	120	17.0	225	17	廉江市安铺镇东山居委会东山北村
44088110801100271	垂叶榕	三级	280	18.0	610	16	廉江市安铺镇东山居委会东山北村
44088110801100272	白桂木	三级	100	7.0	300	6	廉江市安铺镇东山居委会东山北村
44088110801100273	垂叶榕	三级	140	15.0	330	22	廉江市安铺镇东山居委会东山北村
44088110801100274	榕树	三级	280	22.0	670	27	廉江市安铺镇东山居委会东山中村
44088110801100275	榕树	三级	140	20.0	374	23	廉江市安铺镇东山居委会东山中村
44088110801100276	榕树	三级	100	20.0	283	20	廉江市安铺镇东山居委会东山中村
44088110801100277	榕树	三级	170	20.0	442	17	廉江市安铺镇东山居委会东山中村
44088110801100278	榕树	三级	210	14.0	490	22	廉江市安铺镇东山居委会东山中村
44088110801200241	榕树	三级	280	30.0	610	20	廉江市安铺镇港头居委会鸭潭村
44088110801400291	见血封喉	三级	240	13.0	550	15	廉江市安铺镇城西居委会山高棚村
44088110820200263	乌墨	三级	100	8.0	301	9	廉江市安铺镇水流村委会水流村
44088110820400292	竹节树	三级	270	11.0	185	9	廉江市安铺镇洪坡村委会老莫村
44088110820400293	垂叶榕	三级	170	12.0	383	11	廉江市安铺镇洪坡村委会白沙塘村村中
44088110820400294	樟	三级	120	13.0	225	15	廉江市安铺镇洪坡村委会里屋湾村东边风水林内
44088110820400295	榕树	三级	150	15.0	400	10	廉江市安铺镇洪坡村委会里屋湾村村中
44088110820700288	垂叶榕	三级	180	9.0	406	14	廉江市安铺镇珠盘海村委会牛尾下村庙前
44088110820800280	海红豆	三级	120	15.0	226	15	廉江市安铺镇老马村委会马新村村中
44088110820800281	海红豆	三级	110	12.0	217	14	廉江市安铺镇老马村委会马新村村中
44088110820800282	见血封喉	三级	140	13.5	480	8	廉江市安铺镇老马村委会烟楼仔村村中
44088110820900283	垂叶榕	三级	210	12.5	450	18	廉江市安铺镇三墩村委会剌猪村村中
44088110820900284	垂叶榕	三级	200	12.0	500	23	廉江市安铺镇三墩村委会下岭村土地公旁
44088110820900285	倒吊笔	三级	100	11.0	195	8	廉江市安铺镇三墩村委会下岭村
44088110821100242	垂叶榕	三级	190	10.0	487	28	廉江市安铺镇茂桂路村委会担水困丞村
44088110821100243	垂叶榕	三级	150	10.0	347	22	廉江市安铺镇茂桂路村委会担水困丞村
44088110821200244	垂叶榕	三级	290	7.0	610	17	廉江市安铺镇欧家村委会欧家小学内
44088110821300255	垂叶榕	三级	110	11.0	268	17	廉江市安铺镇龙潭村委会龙潭村
44088110821300256	朴树	三级	120	15.0	200	16	廉江市安铺镇龙潭村委会龙潭村
44088110821400245	榕树	三级	120	11.0	326	17	廉江市安铺镇博教村委会后垌村庙前

(续)

古树编号	树种	古树等级	树龄（年）	树高（米）	胸围（厘米）	冠幅（米）	位置
44088110821400246	鹊肾树	三级	110	11.0	136	8	廉江市安铺镇博教村委会后垌村村西庙前
44088110821400247	榕树	三级	250	16.0	568	20	廉江市安铺镇博教村委会五龙村
44088110821400248	垂叶榕	三级	140	15.0	325	21	廉江市安铺镇博教村委会坡仔村
44088110821400249	垂叶榕	三级	140	12.0	315	17	廉江市安铺镇博教村委会坡仔村
44088110821400250	榕树	三级	110	12.0	310	17	廉江市安铺镇博教村委会安铺第二小学内
44088110821400251	垂叶榕	三级	230	11.0	500	23	廉江市安铺镇博教村委会龙沟村村中
44088110821400252	垂叶榕	三级	290	10.0	600	17	廉江市安铺镇博教村委会剃头刀村
44088110821400253	杧果	三级	110	12.0	233	17	廉江市安铺镇博教村委会祥塘村村北
44088110821400254	垂叶榕	三级	290	14.0	600	23	廉江市安铺镇博教村委会祥塘村村东
44088110821400258	垂叶榕	三级	150	17.0	341	22	廉江市安铺镇博教村委会老村
44088110821400259	垂叶榕	三级	210	17.0	465	19	廉江市安铺镇博教村委会老村
44088110821400260	高山榕	三级	140	20.0	363	22	廉江市安铺镇博教村委会老村
44088110821400261	鹊肾树	三级	130	7.0	169	9	廉江市安铺镇博教村委会安铺二小旁祠堂后背
44088110821400486	垂叶榕	三级	230	14.0	500	28	廉江市安铺镇博教村委会博教下村
44088110821400487	垂叶榕	三级	180	13.0	400	21	廉江市安铺镇博教村委会博教下村
44088110821400488	垂叶榕	三级	130	13.0	300	25	廉江市安铺镇博教村委会博教下村
44088110821400489	垂叶榕	三级	170	14.0	380	24	廉江市安铺镇博教村委会博教下村
44088110821400490	垂叶榕	三级	290	14.5	600	27	廉江市安铺镇博教村委会博教下村
44088110821400491	垂叶榕	三级	130	14.0	360	27	廉江市安铺镇博教村委会博教下村
44088110821400492	垂叶榕	三级	130	12.0	300	25	廉江市安铺镇博教村委会博教下村
44088110821400493	垂叶榕	三级	160	14.2	370	28	廉江市安铺镇博教村委会博教下村
44088110821700290	榕树	三级	170	9.0	450	25	廉江市安铺镇合河村委会担蚬港村村中
44088110920300296	见血封喉	三级	105	14.0	450	24	廉江市营仔镇竹墩村委会竹墩村水泥道旁
44088110920300297	垂叶榕	三级	210	11.0	457	19	廉江市营仔镇竹墩村委会后塘村营仔镇中心小学内
44088110920300298	垂叶榕	三级	200	13.0	440	16	廉江市营仔镇竹墩村委会后塘村营仔镇中心小学内
44088110920300299	鹊肾树	三级	110	6.0	148	6	廉江市营仔镇竹墩村委会南山条村环村水泥路旁
44088110920300300	鹊肾树	三级	110	6.0	147	5	廉江市营仔镇竹墩村委会南山条村环村水泥路旁
44088110920500301	山柿	三级	140	55.0	188	8	廉江市营仔镇白沙村委会白沙坡村村内西北边
44088110920500302	山楝	三级	100	12.0	328	9	廉江市营仔镇白沙村委会白沙坡村村中北边
44088110920500303	朴树	三级	210	15.0	304	14	廉江市营仔镇白沙村委会白沙坡村村中
44088110920900304	垂叶榕	三级	150	13.0	340	25	廉江市营仔镇大榄田村委会大榄田村村中
44088110920900305	垂叶榕	三级	160	13.0	360	19	廉江市营仔镇大榄田村委会大榄田村村中
44088110920900306	垂叶榕	三级	130	10.0	310	19	廉江市营仔镇大榄田村委会大榄田村小卖部前面
44088110920900307	垂叶榕	三级	140	10.0	320	11	廉江市营仔镇大榄田村委会大榄田村小卖部前面
44088110921100308	高山榕	三级	150	13.0	390	15	廉江市营仔镇圩仔村委会圩仔村
44088110921300309	见血封喉	三级	250	18.0	557	17	廉江市营仔镇仰塘村委会荔枝埇村
44088110921300310	铁冬青	三级	140	6.0	180	7	廉江市营仔镇仰塘村委会荔枝埇村鱼塘边
44088110921300311	高山榕	三级	130	12.0	350	17	廉江市营仔镇仰塘村委会荔枝埇村
44088110921300312	榕树	三级	130	12.0	350	22	廉江市营仔镇仰塘村委会旺村仔村西南土地公旁
44088110921300313	垂叶榕	三级	230	14.0	390	21	廉江市营仔镇仰塘村委会黄泥角村西南
44088110921300314	垂叶榕	三级	220	14.0	480	24	廉江市营仔镇仰塘村委会黄泥角村西南
44088110921300315	垂叶榕	三级	140	15.0	322	21	廉江市营仔镇仰塘村委会黄泥角村西南
44088111020100078	榕树	三级	150	16.0	390.3	20	廉江市青平镇横桠冲村委会深水田村水渠堤坝旁
44088111020100079	高山榕	三级	290	20.0	690	28	廉江市青平镇横桠冲村委会大窝仔村南边
44088111020600083	垂叶榕	三级	160	12.0	353	30	廉江市青平镇新楼村委会坡尾村
44088111020600084	榕树	三级	200	15.0	500	34	廉江市青平镇新楼村委会坡尾村
44088111020600422	见血封喉	三级	100	20.0	455	13	廉江市青平镇新楼村委会水山江村村东庙旁
44088111020700081	朴树	三级	120	15.0	200	11	廉江市青平镇多别村委会多别村八公山祠堂旁边

第三章 湛江市古树名木目录

(续)

古树编号	树种	古树等级	树龄(年)	树高(米)	胸围(厘米)	冠幅(米)	位置
44088111020700082	垂叶榕	三级	170	11.0	380	29	廉江市青平镇多别村委会那刀村
44088111020900086	榕树	三级	220	14.0	530	26	廉江市青平镇鲫鱼湖村委会榄树下村
44088111021100425	朴树	三级	160	17.0	250	16	廉江市青平镇沙铲村委会沙铲圩县道X676旁
44088111021600090	垂叶榕	三级	150	8.0	340	21	廉江市青平镇六旺村委会六旺村
44088111021800088	见血封喉	三级	150	18.0	380	21	廉江市青平镇那毛角村委会那毛角村二队村中
44088111021800514	格木	三级	100	15.0	210	17	廉江市青平镇那毛角村委会那毛角村二队村前
44088111120200316	铁冬青	三级	140	13.0	184	11	廉江市车板镇大贵庙村委会西坡村庙旁
44088111120200317	樟	三级	140	16.0	251	17	廉江市车板镇大贵庙村委会山背村西南
44088111120200318	樟	三级	120	18.0	220	19	廉江市车板镇大贵庙村委会山心村南边
44088111120500319	樟	三级	210	14.0	354	14	廉江市车板镇龙眼根村委会埇尾村西
44088111120500320	樟	三级	100	13.0	193	15	廉江市车板镇龙眼根村委会埇尾村西
44088111120500321	垂叶榕	三级	120	9.0	280	12	廉江市车板镇龙眼根村委会龙眼根村戏台旁
44088111120500323	凤凰木	三级	100	25.0	241	18	廉江市车板镇龙眼根村委会蟹地村近村庄广场
44088111120900324	垂叶榕	三级	130	13.0	295	13	廉江市车板镇南垌村委会松明村中水泥道旁
44088111120900325	垂叶榕	三级	140	15.0	315	14	廉江市车板镇南垌村委会松明村中水泥道旁
44088111120900326	垂叶榕	三级	120	15.0	274	8	廉江市车板镇南垌村委会松明村中水泥道旁
44088111120900327	垂叶榕	三级	120	10.0	278	9	廉江市车板镇南垌村委会松明村中水泥道旁
44088111121200329	阳桃	三级	110	11.0	178	13	廉江市车板镇坡心村委会马踏田村刘氏宗祠旁边
44088111121200330	榕树	三级	110	20.0	320	25	廉江市车板镇坡心村委会马踏田村刘氏宗祠旁边
44088111121200331	榕树	三级	210	16.0	510	27	廉江市车板镇坡心村委会马踏田村土地公旁
44088111121200332	朴树	三级	130	15.0	210	11	廉江市车板镇坡心村委会马踏田南边土地公旁
44088111121200333	鹊肾树	三级	120	6.0	150	6	廉江市车板镇坡心村委会马踏田村南边土地公旁
44088111121200334	榕树	三级	170	17.0	450	31	廉江市车板镇坡心村委会水烈村西边
44088111121300335	榕树	三级	150	17.0	400	24	廉江市车板镇龙头沙村委会新村仔
44088111121300336	榕树	三级	150	17.0	400	24	廉江市车板镇龙头沙村委会新村仔庙前
44088111121300337	朴树	三级	110	13.0	179	9	廉江市车板镇龙头沙村委会新村仔北部风水林内
44088111121300481	榕树	三级	230	15.0	540	24	廉江市车板镇龙头沙村委会新村仔北边一片风水林内
44088111121300482	榕树	三级	270	16.0	600	25	廉江市车板镇龙头沙村委会新村仔北边一片风水林内
44088111121300483	榕树	三级	130	17.5	340	22	廉江市车板镇龙头沙村委会新村仔北边一片风水林内
44088111121300484	榕树	三级	130	17.0	360	25	廉江市车板镇龙头沙村委会新村仔西北
44088111121300485	榕树	三级	130	17.0	350	23	廉江市车板镇龙头沙村委会新村仔北边一片风水林内
44088111220100759	鹊肾树	三级	120	12.0	154	11	廉江市高桥镇德耀村委会圯咀村中
44088111220100760	鹊肾树	三级	120	13.0	160	8	廉江市高桥镇德耀村委会圯咀村中
44088111220100761	竹节树	三级	180	8.0	130	7	廉江市高桥镇德耀村委会德耀西村那俊境旁
44088111220100762	垂叶榕	三级	120	11.0	270	19	廉江市高桥镇德耀村委会德耀西村那俊境旁
44088111220100763	樟	三级	110	15.0	210	14	廉江市高桥镇德耀村委会金塘村社坛旁
44088111220100764	朴树	三级	110	15.0	190	13	廉江市高桥镇德耀村委会金塘村社坛旁
44088111220100765	幌伞枫	三级	110	10.0	179	8	廉江市高桥镇德耀村委会福海村福海境
44088111220100766	阔荚合欢	三级	100	18.0	198	12	廉江市高桥镇德耀村委会德耀村庙前
44088111220200767	杧果	三级	100	12.0	217	9	廉江市高桥镇平垌村委会社坛坡村中
44088111220200768	荔枝	三级	100	15.0	215	25	廉江市高桥镇平垌村委会墩仔村近老禾塘边
44088111220200769	岭南山竹子	三级	150	8.0	110	8	廉江市高桥镇平垌村委会墩仔村天仙坛旁
44088111220200770	岭南山竹子	三级	120	9.0	90	8	廉江市高桥镇平垌村委会墩仔村天仙坛
44088111220300773	榕树	三级	150	14.0	400	30	廉江市高桥镇红寨村委会坡井村佰公山内
44088111220300774	竹节树	三级	150	12.0	110	10	廉江市高桥镇红寨村委会坡井村佰公山内
44088111220300775	榕树	三级	140	15.0	380	25	廉江市高桥镇红寨村委会谭福村塘边
44088111220300776	垂叶榕	三级	100	9.0	230	10	廉江市高桥镇红寨村委会坡禾地村路旁
44088111220300777	垂叶榕	三级	110	9.0	255	12	廉江市高桥镇红寨村委会坡禾地村水泥路边

079

(续)

古树编号	树种	古树等级	树龄（年）	树高（米）	胸围（厘米）	冠幅（米）	位置
44088111220300778	垂叶榕	三级	110	10.0	248	14	廉江市高桥镇红寨村委会坡禾地村中
44088111220300779	垂叶榕	三级	110	8.0	260	12	廉江市高桥镇红寨村委会坡禾地村中池塘附近
44088111220300780	铁冬青	三级	130	12.0	166	10	廉江市高桥镇红寨村委会坡禾地村水泥路边
44088111220300781	垂叶榕	三级	100	9.0	2335	9	廉江市高桥镇红寨村委会坡禾地村农田旁
44088111220300782	垂叶榕	三级	110	10.0	255	12	廉江市高桥镇红寨村委会坡禾地村农田旁
44088111220400796	榕树	三级	230	18.0	530	23	廉江市高桥镇坡督村委会江背村江背祠堂旁
44088111220400797	榕树	三级	190	15.0	480	24	廉江市高桥镇坡督村委会排坡村排坡庙前
44088111220400798	榕树	三级	270	15.0	600	26	廉江市高桥镇坡督村委会陂头村佰公山旁
44088111220400799	荔枝	三级	130	18.0	250	21	廉江市高桥镇坡督村委会屋地仔村祖堂后背
44088111220500788	竹节树	三级	260	16.0	182	10	廉江市高桥镇大冲村委会大冲村佰公山社坛右前方
44088111220500789	垂叶榕	三级	250	12.0	540	22	廉江市高桥镇大冲村委会担水塘佰公山社坛旁
44088111220500790	樟	三级	100	16.5	191	8	廉江市高桥镇大冲村委会担水塘佰公山社坛左边
44088111220500791	樟	三级	140	17.0	250	16	廉江市高桥镇大冲村委会平田山村佰公山社坛左后方
44088111220500792	樟	三级	110	17.0	210	8	廉江市高桥镇大冲村委会平田山村佰公山社坛后
44088111220500793	樟	三级	110	16.0	200	15	廉江市高桥镇大冲村委会平田山村佰公山社坛左后方
44088111220500794	红鳞蒲桃	三级	150	17.0	186	16	廉江市高桥镇人冲村委会平田山村佰公山社坛右后方
44088111220500795	红鳞蒲桃	三级	140	17.0	170	15	廉江市高桥镇大冲村委会平田山村佰公山社坛左后方
44088111220600787	高山榕	三级	170	13.0	420	23	廉江市高桥镇李村村委会李村社坛右前方
44088111220700771	樟	三级	110	9.0	210	10	廉江市高桥镇高桥村委会屯龙平村河边
44088111220700772	乌墨	三级	100	13.0	223	10	廉江市高桥镇高桥村委会上荔枝山村佰公山社坛
44088111220800783	荔枝	三级	100	13.0	210	9	廉江市高桥镇平山岗村委会平山岗陈业芬屋门前
44088111220800784	樟	三级	120	14.5	224	11	廉江市高桥镇平山岗村委会平山岗村佰公山社坛前左边
44088111220800785	樟	三级	130	16.5	230	12	廉江市高桥镇平山岗村委会平山岗村佰公山社坛前右边
44088111220800786	垂叶榕	三级	210	12.5	450	20	廉江市高桥镇平山岗村委会陂面村金水陂
44088111320200592	阳桃	三级	180	12.0	216	9	廉江市石岭镇塘甲村委会笃古村尤成啟屋边
44088111320200593	阳桃	三级	180	10.0	216	7	廉江市石岭镇塘甲村委会笃古村尤增贤屋边
44088111320200594	阳桃	三级	200	9.0	230	8	廉江市石岭镇塘甲村委会笃古村尤成啟屋边
44088111320200595	无患子	三级	100	21.0	205	16	廉江市石岭镇塘甲村委会笃古村尤成啟屋边
44088111320200596	垂叶榕	三级	130	8.0	300	16	廉江市石岭镇塘甲村委会笃古村先锋庙旁
44088111320200597	荔枝	三级	230	15.0	360	7	廉江市石岭镇塘甲村委会下坑村纪念堂后
44088111320200598	荔枝	三级	100	5.0	215	3	廉江市石岭镇塘甲村委会下坑村下坑纪念堂前
44088111320200599	乌墨	三级	100	18.0	230	15	廉江市石岭镇塘甲村委会学垌村公庙旁边
44088111320200600	乌墨	三级	170	21.0	350	16	廉江市石岭镇塘甲村委会学垌村公庙旁
44088111320200601	锥	三级	110	18.0	160	15	廉江市石岭镇塘甲村委会塘甲村塘公庙旁
44088111320200602	樟	三级	100	18.0	200	11	廉江市石岭镇塘甲村委会塘甲村大福庙旁
44088111320200603	荔枝	三级	230	20.0	360	14	廉江市石岭镇塘甲村委会马安岭陵墓近庙旁
44088111320200604	朴树	三级	130	15.0	215	9	廉江市石岭镇塘甲村委会大坡村大坡公庙旁
44088111320200605	朴树	三级	100	10.0	175	7	廉江市石岭镇塘甲村委会大坡公庙旁
44088111320200607	岭南山竹子	三级	160	8.0	120	6	廉江市石岭镇塘甲村委会大坡村公庙旁
44088111320200608	朴树	三级	110	13.0	180	9	廉江市石岭镇塘甲村委会大坡村
44088111320300558	锥	三级	100	12.0	205	20	廉江市石岭镇塘雷村委会下那福村村中间
44088111320300559	红锥	三级	100	15.0	170	5	廉江市石岭镇塘雷村委会下那福村三角岭
44088111320300560	红锥	三级	220	18.0	250	5	廉江市石岭镇塘雷村委会下那福村三角岭
44088111320300561	红鳞蒲桃	三级	140	13.0	160	6	廉江市石岭镇塘雷村委会下那福村三角岭
44088111320300562	红锥	三级	100	18.0	160	6	廉江市石岭镇塘雷村委会下那福村三角岭
44088111320300563	红鳞蒲桃	三级	110	10.0	140	6	廉江市石岭镇塘雷村委会下那福村三角岭
44088111320300564	竹节树	三级	170	9.0	120	7	廉江市石岭镇塘雷村委会下那福村三角岭
44088111320300565	红锥	三级	100	18.0	160	6	廉江市石岭镇塘雷村委会下那福村三角岭

第三章 湛江市古树名木目录

(续)

古树编号	树种	古树等级	树龄（年）	树高（米）	胸围（厘米）	冠幅（米）	位置
44088111320300566	红鳞蒲桃	三级	130	11.0	160	6	廉江市石岭镇塘雷村委会下那福村三角岭
44088111320300567	红鳞蒲桃	三级	110	12.0	145	6	廉江市石岭镇塘雷村委会下那福村三角岭
44088111320300568	红鳞蒲桃	三级	110	18.0	140	4	廉江市石岭镇塘雷村委会下那福村三角岭
44088111320300569	红鳞蒲桃	三级	110	18.0	142	8	廉江市石岭镇塘雷村委会下那福村三角岭
44088111320300570	红鳞蒲桃	三级	100	18.0	135	7	廉江市石岭镇塘雷村委会下那福村三角岭
44088111320300571	红鳞蒲桃	三级	110	12.0	143	6	廉江市石岭镇塘雷村委会下那福村三角岭
44088111320300572	红鳞蒲桃	三级	110	12.0	136	4	廉江市石岭镇塘雷村委会下那福村三角岭
44088111320300573	红鳞蒲桃	三级	120	15.0	155	6	廉江市石岭镇塘雷村委会下那福村三角岭
44088111320300574	红鳞蒲桃	三级	110	15.0	140	9	廉江市石岭镇塘雷村委会下那福村三角岭
44088111320300575	红鳞蒲桃	三级	100	8.0	133	7	廉江市石岭镇塘雷村委会下那福村三角岭
44088111320300576	红鳞蒲桃	三级	100	11.0	131	7	廉江市石岭镇塘雷村委会下那福村三角岭
44088111320300577	红鳞蒲桃	三级	100	10.0	132	7	廉江市石岭镇塘雷村委会下那福村三角岭
44088111320300578	红鳞蒲桃	三级	120	16.0	152	7	廉江市石岭镇塘雷村委会下那福村三角岭
44088111320300579	竹节树	三级	130	14.0	100	5	廉江市石岭镇塘雷村委会下那福村三角岭
44088111320300580	红鳞蒲桃	三级	130	8.0	160	6	廉江市石岭镇塘雷村委会下那福村三角岭
44088111320300581	红鳞蒲桃	三级	130	10.0	160	6	廉江市石岭镇塘雷村委会下那福村三角岭
44088111320300582	红锥	三级	150	17.0	195	5	廉江市石岭镇塘雷村委会下那福村三角岭
44088111320300583	红锥	三级	130	13.0	170	7	廉江市石岭镇塘雷村委会下那福村三角岭
44088111320300584	红鳞蒲桃	三级	110	14.0	145	6	廉江市石岭镇塘雷村委会下那福村三角岭
44088111320300585	红鳞蒲桃	三级	150	18.0	185	7	廉江市石岭镇塘雷村委会下那福村三角岭旁
44088111320300586	假苹婆	三级	100	18.0	192	8	廉江市石岭镇塘雷村委会下那福村三角岭东
44088111320300587	岭南山竹子	三级	150	6.0	108	4	廉江市石岭镇塘雷村委会下那福村三角岭
44088111320300588	鹅掌柴	三级	100	18.0	192	5	廉江市石岭镇塘雷村委会下那福村三角岭东
44088111320300589	山杜英	三级	130	18.0	172	6	廉江市石岭镇塘雷村委会下那福村三角岭东
44088111320300590	乌墨	三级	130	17.0	290	11	廉江市石岭镇塘雷村委会下那福村田基边
44088111320300591	樟	三级	240	10.0	400	15	廉江市石岭镇塘雷村委会下那福村庙旁边
44088111321000674	红鳞蒲桃	三级	180	12.0	220	10	廉江市石岭镇下高村村委会碑列村中池塘边
44088111321000675	龙眼	三级	130	10.0	160	10	廉江市石岭镇下高村村委会碑列村中池塘边
44088111321000676	龙眼	三级	150	12.0	180	6	廉江市石岭镇下高村村委会碑列村中池塘边
44088111321000677	龙眼	三级	100	11.0	130	8	廉江市石岭镇下高村村委会碑列村中池塘边
44088111321600667	杧果	三级	130	12.0	245	13	廉江市石岭镇那丁村委会齐福庙东侧
44088111321600668	木棉	三级	150	16.0	370	10	廉江市石岭镇那丁村委会上那村池塘边养鸡场内
44088111321700673	榕树	三级	110	12.0	310	15	廉江市石岭镇许村村委会许村文化广场旁小学内
44088111322000669	榕树	三级	100	12.0	295	14	廉江市石岭镇洋下村委会洋下小学内
44088111322000670	榕树	三级	150	14.0	400	14	廉江市石岭镇洋下村委会洋下小学内
44088111322000671	榕树	三级	150	13.0	390	15	廉江市石岭镇洋下村委会洋下小学内
44088111322000672	榕树	三级	120	12.0	335	14	廉江市石岭镇洋下村委会洋下小学内
44088111322300016	榕树	三级	110	13.0	295	22	廉江市石岭镇荔枝林村委会荔枝林村
44088111420400678	荔枝	三级	190	6.0	320	5	廉江市雅塘镇东街山村委会大树岭村余庆堂旁
44088111420400679	乌墨	三级	280	17.0	500	10	廉江市雅塘镇东街山村委会东街山村土地公庙旁
44088111420500680	垂叶榕	三级	210	8.0	450	9	廉江市雅塘镇坡仔村委会坡仔村仁寿庙旁
44088111420500681	垂叶榕	三级	220	9.0	480	13	廉江市雅塘镇坡仔村委会坡仔村道旁
44088111420500682	垂叶榕	三级	210	5.0	460	7	廉江市雅塘镇坡仔村委会坡仔村道旁
44088111420600057	垂叶榕	三级	230	16.0	505	29	廉江市雅塘镇百丰山村委会百丰山村篮球场旁边
44088111420600058	垂叶榕	三级	210	11.0	460	22	廉江市雅塘镇百丰山村委会百丰山村水泥路旁
44088111420600059	朴树	三级	110	11.0	190	7	廉江市雅塘镇百丰山村委会百丰山村
44088111420600060	铁冬青	三级	140	16.0	190	6	廉江市雅塘镇百丰山村委会百丰山村
44088111420600061	垂叶榕	三级	150	10.0	340	14	廉江市雅塘镇百丰山村委会百丰山村

(续)

(续)

古树编号	树种	古树等级	树龄（年）	树高（米）	胸围（厘米）	冠幅（米）	位置
44088111420900684	铁冬青	三级	160	16.0	210	10	廉江市雅塘镇那贺村委会甘塘村土地公庙旁
44088111420900685	五月茶	三级	100	15.0	230	10	廉江市雅塘镇那贺村委会莲塘村祠堂边
44088111520100067	乌墨	三级	220	12.0	420	22	廉江市石颈镇白圳村委会细径村庙前
44088111520800077	竹节树	三级	100	10.0	75	6	廉江市石颈镇山埇村委会石坑村村西
44088111520900069	高山榕	三级	220	15.0	525	31	廉江市石颈镇东埇村委会东埇村五队乡道旁
44088111521300062	樟	三级	200	19.0	330	17	廉江市石颈镇鹿根垌村委会山背村村西风水林内
44088111521300063	锥	三级	100	10.0	150	11	廉江市石颈镇鹿根垌村委会山背村村西风水林内
44088111521300064	锥	三级	100	10.0	140	11	廉江市石颈镇鹿根垌村委会山背村村西风水林内
44088111521300065	锥	三级	100	13.0	156	11	廉江市石颈镇鹿根垌村委会山背村村西风水林内
44088111521300066	锥	三级	100	10.0	126	9	廉江市石颈镇鹿根垌村委会山背村村西风水林内
44088111620600070	格木	三级	100	15.0	212	17	廉江市长山镇那凌村委会那凌村
44088111621100072	荔枝	三级	200	12.0	317	14	廉江市长山镇长郊村委会多浪村村西
44088111621100073	荔枝	三级	100	12.0	210	14	廉江市长山镇长郊村委会多浪村村西
44088111621100074	荔枝	三级	160	8.0	290	10	廉江市长山镇长郊村委会多浪村
44088111621700075	橄榄	三级	130	20.0	220	23	廉江市长山镇玉黄村委会玉田坡村
44088111621700410	高山榕	三级	110	17.0	305	18	廉江市长山镇玉黄村委会那蒙村九峰嶂森林公园内
44088111621700411	竹节树	三级	250	14.0	176	6	廉江市长山镇玉黄村委会那蒙村九峰嶂森林公园内
44088111621700416	枫香树	三级	110	16.0	191	10	廉江市长山镇玉黄村委会那蒙村九峰嶂森林公园内
44088111621700417	枫香树	三级	110	20.0	193	12	廉江市长山镇玉黄村委会那蒙村九峰嶂森林公园内
44088111621700419	枫香树	三级	120	25.0	312	18	廉江市长山镇玉黄村委会那蒙村九峰嶂森林公园内
44088111621700420	荔枝	三级	110	15.0	220	17	廉江市长山镇玉黄村委会那蒙村水泥路边庙堂前
44088111621700421	荔枝	三级	140	16.0	258	18	廉江市长山镇玉黄村委会那蒙村水泥路边庙堂前
44088111720100055	榕树	三级	130	13.0	367	18	廉江市塘蓬镇石宁村委会茅头坑村西南篮球场旁
44088111720400841	荔枝	三级	110	13.0	216	12	廉江市塘蓬镇泥浪村委会泥浪村村委前
44088111720400842	荔枝	三级	110	18.0	218	7	廉江市塘蓬镇泥浪村委会泥浪村张富强房后
44088111720400843	榕树	三级	180	18.0	470	12	廉江市塘蓬镇泥浪村委会泥浪村小溪边
44088111720400856	橄榄	三级	110	22.0	180	15	廉江市塘蓬镇泥浪村委会河背村社坛侧边
44088111720500052	荔枝	三级	170	16.5	300	17	廉江市塘蓬镇彭岸村委会彭岸村
44088111720500053	油杉	三级	150	13.0	218	16	廉江市塘蓬镇彭岸村委会酒店村
44088111720500824	荔枝	三级	100	11.0	213	11	廉江市塘蓬镇彭岸村委会彭岸村苏发利屋前
44088111720500825	荔枝	三级	110	13.0	217	11	廉江市塘蓬镇彭岸村委会彭岸村鸭母河岸旁
44088111720500826	榕树	三级	180	13.0	470	9	廉江市塘蓬镇彭岸村委会彭岸村鸭母河岸旁
44088111720500827	樟	三级	140	18.0	245	11	廉江市塘蓬镇彭岸村委会酒店村背后
44088111720500828	荔枝	三级	130	13.0	250	9	廉江市塘蓬镇彭岸村委会大垌村水泥路土地公旁
44088111720500829	荔枝	三级	170	15.0	190	16	廉江市塘蓬镇彭岸村委会吐金山村黄存永屋后
44088111720500830	岭南山竹子	三级	260	8.0	182	7	廉江市塘蓬镇彭岸村委会洲湾村先锋庙前
44088111720500831	荔枝	三级	170	12.0	300	10	廉江市塘蓬镇彭岸村委会洲湾村土地公旁
44088111720500832	樟	三级	170	15.0	290	11	廉江市塘蓬镇彭岸村委会大碰村村委门前
44088111720500833	龙眼	三级	250	9.0	247	10	廉江市塘蓬镇彭岸村委会大碰村大碰小学
44088111720600823	橄榄	三级	150	14.0	250	19	廉江市塘蓬镇矮车村委会矮车村委会大楼前
44088111721000852	高山榕	三级	210	21.0	500	26	廉江市塘蓬镇安和村委会安和村伯公山社坛
44088111721200853	榕树	三级	140	13.0	390	19	廉江市塘蓬镇黄教村委会大和垌村佰公山前小溪边
44088111721300056	木棉	三级	150	13.0	367	25	廉江市塘蓬镇那罗村委会那罗村
44088111721400854	荔枝	三级	150	13.0	280	23	廉江市塘蓬镇上办村
44088111721400855	荔枝	三级	150	14.0	281	26	廉江市塘蓬镇上办村
44088111721600844	荔枝	三级	100	11.0	100	19	廉江市塘蓬镇牛岭村委会瑶仔村敦梅
44088111721600845	破布木	三级	100	20.0	310	13	廉江市塘蓬镇牛岭村委会旱角村水泥路边鱼塘边
44088111721700846	榕树	三级	150	13.0	410	20	廉江市塘蓬镇老屋村委会牛塘村光山永平庙前

(续)

古树编号	树种	古树等级	树龄（年）	树高（米）	胸围（厘米）	冠幅（米）	位置
44088111721700847	樟	三级	220	23.0	370	18	廉江市塘蓬镇老屋村委会老屋村公共服务站前百米
44088111721700848	朴树	三级	170	23.0	265	19	廉江市塘蓬镇老屋村委会老屋村公共服务站前百米
44088111721700849	朴树	三级	130	21.0	206	17	廉江市塘蓬镇老屋村委会老屋村公共服务站前百米
44088111721700851	樟	三级	230	12.0	380	16	廉江市塘蓬镇老屋村委会樟树山社坛
44088111721800837	高山榕	三级	160	17.0	420	13	廉江市塘蓬镇那榔村委会坡地村许光奇屋旁
44088111721800838	荔枝	三级	110	10.0	225	9	廉江市塘蓬镇那榔村委会秧地坡郑志邦
44088111721800839	荔枝	三级	130	10.0	250	11	廉江市塘蓬镇那榔村委会秧地坡村小溪旁
44088111722000054	荔枝	三级	160	13.0	285	12	廉江市塘蓬镇六深村委会六磊村
44088111722100835	龙眼	三级	150	17.0	175	6	廉江市塘蓬镇六环村委会低江村六环小学旁
44088111722100836	龙眼	三级	140	14.0	170	6	廉江市塘蓬镇六环村委会低江村六环小学旁
44088111722200840	荔枝	三级	100	13.0	210	11	廉江市塘蓬镇潭村村委会照山村土地公旁
44088111820200531	荔枝	三级	210	20.0	342	13	廉江市和寮镇长吉冲村委会长吉冲村天尺石旁边
44088111820300613	荔枝	三级	130	12.0	257	9	廉江市和寮镇塘拱村委会佳场坡村文化楼侧边
44088111820300614	樟	三级	230	16.0	382	14	廉江市和寮镇塘拱村委会佳场坡村水泥路边870乡道
44088111820300615	樟	三级	130	15.0	220	13	廉江市和寮镇塘拱村委会佳场坡村水泥路边870乡道
44088111820400543	榕树	三级	130	25.0	348	19	廉江市和寮镇蕉林村委会蕉林村北边球场旁
44088111820400544	荔枝	三级	210	17.0	335	9	廉江市和寮镇蕉林村委会蕉林村北边球场旁
44088111820400546	米槠	三级	140	8.0	185	8	廉江市和寮镇蕉林村委会连塘下村土地公旁
44088111820400547	米槠	三级	160	10.0	190	9	廉江市和寮镇蕉林村委会莲塘下村土地公旁
44088111820400548	米槠	三级	120	11.0	157	10	廉江市和寮镇蕉林村委会莲塘下村土地公旁
44088111820400551	米槠	三级	110	12.0	148	8	廉江市和寮镇蕉林村委会莲塘下村土地公旁
44088111820400552	樟	三级	250	15.0	265	21	廉江市和寮镇蕉林村委会连塘下村小溪边
44088111820500553	高山榕	三级	170	20.0	410	14	廉江市和寮镇长岭村委会彭简村土地公旁
44088111820500554	高山榕	三级	130	21.0	350	15	廉江市和寮镇长岭村委会彭简村土地公旁
44088111820600027	高山榕	三级	240	24.0	550	29	廉江市和寮镇塘肚村委会上白村土地公旁
44088111820600028	高山榕	三级	150	16.0	400	18	廉江市和寮镇塘肚村委会上白村土地公旁
44088111820600555	高山榕	三级	140	13.0	370	18	廉江市和寮镇塘肚村委会那岭村仙师庙对面土地公
44088111820600556	高山榕	三级	200	20.0	480	23	廉江市和寮镇塘肚村委会塘肚村土地公旁
44088111820800532	荔枝	三级	100	15.0	204	12	廉江市和寮镇榄排村委会荔枝根村水泥路旁
44088111820800533	荔枝	三级	110	16.0	215	16	廉江市和寮镇榄排村委会荔枝根村海周祖祠东边
44088111820800534	朴树	三级	140	15.0	223	16	廉江市和寮镇榄排村委会羊头埇村显应堂庙后
44088111820800535	荔枝	三级	130	12.0	253	15	廉江市和寮镇榄排村委会羊头埇村显应堂庙侧旁30米
44088111820800536	橄榄	三级	110	20.0	197	15	廉江市和寮镇榄排村委会羊头埇村显应堂庙前
44088111820800537	榕树	三级	130	13.0	350	15	廉江市和寮镇榄排村委会榄排村873乡道土地公旁
44088111820800538	荔枝	三级	110	9.0	215	14	廉江市和寮镇榄排村委会榄排村873乡道土地公旁30米
44088111820800539	荔枝	三级	170	10.0	298	16	廉江市和寮镇榄排村委会塘正村873乡道西边玉米田旁
44088111820800540	荔枝	三级	130	9.0	253	12	廉江市和寮镇榄排村委会塘正村873乡道西边坡地上
44088111820800541	荔枝	三级	110	6.0	213	6	廉江市和寮镇榄排村委会塘正村村边竹林旁
44088111820800542	荔枝	三级	110	10.0	230	11	廉江市和寮镇榄排村委会塘正村村边竹林旁
44088111820900523	荔枝	三级	100	12.0	202	11	廉江市和寮镇三下村委会三下村门口岭鸡场旁
44088111820900524	荔枝	三级	100	12.0	206	13	廉江市和寮镇三下村委会三下村社手山
44088111820900526	榕树	三级	110	13.0	290	14	廉江市和寮镇三下村委会龙塘村文化楼旁
44088111820900527	橄榄	三级	130	9.0	215	9	廉江市和寮镇三下村委会龙塘村文化楼旁
44088111820900529	荔枝	三级	150	12.0	275	12	廉江市和寮镇三下村委会龙塘村吴海峰家门前
44088111820900530	荔枝	三级	110	12.0	220	9	廉江市和寮镇三下村委会龙塘村村中水泥路边
44088111821000519	榕树	三级	130	10.0	350	13	廉江市和寮镇西埔村委会盛大塘村小溪和水泥路交界处
44088111821000520	荔枝	三级	130	18.0	240	13	廉江市和寮镇西埔村委会三江二村村中吴居明家旁边
44088111821000521	南洋楹	三级	170	26.0	300	11	廉江市和寮镇西埔村委会老屋地村桥头

(续)

(续)

古树编号	树种	古树等级	树龄（年）	树高（米）	胸围（厘米）	冠幅（米）	位置
44088111821000522	榕树	三级	130	13.0	330	11	廉江市和寮镇西埇村委会老屋地村桥头猪栏后面
44088111821100518	五月茶	三级	100	10.0	163	11	廉江市和寮镇六凤村委会王禾村土地庙旁
44088111821200029	波罗蜜	三级	150	15.0	410	17	廉江市和寮镇朱埇村委会黄帘村村中
44088111821300610	橄榄	三级	140	17.0	250	14	廉江市和寮镇横江坡村委会根竹村猪场对面
44088111821300611	荔枝	三级	170	19.0	298	18	廉江市和寮镇横江坡村委会根竹村猪场对面橄榄树旁
44088111821400023	见血封喉	三级	240	26.0	550	21	廉江市和寮镇凤飞村委会李村
44088111821400024	见血封喉	三级	100	22.0	400	19	廉江市和寮镇凤飞村委会李村
44088111821400025	高山榕	三级	160	19.0	420	25	廉江市和寮镇凤飞村委会阿婆田村庙后
44088111821400026	红鳞蒲桃	三级	200	17.0	230	9	廉江市和寮镇凤飞村委会阿婆田村庙后
44088111821500557	橄榄	三级	130	20.0	220	15	廉江市和寮镇下由村委会下由村奶娘境庙旁

表2 雷州市古树目录

古树编号	树种	古树等级	树龄（年）	树高（米）	胸围（厘米）	冠幅（米）	位置
44088200200600007	榕树	一级	725	18.0	716	30	雷州市西湖街道办西湖社区居委会天宁寺庭院
44088210221300043	竹节树	一级	660	8.6	390	22	雷州市客路镇六梅村委会吴西湾村祠堂边
44088210921300059	见血封喉	一级	600	23.0	800	26	雷州市雷高镇坑营村委会北坛村休闲广场
44088211120400060	高山榕	一级	500	19.0	820	37	雷州市调风镇草朗村委会三畔湖村土地公山
44088211320900022	樟	一级	650	20.0	818	33	雷州市英利镇英利村委会市英利建筑工程公司院内
44088211321400021	桂木	一级	620	13.0	810	12	雷州市英利镇三家村委会里家村村前
44088211621300062	土坛树	一级	510	7.0	515	8	雷州市覃斗镇下海村委会村土地庙
44088200300600001	见血封喉	二级	400	23.0	636	21	雷州市新城街道办昌大县社区居委会上坡南村国母院西边
44088210020300021	垂叶榕	二级	330	14.0	392	10	雷州市白沙镇白院村委会雷祖祠庭院内
44088210020300022	垂叶榕	二级	330	14.0	331	15	雷州市白沙镇白院村委会雷祖祠庭院内东边
44088210020300023	垂叶榕	二级	310	19.0	293	19	雷州市白沙镇白院村委会雷祖祠庭院内茂时育物西边
44088210120800025	竹节树	二级	320	5.5	205	18	雷州市沈塘镇迈豪村委会沈上村庙东边
44088210120800203	榕树	二级	420	11.5	750	16	雷州市沈塘镇迈豪村委会大豪村庙后
44088210121100010	竹节树	二级	350	10.5	230	12	雷州市沈塘镇塘边村委会塘边村村中
44088210121200109	垂叶榕	二级	350	9.5	700	24	雷州市沈塘镇温宅村委会田西村庙边
44088210121600013	垂叶榕	二级	420	11.5	831	13	雷州市沈塘镇处井村委会处井村庙边
44088210220000018	竹节树	二级	350	7.5	240	16	雷州市客路镇客路村委会谢家村文化楼前
44088210222200011	竹节树	二级	430	8.5	275	15	雷州市客路镇宅仔村委会许产村庙前
44088210420800008	竹节树	二级	380	14.0	250	13	雷州市唐家镇坡六村委会龙来村口
44088210520800006	南酸枣	二级	460	18.0	610	17	雷州市企水镇博袍村委会博袍村庙北边
44088210720900035	竹节树	二级	400	18.0	260	17	雷州市松竹镇龙马村委会北边村公园内
44088210720900059	竹节树	二级	350	21.0	254	17	雷州市松竹镇龙马村委会塘南村村东
44088210720900063	竹节树	二级	480	17.8	320	16	雷州市松竹镇龙马村委会桥头村村中
44088210720900064	竹节树	二级	480	15.0	310	17	雷州市松竹镇龙马村委会桥头村村西
44088210921000081	高山榕	二级	300	23.0	1000	31	雷州市雷高镇竹下村委会后田村土地公庙
44088211020400009	榕树	二级	380	20.0	420	33	雷州市东里镇西坡村委会土地公庙
44088211120400061	高山榕	二级	480	21.0	800	30	雷州市调风镇草朗村委会三畔湖村路边
44088211120400064	脚骨脆	二级	320	8.0	130	9	雷州市调风镇草朗村委会三畔湖村路旁
44088211121000015	榕树	二级	319	8.0	580	12	雷州市调风镇坑尾村委会九江村
44088211221400018	榕树	二级	360	23.0	760	38	雷州市龙门镇淘汶村委会后山村路边
44088211221600033	樟	二级	380	17.0	560	32	雷州市龙门镇足荣村委会足荣村文化楼路口
44088211221600145	樟	二级	380	10.0	712	9	雷州市龙门镇足荣村委会足荣村旧学校前
44088211221800025	榕树	二级	300	17.0	700	34	雷州市龙门镇那尾村委会那平村文化楼旁
44088211320000011	榕树	二级	410	15.0	830	27	雷州市英利镇三元村委会深墟村庙前庙南边
44088211321200023	高山榕	二级	340	18.0	700	19	雷州市英利镇宾禄村委会宾禄村委会文化场
44088211620000054	龙眼	二级	360	8.0	298	6	雷州市覃斗镇讨泗村委会计泗村土地庙旁
44088211620600060	竹节树	二级	380	18.0	259	19	雷州市覃斗镇卜立村委会佛堂村路边
44088211621300093	海红豆	二级	392	21.0	308	20	雷州市覃斗镇下海村委会英彩村土地庙
44088211720100075	榕树	二级	320	11.0	650	13	雷州市附城镇城北村委会下广村村边
44088211723100007	竹节树	二级	300	11.5	200	15	雷州市附城镇南郡村委会南郡村村前
44088211723100022	竹节树	二级	400	13.0	250	14	雷州市附城镇南郡村委会南郡村旧址
44088200100100008	朴树	三级	140	18.0	240	13	雷州市雷城街道办镇中社区居委会高树巷古井旁
44088200100200001	朴树	三级	150	11.0	236	14	雷州市雷城街道办镇北社区居委会雷州市委大院内
44088200100200002	垂叶榕	三级	110	16.0	331	16	雷州市雷城街道办镇北社区居委会雷州市委大院内
44088200100200003	木棉	三级	170	17.5	1728	25	雷州市雷城街道办镇北社区居委会雷州市委大院内
44088200100200004	木棉	三级	125	17.0	274	23	雷州市雷城街道办镇北社区居委会雷州市委大院内
44088200100200005	垂叶榕	三级	150	11.0	336	22	雷州市雷城街道办镇北社区居委会下沟巷76号门前

(续)

古树编号	树种	古树等级	树龄（年）	树高（米）	胸围（厘米）	冠幅（米）	位置
44088200100200006	垂叶榕	三级	130	15.0	452	24	雷州市雷城街道办镇北社区居委会雷州三小校内
44088200100200007	垂叶榕	三级	220	15.0	380	19	雷州市雷城街道办镇北社区居委会雷州中医院门口
44088200100200019	龙眼	三级	280	20.0	283	11	雷州市雷城街道办镇北社区居委会养马坡33号
44088200100800009	榕树	三级	270	21.0	690	25	雷州市雷城街道办下河社区居委会市总工会庭院
44088200100800010	垂叶榕	三级	130	13.0	396	16	雷州市雷城街道办下河社区居委会市总工会庭院
44088200100800011	榕树	三级	210	24.0	727	24	雷州市雷城街道办下河社区居委会市总工会庭院
44088200100800012	榕树	三级	150	22.0	435	17	雷州市雷城街道办下河社区居委会调会村白马宫前
44088200100800013	垂叶榕	三级	160	16.0	344	17	雷州市雷城街道办下河社区居委会灵山村三元祠前
44088200100800014	榕树	三级	130	17.0	460	19	雷州市雷城街道办下河社区居委会灵山六祠旁路边
44088200100800015	菩提树	三级	260	24.0	466	16	雷州市雷城街道办下河社区居委会雷州市二小校内
44088200100800016	菩提树	三级	230	23.0	545	17	雷州市雷城街道办下河社区居委会雷州市二小校内
44088200101000017	榕树	三级	110	19.0	368	16	雷州市雷城街道办城西社区居委会西门轴线厂门口
44088200101000018	榕树	三级	100	12.0	248	16	雷州市雷城街道办城西社区居委会西门轴线厂旁
44088200200600001	垂叶榕	三级	110	11.0	325	17	雷州市西湖街道办西湖社区居委会城角村庙后住宅旁
44088200200600002	榕树	三级	110	12.0	306	23	雷州市西湖街道办西湖社区居委会城角村庙后梯口
44088200200600003	榕树	三级	110	12.0	317	21	雷州市西湖街道办西湖社区居委会城角村庙旁
44088200200600004	垂叶榕	三级	110	10.0	236	16	雷州市西湖街道办西湖社区居委会城角村庙旁
44088200200600005	垂叶榕	三级	110	11.0	284	15	雷州市西湖街道办西湖社区居委会城角村文化楼前
44088200200600006	榕树	三级	120	13.0	335	25	雷州市西湖街道办西湖社区居委会雷州一中庭院
44088210020300024	榕树	三级	100	16.0	235	22	雷州市白沙镇白院村委会雷祖祠庭院内
44088210020400019	榕树	三级	160	15.0	433	13	雷州市白沙镇下井村委会下井村祠堂后
44088210020400020	榕树	三级	160	15.0	410	14	雷州市白沙镇下井村委会下井村祠堂后
44088210021100018	榕树	三级	170	14.0	400	16	雷州市白沙镇东岭村委会东岭村土地庙旁
44088210021400016	竹节树	三级	280	10.0	197	11	雷州市白沙镇瑚村村委会瑚村村口
44088210021400017	竹节树	三级	280	18.0	197	12	雷州市白沙镇瑚村村委会瑚村村口
44088210021500013	樟	三级	160	18.6	302	16	雷州市白沙镇和家村委会和家村文化楼旁
44088210021500014	樟	三级	120	18.6	216	11	雷州市白沙镇和家村委会和家村文化楼南侧
44088210021500015	樟	三级	170	16.0	306	11	雷州市白沙镇和家村委会和家村西巷旁
44088210021700011	垂叶榕	三级	120	18.0	300	17	雷州市白沙镇六余村委会六余小学门口
44088210021900012	垂叶榕	三级	120	9.6	295	9	雷州市白沙镇那楠村委会那楠村文化楼前
44088210022000001	樟	三级	260	14.0	446	19	雷州市白沙镇符处村委会符处村小学内
44088210022000002	樟	三级	160	11.0	303	18	雷州市白沙镇符处村委会符处村小学内
44088210022000003	垂叶榕	三级	160	17.0	410	21	雷州市白沙镇符处村委会符处村村前塘
44088210022000004	垂叶榕	三级	160	16.0	391	20	雷州市白沙镇符处村委会符处村尾园
44088210022100007	榕树	三级	110	12.0	250	18	雷州市白沙镇水美村委会水美文化楼前
44088210022100008	垂叶榕	三级	160	11.0	360	16	雷州市白沙镇水美村委会水美村西路旁
44088210022100009	垂叶榕	三级	110	12.0	250	13	雷州市白沙镇水美村委会水美村西路旁
44088210022100010	垂叶榕	三级	200	20.0	420	17	雷州市白沙镇水美村委会水美村祠堂旁
44088210022300005	朴树	三级	210	13.0	300	18	雷州市白沙镇邦塘村委会邦塘南祠堂前
44088210022300006	榕树	三级	100	12.0	240	12	雷州市白沙镇邦塘村委会邦塘南祠堂前
44088210022500025	榕树	三级	160	15.0	420	21	雷州市白沙镇官茂村委会官茂村前塘旁
44088210100100058	荔枝	三级	140	9.5	200	8	雷州市沈塘镇沈塘社区居委会昌辉村村边
44088210120300032	榕树	三级	140	6.5	370	17	雷州市沈塘镇大周村委会大周村村边
44088210120400033	鹊肾树	三级	160	9.5	195	10	雷州市沈塘镇大陈村委会大陈村村边
44088210120400034	榕树	三级	260	12.5	520	19	雷州市沈塘镇大陈村委会大陈村村边
44088210120400035	榕树	三级	120	10.5	340	16	雷州市沈塘镇大陈村委会大陈村村边
44088210120400036	鹊肾树	三级	120	9.0	150	8	雷州市沈塘镇大陈村委会大陈村村边
44088210120400037	鹊肾树	三级	120	6.0	140	5	雷州市沈塘镇大陈村委会大陈村村边

第三章 湛江市古树名木目录

(续)

古树编号	树种	古树等级	树龄（年）	树高（米）	胸围（厘米）	冠幅（米）	位置
44088210120400038	鹊肾树	三级	160	7.5	200	6	雷州市沈塘镇大陈村委会大陈村村边
44088210120400039	鹊肾树	三级	140	7.0	170	5	雷州市沈塘镇大陈村委会大陈村村边池塘旁
44088210120400040	鹊肾树	三级	220	7.0	260	9	雷州市沈塘镇大陈村委会大陈村村边
44088210120400041	鹊肾树	三级	200	8.5	230	8	雷州市沈塘镇大陈村委会大陈村村边
44088210120400042	鹊肾树	三级	220	8.5	250	8	雷州市沈塘镇大陈村委会大陈村村边
44088210120400043	樟	三级	140	7.5	250	10	雷州市沈塘镇大陈村委会大陈村庙边
44088210120400044	鹊肾树	三级	200	7.0	240	6	雷州市沈塘镇大陈村委会大陈村村边
44088210120400045	垂叶榕	三级	280	10.5	720	24	雷州市沈塘镇大陈村委会旧村场北边
44088210120400046	铁冬青	三级	120	9.1	160	10	雷州市沈塘镇大陈村委会铺墩村庙边
44088210120400047	鹊肾树	三级	120	8.0	160	7	雷州市沈塘镇大陈村委会铺墩村祠堂前
44088210120400048	鹊肾树	三级	200	8.5	230	7	雷州市沈塘镇大陈村委会大陈村村边
44088210120500049	垂叶榕	三级	140	6.5	350	16	雷州市沈塘镇昌辉村委会昌辉村村边
44088210120500050	垂叶榕	三级	100	9.5	260	16	雷州市沈塘镇昌辉村委会昌辉村村边
44088210120500051	朴树	三级	120	13.5	180	13	雷州市沈塘镇昌辉村委会昌辉村村边
44088210120500052	垂叶榕	三级	100	7.5	250	10	雷州市沈塘镇昌辉村委会昌辉村村边
44088210120500054	朴树	三级	180	13.5	270	12	雷州市沈塘镇昌辉村委会昌辉村村边庙北侧
44088210120500055	竹节树	三级	260	9.5	180	13	雷州市沈塘镇昌辉村委会昌辉村村边庙北侧
44088210120500056	荔枝	三级	140	9.5	250	14	雷州市沈塘镇昌辉村委会昌辉村村中
44088210120500059	垂叶榕	三级	120	6.0	330	9	雷州市沈塘镇昌辉村委会昌辉村村边
44088210120500060	榕树	三级	180	9.5	380	14	雷州市沈塘镇昌辉村委会昌辉村村边
44088210120500062	榕树	三级	150	13.5	380	14	雷州市沈塘镇昌辉村委会昌辉村村边
44088210120600080	垂叶榕	三级	180	10.0	370	22	雷州市沈塘镇茂胆村委会茂胆村路中间
44088210120600081	铁冬青	三级	120	10.5	160	13	雷州市沈塘镇茂胆村委会茂胆村村西
44088210120600082	鹊肾树	三级	100	5.5	120	11	雷州市沈塘镇茂胆村委会茂胆村村西海堤边
44088210120600083	鹊肾树	三级	100	7.0	130	9	雷州市沈塘镇茂胆村委会茂胆村西边海堤边
44088210120600084	鹊肾树	三级	100	9.5	130	7	雷州市沈塘镇茂胆村委会茂胆村海堤边
44088210120700064	垂叶榕	三级	100	10.5	280	19	雷州市沈塘镇茂莲村委会茂莲村路边
44088210120700065	榕树	三级	100	10.5	230	14	雷州市沈塘镇茂莲村委会茂莲村村边
44088210120700066	榕树	三级	120	11.5	340	12	雷州市沈塘镇茂莲村委会离泰山石敢山约8米
44088210120700068	榕树	三级	140	8.5	310	18	雷州市沈塘镇茂莲村委会祠堂门口西边
44088210120700069	朴树	三级	160	12.5	250	13	雷州市沈塘镇茂莲村委会茂莲村村边
44088210120700071	榕树	三级	140	9.5	290	17	雷州市沈塘镇茂莲村委会茂莲村村边
44088210120700072	榕树	三级	100	9.1	220	14	雷州市沈塘镇茂莲村委会茂莲村文化楼边
44088210120800020	朴树	三级	130	8.5	240	11	雷州市沈塘镇迈豪村委会沈上村村边
44088210120800021	樟	三级	120	9.3	220	12	雷州市沈塘镇迈豪村委会沈上村村边
44088210120800022	朴树	三级	100	9.5	165	12	雷州市沈塘镇迈豪村委会沈上村村边
44088210120800023	红鳞蒲桃	三级	140	10.5	160	12	雷州市沈塘镇迈豪村委会沈上村村边
44088210120800024	竹节树	三级	240	7.5	160	11	雷州市沈塘镇迈豪村委会沈上村北水塘边
44088210120800026	竹节树	三级	280	11.5	200	14	雷州市沈塘镇迈豪村委会迈豪村村边
44088210120800027	榕树	三级	280	11.5	600	15	雷州市沈塘镇迈豪村委会迈豪村村边
44088210120800028	榕树	三级	180	7.5	450	9	雷州市沈塘镇迈豪村委会沈下村村边
44088210120800029	垂叶榕	三级	100	9.5	260	13	雷州市沈塘镇迈豪村委会沈下村村边
44088210120800030	榕树	三级	200	15.5	490	24	雷州市沈塘镇迈豪村委会大周村旧村场大闸口
44088210120800031	榕树	三级	140	9.5	350	18	雷州市沈塘镇迈豪村委会迈豪村村边
44088210120800206	榕树	三级	240	19.0	540	18	雷州市沈塘镇迈豪村委会宗祠后北边约150米
44088210120800216	榕树	三级	150	10.5	390	18	雷州市沈塘镇迈豪村委会迈豪村村边
44088210120900295	竹节树	三级	100	11.0	66.88	14	雷州市沈塘镇沈塘村委会石板村文化楼南侧
44088210120900298	竹节树	三级	100	8.5	63.69	11	雷州市沈塘镇沈塘村委会石板村东

(续)

古树编号	树种	古树等级	树龄（年）	树高（米）	胸围（厘米）	冠幅（米）	位置
44088210120900309	竹节树	三级	100	9.5	60.51	11	雷州市沈塘镇沈塘村委会新地村庙后
44088210120900314	榕树	三级	120	13.0	300	14	雷州市沈塘镇沈塘村委会沈塘村村中
44088210121100001	龙眼	三级	100	8.0	130	5	雷州市沈塘镇塘边村委会塘边村村边
44088210121100002	榕树	三级	120	8.5	280	12	雷州市沈塘镇塘边村委会塘边村村中
44088210121100003	榕树	三级	200	11.0	480	15	雷州市沈塘镇塘边村委会塘边村村中
44088210121100004	龙眼	三级	160	8.6	180	9	雷州市沈塘镇塘边村委会塘边村村中
44088210121100006	榕树	三级	100	9.5	210	12	雷州市沈塘镇塘边村委会塘边村庙旁
44088210121100007	榕树	三级	100	11.4	210	12	雷州市沈塘镇塘边村委会塘边村庙旁
44088210121100008	榕树	三级	100	9.5	290	13	雷州市沈塘镇塘边村委会塘边村村边
44088210121100011	榕树	三级	100	6.5	210	10	雷州市沈塘镇塘边村委会塘边村村中
44088210121200114	榕树	三级	140	15.5	371	20	雷州市沈塘镇温宅村委会温宅村校西墙外
44088210121200115	榕树	三级	140	15.0	350	20	雷州市沈塘镇温宅村委会温宅村村边
44088210121200116	榕树	三级	160	14.0	410	22	雷州市沈塘镇温宅村委会温宅村村边
44088210121200134	榕树	三级	140	12.0	370	18	雷州市沈塘镇温宅村委会温宅下村村边
44088210121200136	红鳞蒲桃	三级	200	12.5	223	13	雷州市沈塘镇温宅村委会坑仔村庙边
44088210121200137	龙眼	三级	200	10.5	212	14	雷州市沈塘镇温宅村委会温宅村村边
44088210121200138	榕树	三级	200	9.5	480	24	雷州市沈塘镇温宅村委会坑仔村庙前
44088210121200139	垂叶榕	三级	180	8.0	380	19	雷州市沈塘镇温宅村委会坑仔村祠堂西边
44088210121200315	黄牛木	三级	110	14.0	76	9	雷州市沈塘镇温宅村委会大合村庙前
44088210121200316	黄牛木	三级	110	10.0	55	9	雷州市沈塘镇温宅村委会村庙南边
44088210121300222	铁冬青	三级	220	14.5	262	7	雷州市沈塘镇居蕉村委会莲下村旧址
44088210121300236	五月茶	三级	100	9.0	50.96	11	雷州市沈塘镇居蕉村委会文化楼边
44088210121300242	荔枝	三级	220	7.5	343	10	雷州市沈塘镇居蕉村委会蕉坡村村路东南边
44088210121400193	垂叶榕	三级	200	11.5	430	16	雷州市沈塘镇卜格村委会黄桐村村庙边
44088210121500073	垂叶榕	三级	140	14.5	290	23	雷州市沈塘镇茂良村委会茂良村村边
44088210121500074	鹊肾树	三级	140	6.5	170	11	雷州市沈塘镇茂良村委会茂良村北村边
44088210121500075	榕树	三级	180	13.0	390	14	雷州市沈塘镇茂良村委会茂良村西北
44088210121500076	榕树	三级	120	13.0	310	15	雷州市沈塘镇茂良村委会茂良村村边
44088210121500077	榕树	三级	160	10.5	340	12	雷州市沈塘镇茂良村委会茂良村村边
44088210121500078	鹊肾树	三级	200	9.5	250	12	雷州市沈塘镇茂良村委会茂良村村边
44088210121500079	榕树	三级	100	11.0	270	14	雷州市沈塘镇茂良村委会茂良村村中
44088210121600014	榕树	三级	120	9.6	310	11	雷州市沈塘镇处井村委会处井村村边
44088210121600015	榕树	三级	180	9.0	380	10	雷州市沈塘镇处井村委会处井村村边
44088210121600016	朴树	三级	220	12.5	300	13	雷州市沈塘镇处井村委会处井村庙旁
44088210121600017	朴树	三级	120	14.5	200	10	雷州市沈塘镇处井村委会处井村村中
44088210121600018	垂叶榕	三级	140	7.0	310	13	雷州市沈塘镇处井村委会处井村村中
44088210200100020	红鳞蒲桃	三级	120	6.5	150	9	雷州市客路镇客路社区居委恒太蔡村庙旁
44088210200100021	樟	三级	130	6.2	240	16	雷州市客路镇客路社区居委恒太蔡村庙旁
44088210220000016	高山榕	三级	110	7.5	310	4	雷州市客路镇客路村委会坡南村庙前
44088210220000017	竹节树	三级	180	9.5	142	5	雷州市客路镇客路村委会上坡村前
44088210220000019	红鳞蒲桃	三级	120	7.2	150	12	雷州市客路镇客路村委会恒太蔡村庙旁
44088210220100023	红鳞蒲桃	三级	110	8.5	140	6	雷州市客路镇曲溪村委会曲溪村庙前
44088210220100024	竹节树	三级	200	6.6	190	10	雷州市客路镇曲溪村委会曲溪村庙前
44088210220100025	樟	三级	130	11.0	190	8	雷州市客路镇曲溪村委会曲溪村
44088210220100026	垂叶榕	三级	130	8.6	340	11	雷州市客路镇曲溪村委会曲溪村
44088210220200022	见血封喉	三级	150	13.5	300	5	雷州市客路镇大家村委会黄机塘村祠堂旁
44088210220300014	垂叶榕	三级	130	6.5	360	12	雷州市客路镇水标村委会南山乙祠堂边
44088210220300015	垂叶榕	三级	120	6.6	320	10	雷州市客路镇水标村委会水标庙前

第三章 湛江市古树名木目录

(续)

古树编号	树种	古树等级	树龄(年)	树高(米)	胸围(厘米)	冠幅(米)	位置
440882102204000012	垂叶榕	三级	120	8.5	320	11	雷州市客路镇迈港村委会迈港村委会龙秋村
440882102204000013	垂叶榕	三级	120	8.0	340	10	雷州市客路镇迈港村委会迈港村委会龙秋村西
440882102207000041	樟	三级	200	8.2	340	13	雷州市客路镇高上村委会彬家西村小卖部前
440882102208000027	垂叶榕	三级	130	6.6	350	19	雷州市客路镇车路村委会车路村
440882102208000028	竹节树	三级	160	6.5	180	12	雷州市客路镇车路村委会三告村后
440882102208000084	垂叶榕	三级	260	12.3	580	19	雷州市客路镇车路村委会英罗村村前
440882102209000044	樟	三级	250	7.6	410	14	雷州市客路镇上梁村委会新坡村庙堂前
440882102209000045	樟	三级	220	7.6	280	14	雷州市客路镇上梁村委会新坡村庙堂前
440882102214000042	竹节树	三级	180	8.6	250	16	雷州市客路镇湖南村委会高进南村东
440882102217000054	红鳞蒲桃	三级	180	10.6	220	13	雷州市客路镇迈坦村委会锦山村庙堂前
440882102217000055	垂叶榕	三级	120	6.6	340	17	雷州市客路镇迈坦村委会上梁村祠堂前
440882102217000056	榕树	三级	130	11.6	420	16	雷州市客路镇迈坦村委会迈坦村文化楼边
440882102217000057	榕树	三级	150	11.6	450	28	雷州市客路镇迈坦村委会迈坦村塘边
440882102217000065	见血封喉	三级	160	16.0	510	19	雷州市客路镇迈坦村委会步龙村祠堂前
440882102217000068	樟	三级	140	11.0	260	18	雷州市客路镇迈坦村委会步龙村戏楼旁
440882102217000077	樟	三级	120	15.6	290	17	雷州市客路镇迈坦村委会坡田村南
440882102217000078	垂叶榕	三级	110	10.0	290	18	雷州市客路镇迈坦村委会坡田村水井北边
440882102217000079	垂叶榕	三级	140	13.0	420	19	雷州市客路镇迈坦村委会坡田村东南边
440882102217000080	樟	三级	120	12.0	270	9	雷州市客路镇迈坦村委会坡田村水塘东边
440882102217000081	樟	三级	110	11.0	260	7	雷州市客路镇迈坦村委会坡田村祠堂后边
440882102217000082	垂叶榕	三级	120	9.5	340	14	雷州市客路镇迈坦村委会坡田村水井东北边
440882102217000083	红鳞蒲桃	三级	110	10.5	145	11	雷州市客路镇迈坦村委会坡田祠堂后西南边
440882102217000085	樟	三级	130	15.0	250	9	雷州市客路镇迈坦村委会步龙村庙堂前
440882102217000086	樟	三级	110	12.0	220	8	雷州市客路镇迈坦村委会步龙村庙堂后
440882102217000087	樟	三级	110	12.0	210	7	雷州市客路镇迈坦村委会步龙村庙堂旁
440882102217000088	垂叶榕	三级	160	12.0	470	13	雷州市客路镇迈坦村委会步龙村庙堂旁
440882102217000089	樟	三级	130	13.0	280	21	雷州市客路镇迈坦村委会步龙村祠堂前
440882102217000090	樟	三级	130	14.6	260	13	雷州市客路镇迈坦村委会步龙村祠堂前
440882102218000047	榕树	三级	170	8.6	440	17	雷州市客路镇湖仔村委会陈家仔村庙堂边
440882102218000048	榕树	三级	180	12.5	470	24	雷州市客路镇湖仔村委会邓宅寮村祠堂边
440882102218000049	垂叶榕	三级	170	7.6	440	15	雷州市客路镇湖仔村委会邓宅寮村祠堂边
440882102218000050	朴树	三级	160	12.5	260	14	雷州市客路镇湖仔村委会田头村庙前
440882102218000051	榕树	三级	120	11.6	340	21	雷州市客路镇湖仔村委会田头仔村
440882102218000052	榕树	三级	160	8.6	480	22	雷州市客路镇湖仔村委会打虎坑村南
440882102218000053	樟	三级	210	11.6	340	23	雷州市客路镇湖仔村委会打虎坑村南
440882102219000046	榕树	三级	200	14.6	510	12	雷州市客路镇塘塞村委会迈选村庙堂边
440882102222000005	垂叶榕	三级	110	10.5	300	8	雷州市客路镇宅仔村委会仕坡村祠堂前
440882102222000006	垂叶榕	三级	100	6.5	275	9	雷州市客路镇宅仔村委会宅仔祠堂旁
440882102222000008	垂叶榕	三级	140	9.5	360	17	雷州市客路镇宅仔村委会许产仔祠堂西边
440882102222000009	垂叶榕	三级	140	10.5	380	15	雷州市客路镇宅仔村委会许产仔祠堂东边
440882102222000010	榕树	三级	110	5.6	300	4	雷州市客路镇宅仔村委会许产庙前
440882102223000059	垂叶榕	三级	110	8.6	320	18	雷州市客路镇上塘村委会山尾李村路边
440882102224000001	樟	三级	120	13.5	325	18	雷州市客路镇林排村委会林排村后田李书房南边
440882102224000002	樟	三级	110	13.5	280	19	雷州市客路镇林排村委会后田李书房南边
440882102225000060	垂叶榕	三级	130	7.6	390	16	雷州市客路镇东坑村委会铜鼓村鱼塘边
440882102225000061	五月茶	三级	130	7.6	180	9	雷州市客路镇东坑村委会铜鼓村土地庙边
440882102225000062	五月茶	三级	130	6.6	185	8	雷州市客路镇东坑村委会铜鼓村土地庙后
440882102225000063	垂叶榕	三级	110	8.5	310	18	雷州市客路镇东坑村委会铜鼓村东边

089

(续)

(续)

古树编号	树种	古树等级	树龄（年）	树高（米）	胸围（厘米）	冠幅（米）	位置
44088210222500066	红鳞蒲桃	三级	160	9.0	195	9	雷州市客路镇东坑村委会铜鼓新村土地庙后
44088210222500067	竹节树	三级	140	11.6	205	12	雷州市客路镇东坑村委会铜鼓新村前
44088210222500069	竹节树	三级	200	6.6	533.8	13	雷州市客路镇东坑村委会岭头村坑边
44088210222500070	竹节树	三级	200	7.2	160	12	雷州市客路镇东坑村委会岭头村坑西边
44088210222500071	鹊肾树	三级	130	10.0	165	9	雷州市客路镇东坑村委会岭头村庙边
44088210222500073	榕树	三级	120	4.2	280	12	雷州市客路镇东坑村委会岭头村祠堂前
44088210222500074	水翁	三级	100	7.6	210	12	雷州市客路镇东坑村委会岭头村祠堂前坑
44088210222500075	樟	三级	110	12.0	210	14	雷州市客路镇东坑村委会岭头村祠堂边
44088210222500076	垂叶榕	三级	130	8.0	310	18	雷州市客路镇东坑村委会岭头村路边
44088210222600058	垂叶榕	三级	140	12.6	400	20	雷州市客路镇深坑村委会世家村祠堂边
44088210222700029	红鳞蒲桃	三级	150	9.5	190	11	雷州市客路镇饶里村委会旧村祠堂前
44088210222700030	红鳞蒲桃	三级	150	9.5	200	11	雷州市客路镇饶里村委会旧村祠堂前
44088210222700031	竹节树	三级	250	6.6	180	9	雷州市客路镇饶里村委会什学村文化场边
44088210222700032	红鳞蒲桃	三级	170	9.6	210	7	雷州市客路镇饶里村委会饶里村庙边
44088210222700033	铁冬青	三级	110	12.0	148	9	雷州市客路镇饶里村委会饶里村庙边
44088210222700034	铁冬青	三级	110	12.0	150	9	雷州市客路镇饶里村委会饶里村庙边
44088210222700035	垂叶榕	三级	120	8.6	360	18	雷州市客路镇饶里村委会淑宅村井边
44088210222700036	垂叶榕	三级	160	6.6	410	15	雷州市客路镇饶里村委会高北村祠堂前
44088210222700037	樟	三级	130	13.6	230	11	雷州市客路镇饶里村委会草黎下村庙堂西边
44088210222700038	铁冬青	三级	110	8.6	130	5	雷州市客路镇饶里村委会草黎下村庙堂东边
44088210222700039	垂叶榕	三级	130	8.5	360	21	雷州市客路镇饶里村委会张家村庙堂边
44088210222700040	垂叶榕	三级	130	9.5	350	17	雷州市客路镇饶里村委会张家村庙堂边
44088210222700072	鹊肾树	三级	140	8.5	210	7	雷州市客路镇饶里村委会张家村文化楼北边
44088210320100012	榕树	三级	160	13.8	418	23	雷州市杨家镇扶桥村委会扶桥西村前
44088210320300011	榕树	三级	180	14.2	447	17	雷州市杨家镇王排村委会王排村庙后
44088210320500013	榕树	三级	110	10.5	310	15	雷州市杨家镇井尾村委会东坎村土地公旁
44088210320700010	樟	三级	250	17.3	438	14	雷州市杨家镇锦坡村委会后排村
44088210321000015	榕树	三级	120	15.2	330	15	雷州市杨家镇少揽村委会少揽村土地公旁
44088210321000016	榕树	三级	100	13.4	275	22	雷州市杨家镇少揽村委会少揽村村东
44088210321100017	榕树	三级	170	25.0	430	19	雷州市杨家镇下坎村委会官塘村祠堂北
44088210321100018	榕树	三级	170	16.3	400	14	雷州市杨家镇下坎村委会官塘村白马庙前
44088210321100019	榕树	三级	140	18.3	440	20	雷州市杨家镇下坎村委会官塘村白马庙前
44088210321100020	荔枝	三级	160	16.4	270	9	雷州市杨家镇下坎村委会官塘村祠前
44088210321100021	榕树	三级	220	16.2	534	21	雷州市杨家镇下坎村委会官塘村祠堂右后
44088210321100022	榕树	三级	110	16.5	283	19	雷州市杨家镇下坎村委会官塘村祠堂后小卖部旁
44088210321100023	榕树	三级	140	14.5	345	19	雷州市杨家镇下坎村委会官塘村
44088210321100024	榕树	三级	170	13.2	440	14	雷州市杨家镇下坎村委会官塘村公厕旁
44088210321100025	榕树	三级	190	14.4	471	18	雷州市杨家镇下坎村委会官塘村
44088210321100026	榕树	三级	140	12.6	340	18	雷州市杨家镇下坎村委会官塘村祠堂前右角
44088210321100027	榕树	三级	210	16.6	502	22	雷州市杨家镇下坎村委会官塘村塘杨勋公墓前右角
44088210321400007	见血封喉	三级	130	13.3	320	17	雷州市杨家镇杨家村委会杨家圩区天后宫内
44088210321400008	见血封喉	三级	140	12.5	330	15	雷州市杨家镇杨家村委会杨家圩区中心小学旁
44088210321500009	榕树	三级	120	9.3	280	15	雷州市杨家镇琛来村委会琛来村大策公祠旁
44088210321700006	榕树	三级	140	15.5	314	19	雷州市杨家镇郎武村委会来吴村吴长发公墓旁
44088210321800004	榕树	三级	180	20.3	449	24	雷州市杨家镇安苗村委会同墩村土地庙旁
44088210321800005	榕树	三级	160	15.6	400	14	雷州市杨家镇安苗村委会同墩村土地庙旁
44088210322100001	榕树	三级	250	19.2	566	20	雷州市杨家镇陈家村委会陈家村土地庙旁
44088210322100002	樟	三级	200	18.5	355	21	雷州市杨家镇陈家村委会陈家村村口

第三章 湛江市古树名木目录

(续)

古树编号	树种	古树等级	树龄（年）	树高（米）	胸围（厘米）	冠幅（米）	位置
44088210322100003	樟	三级	130	18.5	224	14	雷州市杨家镇陈家村委会陈家村东南出村口
44088210420000005	乌墨	三级	150	6.0	320	6	雷州市唐家镇唐家村委会下陈外村
44088210420100009	樟	三级	180	18.0	310	16	雷州市唐家镇毛坡村委会毛坡村
44088210420100010	榕树	三级	160	5.5	420	11	雷州市唐家镇毛坡村委会黎家村
44088210420200002	榕树	三级	160	10.0	420	10	雷州市唐家镇坡边村委会坡边村
44088210420200003	榕树	三级	160	10.0	440	13	雷州市唐家镇坡边村委会坡边村
44088210420300001	樟	三级	220	15.0	390	12	雷州市唐家镇灵界村委会林扶村
44088210420300004	榕树	三级	150	14.0	400	21	雷州市唐家镇灵界村委会林扶村
44088210420300011	榕树	三级	120	8.0	350	11	雷州市唐家镇灵界村委会黄袍村
44088210420300012	榕树	三级	250	6.0	450	18	雷州市唐家镇灵界村委会灵界村
44088210420800006	榕树	三级	140	15.0	380	22	雷州市唐家镇坡六村委会昌槛村
44088210420800007	竹节树	三级	290	12.0	220	12	雷州市唐家镇坡六村委会龙来村
44088210520200021	南酸枣	三级	220	16.0	408	19	雷州市企水镇臧家村委会臧家外村土地庙边
44088210520600022	南酸枣	三级	200	15.0	385	15	雷州市企水镇田头村委会田头村东
44088210520600023	南酸枣	三级	200	15.0	384	16	雷州市企水镇田头村委会田头村东
44088210520600024	南酸枣	三级	200	16.0	384	16	雷州市企水镇田头村委会田头村中吴氏祠堂前
44088210520600025	南酸枣	三级	190	15.0	370	13	雷州市企水镇田头村委会田头村戏楼前
44088210520800001	南酸枣	三级	180	15.0	342.3	20	雷州市企水镇博袍村委会博袍村古井北边
44088210520800002	南酸枣	三级	180	16.0	342.3	16	雷州市企水镇博袍村委会博袍村古井西边
44088210520800003	南酸枣	三级	290	15.0	342	19	雷州市企水镇博袍村委会博袍村北祠堂前
44088210520800004	南酸枣	三级	170	18.0	330.7	18	雷州市企水镇博袍村委会博袍村古井路边
44088210520800005	南酸枣	三级	190	18.0	350	18	雷州市企水镇博袍村委会博袍村土地庙边
44088210520800007	南酸枣	三级	210	20.0	395	19	雷州市企水镇博袍村委会博袍村庙北边
44088210520800008	南酸枣	三级	150	18.0	314	17	雷州市企水镇博袍村委会博袍村庙东边
44088210520800009	南酸枣	三级	180	16.0	345	16	雷州市企水镇博袍村委会博袍村庙东边
44088210520800010	南酸枣	三级	180	16.0	330.3	16	雷州市企水镇博袍村委会博袍村北路边
44088210520800011	南酸枣	三级	150	16.0	295	16	雷州市企水镇博袍村委会博袍村北路边
44088210520800012	南酸枣	三级	170	15.0	335	18	雷州市企水镇博袍村委会博袍村北路边
44088210520800013	南酸枣	三级	150	15.0	292	16	雷州市企水镇博袍村委会博袍村北民宅后
44088210520800014	南酸枣	三级	240	16.0	450	16	雷州市企水镇博袍村委会博袍村小卖部前
44088210520800015	南酸枣	三级	180	15.0	345	16	雷州市企水镇博袍村委会博袍村小卖部东边路边
44088210520800016	南酸枣	三级	220	15.0	420	16	雷州市企水镇博袍村委会博袍村庙内
44088210520800017	南酸枣	三级	190	15.0	370	16	雷州市企水镇博袍村委会博袍村中路边
44088210520800018	南酸枣	三级	170	15.0	334	16	雷州市企水镇博袍村委会博袍村南土地庙后边
44088210520800019	南酸枣	三级	170	15.0	325	16	雷州市企水镇博袍村委会博袍村南土地庙南边
44088210520800020	南酸枣	三级	150	14.0	285.6	15	雷州市企水镇博袍村委会博袍村北路边
44088210521100026	垂叶榕	三级	250	15.0	540	17	雷州市企水镇洪排村委会洪排村小卖部前
44088210620300027	榕树	三级	130	14.0	191.08	11	雷州市纪家镇林西村委会戏楼旁
44088210620900003	榕树	三级	120	11.0	440	17	雷州市纪家镇豪郎村委会豪郎庙堂前
44088210620900004	榕树	三级	120	15.0	130.57	11	雷州市纪家镇豪郎村委会廟堂前
44088210620900005	榕树	三级	150	12.0	430	12	雷州市纪家镇豪郎村委会廟堂后
44088210621000029	榕树	三级	120	10.0	111.46	14	雷州市纪家镇上郎村委会村北边
44088210621000030	榕树	三级	130	13.0	108.28	11	雷州市纪家镇上郎村委会戏楼旁
44088210621000031	榕树	三级	140	15.0	210.19	21	雷州市纪家镇上郎村委会水塘旁
44088210621000032	榕树	三级	150	10.0	114.65	15	雷州市纪家镇上郎村委会水塘旁
44088210621100023	榕树	三级	160	8.0	133.76	10	雷州市纪家镇纪家村委会圩廟堂前
44088210621100024	榕树	三级	160	15.0	101.91	13	雷州市纪家镇纪家村委会圩廟堂前
44088210621200016	榕树	三级	120	15.0	380	13	雷州市纪家镇潭杰村委会村中路旁

(续)

古树编号	树种	古树等级	树龄（年）	树高（米）	胸围（厘米）	冠幅（米）	位置
44088210621200017	榕树	三级	130	7.0	95.54	11	雷州市纪家镇潭杰村委会村中路
44088210621200018	榕树	三级	120	13.0	136.94	17	雷州市纪家镇潭杰村委会小学后
44088210621200019	榕树	三级	120	12.0	105.1	18	雷州市纪家镇潭杰村委会小学东边
44088210621300021	榕树	三级	150	10.0	1911	14	雷州市纪家镇文园村委会村中巷
44088210621300022	榕树	三级	150	8.0	178.34	14	雷州市纪家镇文园村委会村南边
44088210621600001	榕树	三级	120	12.0	178.34	12	雷州市纪家镇北仔村委会庙堂边
44088210621600002	榕树	三级	130	13.0	400	10	雷州市纪家镇北仔村委会南边王村西田边
44088210621900034	榕树	三级	140	15.0	117.1	15	雷州市纪家镇周家村委会村东农田旁
44088210622000020	榕树	三级	120	11.0	140.13	12	雷州市纪家镇曲港村委会村中巷
44088210622200006	榕树	三级	150	14.0	630	17	雷州市纪家镇迈特村委会村委会东南路边
44088210622200007	榕树	三级	100	14.0	290	15	雷州市纪家镇迈特村委会村委会东南路边
44088210622200008	榕树	三级	130	10.0	380	12	雷州市纪家镇迈特村委会村委会东南路边
44088210622200009	榕树	三级	130	8.0	420	15	雷州市纪家镇迈特村委会村委会南边
44088210622200010	榕树	三级	110	15.0	650	17	雷州市纪家镇迈特村委会村委会后边
44088210622200011	榕树	三级	100	14.0	330	17	雷州市纪家镇迈特村委会村委会北边
44088210622200012	榕树	三级	100	6.0	290	7	雷州市纪家镇迈特村委会村委会后东北边
44088210622200013	榕树	三级	130	11.0	360	11	雷州市纪家镇迈特村委会村委会北边
44088210622200014	樟	三级	100	8.0	390	8	雷州市纪家镇迈特村委会村委会北边
44088210622200015	榕树	三级	120	13.0	400	8	雷州市纪家镇迈特村委会村委会北边
44088210720000028	垂叶榕	三级	150	19.5	290	16	雷州市松竹镇马铁村委会马铁村
44088210720000029	垂叶榕	三级	150	16.3	460	15	雷州市松竹镇马铁村委会马铁村
44088210720100012	榕树	三级	150	18.0	470	19	雷州市松竹镇八龙村委会沙坡崛村
44088210720100013	乌墨	三级	150	14.0	330	16	雷州市松竹镇八龙村委会沙坡崛村
44088210720200002	榕树	三级	130	19.0	310	19	雷州市松竹镇五坑村委会下坑何小学
44088210720200003	榕树	三级	130	20.0	410	21	雷州市松竹镇五坑村委会下坑何小学
44088210720200005	垂叶榕	三级	130	14.5	282	17	雷州市松竹镇五坑村委会下坑洪村
44088210720200051	垂叶榕	三级	150	23.6	590	25	雷州市松竹镇五坑村委会坑尾井村
44088210720200052	榕树	三级	150	24.5	480	25	雷州市松竹镇五坑村委会坑尾井村
44088210720300014	垂叶榕	三级	150	14.5	390	16	雷州市松竹镇东井村委会东井村
44088210720300015	垂叶榕	三级	140	12.8	315	13	雷州市松竹镇东井村委会南亭村
44088210720300016	垂叶榕	三级	150	14.6	610	16	雷州市松竹镇东井村委会南亭村
44088210720400018	垂叶榕	三级	130	13.8	320	15	雷州市松竹镇松竹村委会西排村
44088210720600024	榕树	三级	150	17.8	240	17	雷州市松竹镇山尾村委会山尾村
44088210720900032	榕树	三级	130	16.8	410	17	雷州市松竹镇龙马村委会北边村
44088210720900033	山楝	三级	120	10.9	260	12	雷州市松竹镇龙马村委会北边村
44088210720900036	垂叶榕	三级	130	15.0	722.2	13	雷州市松竹镇龙马村委会北边村
44088210720900038	垂叶榕	三级	130	13.5	310	12	雷州市松竹镇龙马村委会北边村
44088210720900040	榕树	三级	130	16.0	251.2	14	雷州市松竹镇龙马村委会桥头村
44088210720900050	垂叶榕	三级	130	20.0	390	18	雷州市松竹镇龙马村委会龙马村
44088210720900054	斜叶榕	三级	140	16.0	480	15	雷州市松竹镇龙马村委会北边村
44088210720900055	山楝	三级	140	14.5	360	14	雷州市松竹镇龙马村委会北边村
44088210720900060	垂叶榕	三级	100	12.0	230	13	雷州市松竹镇龙马村委会桥头村
44088210721000043	垂叶榕	三级	140	16.0	347.8	16	雷州市松竹镇山口村委会北沙仔村
44088210721000045	垂叶榕	三级	180	16.0	378.1	16	雷州市松竹镇山口村委会北沙仔
44088210721000046	垂叶榕	三级	140	18.0	280	18	雷州市松竹镇山口村委会山口村
44088210721200030	垂叶榕	三级	140	14.5	180	14	雷州市松竹镇方家村委会坡仔村
44088210721200031	垂叶榕	三级	130	15.8	310	17	雷州市松竹镇方家村委会老园村
44088210721300009	垂叶榕	三级	140	10.7	310	11	雷州市松竹镇刘宅村委会刘宅村

第三章　湛江市古树名木目录

(续)

古树编号	树种	古树等级	树龄（年）	树高（米）	胸围（厘米）	冠幅（米）	位置
44088210721300010	榕树	三级	140	12.8	340	14	雷州市松竹镇刘宅村委会刘宅村
44088210820100004	榕树	三级	140	18.0	360	21	雷州市南兴镇高田村委会高田村
44088210820400013	榕树	三级	210	23.0	490	23	雷州市南兴镇东吴村委会东吴下村
44088210820400014	榕树	三级	190	16.5	371	17	雷州市南兴镇东吴村委会东吴下村
44088210820500029	榕树	三级	120	14.5	325	13	雷州市南兴镇高朗村委会高朗村
44088210820500030	榕树	三级	120	11.0	210	12	雷州市南兴镇高朗村委会高朗村
44088210820500031	榕树	三级	120	8.0	150	9	雷州市南兴镇高朗村委会高朗村
44088210820600027	榕树	三级	130	16.5	330	15	雷州市南兴镇芝园村委会芝园村
44088210820800001	榕树	三级	140	16.5	380	18	雷州市南兴镇山内村委会山内村
44088210820800002	榕树	三级	130	16.0	360	17	雷州市南兴镇山内村委会山内村
44088210820900025	榕树	三级	130	13.5	320	14	雷州市南兴镇田东村委会田东村
44088210820900026	榕树	三级	120	12.2	250	11	雷州市南兴镇田东村委会田东村
44088210821100022	榕树	三级	190	18.5	270	20	雷州市南兴镇塘头村委会塘头村
44088210821100023	榕树	三级	160	17.3	295	18	雷州市南兴镇塘头村委会塘头村
44088210821100024	榕树	三级	130	16.5	250	17	雷州市南兴镇塘头村委会塘头村
44088210821200019	榕树	三级	130	12.0	250	13	雷州市南兴镇东岳村委会东岳村
44088210821200020	榕树	三级	130	13.0	215	13	雷州市南兴镇东岳村委会东岳村
44088210821300017	榕树	三级	130	15.5	270	14	雷州市南兴镇山尾村委会山尾村
44088210821300018	榕树	三级	120	9.5	250	11	雷州市南兴镇山尾村委会山尾村
44088210821400015	榕树	三级	120	18.0	325	17	雷州市南兴镇善排村委会善排村
44088210822500005	榕树	三级	160	12.0	230	11	雷州市南兴镇麻廉村委会麻廉村
44088210822800006	榕树	三级	140	18.0	520	19	雷州市南兴镇东林村委会东林村
44088210823000009	榕树	三级	140	17.0	210	16	雷州市南兴镇步月村委会步月村
44088210823100010	榕树	三级	120	14.5	360	15	雷州市南兴镇东仓村委会东仓村
44088210823200011	榕树	三级	120	17.0	195	19	雷州市南兴镇宋村村委会宋村
44088210900100006	榕树	三级	100	9.2	270	14	雷州市雷高镇雷高社区居委会圩街道边
44088210920200016	榕树	三级	160	9.4	410	20	雷州市雷高镇大群村委会吴氏祠堂
44088210920400064	榕树	三级	120	12.0	320	21	雷州市雷高镇黎陈村委会文化楼
44088210920400065	榕树	三级	100	11.0	190	15	雷州市雷高镇黎陈村委会土地公庙
44088210920400066	榕树	三级	110	6.0	230	12	雷州市雷高镇黎陈村委会文化楼
44088210920500018	榕树	三级	120	11.0	310	17	雷州市雷高镇山后村委会村路口
44088210920500019	榕树	三级	150	15.0	410	25	雷州市雷高镇山后村委会村路口
44088210920500020	榕树	三级	150	13.0	410	17	雷州市雷高镇山后村委会山后村
44088210920500021	榕树	三级	130	14.0	290	16	雷州市雷高镇山后村委会山后村
44088210920600001	榕树	三级	110	11.4	303	11	雷州市雷高镇雷高村委会下江
44088210920600002	榕树	三级	120	12.3	320	13	雷州市雷高镇雷高村委会下江
44088210920600003	榕树	三级	100	10.4	270	12	雷州市雷高镇雷高村委会下江
44088210920600004	榕树	三级	110	10.4	290	10	雷州市雷高镇雷高村委会文化楼
44088210920600005	榕树	三级	140	9.4	350	17	雷州市雷高镇雷高村委会土地公庙旁
44088210920600007	榕树	三级	110	12.4	310	13	雷州市雷高镇雷高村委会水塘边
44088210920600008	榕树	三级	100	9.0	280	12	雷州市雷高镇雷高村委会水塘边
44088210920600009	榕树	三级	140	12.3	370	16	雷州市雷高镇雷高村委会水塘边
44088210920600010	榕树	三级	160	10.2	420	18	雷州市雷高镇雷高村委会水塘边
44088210920600011	榕树	三级	170	13.0	440	18	雷州市雷高镇雷高村委会水塘边
44088210920600012	榕树	三级	160	14.0	430	18	雷州市雷高镇雷高村委会土地公庙旁
44088210920600013	榕树	三级	115	12.0	220	13	雷州市雷高镇雷高村委会土地公庙旁
44088210920600014	榕树	三级	120	12.0	350	14	雷州市雷高镇雷高村委会土地公庙旁
44088210920600015	榕树	三级	160	15.0	410	18	雷州市雷高镇雷高村委会北土地公庙旁

(续)

古树编号	树种	古树等级	树龄（年）	树高（米）	胸围（厘米）	冠幅（米）	位置
44088210920800067	榕树	三级	200	12.0	500	18	雷州市雷高镇下园村委会老水井旁
44088210920800068	樟	三级	200	13.0	340	16	雷州市雷高镇下园村委会土地公庙旁
44088210920800069	榕树	三级	160	11.0	410	20	雷州市雷高镇下园村委会土地公庙旁
44088210920800070	榕树	三级	130	12.0	350	13	雷州市雷高镇下园村委会蒲草村
44088210920800071	榕树	三级	200	12.0	450	19	雷州市雷高镇下园村委会土地庙旁
44088210920800072	榕树	三级	200	11.0	470	14	雷州市雷高镇下园村委会西湖村
44088210920800073	榕树	三级	120	6.0	300	8	雷州市雷高镇下园村委会西湖村
44088210920900074	榕树	三级	150	11.0	380	16	雷州市雷高镇南芬村委会土地公庙旁
44088210920900075	榕树	三级	125	13.0	380	18	雷州市雷高镇南芬村委会土地公庙旁
44088210920900076	榕树	三级	180	11.0	440	16	雷州市雷高镇南芬村委会土地公庙旁
44088210920900077	榕树	三级	180	15.0	430	21	雷州市雷高镇南芬村委会土地公庙旁
44088210920900078	榕树	三级	140	12.0	350	22	雷州市雷高镇南芬村委会土地公庙旁
44088210921000079	榕树	三级	160	12.0	390	20	雷州市雷高镇竹下村委会竹下村
44088210921000080	榕树	三级	160	12.0	390	22	雷州市雷高镇竹下村委会竹下村
44088210921000082	榕树	三级	150	9.0	360	10	雷州市雷高镇竹下村委会足球场
44088210921000083	榕树	三级	110	13.0	270	21	雷州市雷高镇竹下村委会土地公庙旁
44088210921000085	榕树	三级	120	12.0	310	14	雷州市雷高镇竹下村委会本村土地庙旁
44088210921200044	榕树	三级	240	14.0	540	19	雷州市雷高镇官贤村委会仙脉村水塘边
44088210921200045	榕树	三级	180	12.0	460	18	雷州市雷高镇官贤村委会仙脉村水塘边
44088210921200046	榕树	三级	180	13.0	460	24	雷州市雷高镇官贤村委会文化楼旁
44088210921200047	榕树	三级	150	15.0	380	25	雷州市雷高镇官贤村委会文化楼旁
44088210921200048	榕树	三级	230	12.0	540	18	雷州市雷高镇官贤村委会土地公庙旁
44088210921200058	榕树	三级	140	11.0	370	16	雷州市雷高镇官贤村委会公路边
44088210921300049	榕树	三级	130	15.0	350	26	雷州市雷高镇坑营村委会土地公庙
44088210921300050	榕树	三级	120	11.0	330	24	雷州市雷高镇坑营村委会休闲广场
44088210921300051	榕树	三级	170	12.0	440	15	雷州市雷高镇坑营村委会休闲广场
44088210921300052	榕树	三级	170	12.0	440	15	雷州市雷高镇坑营村委会休闲广场
44088210921300053	榕树	三级	110	10.0	310	14	雷州市雷高镇坑营村委会休闲广场
44088210921300054	榕树	三级	120	7.0	330	6	雷州市雷高镇坑营村委会休闲广场
44088210921300055	见血封喉	三级	100	14.0	360	17	雷州市雷高镇坑营村委会东界内村
44088210921300056	榕树	三级	160	9.0	420	14	雷州市雷高镇坑营村委会土地公庙旁
44088210921300057	榕树	三级	170	9.0	440	16	雷州市雷高镇坑营村委会公路边
44088210921300060	见血封喉	三级	240	17.0	550	19	雷州市雷高镇坑营村委会北坛村
44088210921300061	榕树	三级	140	16.0	370	19	雷州市雷高镇坑营村委会北坛村
44088210921300062	榕树	三级	140	16.0	350	17	雷州市雷高镇坑营村委会北坛村
44088210921300063	榕树	三级	140	9.0	310	12	雷州市雷高镇坑营村委会木棉山
44088210921500038	榕树	三级	220	11.0	510	14	雷州市雷高镇符村村委会土地公旁
44088210921500039	榕树	三级	120	7.0	290	9	雷州市雷高镇符村村委会土地公旁
44088210921500040	榕树	三级	120	9.0	320	14	雷州市雷高镇符村村委会符村小卖部
44088210921500041	榕树	三级	120	12.0	310	21	雷州市雷高镇符村村委会村前山
44088210921500042	榕树	三级	180	15.0	440	25	雷州市雷高镇符村村委会村前山
44088210921500043	榕树	三级	220	14.0	530	12	雷州市雷高镇符村村委会村前山
44088210921600035	榕树	三级	190	8.0	470	13	雷州市雷高镇盐田村委会北山仔水口
44088210921600036	榕树	三级	110	8.0	290	63	雷州市雷高镇盐田村委会北山仔水口
44088210921700022	见血封喉	三级	200	19.0	523	19	雷州市雷高镇题桥村委会学校内
44088210921700023	见血封喉	三级	170	19.0	530	19	雷州市雷高镇题桥村委会祠堂西
44088210921800025	榕树	三级	160	12.0	420	11	雷州市雷高镇品题村委会土地公山
44088210921800026	榕树	三级	150	14.0	390	14	雷州市雷高镇品题村委会土地公山

(续)

古树编号	树种	古树等级	树龄（年）	树高（米）	胸围（厘米）	冠幅（米）	位置
44088210921800027	榕树	三级	160	13.0	400	13	雷州市雷高镇品题村委会土地公山
44088210921800028	榕树	三级	100	12.0	270	18	雷州市雷高镇品题村委会土地公山
44088210921800029	榕树	三级	140	12.0	347	15	雷州市雷高镇品题村委会土地公山
44088210921800030	榕树	三级	160	16.0	420	14	雷州市雷高镇品题村委会土地公山
44088210921800031	榕树	三级	180	15.0	460	17	雷州市雷高镇品题村委会土地公山
44088210921800032	榕树	三级	160	14.0	420	19	雷州市雷高镇品题村委会土地公山
44088210921800033	榕树	三级	200	14.0	490	16	雷州市雷高镇品题村委会土地公山
44088210921800034	榕树	三级	200	13.0	500	16	雷州市雷高镇品题村委会土地公山
44088211000100008	榕树	三级	129	13.0	280.1	16	雷州市东里镇东里社区居委会土地公庙旁
44088211020000001	榕树	三级	110	8.0	300	10	雷州市东里镇白岭村委会土地公庙旁
44088211020200003	榕树	三级	110	7.8	290	11	雷州市东里镇北堀村委会土地公庙旁
44088211020300004	榕树	三级	100	6.5	270	13	雷州市东里镇甲六村委会土地公庙旁
44088211020300006	榕树	三级	110	9.0	290	12	雷州市东里镇甲六村委会土地公庙旁
44088211020300007	榕树	三级	110	9.0	280	14	雷州市东里镇甲六村委会土地公庙旁
44088211020300017	朴树	三级	180	21.0	270	11	雷州市东里镇甲六村委会北六仔土地公庙旁
44088211020300039	红鳞蒲桃	三级	150	15.0	180	6	雷州市东里镇甲六村委会土地公庙旁
44088211020300040	铁冬青	三级	150	15.0	200	8	雷州市东里镇甲六村委会土地公庙旁
44088211020300043	云南狗骨柴	三级	120	15.0	160	7	雷州市东里镇甲六村委会土地公庙旁
44088211020310005	红鳞蒲桃	三级	110	12.0	140	6	雷州市东里镇甲六村委会土地公庙旁
44088211020500010	榕树	三级	120	7.0	345.4	8	雷州市东里镇英佳塘村委会土地公庙前
44088211020600011	鹊肾树	三级	150	10.0	200	10	雷州市东里镇东塘村委会村前岭
44088211020600012	榕树	三级	120	8.0	320	15	雷州市东里镇东塘村委会土地庙前
44088211020700044	龙眼	三级	180	8.0	210	6	雷州市东里镇西挖村委会村后巷
44088211020800002	榕树	三级	120	9.5	290	12	雷州市东里镇东里村委会旧村场土地公庙
44088211020800005	朴树	三级	250	9.0	330	7	雷州市东里镇东里村委会祖祠庙前
44088211020800013	朴树	三级	110	11.0	180	5	雷州市东里镇东里村委会村广场旁
44088211020800014	鹊肾树	三级	140	8.0	170	8	雷州市东里镇东里村委会祠庙旁
44088211020800015	榕树	三级	100	10.0	240	14	雷州市东里镇东里村委会村前土地公庙
44088211020800016	朴树	三级	110	13.0	170	9	雷州市东里镇东里村委会祖祠庙前
44088211020800045	榕树	三级	100	8.0	260	7	雷州市东里镇东里村委会村球场旁
44088211020900019	榕树	三级	100	9.0	260.62	7	雷州市东里镇东寮村委会
44088211020900020	榕树	三级	140	10.0	380	9	雷州市东里镇东寮村委会
44088211020900021	鹊肾树	三级	110	7.0	140	5	雷州市东里镇东寮村委会村小广场
44088211020900022	木棉	三级	100	16.0	260	6	雷州市东里镇东寮村委会
44088211020900023	榕树	三级	100	7.0	270	5	雷州市东里镇东寮村委会村后岭
44088211021000024	榕树	三级	100	12.0	190	9	雷州市东里镇后葛村委会土地公庙
44088211021100026	榕树	三级	240	13.0	550	9	雷州市东里镇北坑村委会土地公庙
44088211021100046	竹节树	三级	200	11.0	150	7	雷州市东里镇北坑村委会老村场土地庙前
44088211021200025	榕树	三级	110	15.0	280	12	雷州市东里镇六格村委会村中央土地公广场
44088211021300027	榕树	三级	110	14.0	350	7	雷州市东里镇土头村委会土头土地庙前
44088211021300028	榕树	三级	120	11.0	330	7	雷州市东里镇土头村委会龙仔村入村口土地庙前
44088211021500042	鹊肾树	三级	150	9.0	190	6	雷州市东里镇南头村委会村中央
44088211021600029	榕树	三级	220	16.0	470	13	雷州市东里镇七联村委会盐灶西村西巷
44088211021600030	榕树	三级	110	11.0	280	7	雷州市东里镇七联村委会盐灶西村小广场
44088211021600031	榕树	三级	110	12.0	11	8	雷州市东里镇七联村委会盐灶村小广场
44088211021600032	榕树	三级	100	10.0	290	7	雷州市东里镇七联村委会
44088211021600033	榕树	三级	130	13.0	350	9	雷州市东里镇七联村委会盐灶西村小广场
44088211021600034	榕树	三级	200	15.0	430	9	雷州市东里镇七联村委会盐灶东村土地庙

(续)

古树编号	树种	古树等级	树龄（年）	树高（米）	胸围（厘米）	冠幅（米）	位置
44088211021600035	榕树	三级	130	17.0	380	18	雷州市东里镇七联村委会调元村小学校内
44088211021700036	榕树	三级	110	10.0	190	8	雷州市东里镇洪流村委会
44088211021700037	榕树	三级	150	8.0	390	7	雷州市东里镇洪流村委会
44088211021800038	榕树	三级	220	20.0	533.8	14	雷州市东里镇下湖村委会村中央
44088211021900041	榕树	三级	220	16.0	540	12	雷州市东里镇沙节村委会村祠庙前
44088211120000022	榕树	三级	180	13.4	450	18	雷州市调风镇调风村委会南天宫围墙北
44088211120000023	榕树	三级	120	10.0	342	16	雷州市调风镇调风村委会土地公
44088211120000024	榕树	三级	110	9.0	298	14	雷州市调风镇调风村委会土地公
44088211120000025	榕树	三级	100	11.0	270	16	雷州市调风镇调风村委会土地公
44088211120000026	榕树	三级	180	11.0	450	14	雷州市调风镇调风村委会土地公庙
44088211120100017	榕树	三级	120	13.0	350	21	雷州市调风镇企树村委会土地公
44088211120200019	榕树	三级	140	12.8	380	16	雷州市调风镇禄切村委会水塘边
44088211120200021	榕树	三级	100	6.0	210	8	雷州市调风镇禄切村委会入村路西口
44088211120200027	榕树	三级	150	12.6	380	15	雷州市调风镇禄切村委会调袄村
44088211120200030	榕树	三级	190	12.0	480	19	雷州市调风镇禄切村委会东祸村
44088211120200031	榕树	三级	160	12.4	410	12	雷州市调风镇禄切村委会东祸村
44088211120400062	榕树	三级	110	12.0	310	12	雷州市调风镇草朗村委会老土地公
44088211120400065	山楝	三级	150	15.0	220	17	雷州市调风镇草朗村委会土地公山风水林中
44088211120600046	榕树	三级	100	8.0	270	8	雷州市调风镇课堂村委会土地公庙
44088211120600063	榕树	三级	110	9.0	310	21	雷州市调风镇课堂村委会文化楼
44088211120700048	榕树	三级	160	9.0	410	12	雷州市调风镇卜昌村委会学校围墙路转角
44088211120700049	榕树	三级	130	12.0	340	13	雷州市调风镇卜昌村委会学校内
44088211120700051	榕树	三级	130	9.0	360	12	雷州市调风镇卜昌村委会土地庙
44088211120800054	榕树	三级	190	10.0	465	20	雷州市调风镇坎园村委会文化楼
44088211120900001	榕树	三级	240	11.5	520	20	雷州市调风镇后降村委会村东南路入口
44088211121000002	榕树	三级	100	12.6	274	20	雷州市调风镇坑尾村委会本村文化楼
44088211121000003	榕树	三级	160	12.2	414	12	雷州市调风镇坑尾村委会村东南路入口
44088211121000004	榕树	三级	110	11.4	290	11	雷州市调风镇坑尾村委会村东南路入口
44088211121000005	榕树	三级	140	12.0	350	13	雷州市调风镇坑尾村委会本村土地公
44088211121000006	榕树	三级	150	15.0	380	16	雷州市调风镇坑尾村委会土地届
44088211121000007	榕树	三级	140	13.4	380	16	雷州市调风镇坑尾村委会土地庙
44088211121000008	榕树	三级	140	12.2	380	12	雷州市调风镇坑尾村委会土地庙
44088211121100055	榕树	三级	120	11.0	322	12	雷州市调风镇东平村委会土地庙后
44088211121100056	榕树	三级	160	11.0	410	13	雷州市调风镇东平村委会土地庙后
44088211121200028	榕树	三级	200	10.0	500	17	雷州市调风镇林宅村委会本村土地公庙
44088211121200029	榕树	三级	230	17.0	540	17	雷州市调风镇林宅村委会林上村
44088211121300032	榕树	三级	100	8.0	280	14	雷州市调风镇调铭村委会文化楼
44088211121300033	榕树	三级	100	8.6	260	10	雷州市调风镇调铭村委会学校围墙门口前
44088211121300034	榕树	三级	120	8.2	290	12	雷州市调风镇调铭村委会学校围墙北
44088211121300035	榕树	三级	180	10.0	450	12	雷州市调风镇调铭村委会土地公庙
44088211121300036	榕树	三级	150	9.0	380	11	雷州市调风镇调铭村委会土地公庙
44088211121300038	榕树	三级	140	9.3	340	11	雷州市调风镇调铭村委会水塘仔边
44088211121300039	榕树	三级	140	11.6	320	20	雷州市调风镇调铭村委会调铭村
44088211121300040	榕树	三级	160	12.0	410	19	雷州市调风镇调铭村委会田坑边
44088211121300041	榕树	三级	150	9.0	390	15	雷州市调风镇调铭村委会田坑边
44088211121300043	榕树	三级	130	11.0	330	17	雷州市调风镇调铭村委会调铭村
44088211121300044	榕树	三级	180	11.0	450	17	雷州市调风镇调铭村委会调铭村
44088211121400057	榕树	三级	220	12.0	520	9	雷州市调风镇赤尾村委会内堀村

(续)

古树编号	树种	古树等级	树龄（年）	树高（米）	胸围（厘米）	冠幅（米）	位置
44088211121400058	榕树	三级	110	11.0	300	17	雷州市调风镇赤尾村委会学校门口
44088211121400059	榕树	三级	100	10.0	210	14	雷州市调风镇赤尾村委会土地庙
44088211121400066	榕树	三级	220	19.0	525	29	雷州市调风镇赤尾村委会土地公
44088211121600009	榕树	三级	110	14.3	310	16	雷州市调风镇官昌村委会那黄村
44088211121600010	桂木	三级	260	14.6	407	13	雷州市调风镇官昌村委会土地庙山
44088211121600011	樟	三级	240	16.0	395	17	雷州市调风镇官昌村委会土地公
44088211121600012	榕树	三级	180	15.6	450	15	雷州市调风镇官昌村委会官昌村
44088211121600013	榕树	三级	170	15.8	427	20	雷州市调风镇官昌村委会本村水塘尾
44088211121600014	榕树	三级	240	15.2	550	28	雷州市调风镇官昌村委会本村文化楼
44088211220000042	荔枝	三级	180	15.0	310	13	雷州市龙门镇羊觅村委会朝升村
44088211220000043	樟	三级	150	22.0	290	18	雷州市龙门镇羊觅村委会朝升村
44088211220000044	朴树	三级	160	21.0	260	25	雷州市龙门镇羊觅村委会朝升村
44088211220000045	樟	三级	150	22.0	280	15	雷州市龙门镇羊觅村委会朝升村
44088211220000046	鹊肾树	三级	260	26.0	300	13	雷州市龙门镇羊觅村委会朝升村
44088211220000047	荔枝	三级	160	16.0	280	17	雷州市龙门镇羊觅村委会朝升村
44088211220400001	樟	三级	150	15.0	280	14	雷州市龙门镇九斗村委会停趾村公园
44088211220400003	榕树	三级	140	12.0	660	17	雷州市龙门镇九斗村委会停趾村公园
44088211220400005	榕树	三级	150	9.0	420	16	雷州市龙门镇九斗村委会停趾村公园
44088211220400006	榕树	三级	130	9.0	400	13	雷州市龙门镇九斗村委会停趾村公园
44088211220400007	樟	三级	170	11.0	400	13	雷州市龙门镇九斗村委会停趾村环村路边
44088211220400008	榕树	三级	120	11.0	380	13	雷州市龙门镇九斗村委会停趾村环村路边
44088211220400048	樟	三级	120	21.0	250	15	雷州市龙门镇九斗村委会停趾村
44088211220400049	鹊肾树	三级	220	23.0	290	23	雷州市龙门镇九斗村委会东村
44088211220400050	樟	三级	180	25.0	290	15	雷州市龙门镇九斗村委会东村
44088211220400051	樟	三级	130	24.0	270	13	雷州市龙门镇九斗村委会东村
44088211220400052	樟	三级	150	26.0	280	23	雷州市龙门镇九斗村委会东村
44088211220400053	樟	三级	150	25.0	290	14	雷州市龙门镇九斗村委会东村
44088211220400054	榕树	三级	140	28.0	400	16	雷州市龙门镇九斗村委会湖口村
44088211220400055	高山榕	三级	250	28.0	670	25	雷州市龙门镇九斗村委会湖口村
44088211220400056	高山榕	三级	150	25.0	420	27	雷州市龙门镇九斗村委会湖口村
44088211220500010	榕树	三级	180	14.0	550	28	雷州市龙门镇那宛村委会那宛村环村路边
44088211220500011	乌墨	三级	160	13.0	330	11	雷州市龙门镇那宛村委会那宛村环村路边
44088211220600065	樟	三级	180	22.0	360	21	雷州市龙门镇那双村委会那双村
44088211220600066	樟	三级	200	26.0	400	29	雷州市龙门镇那双村委会那双村
44088211220600067	榕树	三级	200	18.0	560	19	雷州市龙门镇那双村委会那双
44088211220600068	樟	三级	160	26.0	380	18	雷州市龙门镇那双村委会那双村
44088211220600069	樟	三级	200	25.0	380	14	雷州市龙门镇那双村委会那双村
44088211220600071	榕树	三级	180	22.0	480	29	雷州市龙门镇那双村委会那双村
44088211220600072	榕树	三级	120	20.0	350	20	雷州市龙门镇那双村委会那双村
44088211220800073	樟	三级	260	23.0	500	27	雷州市龙门镇公树村委会中村
44088211220800074	榕树	三级	190	19.0	620	21	雷州市龙门镇公树村委会中村
44088211220800075	榕树	三级	150	20.0	500	29	雷州市龙门镇公树村委会中村
44088211220900093	榕树	三级	200	13.0	560	11	雷州市龙门镇王家村委会潮溪下村
44088211220900095	榕树	三级	200	13.0	580	15	雷州市龙门镇王家村委会潮溪下村
44088211220900098	榕树	三级	140	13.0	460	12	雷州市龙门镇王家村委会潮溪下村
44088211221100013	榕树	三级	130	13.0	420	21	雷州市龙门镇后排村委会南坡村环村路边
44088211221100014	榕树	三级	120	13.0	400	17	雷州市龙门镇后排村委会南坡村环村路边
44088211221200012	鹊肾树	三级	240	16.0	320	20	雷州市龙门镇横山村委会横山村环村路边

(续)

古树编号	树种	古树等级	树龄（年）	树高（米）	胸围（厘米）	冠幅（米）	位置
44088211221200057	鹊肾树	三级	270	26.0	380	27	雷州市龙门镇横山村委会黄山村
44088211221200058	鹊肾树	三级	280	26.0	380	21	雷州市龙门镇横山村委会黄山村
44088211221200059	榕树	三级	130	22.0	460	27	雷州市龙门镇横山村委会横山
44088211221200061	榕树	三级	220	24.0	580	25	雷州市龙门镇横山村委会横山村祠堂距约100米
44088211221200062	荔枝	三级	150	20.0	360	21	雷州市龙门镇横山村委会横山村
44088211221200063	榕树	三级	140	26.0	520	23	雷州市龙门镇横山村委会横山村
44088211221200064	荔枝	三级	160	19.0	330	19	雷州市龙门镇横山村委会横山村
44088211221300039	榕树	三级	140	9.0	450	23	雷州市龙门镇平湖村委会平湖东村
44088211221300040	榕树	三级	150	11.0	460	18	雷州市龙门镇平湖村委会平湖东村
44088211221300084	榕树	三级	140	13.0	430	10	雷州市龙门镇平湖村委会潭礼路边
44088211221300114	榕树	三级	140	13.0	480	14	雷州市龙门镇平湖村委会平湖西村
44088211221300124	榕树	三级	120	13.0	400	14	雷州市龙门镇平湖村委会平湖南村
44088211221300126	榕树	三级	240	15.0	600	12	雷州市龙门镇平湖村委会平湖东村
44088211221400021	樟	三级	150	16.0	300	22	雷州市龙门镇淘汶村委会扶茂环村路边
44088211221400022	樟	三级	130	13.0	290	15	雷州市龙门镇淘汶村委会扶茂环村路边
44088211221400127	龙眼	三级	160	16.0	220	14	雷州市龙门镇淘汶村委会扶茂村
44088211221400128	龙眼	三级	150	14.0	220	15	雷州市龙门镇淘汶村委会扶茂村
44088211221400129	樟	三级	160	18.0	360	20	雷州市龙门镇淘汶村委会扶茂村
44088211221400130	榕树	三级	170	19.0	540	23	雷州市龙门镇淘汶村委会扶茂村
44088211221400132	榕树	三级	180	17.0	520	19	雷州市龙门镇淘汶村委会扶茂村
44088211221400134	樟	三级	120	16.0	260	8	雷州市龙门镇淘汶村委会扶茂村
44088211221400135	榕树	三级	180	15.0	510	17	雷州市龙门镇淘汶村委会扶茂村村路中间
44088211221400136	樟	三级	130	16.0	260	11	雷州市龙门镇淘汶村委会后山村
44088211221400137	樟	三级	150	18.0	280	15	雷州市龙门镇淘汶村委会后山村
44088211221400138	樟	三级	150	16.0	260	15	雷州市龙门镇淘汶村委会后山村
44088211221400139	鹊肾树	三级	280	26.0	390	14	雷州市龙门镇淘汶村委会后山村
44088211221400141	樟	三级	120	16.0	280	11	雷州市龙门镇淘汶村委会后山村
44088211221400142	樟	三级	150	17.0	320	15	雷州市龙门镇淘汶村委会后山村
44088211221400143	樟	三级	160	15.0	340	13	雷州市龙门镇淘汶村委会后山村
44088211221400144	高山榕	三级	290	26.0	680	45	雷州市龙门镇淘汶村委会后山村
44088211221600002	海红豆	三级	130	16.2	310	21	雷州市龙门镇足荣村委会后山神山樟树林中
44088211221600004	无患子	三级	120	22.0	210	12	雷州市龙门镇足荣村委会后山岭樟树林中
44088211221600007	樟	三级	130	19.0	240	8	雷州市龙门镇足荣村委会后山神山樟树林中
44088211221600008	樟	三级	130	19.0	210	14	雷州市龙门镇足荣村委会后山神山樟树林中
44088211221600009	樟	三级	140	20.0	265	11	雷州市龙门镇足荣村委会后山神山樟树林中
44088211221600010	樟	三级	150	24.0	320	17	雷州市龙门镇足荣村委会后山神山樟树林中
44088211221600034	樟	三级	220	3.0	408.2	31	雷州市龙门镇足荣村委会足荣村文化楼广场
44088211221600037	榕树	三级	120	15.0	360	23	雷州市龙门镇足荣村委会足荣村文化楼广场
44088211221600038	樟	三级	280	19.0	500	31	雷州市龙门镇足荣村委会足荣环村路边
44088211221800023	高山榕	三级	250	17.0	700	39	雷州市龙门镇那尾村委会那平村口
44088211221800024	榕树	三级	180	13.0	545	24	雷州市龙门镇那尾村委会那平环村路边
44088211221800078	榕树	三级	150	12.0	470	15	雷州市龙门镇那尾村委会谷仓村
44088211221800079	榕树	三级	160	14.0	460	15	雷州市龙门镇那尾村委会谷仓文化楼前
44088211221800080	高山榕	三级	280	21.0	710	26	雷州市龙门镇那尾村委会谷仓祠堂后
44088211221900028	榕树	三级	230	14.0	550	20	雷州市龙门镇田墩村委会龙仔村边
44088211221900029	榕树	三级	130	12.0	430	16	雷州市龙门镇田墩村委会龙仔村边
44088211221900030	榕树	三级	140	15.0	440	16	雷州市龙门镇田墩村委会龙仔村边
44088211221900031	榕树	三级	220	16.0	630	23	雷州市龙门镇田墩村委会齐绿村小学门口

第三章　湛江市古树名木目录

(续)

古树编号	树种	古树等级	树龄（年）	树高（米）	胸围（厘米）	冠幅（米）	位置
44088211300100024	榕树	三级	110	15.0	280	16	雷州市英利镇英利社区居委会镇政府院内
44088211300100031	榕树	三级	100	10.0	220	16	雷州市英利镇英利社区居委会英利镇政府院内
44088211320000012	榕树	三级	110	13.0	299.8	15	雷州市英利镇三元村委会深墟
44088211320000013	榕树	三级	290	30.0	709.9	21	雷州市英利镇三元村委会潭定坭村
44088211320000027	榕树	三级	220	15.0	520	14	雷州市英利镇三元村委会新村仔村祠堂门口
44088211320000028	榕树	三级	180	13.0	460	14	雷州市英利镇三元村委会新村仔村祠堂门口
44088211320100018	樟	三级	200	11.0	360	18	雷州市英利镇新村村委会新村村
44088211320700014	见血封喉	三级	110	12.0	369.8	25	雷州市英利镇昌竹村委会昌竹村
44088211320700015	见血封喉	三级	120	17.0	319.9	13	雷州市英利镇昌竹村委会昌竹村
44088211320700016	见血封喉	三级	150	16.0	389.9	13	雷州市英利镇昌竹村委会昌竹村
44088211320700017	榕树	三级	110	8.0	319.9	18	雷州市英利镇昌竹村委会昌竹村
44088211320900019	见血封喉	三级	160	14.0	510	27	雷州市英利镇英利村委会上园村国道207旁
44088211320900020	见血封喉	三级	120	16.0	471	23	雷州市英利镇英利村委会游河仔村
44088211320900025	榕树	三级	140	14.0	370	16	雷州市英利镇英利村委会东埇村土地公旁
44088211320900026	榕树	三级	200	11.0	510	21	雷州市英利镇英利村委会东塘村
44088211320900029	榕树	三级	130	16.0	400	21	雷州市英利镇英利村委会农机厂
44088211321200001	榕树	三级	150	6.0	400	9	雷州市英利镇宾禄村委会宾禄村
44088211321200002	高山榕	三级	280	6.0	650	13	雷州市英利镇宾禄村委会宾禄村委会文化场
44088211321200003	榕树	三级	280	6.0	699.1	18	雷州市英利镇宾禄村委会宾禄村
44088211321200004	榕树	三级	180	6.0	469.7	18	雷州市英利镇宾禄村委会宾禄村
44088211321500030	樟	三级	150	12.0	270	23	雷州市英利镇潭龙村委会鸭尾寮村
44088211322000009	榕树	三级	150	11.0	499.8	29	雷州市英利镇英良村委会英良村
44088211322000010	榕树	三级	180	11.0	499.8	19	雷州市英利镇英良村委会英良村
44088211322500005	酸豆	三级	110	14.0	299.8	10	雷州市英利镇田头村委会田头圩
44088211322500006	酸豆	三级	250	15.0	499.8	18	雷州市英利镇田头村委会田头圩
44088211322500007	酸豆	三级	110	14.0	299.8	10	雷州市英利镇田头村委会田头圩
44088211322500008	酸豆	三级	280	14.0	369.8	8	雷州市英利镇田头村委会田头圩
44088211400100019	酸豆	三级	180	24.0	429	11	雷州市北和镇北和社区居委会北旧市
44088211420100020	榕树	三级	110	18.0	400	14	雷州市北和镇标角村委会东边村水沟边
44088211420100021	垂叶榕	三级	180	13.0	450	13	雷州市北和镇标角村委会东边村
44088211420100022	乌墨	三级	240	16.0	454	15	雷州市北和镇标角村委会中央村庙
44088211420600013	榕树	三级	110	15.0	345	15	雷州市北和镇洋家村委会洋家村西村口
44088211420600014	榕树	三级	140	16.0	425	12	雷州市北和镇洋家村委会洋家村广场
44088211420700015	乌墨	三级	120	15.0	295	12	雷州市北和镇高蓬村委会高蓬村小学
44088211420700016	斜叶榕	三级	160	11.0	550	8	雷州市北和镇高蓬村委会高蓬村
44088211421100017	酸豆	三级	160	17.0	400	12	雷州市北和镇北样村委会迈枝林村经堂
44088211421100018	酸豆	三级	100	13.5	285	13	雷州市北和镇北样村委会迈枝林村真修堂
44088211421200035	海红豆	三级	150	13.5	272	15	雷州市北和镇金竹村委会迈草村水塔附近
44088211421200036	榕树	三级	180	14.5	460	17	雷州市北和镇金竹村委会迈草村旧小学
44088211421200037	假玉桂	三级	120	18.0	200	14	雷州市北和镇金竹村委会迈草村
44088211421300034	酸豆	三级	100	15.0	259.1	7	雷州市北和镇英兜村委会英兜村
44088211421400004	酸豆	三级	130	9.0	385	6	雷州市北和镇交寮村委会交寮村小学
44088211421500001	海红豆	三级	200	17.0	345	15	雷州市北和镇和家村委会和家村旧村
44088211421500002	高山榕	三级	180	21.0	460	13	雷州市北和镇和家村委会和家村庙
44088211421500003	高山榕	三级	120	18.0	340	15	雷州市北和镇和家村委会潭蒙村土地庙
44088211421800005	见血封喉	三级	150	17.0	450	11	雷州市北和镇那胆村委会昌金村
44088211421800006	酸豆	三级	130	19.0	340	14	雷州市北和镇那胆村委会大柯村庙旁
44088211421800007	高山榕	三级	270	23.0	660	25	雷州市北和镇那胆村委会小柯村

099

(续)

古树编号	树种	古树等级	树龄（年）	树高（米）	胸围（厘米）	冠幅（米）	位置
44088211421900008	榕树	三级	180	18.0	520	36	雷州市北和镇调罗村委会潘宅村庙
44088211421900009	榕树	三级	180	13.0	529	13	雷州市北和镇调罗村委会调罗村戏楼
44088211422000010	樟	三级	100	23.0	133.76	16	雷州市北和镇潭葛村委会潭葛南村学校
44088211422000011	垂叶榕	三级	200	15.0	181.53	29	雷州市北和镇潭葛村委会中村中央
44088211422000012	乌墨	三级	200	16.0	420	10	雷州市北和镇潭葛村委会邓村土地庙
44088211422100029	榕树	三级	150	10.0	430	3	雷州市北和镇康村村委会北府庙
44088211422100030	榕树	三级	150	25.0	415	14	雷州市北和镇康村村委会康村篮球场旁
44088211422100031	榕树	三级	170	15.0	440	13	雷州市北和镇康村村委会康村篮球场旁
44088211422500032	垂叶榕	三级	110	19.0	370	18	雷州市北和镇徐黄村委会徐黄村
44088211422500033	垂叶榕	三级	120	21.0	350	15	雷州市北和镇徐黄村委会徐黄村
44088211422600028	榕树	三级	160	18.0	425	14	雷州市北和镇南边黄村委会村委会院内
44088211422700023	榕树	三级	110	14.0	360	12	雷州市北和镇盐庭村委会盐庭角
44088211422700024	垂叶榕	三级	110	15.0	330	15	雷州市北和镇盐庭村委会盐庭村土地庙旁
44088211422700025	榕树	三级	120	12.0	326	13	雷州市北和镇盐庭村委会盐庭村足球场旁
44088211422700026	垂叶榕	三级	110	15.0	409	16	雷州市北和镇盐庭村委会盐庭村盐场
44088211422700027	榕树	三级	130	16.0	440	15	雷州市北和镇盐庭村委会燕庭村沙仔坡庙
44088211520000019	高山榕	三级	150	11.0	699	22	雷州市乌石镇陈宅村委会村路边
44088211520000020	高山榕	三级	150	13.0	706.5	17	雷州市乌石镇陈宅村委会村路边
44088211520000021	樟	三级	200	18.0	644.3	19	雷州市乌石镇陈宅村委会村学校边
44088211520000022	高山榕	三级	150	13.0	400.7	22	雷州市乌石镇陈宅村委会村戏楼
44088211520000023	破布木	三级	180	20.0	505.5	7	雷州市乌石镇陈宅村委会村土地庙
44088211520100016	高山榕	三级	170	17.0	486.7	20	雷州市乌石镇铺仔村委会村公路边
44088211520100017	高山榕	三级	170	16.0	634.3	20	雷州市乌石镇铺仔村委会村公路边
44088211520100018	高山榕	三级	160	17.0	445.9	21	雷州市乌石镇铺仔村委会村土地庙
44088211520500024	垂叶榕	三级	150	12.0	445.9	21	雷州市乌石镇丰南村委会村土地庙
44088211520800007	榕树	三级	180	11.0	469.4	18	雷州市乌石镇潭元村委会村路口边
44088211520800008	酸豆	三级	140	11.0	259.1	15	雷州市乌石镇潭元村委会村公共场所
44088211520800009	海红豆	三级	140	7.0	259.1	13	雷州市乌石镇潭元村委会村公共场所
44088211520800010	乌墨	三级	180	7.0	359.5	9	雷州市乌石镇潭元村委会村场所
44088211520800011	龙眼	三级	160	9.0	303	14	雷州市乌石镇潭元村委会村庙宅
44088211520800012	酸豆	三级	200	17.0	353.6	21	雷州市乌石镇潭元村委会村戏楼广场
44088211520800013	榕树	三级	150	11.0	381.2	19	雷州市乌石镇潭元村委会村戏楼广场
44088211520800014	酸豆	三级	150	9.0	266.9	8	雷州市乌石镇潭元村委会村戏楼广场
44088211520800015	榕树	三级	208	9.0	1008.6	27	雷州市乌石镇潭元村委会村戏楼广场
44088211520800042	垂叶榕	三级	120	6.0	307.7	24	雷州市乌石镇潭元村委会村土地庙
44088211520800066	榕树	三级	220	11.0	533.8	13	雷州市乌石镇潭元村委会娘达村旧村场
44088211520800067	榕树	三级	180	10.0	477.3	9	雷州市乌石镇潭元村委会娘达村旧村场
44088211520800068	酸豆	三级	200	13.0	364.2	9	雷州市乌石镇潭元村委会娘达村旧村场
44088211520800069	榕树	三级	200	14.0	508.7	14	雷州市乌石镇潭元村委会娘达村旧村场
44088211520900026	酸豆	三级	108	16.0	331.6	13	雷州市乌石镇房参村委会村市场
44088211520900027	酸豆	三级	120	15.0	309.3	14	雷州市乌石镇房参村委会村市场
44088211521000028	垂叶榕	三级	120	8.0	282.6	15	雷州市乌石镇岭峰村委会村土地庙
44088211521100006	酸豆	三级	140	9.0	254.3	15	雷州市乌石镇平步村委会村五队场所
44088211521200030	酸豆	三级	160	15.0	284.2	16	雷州市乌石镇乌石村村委会村土地庙
44088211521200032	海红豆	三级	160	12.0	260.6	13	雷州市乌石镇乌石村村委会村土地庙
44088211521300025	酸豆	三级	180	15.0	362.7	14	雷州市乌石镇文堂村委会村陈景延公祠堂
44088211521800033	木棉	三级	180	20.0	417.6	19	雷州市乌石镇那澳村委会村祠堂宅
44088211521800034	木棉	三级	260	22.0	555.8	24	雷州市乌石镇那澳村委会村祠堂宅

(续)

古树编号	树种	古树等级	树龄（年）	树高（米）	胸围（厘米）	冠幅（米）	位置
44088211521800035	榕树	三级	160	23.0	442.7	17	雷州市乌石镇那澳村委会村祠堂宅
44088211521800036	榕树	三级	114	16.0	370.5	17	雷州市乌石镇那澳村委会村土地庙
44088211521900005	榕树	三级	100	10.0	270.4	11	雷州市乌石镇塘东村委会村土地庙
44088211522000029	酸豆	三级	180	17.0	339.4	17	雷州市乌石镇向党村委会村土地庙
44088211522000070	酸豆	三级	150	15.0	273.2	21	雷州市乌石镇向党村委会村土地庙
44088211522100001	酸豆	三级	220	14.0	369.3	17	雷州市乌石镇潭板村委会卜富村镜主庙
44088211522100002	酸豆	三级	160	13.0	293.3	11	雷州市乌石镇潭板村委会村镜主庙
44088211522100003	酸豆	三级	200	20.0	336	21	雷州市乌石镇潭板村委会梁氏祠堂
44088211522100004	垂叶榕	三级	200	11.0	477.3	15	雷州市乌石镇潭板村委会村戏楼边
44088211522100039	木棉	三级	160	16.0	395.6	17	雷州市乌石镇潭板村委会村庙宅
44088211522100040	土坛树	三级	200	8.0	307.7	5	雷州市乌石镇潭板村委会村庙宅
44088211522100041	木棉	三级	150	10.0	358	9	雷州市乌石镇潭板村委会村庙宅
44088211522200031	垂叶榕	三级	120	9.0	279.7	19	雷州市乌石镇潭朗村委会村路边
44088211522300037	榕树	三级	140	13.0	370.5	19	雷州市乌石镇三教村委会村土地庙
44088211522300038	榕树	三级	200	11.0	511.8	18	雷州市乌石镇三教村委会村土地庙
44088211620000051	垂叶榕	三级	130	9.0	356.4	18	雷州市覃斗镇讨泗村委会村土地庙旁
44088211620000053	酸豆	三级	110	13.0	219.8	7	雷州市覃斗镇讨泗村委会村土地庙旁
44088211620000056	榕树	三级	150	7.0	471.6	18	雷州市覃斗镇讨泗村委会村中路
44088211620000058	垂叶榕	三级	110	9.0	244.9	16	雷州市覃斗镇讨泗村委会村土地庙旁
44088211620000059	酸豆	三级	120	14.0	233.9	8	雷州市覃斗镇讨泗村委会村祠堂宅
44088211620100014	榕树	三级	140	13.0	405.1	14	雷州市覃斗镇六高村委会村水塘边
44088211620100015	垂叶榕	三级	120	8.0	260.6	16	雷州市覃斗镇六高村委会村祠堂宅
44088211620100016	榕树	三级	140	10.0	370.5	13	雷州市覃斗镇六高村委会村祠堂宅
44088211620100017	榕树	三级	120	10.0	328.1	19	雷州市覃斗镇六高村委会村祠堂宅
44088211620100023	榕树	三级	130	12.0	427	13	雷州市覃斗镇六高村委会村雷祖祠宅
44088211620100024	榕树	三级	150	12.0	433.3	16	雷州市覃斗镇六高村委会村雷祖祠宅
44088211620100025	垂叶榕	三级	150	10.0	382.5	12	雷州市覃斗镇六高村委会村水塘边
44088211620100026	垂叶榕	三级	150	6.0	358.6	16	雷州市覃斗镇六高村委会村水塘边
44088211620100027	垂叶榕	三级	130	6.0	377.1	12	雷州市覃斗镇六高村委会村水塘边
44088211620100029	垂叶榕	三级	130	7.0	144.4	23	雷州市覃斗镇六高村委会村雷祖祠宅
44088211620100030	垂叶榕	三级	130	7.0	214.1	18	雷州市覃斗镇六高村委会村雷祖祠宅
44088211620100031	垂叶榕	三级	130	6.0	87.9	15	雷州市覃斗镇六高村委会村雷祖祠宅
44088211620100032	垂叶榕	三级	120	5.0	147.6	17	雷州市覃斗镇六高村委会村雷祖祠宅
44088211620100033	榕树	三级	150	6.0	410.4	13	雷州市覃斗镇六高村委会村土地庙
44088211620100036	榕树	三级	220	10.0	546.4	16	雷州市覃斗镇六高村委会村中间
44088211620100037	榕树	三级	150	11.0	409.8	19	雷州市覃斗镇六高村委会村路边
44088211620100038	高山榕	三级	120	12.0	344.5	16	雷州市覃斗镇六高村委会村土地庙
44088211620100040	竹节树	三级	160	12.0	211	5	雷州市覃斗镇六高村委会村雷祖祠旧井
44088211620100041	垂叶榕	三级	140	6.0	320.6	11	雷州市覃斗镇六高村委会村雷祖祠旧井
44088211620200013	垂叶榕	三级	260	11.0	233.9	38	雷州市覃斗镇凌新村委会凌宅旧村场
44088211620200097	木棉	三级	140	12.0	383.1	10	雷州市覃斗镇凌新村委会村土地庙
44088211620600061	海红豆	三级	150	10.0	268.8	12	雷州市覃斗镇卜立村委会村土地庙旁
44088211620700006	垂叶榕	三级	260	9.0	458.4	16	雷州市覃斗镇塘边村委会水塘边
44088211620700007	垂叶榕	三级	140	9.0	365.5	17	雷州市覃斗镇塘边村委会村水塘边
44088211620700008	垂叶榕	三级	120	9.0	270.7	11	雷州市覃斗镇塘边村委会村祠堂宅
44088211620700009	垂叶榕	三级	160	5.0	355.4	11	雷州市覃斗镇塘边村委会村祠堂宅
44088211620700010	垂叶榕	三级	150	5.0	339.1	21	雷州市覃斗镇塘边村委会村祠堂宅
44088211620700011	垂叶榕	三级	200	9.0	436.5	29	雷州市覃斗镇塘边村委会中心小学

(续)

古树编号	树种	古树等级	树龄（年）	树高（米）	胸围（厘米）	冠幅（米）	位置
44088211620700012	垂叶榕	三级	160	8.0	378.1	21	雷州市覃斗镇塘边村委会中心小学
44088211620800001	海红豆	三级	140	7.0	254.3	13	雷州市覃斗镇铺前村委会村祠堂
44088211620800002	海红豆	三级	120	7.0	194.7	10	雷州市覃斗镇铺前村委会村祠堂
44088211620800004	垂叶榕	三级	140	9.0	317.1	20	雷州市覃斗镇铺前村委会村学校边
44088211620900047	垂叶榕	三级	110	9.0	248.4	17	雷州市覃斗镇迈克村委会村土地庙旁
44088211620900048	垂叶榕	三级	140	11.0	469.7	24	雷州市覃斗镇迈克村委会村土地庙旁
44088211620900050	榕树	三级	130	9.0	367.4	17	雷州市覃斗镇迈克村委会村铺仔
44088211621100005	榕树	三级	130	8.0	298.3	16	雷州市覃斗镇山尾村委会村土地庙
44088211621200035	榕树	三级	150	12.0	612.3	20	雷州市覃斗镇流沙村委会村娱乐中心
44088211621200042	榕树	三级	180	11.0	455.9	15	雷州市覃斗镇流沙村委会村土地庙
44088211621200043	榕树	三级	130	11.0	509.9	21	雷州市覃斗镇流沙村委会村邱氏祠堂
44088211621200055	见血封喉	三级	220	8.0	305.2	11	雷州市覃斗镇流沙村委会村路边
44088211621300063	酸豆	三级	160	15.0	295.2	12	雷州市覃斗镇下海村委会村下墩仔
44088211621300064	垂叶榕	三级	120	8.0	288.9	14	雷州市覃斗镇下海村委会村土地庙旁
44088211621300065	酸豆	三级	160	17.0	270	11	雷州市覃斗镇下海村委会村祠堂宅
44088211621300066	垂叶榕	三级	130	13.0	502.4	18	雷州市覃斗镇下海村委会村土地庙旁
44088211621300067	垂叶榕	三级	130	11.0	376.8	12	雷州市覃斗镇下海村委会村土地庙旁
44088211621300069	龙眼	三级	240	12.0	240	12	雷州市覃斗镇下海村委会村后墩仔
44088211621300070	榕树	三级	120	12.0	345.4	20	雷州市覃斗镇下海村委会村土地庙旁
44088211621300071	木棉	三级	130	14.0	370.5	12	雷州市覃斗镇下海村委会村学校
44088211621300072	榕树	三级	100	10.0	279.5	15	雷州市覃斗镇下海村委会村土地庙旁
44088211621300075	酸豆	三级	150	20.0	288.9	11	雷州市覃斗镇下海村委会上村后
44088211621300076	朴树	三级	130	12.0	213.5	7	雷州市覃斗镇下海村委会村后墩仔
44088211621600039	垂叶榕	三级	150	8.0	474.8	20	雷州市覃斗镇提交村委会村土地庙
44088211621600044	土坛树	三级	110	12.0	273.2	9	雷州市覃斗镇提交村委会村祖母庙宅
44088211621600045	垂叶榕	三级	110	11.0	263.8	11	雷州市覃斗镇提交村委会村戏楼广场
44088211722300027	榕树	三级	100	6.5	210	19	雷州市附城镇卜扎村委会卜扎庙旁
44088211722300028	海红豆	三级	200	9.0	340	12	雷州市附城镇卜扎村委会卜扎村村中
44088211722300029	垂叶榕	三级	120	6.5	300	14	雷州市附城镇卜扎村委会古寺门口
44088211722300030	垂叶榕	三级	100	7.0	320	16	雷州市附城镇卜扎村委会卜扎村村边
44088211722300031	榕树	三级	160	10.0	350	15	雷州市附城镇卜扎村委会卜扎村村中
44088211722300032	鹊肾树	三级	280	10.0	300	12	雷州市附城镇卜扎村委会南村草地公庙
44088211722300033	榕树	三级	100	6.5	260	10	雷州市附城镇卜扎村委会卜扎村上村祠堂前
44088211722300036	鹊肾树	三级	100	9.0	127.4	17	雷州市附城镇卜扎村委会乐里村村口
44088211722600052	榕树	三级	100	8.0	220	13	雷州市附城镇赤嵌村委会赤嵌村村前
44088211723100001	榕树	三级	120	9.5	320	14	雷州市附城镇南郡村委会南郡村庙山
44088211723100002	榕树	三级	100	8.5	290	9	雷州市附城镇南郡村委会南郡村庙山
44088211723100005	榕树	三级	150	12.5	390	19	雷州市附城镇南郡村委会南郡村庙前
44088211723100008	垂叶榕	三级	180	8.0	450	26	雷州市附城镇南郡村委会南郡村村前
44088211723100009	垂叶榕	三级	220	8.0	450	20	雷州市附城镇南郡村委会南郡村村前
44088211723100010	垂叶榕	三级	100	7.5	230	17	雷州市附城镇南郡村委会南郡村村中
44088211723100011	垂叶榕	三级	160	7.5	350	19	雷州市附城镇南郡村委会南郡村村中
44088211723100012	垂叶榕	三级	120	7.5	300	18	雷州市附城镇南郡村委会南郡村村中
44088211723100013	垂叶榕	三级	160	7.5	340	19	雷州市附城镇南郡村委会南郡村村中
44088211723100014	垂叶榕	三级	220	8.5	460	17	雷州市附城镇南郡村委会南郡村村前
44088211723100015	垂叶榕	三级	160	8.0	360	17	雷州市附城镇南郡村委会南郡村村前
44088211723100018	垂叶榕	三级	140	9.0	320	16	雷州市附城镇南郡村委会南郡村村前
44088211723100019	垂叶榕	三级	180	8.0	410	15	雷州市附城镇南郡村委会南郡村村前
44088211723100020	垂叶榕	三级	120	8.0	270	15	雷州市附城镇南郡村委会南郡村村前

(续)

古树编号	树种	古树等级	树龄（年）	树高（米）	胸围（厘米）	冠幅（米）	位置
44088211723100021	见血封喉	三级	280	18.0	590	21	雷州市附城镇南郡村委会南郡村村边
44088211723100023	垂叶榕	三级	120	7.5	290	15	雷州市附城镇南郡村委会文化楼边
44088211723100025	龙眼	三级	220	11.0	220	15	雷州市附城镇南郡村委会陈家村南
44088211723100102	荔枝	三级	150	13.0	270	15	雷州市附城镇南郡村委会陈家仔村

表3 吴川市古树目录

古树编号	树种	古树等级	树龄（年）	树高（米）	胸围（厘米）	冠幅（米）	位置
44088300100400283	鹊肾树	一级	500	10.6	349	14	吴川市梅录街道梅山社区居委会
44088310100100306	榕树	一级	500	11.3	582	16	吴川市长岐镇下苍居委会上斜尾村土地公
44088310220900080	山蒲桃	一级	550	11.8	240	12	吴川市覃巴镇覃华村委会米郎村公庙内
44088310320600117	山蒲桃	一级	500	10.3	262	13	吴川市王村港镇硫西村委会硫西公庙前
44088300100100287	榕树	二级	320	11.0	412	19	吴川市梅录街道梅岭社区居委会坡心岭村文化中心前
44088300100100288	榕树	二级	320	16.6	398	21	吴川市梅录街道梅岭社区居委会坡心岭村文化中心前
44088300101500279	垂叶榕	二级	400	16.6	835	31	吴川市梅录街道廖山社区居委会瓦窑村村口
44088300200500231	竹节树	二级	300	10.6	215	14	吴川市塘尾街道边坡社区居委会大方田村土地公
44088300200700246	竹节树	二级	380	9.0	243	9	吴川市塘尾街道麦屋社区居委会李屋村公庙右侧
44088300500200223	榕树	二级	300	17.2	550	27	吴川市海滨街道博茂居委会路口村真武庙后
44088300500300229	竹节树	二级	300	10.8	200	17	吴川市海滨街道塘尾居委会塘尾村广福堂前
44088300500300230	竹节树	二级	400	14.3	288	14	吴川市海滨街道塘尾居委会塘尾村池塘边
44088310120400308	榕树	二级	460	8.2	479	12	吴川市长岐镇良村长岐镇中心小学内张氏祠堂旁
44088310220200097	见血封喉	二级	310	13.4	266	15	吴川市覃巴镇高岭村委会下山村后背岭
44088310220600108	榕树	二级	400	15.8	864	28	吴川市覃巴镇对面坡村委会那覃村那覃下村第三小组
44088310320300113	海红豆	二级	300	19.8	266	19	吴川市王村港镇覃寮村委会覃寮村村后
44088310320300114	樟	二级	350	16.7	344	15	吴川市王村港镇覃寮村委会覃寮村村后
44088310320600131	榕树	二级	300	14.3	460	21	吴川市王村港镇硫西村委会奇石村土神山
44088310421200001	见血封喉	二级	400	18.4	430	23	吴川市振文镇三江村委会文化楼前
44088310421200002	见血封喉	二级	450	16.0	385	22	吴川市振文镇三江村委会文化楼前
44088310421200004	见血封喉	二级	300	11.0	220	12	吴川市振文镇三江村委会文化楼前
44088310421200005	见血封喉	二级	300	12.0	245	13	吴川市振文镇三江村委会文化楼前
44088310421200006	见血封喉	二级	400	15.8	400	15	吴川市振文镇三江村委会文化楼前
44088310520200030	垂叶榕	二级	300	10.8	335	23	吴川市樟铺镇樟铺村委会垭垌上村永庆堂庙旁
44088310520200041	竹节树	二级	360	9.3	245	17	吴川市樟铺镇樟铺村委会里村球场附近
44088310520900007	榕树	二级	300	14.1	365	18	吴川市樟铺镇南巢村委会下背山
44088310600400273	榕树	二级	400	13.0	506	23	吴川市吴阳镇上郭社区居委会石堑村石堑庙前
44088310720100166	荔枝	二级	350	10.5	333	11	吴川市塘缀镇南埇村委会南埇村公庙旁
44088310721400200	垂叶榕	二级	350	12.3	282	30	吴川市塘缀镇龙安村委会三奇村土地公庙
44088310721800187	竹节树	二级	350	13.2	212	16	吴川市塘缀镇上杭村委会吕塘村吕塘公庙
44088310722400191	榕树	二级	400	15.7	549	24	吴川市塘缀镇东村村委会丽山村丽山小学门前右侧
44088310722400192	垂叶榕	二级	400	12.8	380	17	吴川市塘缀镇东村村委会丽山村丽山小学门前左侧
44088310722500194	见血封喉	二级	350	11.7	607	17	吴川市塘缀镇企石村委会莲寻村莲寻小学内
44088310922100271	见血封喉	二级	300	20.5	497	19	吴川市黄坡镇唐基村委会塘基村紫山园
44088310922300272	见血封喉	二级	360	16.3	369	18	吴川市黄坡镇里屋村委会力古村材药木
44088300100400281	垂叶榕	三级	200	14.2	321	17	吴川市梅录街道梅山社区居委会梅山文化中心前
44088300100400282	榕树	三级	200	10.7	158	10	吴川市梅录街道梅山社区居委会梅山文化中心前
44088300100600275	高山榕	三级	180	16.4	599	17	吴川市梅录街道城中社区居委会下山村上高山
44088300100900286	榕树	三级	120	15.8	362	24	吴川市梅录街道新文社区居委会隔塘二街新文居委会前
44088300101200284	榕树	三级	100	16.2	338	19	吴川市梅录街道庐江社区居委会何屋底村盲锅
44088300101200285	榕树	三级	100	15.6	396	27	吴川市梅录街道庐江社区居委会何屋底村盲锅
44088300101400289	垂叶榕	三级	130	15.4	443	17	吴川市梅录街道跃进社区居委会胜利二街北帝庙后左侧
44088300101400290	垂叶榕	三级	250	12.1	690	20	吴川市梅录街道跃进社区居委会胜利二街土地公
44088300101500280	笔管榕	三级	180	10.5	687	14	吴川市梅录街道廖山社区居委会瓦窑村瓦窑小学旁
44088300101800276	高山榕	三级	150	15.8	426	16	吴川市梅录街道永红社区居委会中隔海村河北古庙前右侧
44088300200200239	榕树	三级	150	14.7	391	25	吴川市塘尾街道高杨社区居委会高屋村西边巷土地公旁
44088300200200240	榕树	三级	120	14.8	351	20	吴川市塘尾街道高杨社区居委会高屋村高边塘

第三章　湛江市古树名木目录

(续)

古树编号	树种	古树等级	树龄(年)	树高(米)	胸围(厘米)	冠幅(米)	位置
44088300200200241	榕树	三级	100	11.8	225	16	吴川市塘尾街道高杨社区居委会高屋村上高坡
44088300200200242	桂木	三级	120	10.3	214	12	吴川市塘尾街道高杨社区居委会高屋村北边坡
44088300200200243	榕树	三级	140	10.1	311	17	吴川市塘尾街道高杨社区居委会杨屋村青龙境前第3株
44088300200500232	垂叶榕	三级	130	4.8	267	7	吴川市塘尾街道边坡社区居委会大方田村民安堂前
44088300200500233	垂叶榕	三级	130	9.0	290	15	吴川市塘尾街道边坡社区居委会大方田村民安堂右侧
44088300200500234	竹节树	三级	100	6.8	88	8	吴川市塘尾街道边坡社区居委会郊边村公堂岭
44088300200500235	竹节树	三级	100	7.9	100	8	吴川市塘尾街道边坡社区居委会郊边村公堂岭
44088300200500236	竹节树	三级	100	8.2	85	7	吴川市塘尾街道边坡社区居委会郊边村公堂岭
44088300200500237	竹节树	三级	200	9.3	161	11	吴川市塘尾街道边坡社区居委会俄儿村土地公旁
44088300200500238	鹊肾树	三级	120	4.7	164	2	吴川市塘尾街道边坡社区居委会俄儿村土地公后
44088300200700244	榕树	三级	120	7.2	277	13	吴川市塘尾街道麦屋社区居委会麦屋村麦屋广场
44088300200700245	鹊肾树	三级	100	6.5	101	8	吴川市塘尾街道麦屋社区居委会麦屋村土地公后
44088300200700247	山棟	三级	150	14.3	401	19	吴川市塘尾街道麦屋社区居委会李屋村边坡地
44088300200700248	榕树	三级	130	11.0	326	16	吴川市塘尾街道麦屋社区居委会李屋村旧祠堂土地公旁
44088300300300252	榕树	三级	180	14.3	371	20	吴川市大山江街道良美社区居委会良美村土地庙右侧
44088300300300253	榕树	三级	150	15.2	300	19	吴川市大山江街道良美社区居委会良美村土地庙左侧
44088300300300254	竹节树	三级	160	8.7	126	11	吴川市大山江街道良美社区居委会良美村土地庙后
44088300300300255	鹊肾树	三级	140	9.3	185	7	吴川市大山江街道良美社区居委会良美村公庙后
44088300300400249	榕树	三级	150	10.3	259	17	吴川市大山江街道山基华社区居委会山基华村池塘边
44088300300400250	榕树	三级	150	10.3	302	15	吴川市大山江街道山基华社区居委会山基华村池塘边
44088300300400251	榕树	三级	180	13.9	393	20	吴川市大山江街道山基华社区居委会山基华村公路边
44088300300600256	榕树	三级	210	11.5	374	23	吴川市大山江街道东埔社区居委会林井村村路口
44088300300600257	鹊肾树	三级	100	8.3	132	11	吴川市大山江街道东埔社区居委会林井村村路口
44088300300600258	鹊肾树	三级	120	8.0	174	7	吴川市大山江街道东埔社区居委会林井村村路口
44088300300600259	鹊肾树	三级	100	8.8	114	6	吴川市大山江街道东埔社区居委会林井村村路口
44088300400200261	垂叶榕	三级	180	13.2	276	15	吴川市博铺街道东江社区居委会里街村大木顶
44088300400600260	榕树	三级	180	17.5	586	21	吴川市博铺街道新江社区居委会新江市场
44088300500200220	垂叶榕	三级	200	11.8	291	20	吴川市海滨街道博茂居委会大庙村清志芳
44088300500200221	垂叶榕	三级	110	9.0	222	15	吴川市海滨街道博茂居委会大庙村博茂祖庙前
44088300500200222	垂叶榕	三级	150	5.6	275	10	吴川市海滨街道博茂居委会路口村真武庙前
44088300500200224	垂叶榕	三级	100	12.6	303	18	吴川市海滨街道博茂居委会路口村真武庙右侧
44088300500200225	榕树	三级	130	13.7	274	16	吴川市海滨街道博茂居委会井头旧村狮子口
44088300500200226	榕树	三级	130	10.2	305	18	吴川市海滨街道博茂居委会井头旧村狮子口
44088300500300227	榕树	三级	250	17.6	515	20	吴川市海滨街道塘尾居委会新地村广福堂前左侧
44088300500300228	榕树	三级	200	16.3	683	25	吴川市海滨街道塘尾居委会上海沟村后背地
44088300500500219	朴树	三级	200	14.2	293	18	吴川市海滨街道梅逢居委会均路园村土地公旁
44088310020100291	樟	三级	100	13.2	218	13	吴川市浅水镇高栈村委会下西瓜坡村公路边
44088310020100292	垂叶榕	三级	100	11.6	211	20	吴川市浅水镇高栈村委会马上垌村高阳堂旁
44088310020100296	垂叶榕	三级	110	10.7	247	14	吴川市浅水镇高栈村委会那邹村始遗堂左侧
44088310020100297	垂叶榕	三级	110	9.8	391	18	吴川市浅水镇高栈村委会那邹村始遗堂右侧
44088310020200298	垂叶榕	三级	160	9.2	265	14	吴川市浅水镇石碧村委会榕树村榕树文化综合楼前
44088310020200299	垂叶榕	三级	160	12.2	307	18	吴川市浅水镇石碧村委会榕树村榕树文化综合楼前
44088310020200300	垂叶榕	三级	160	9.4	339	14	吴川市浅水镇石碧村委会榕树村榕树文化综合楼前
44088310020200301	垂叶榕	三级	200	11.7	326	16	吴川市浅水镇石碧村委会榕树村西边土土地公
44088310020300293	樟	三级	100	12.8	220	18	吴川市浅水镇山茶村委会元山村后背岭
44088310020300294	垂叶榕	三级	130	12.6	297	33	吴川市浅水镇山茶村委会下金塘村土地公
44088310020300295	红鳞蒲桃	三级	100	8.1	122	10	吴川市浅水镇山茶村委会石板埔村土地公左侧
44088310100100307	朴树	三级	150	12.8	228	18	吴川市长岐镇下苍居委会下斜尾村太子庙旁边

(续)

古树编号	树种	古树等级	树龄（年）	树高（米）	胸围（厘米）	冠幅（米）	位置
44088310120100329	垂叶榕	三级	150	10.4	292	23	吴川市长岐镇山秀村委会东阳村东新庙前
44088310120100330	垂叶榕	三级	120	13.3	336	21	吴川市长岐镇山秀村委会山秀村文化楼前
44088310120100331	樟	三级	100	10.8	210	12	吴川市长岐镇山秀村委会山秀村山秀小学门前
44088310120200332	竹节树	三级	230	9.7	157	16	吴川市长岐镇多曹村委会霞瑶村土地公
44088310120400309	榕树	三级	250	17.5	601	22	吴川市长岐镇良村村委会南良村公路边
44088310120400333	铁冬青	三级	250	14.5	279	14	吴川市长岐镇良村村委会西良村村尾
44088310120500320	榕树	三级	120	14.3	326	20	吴川市长岐镇高辣村委会下那陵村礼堂前
44088310120600310	垂叶榕	三级	120	13.5	354	18	吴川市长岐镇洪江村委会沙美村路边
44088310120700311	朴树	三级	140	13.8	250	19	吴川市长岐镇黎屋村委会黎屋村土地公
44088310120700312	垂叶榕	三级	110	15.2	334	18	吴川市长岐镇黎屋村委会葵根村池塘边
44088310121100313	垂叶榕	三级	150	16.7	140	17	吴川市长岐镇新联村委会博历村荷塘边
44088310121100314	垂叶榕	三级	110	11.6	289	16	吴川市长岐镇新联村委会传趾村土地公旁边
44088310121100315	垂叶榕	三级	120	11.2	374	17	吴川市长岐镇新联村委会传趾村土地公
44088310121100316	垂叶榕	三级	200	11.7	368	25	吴川市长岐镇新联村委会传趾村庙前
44088310121100317	榕树	三级	160	17.8	453	20	吴川市长岐镇新联村委会上杜村灯厂旁边
44088310121100318	榕树	三级	140	13.0	472	24	吴川市长岐镇新联村委会上杜村江边
44088310121100319	榕树	三级	120	13.7	406	22	吴川市长岐镇新联村委会下杜村土地公旁
44088310121200321	榕树	三级	110	11.8	363	13	吴川市长岐镇顿流村委会边坡村上高岭
44088310121200322	垂叶榕	三级	200	13.1	327	18	吴川市长岐镇顿流村委会南清村渡口
44088310121200323	垂叶榕	三级	200	13.7	653	19	吴川市长岐镇顿流村委会南清村渡口
44088310121200324	榕树	三级	120	14.8	471	17	吴川市长岐镇顿流村委会南清村下步头
44088310121200325	樟	三级	250	15.2	412	16	吴川市长岐镇顿流村委会西江口村土地公旁
44088310121200326	朴树	三级	150	16.2	250	18	吴川市长岐镇顿流村委会西江口村后背山
44088310121200327	榕树	三级	200	13.6	507	32	吴川市长岐镇顿流村委会保地坡村土地公
44088310121200328	垂叶榕	三级	200	10.9	668	19	吴川市长岐镇顿流村委会樟公岭村土地公
44088310220200098	见血封喉	三级	250	15.6	330	20	吴川市覃巴镇高岭村委会下山村后背岭
44088310220200099	见血封喉	三级	230	11.2	207	11	吴川市覃巴镇高岭村委会下山村后背岭
44088310220200100	海红豆	三级	100	13.7	142	10	吴川市覃巴镇高岭村委会下山村后背岭
44088310220200101	朴树	三级	130	16.3	243	14	吴川市覃巴镇高岭村委会下山村后背岭
44088310220200102	榕树	三级	110	13.0	533	18	吴川市覃巴镇高岭村委会坡边村土地公
44088310220200302	山牡荆	三级	200	10.0	160	10	吴川市覃巴镇高岭村委会下山村后背岭墓地边
44088310220200303	山牡荆	三级	180	8.0	115	8	吴川市覃巴镇高岭村委会下山村后背岭墓地边
44088310220200304	假苹婆	三级	130	12.0	150	9	吴川市覃巴镇高岭村委会下山村后背岭墓地边
44088310220300082	垂叶榕	三级	230	13.5	370	27	吴川市覃巴镇马路村委会马路村村内
44088310220300083	榕树	三级	130	15.3	560	21	吴川市覃巴镇马路村委会马路村竹仔园
44088310220300084	朴树	三级	100	11.9	221	12	吴川市覃巴镇马路村委会双塘村土地庙
44088310220300085	竹节树	三级	250	13.2	183	13	吴川市覃巴镇马路村委会平竹山村后土地右侧
44088310220300086	竹节树	三级	250	12.8	195	13	吴川市覃巴镇马路村委会平竹山村后土地左侧
44088310220500277	榕树	三级	110	12.0	320	16	吴川市覃巴镇那梧村委会王塘口村
44088310220500278	朴树	三级	110	15.0	210	12	吴川市覃巴镇那梧村委会王塘口村
44088310220600109	假苹婆	三级	180	11.9	240	14	吴川市覃巴镇对面坡村委会上丰门村篮球场边
44088310220800048	山蒲桃	三级	150	9.8	250	11	吴川市覃巴镇环镇村委会覃文村西边埇
44088310220800049	垂叶榕	三级	200	12.3	335	22	吴川市覃巴镇环镇村委会覃文村西边埇
44088310220800050	垂叶榕	三级	120	10.3	180	17	吴川市覃巴镇环镇村委会覃文村西边埇
44088310220800051	红鳞蒲桃	三级	100	9.7	105	7	吴川市覃巴镇环镇村委会南山塘村土地公旁
44088310220800052	红鳞蒲桃	三级	100	9.0	100	5	吴川市覃巴镇环镇村委会南山塘村土地公旁
44088310220800053	红鳞蒲桃	三级	100	8.5	130	8	吴川市覃巴镇环镇村委会南山塘村土地公旁
44088310220800054	红鳞蒲桃	三级	100	9.2	110	8	吴川市覃巴镇环镇村委会南山塘村土地公旁

第三章　湛江市古树名木目录

(续)

古树编号	树种	古树等级	树龄（年）	树高（米）	胸围（厘米）	冠幅（米）	位置
440883102208000055	红鳞蒲桃	三级	100	12.1	110	11	吴川市覃巴镇环镇村委会南山塘村土地公旁
440883102208000056	垂叶榕	三级	150	13.0	380	18	吴川市覃巴镇环镇村委会南山塘村塘边
440883102208000057	见血封喉	三级	180	20.8	361	15	吴川市覃巴镇环镇村委会南山塘村井头山
440883102208000058	垂叶榕	三级	150	10.5	310	14	吴川市覃巴镇环镇村委会南山村公庙旁
440883102208000059	垂叶榕	三级	150	9.5	210	11	吴川市覃巴镇环镇村委会南山村公庙旁
440883102208000060	榕树	三级	150	14.8	305	13	吴川市覃巴镇环镇村委会南山村公庙旁
440883102208000061	榕树	三级	150	16.1	360	13	吴川市覃巴镇环镇村委会南山村公庙旁
440883102208000062	榕树	三级	150	17.4	330	11	吴川市覃巴镇环镇村委会南山村公庙旁
440883102208000063	榕树	三级	150	18.5	365	14	吴川市覃巴镇环镇村委会南山村公庙旁
440883102208000064	鹊肾树	三级	100	9.5	225	10	吴川市覃巴镇环镇村委会南山村公庙旁
440883102208000065	鹊肾树	三级	100	9.7	155	7	吴川市覃巴镇环镇村委会南山村公庙旁
440883102208000066	鹊肾树	三级	100	9.8	140	6	吴川市覃巴镇环镇村委会南山村公庙旁
440883102209000067	见血封喉	三级	120	16.3	130	10	吴川市覃巴镇覃华村委会新塘村井头
440883102209000068	红鳞蒲桃	三级	120	15.0	185	9	吴川市覃巴镇覃华村委会新塘村井头
440883102209000069	红鳞蒲桃	三级	120	13.8	149	8	吴川市覃巴镇覃华村委会新塘村井头
440883102209000070	山杜英	三级	120	13.7	174	10	吴川市覃巴镇覃华村委会新塘村井头
440883102209000071	鹊肾树	三级	130	14.0	178	9	吴川市覃巴镇覃华村委会新塘村井头
440883102209000072	垂叶榕	三级	100	11.0	260	15	吴川市覃巴镇覃华村委会新塘村篮球场边
440883102209000073	垂叶榕	三级	150	11.2	252	24	吴川市覃巴镇覃华村委会覃华村土神
440883102209000074	柞木	三级	150	11.2	164	8	吴川市覃巴镇覃华村委会汉埇村水井头
440883102209000075	海红豆	三级	150	12.8	220	16	吴川市覃巴镇覃华村委会汉埇村公庙右侧
440883102209000076	见血封喉	三级	150	12.5	235	17	吴川市覃巴镇覃华村委会汉埇村大田头
440883102209000077	榕树	三级	150	13.7	222	17	吴川市覃巴镇覃华村委会汉埇村公庙右侧
440883102209000078	榕树	三级	150	10.8	240	16	吴川市覃巴镇覃华村委会汉埇村公庙右侧
440883102209000079	高山榕	三级	250	17.8	342	26	吴川市覃巴镇覃华村委会米郎村村分岔路口
440883102209000081	无患子	三级	200	11.0	225	11	吴川市覃巴镇覃华村委会米郎村公庙左侧路边
440883102211000087	鹊肾树	三级	100	6.8	117	12	吴川市覃巴镇那碌村委会那碌村祖庙后左侧
440883102211000088	榕树	三级	110	14.7	330	17	吴川市覃巴镇那碌村委会那碌村祖庙左侧
440883102211000089	鹅掌柴	三级	100	12.0	156	11	吴川市覃巴镇那碌村委会那碌村土地棚
440883102211000090	鹅掌柴	三级	100	12.3	147	11	吴川市覃巴镇那碌村委会那碌村土地棚
440883102211000091	鹅掌柴	三级	100	11.8	204	11	吴川市覃巴镇那碌村委会那碌村土地棚
440883102211000092	鹅掌柴	三级	100	11.5	214	10	吴川市覃巴镇那碌村委会那碌村土地棚
440883102211000093	鹅掌柴	三级	100	11.0	164	7	吴川市覃巴镇那碌村委会那碌村土地棚
440883102211000094	鹅掌柴	三级	100	11.5	155	9	吴川市覃巴镇那碌村委会那碌村土地棚
440883102211000095	鹅掌柴	三级	100	12.2	136	9	吴川市覃巴镇那碌村委会那碌村土地棚
440883102211000096	鹅掌柴	三级	100	12.0	132	9	吴川市覃巴镇那碌村委会那碌村土地棚
440883102215000103	榕树	三级	120	10.5	405	11	吴川市覃巴镇上榕村委会上榕村南边岭
440883102215000104	榕树	三级	120	11.5	328	13	吴川市覃巴镇上榕村委会会秦村旧村边
440883102215000105	榕树	三级	185	12.4	361	16	吴川市覃巴镇上榕村委会米历岭村上边岭
440883102215000106	垂叶榕	三级	150	12.5	279	19	吴川市覃巴镇上榕村委会中庸村山仔
440883102215000107	垂叶榕	三级	150	10.4	269	15	吴川市覃巴镇上榕村委会中庸村环村路边
440883103001000110	榕树	三级	200	19.3	551	26	吴川市王村港镇新港居委会昌洒村剥马树头
440883103001000111	榕树	三级	200	17.5	484	25	吴川市王村港镇新港居委会昌洒村公庙山
440883103203000112	榕树	三级	280	14.2	261	21	吴川市王村港镇覃寮村委会覃寮村村后土
440883103203000115	海红豆	三级	120	16.0	182	10	吴川市王村港镇覃寮村委会覃寮村村后土
440883103203000138	樟	三级	200	11.6	377	17	吴川市王村港镇覃寮村委会那天村村南路口
440883103203000305	假苹婆	三级	150	10.0	180	9	吴川市王村港镇覃寮村委会覃寮村村后土
440883103205000135	榕树	三级	120	13.8	452	21	吴川市王村港镇米乐村委会那余村大庙

107

(续)

古树编号	树种	古树等级	树龄（年）	树高（米）	胸围（厘米）	冠幅（米）	位置
44088310320500136	榕树	三级	100	11.4	315	15	吴川市王村港镇米乐村委会那余村老虎公
44088310320500137	酸豆	三级	100	13.5	283	13	吴川市王村港镇米乐村委会那余村村土神
44088310320500139	榕树	三级	150	12.4	301	19	吴川市王村港镇米乐村委会米乐村中间塘边
44088310320500140	榕树	三级	150	13.9	388	20	吴川市王村港镇米乐村委会米乐村中间塘边
44088310320600116	垂叶榕	三级	115	10.8	335	17	吴川市王村港镇碌西村委会碌西村篮球场东50米
44088310320600118	水翁	三级	130	7.8	200	13	吴川市王村港镇碌西村委会河村文化楼前池塘边
44088310320600119	水翁	三级	130	8.8	194	9	吴川市王村港镇碌西村委会河村池塘边
44088310320600120	水翁	三级	200	11.0	340	12	吴川市王村港镇碌西村委会河村池塘边
44088310320600121	山牡荆	三级	100	11.4	137	11	吴川市王村港镇碌西村委会河村村后土
44088310320600122	山牡荆	三级	100	12.3	146	11	吴川市王村港镇碌西村委会河村村后土
44088310320600123	榕树	三级	100	14.8	269	16	吴川市王村港镇碌西村委会河村村后土
44088310320600124	榕树	三级	100	10.5	176	14	吴川市王村港镇碌西村委会河村村后土
44088310320600125	榕树	三级	150	12.7	415	24	吴川市王村港镇碌西村委会河村后背山
44088310320600126	榕树	三级	130	12.3	340	13	吴川市王村港镇碌西村委会河村老园仔
44088310320600127	红鳞蒲桃	三级	100	10.8	111	7	吴川市王村港镇碌西村委会河村公庙山
44088310320600128	水翁	三级	100	9.7	260	12	吴川市王村港镇碌西村委会河村风水基
44088310320600129	见血封喉	三级	150	16.3	315	22	吴川市王村港镇碌西村委会奇石村羊哞栏
44088310320600130	见血封喉	三级	150	15.2	241	11	吴川市王村港镇碌西村委会奇石村土神山
44088310320600132	垂叶榕	三级	150	10.9	145	27	吴川市王村港镇碌西村委会奇石村猪母地
44088310320600133	龙眼	三级	150	8.3	249	10	吴川市王村港镇碌西村委会奇石村猪母地
44088310320600134	见血封喉	三级	120	11.5	213	14	吴川市王村港镇碌西村委会奇石村金轮庙前
44088310421200003	见血封喉	三级	250	11.0	160	11	吴川市振文镇三江村委会文化楼前
44088310520100042	垂叶榕	三级	100	10.3	415	15	吴川市樟铺镇塘口村委会墟地村文化广场前
44088310520100043	垂叶榕	三级	100	13.2	430	18	吴川市樟铺镇塘口村委会金头山村福德堂旁
44088310520100044	垂叶榕	三级	100	11.0	245	13	吴川市樟铺镇塘口村委会金头山村福德堂旁
44088310520100045	鹊肾树	三级	100	10.5	125	8	吴川市樟铺镇塘口村委会金头山村福德堂旁
44088310520200028	榕树	三级	200	10.3	200	12	吴川市樟铺镇樟铺村委会埠垌上村永庆堂庙旁
44088310520200029	假苹婆	三级	150	11.7	200	8	吴川市樟铺镇樟铺村委会埠垌上村永庆堂庙旁
44088310520200031	朴树	三级	250	18.8	360	19	吴川市樟铺镇樟铺村委会旧祠堂地边
44088310520200032	樟	三级	150	13.5	160	11	吴川市樟铺镇樟铺村委会旧祠堂地边
44088310520200033	樟	三级	150	18.6	170	10	吴川市樟铺镇樟铺村委会旧祠堂地边
44088310520200034	樟	三级	150	17.5	140	9	吴川市樟铺镇樟铺村委会埠垌上村旧祠堂地边
44088310520200035	朴树	三级	150	18.0	205	13	吴川市樟铺镇樟铺村委会埠垌上村旧祠堂地边
44088310520200036	朴树	三级	150	17.6	250	18	吴川市樟铺镇樟铺村委会埠垌上村旧祠堂地边
44088310520200037	朴树	三级	150	17.7	200	17	吴川市樟铺镇樟铺村委会埠垌上村旧祠堂地边
44088310520200038	见血封喉	三级	150	14.5	340	17	吴川市樟铺镇樟铺村委会埠垌上村旧村戏台旁
44088310520200039	榕树	三级	100	15.6	420	22	吴川市樟铺镇樟铺村委会岭头村路边
44088310520200040	榕树	三级	110	16.5	320	27	吴川市樟铺镇樟铺村委会岭头村路边
44088310520400009	垂叶榕	三级	150	13.7	310	23	吴川市樟铺镇龙塘村委会下龙塘村狮子岭
44088310520400010	垂叶榕	三级	120	8.2	240	14	吴川市樟铺镇龙塘村委会下龙塘村骆氏宗祠门前
44088310520400011	朴树	三级	120	12.3	190	13	吴川市樟铺镇龙塘村委会上龙塘村龙塘小学门前
44088310520400012	榕树	三级	120	13.2	230	18	吴川市樟铺镇龙塘村委会上西坡村周受园
44088310520400013	榕树	三级	120	11.2	210	21	吴川市樟铺镇龙塘村委会上西坡村周受园
44088310520500024	垂叶榕	三级	135	12.5	520	21	吴川市樟铺镇三浪村委会面先岭村石龙境旁
44088310520500025	榕树	三级	125	15.2	270	26	吴川市樟铺镇三浪村委会下片村土地庙
44088310520500026	樟	三级	120	16.3	230	10	吴川市樟铺镇三浪村委会村口珠池塘
44088310520500027	垂叶榕	三级	120	12.5	430	22	吴川市樟铺镇三浪村委会埠塘村埠塘境庙旁
44088310520800046	垂叶榕	三级	110	12.7	410	18	吴川市樟铺镇五和村委会五境古庙旁

第三章 湛江市古树名木目录

(续)

古树编号	树种	古树等级	树龄（年）	树高（米）	胸围（厘米）	冠幅（米）	位置
44088310520800047	垂叶榕	三级	110	11.0	270	13	吴川市樟铺镇五和村委会五境古庙旁
44088310520900008	榕树	三级	105	8.9	190	10	吴川市樟铺镇南巢村委会篮球场旁
44088310521000014	竹节树	三级	200	10.6	200	14	吴川市樟铺镇金鸡村委会下金鸡村舞台前
44088310521000015	红鳞蒲桃	三级	110	8.2	110	8	吴川市樟铺镇金鸡村委会下金鸡村
44088310521000016	榕树	三级	170	15.5	380	20	吴川市樟铺镇金鸡村委会陈东村祠堂旁
44088310521000017	见血封喉	三级	150	11.2	275	15	吴川市樟铺镇金鸡村委会陈东村村路边
44088310521000018	垂叶榕	三级	120	9.8	245	17	吴川市樟铺镇金鸡村委会石狗塘村广福堂庙旁
44088310521000019	垂叶榕	三级	150	12.7	340	22	吴川市樟铺镇金鸡村委会石狗塘村广福堂庙旁
44088310521000020	垂叶榕	三级	150	12.5	280	16	吴川市樟铺镇金鸡村委会石狗塘村旧祠堂
44088310521000021	垂叶榕	三级	150	9.5	255	16	吴川市樟铺镇金鸡村委会山口村园山岭
44088310521000022	波罗蜜	三级	120	11.2	240	10	吴川市樟铺镇金鸡村委会山口村园山岭
44088310521000023	榕树	三级	200	15.3	430	18	吴川市樟铺镇金鸡村委会山口村园山岭
44088310600100274	梅	三级	130	7.8	132	7	吴川市吴阳镇街道居民委员会中街村深柳堂内
44088310700200183	垂叶榕	三级	140	6.8	386	13	吴川市塘缀镇新华居委会天后宫后
44088310700200184	垂叶榕	三级	130	13.0	384	15	吴川市塘缀镇新华居委会塘缀中心小学内
44088310720100167	山蒲桃	三级	200	11.6	135	7	吴川市塘缀镇南埇村委会南埇村公庙旁
44088310720100168	垂叶榕	三级	100	12.3	204	19	吴川市塘缀镇南埇村委会南埇村公庙旁
44088310720100169	垂叶榕	三级	150	12.7	400	23	吴川市塘缀镇南埇村委会白蓁村公庙左侧百米
44088310720100170	垂叶榕	三级	200	12.9	467	22	吴川市塘缀镇南埇村委会白蓁村塘尾
44088310720100171	竹节树	三级	200	13.1	167	11	吴川市塘缀镇南埇村委会白蓁村公庙后
44088310720100172	朴树	三级	100	14.2	247	13	吴川市塘缀镇南埇村委会上樟平村塘边
44088310720100173	红鳞蒲桃	三级	120	13.5	123	9	吴川市塘缀镇南埇村委会林屋园村村公路边
44088310720100174	红鳞蒲桃	三级	120	14.2	148	10	吴川市塘缀镇南埇村委会林屋园村村公路边
44088310720100175	红鳞蒲桃	三级	120	14.4	159	11	吴川市塘缀镇南埇村委会林屋园村村公路边
44088310720100176	红鳞蒲桃	三级	120	13.8	180	9	吴川市塘缀镇南埇村委会林屋园村村公路边
44088310720100177	红鳞蒲桃	三级	120	14.0	142	10	吴川市塘缀镇南埇村委会林屋园村村公路边
44088310720100178	红鳞蒲桃	三级	120	14.5	168	11	吴川市塘缀镇南埇村委会林屋园村村公路边
44088310720100179	红鳞蒲桃	三级	120	13.1	131	10	吴川市塘缀镇南埇村委会林屋园村村公路边
44088310720100180	垂叶榕	三级	200	11.5	313	16	吴川市塘缀镇南埇村委会冷水新村花圃木头
44088310720100181	垂叶榕	三级	200	13.8	419	18	吴川市塘缀镇南埇村委会冷水新村花圃木头
44088310720100182	垂叶榕	三级	200	13.3	320	20	吴川市塘缀镇南埇村委会冷水新村花圃木头
44088310720300157	榕树	三级	150	19.8	390	22	吴川市塘缀镇中堂村委会湛屋村湛屋文化楼后
44088310720300158	垂叶榕	三级	160	12.3	322	19	吴川市塘缀镇中堂村委会中堂村白坟山
44088310720300159	垂叶榕	三级	160	13.2	240	20	吴川市塘缀镇中堂村委会中堂村白坟山
44088310720300160	垂叶榕	三级	100	12.6	317	20	吴川市塘缀镇中堂村委会留山垌村杨木头
44088310720300161	垂叶榕	三级	100	11.8	245	23	吴川市塘缀镇中堂村委会留山垌村杨木头
44088310720300162	垂叶榕	三级	100	12.5	253	18	吴川市塘缀镇中堂村委会留山垌村杨木头
44088310720900163	见血封喉	三级	130	15.2	282	12	吴川市塘缀镇三丫村委会三丫村山仔
44088310721100164	酸豆	三级	160	15.8	387	15	吴川市塘缀镇石埠村委会石埠村文化楼西侧
44088310721200141	榕树	三级	150	12.3	313	22	吴川市塘缀镇樟山村委会黄竹塘村公庙左侧
44088310721200142	竹节树	三级	200	7.5	149	11	吴川市塘缀镇樟山村委会黄竹塘村公庙左侧
44088310721200143	榕树	三级	120	11.0	239	15	吴川市塘缀镇樟山村委会黄竹塘村文化楼左侧
44088310721200144	垂叶榕	三级	200	8.5	287	16	吴川市塘缀镇樟山村委会黄竹塘村灯棚屋
44088310721200145	榕树	三级	120	12.4	230	18	吴川市塘缀镇樟山村委会黄竹塘村村公路边
44088310721200334	木棉	三级	106	17.0	490	27	吴川市塘缀镇樟山村委会樟山村世德小学门口
44088310721200335	木棉	三级	100	15.0	500	17	吴川市塘缀镇樟山村委会樟山村世德小学门口
44088310721300165	榕树	三级	130	9.8	277	15	吴川市塘缀镇岭脚村委会米收村下坡堤
44088310721400195	高山榕	三级	180	17.8	471	23	吴川市塘缀镇龙安村委会龙安村公堂山

(续)

古树编号	树种	古树等级	树龄（年）	树高（米）	胸围（厘米）	冠幅（米）	位置
44088310721400196	垂叶榕	三级	200	13.7	273	28	吴川市塘缀镇龙安村委会龙安村公堂山
44088310721400197	垂叶榕	三级	110	9.7	256	14	吴川市塘缀镇龙安村委会石有村广福堂左侧
44088310721400198	垂叶榕	三级	150	9.7	319	15	吴川市塘缀镇龙安村委会汉山村武帝庙前
44088310721400199	榕树	三级	180	13.7	548	21	吴川市塘缀镇龙安村委会汉山村武帝庙后
44088310721500153	垂叶榕	三级	130	10.6	251	19	吴川市塘缀镇新桥村委会水口村录塘
44088310721500154	垂叶榕	三级	130	11.6	201	18	吴川市塘缀镇新桥村委会水口村录塘路边
44088310721800185	阳桃	三级	250	12.0	252	12	吴川市塘缀镇上杭村委会上杭村旧祠堂内
44088310721800186	榕树	三级	100	14.6	419	29	吴川市塘缀镇上杭村委会上杭村禾尚堆
44088310721800188	垂叶榕	三级	110	11.6	267	16	吴川市塘缀镇上杭村委会边地村永安境右侧150米
44088310722100155	见血封喉	三级	200	16.3	277	19	吴川市塘缀镇屋地山村委会冷水村土地公
44088310722100156	竹节树	三级	200	12.8	177	15	吴川市塘缀镇屋地山村委会冷水村土地公
44088310722300146	垂叶榕	三级	110	11.7	182	18	吴川市塘缀镇塘连村委会新屋村北面村口
44088310722300147	山棟	三级	180	14.5	284	13	吴川市塘缀镇塘连村委会新屋村新屋小学旁
44088310722300148	垂叶榕	三级	120	13.3	193	12	吴川市塘缀镇塘连村委会新屋村横尾
44088310722300149	垂叶榕	三级	120	12.5	192	12	吴川市塘缀镇塘连村委会新屋村横尾
44088310722300150	垂叶榕	三级	120	13.6	185	19	吴川市塘缀镇塘连村委会新屋村横尾
44088310722300151	垂叶榕	三级	120	12.7	203	21	吴川市塘缀镇塘连村委会新屋村横尾
44088310722300152	垂叶榕	三级	120	10.4	183	14	吴川市塘缀镇塘连村委会新屋村横尾
44088310722400189	笔管榕	三级	130	10.8	379	14	吴川市塘缀镇东村村委会米容村土地公
44088310722400190	阳桃	三级	150	9.2	192	10	吴川市塘缀镇东村村委会丰六垌村龙子门
44088310722400193	榕树	三级	200	14.1	518	24	吴川市塘缀镇东村村委会那亭村面前岭
44088310921900262	罗汉松	三级	105	4.0	86	4	吴川市黄坡镇岭头村村委会岭头村李汉魂故居敬一堂左侧
44088310921900263	南洋杉	三级	130	28.5	241	8	吴川市黄坡镇岭头村村委会岭头村李汉魂故居敬一堂左侧
44088310921900264	苹婆	三级	170	11.0	300	12	吴川市黄坡镇岭头村村委会岭头村觐园后
44088310921900265	桂木	三级	120	8.3	241	9	吴川市黄坡镇岭头村村委会岭头村山狗岭
44088310921900266	桂木	三级	120	8.4	204	9	吴川市黄坡镇岭头村村委会岭头村山狗岭
44088310921900267	桂木	三级	120	8.3	212	10	吴川市黄坡镇岭头村村委会岭头村山狗岭
44088310921900268	桂木	三级	120	8.5	245	11	吴川市黄坡镇岭头村村委会岭头村山狗岭
44088310921900269	格木	三级	120	10.0	200	9	吴川市黄坡镇岭头村村委会岭头村山狗岭
44088310921900270	鹊肾树	三级	180	10.3	212	10	吴川市黄坡镇岭头村村委会岭头村土地公
44088311120300211	垂叶榕	三级	145	8.8	242	15	吴川市兰石镇庄艮村委会庄东村庄山古庙后
44088311120300212	垂叶榕	三级	145	8.7	221	12	吴川市兰石镇庄艮村委会庄东村庄山古庙后
44088311120300213	垂叶榕	三级	135	15.3	334	19	吴川市兰石镇庄艮村委会门口坡村土地公后
44088311120300214	垂叶榕	三级	130	8.6	269	17	吴川市兰石镇庄艮村委会石马村石马路口
44088311120300215	垂叶榕	三级	110	7.4	239	16	吴川市兰石镇庄艮村委会北相坡村老虎公
44088311120400209	榕树	三级	150	14.3	431	15	吴川市兰石镇博崖村委会下博崖村文化楼后50米
44088311120400210	垂叶榕	三级	105	13.9	188	19	吴川市兰石镇博崖村委会新屋地村土地公后
44088311120500216	垂叶榕	三级	120	12.6	273	14	吴川市兰石镇五一村委会百官水村公庙后
44088311120500217	垂叶榕	三级	200	11.3	399	21	吴川市兰石镇五一村委会百官山村土地公右侧
44088311120500218	榕树	三级	200	8.6	260	15	吴川市兰石镇五一村委会百官山村土地公左侧
44088311120600201	垂叶榕	三级	110	9.8	207	16	吴川市兰石镇六庄村委会梧桐岭村庄容境
44088311120600202	垂叶榕	三级	200	12.8	298	18	吴川市兰石镇六庄村委会三星岭村红岭
44088311120600203	垂叶榕	三级	150	13.2	240	16	吴川市兰石镇六庄村委会三星岭村红岭
44088311120600204	垂叶榕	三级	150	10.8	237	14	吴川市兰石镇六庄村委会三星岭村红岭
44088311120600205	斜叶榕	三级	100	11.2	421	18	吴川市兰石镇六庄村委会三星岭村新兴境
44088311120600206	垂叶榕	三级	130	12.9	333	19	吴川市兰石镇六庄村委会鲤鱼头村禾地岭
44088311120600207	垂叶榕	三级	180	13.4	385	15	吴川市兰石镇六庄村委会下山村下山村中行16号前
44088311120600208	鹊肾树	三级	180	8.3	240	11	吴川市兰石镇六庄村委会上元村上土地公

表4 遂溪县古树目录

古树编号	树种	古树等级	树龄（年）	树高（米）	胸围（厘米）	冠幅（米）	位置
44082310120200382	垂叶榕	一级	550	16.0	942	23	遂溪县黄略镇坑尾村委会北峨村
44082310321200174	见血封喉	一级	550	25.5	730	23	遂溪县界炮镇西湾村委会西湾村
44082311121300266	竹节树	一级	520	11.0	340	18	遂溪县北坡镇下黎村委会后田村
44082311220900466	龙眼	一级	600	8.0	430	12	遂溪县港门镇石角村委会芬塘村
44082311320600215	铁线子	一级	500	13.5	420	20	遂溪县草潭镇罗屋村委会村正西古井旁
44082311320600216	铁线子	一级	500	17.5	460	21	遂溪县草潭镇罗屋村委会村正西古井旁
44082311420500345	竹节树	一级	500	20.0	353	20	遂溪县河头镇双村村委会双村还砚亭南面水塘边
44082310321300173	见血封喉	二级	320	28.5	541	34	遂溪县界炮镇龙塘村委会科港村村头东面
44082310420300360	竹节树	二级	330	9.5	274	18	遂溪县乐民镇海山村委会海山村距海山小学约60米
44082310420300363	竹节树	二级	360	10.5	300	10	遂溪县乐民镇海山村委会海山村距海山小学约20米
44082310420300367	竹节树	二级	330	12.0	280	9	遂溪县乐民镇海山村委会内塘村文化楼东北面150米
44082310620400194	见血封喉	二级	300	25.0	590	27	遂溪县杨柑镇老河村委会老河村村北
44082310721500403	竹节树	二级	470	14.5	283	17	遂溪县城月镇庄家村委会庄家村西边村口道旁
44082310721800408	竹节树	二级	350	11.5	233	10	遂溪县城月镇吴西村委会库和村排水沟边
44082310721800447	竹节树	二级	300	14.0	220	14	遂溪县城月镇吴西村委会吴西村村西即塘尾
44082310721900127	竹节树	二级	400	17.0	280	14	遂溪县城月镇坑仔村委会坑仔村风水林旁郡主庙
44082310721900134	竹节树	二级	450	13.0	300	16	遂溪县城月镇坑仔村委会良田村道路旁
44082310721900530	竹节树	二级	320	15.0	250	14	遂溪县城月镇坑仔村委会坑仔村村北路口旁
44082310820100202	竹节树	二级	460	15.0	326	24	遂溪县乌塘镇乌塘村委会村北庙北面约60米
44082310820100203	竹节树	二级	360	15.0	273	18	遂溪县乌塘镇乌塘村委会边草塘村村道东面庙旁
44082311120500234	竹节树	二级	420	14.0	290	20	遂溪县北坡镇下担村委会下担村小学内
44082311121000250	竹节树	二级	370	13.0	240	14	遂溪县北坡镇水南村委会黄根村村东吴宏九家旁
44082311121300265	龙眼	二级	380	15.0	319	17	遂溪县北坡镇下黎村委会后田村郑氏宗祠门前
44082311121300272	竹节树	二级	450	13.5	300	18	遂溪县北坡镇下黎村委会下黎村730乡道牛栏旁
44082311121300451	龙眼	二级	380	9.0	302	9	遂溪县北坡镇下黎村委会内清湖村村路中
44082311320600218	铁线子	二级	350	8.5	309	11	遂溪县草潭镇罗屋村委会村正西古井旁
44082311321500211	见血封喉	二级	310	20.0	485	20	遂溪县草潭镇泉水村委会北头村村口十字路口
44082311420400296	竹节树	二级	350	11.5	255	16	遂溪县河头镇田西村委会田西村环村路边约50米
44082311420400298	竹节树	二级	400	15.0	270	16	遂溪县河头镇田西村委会水沟尾村村中心位置
44082311420500342	竹节树	二级	460	18.0	330	23	遂溪县河头镇双村村委会山内仔村蓝球场旁边村公屋前
44082311420500346	竹节树	二级	450	16.0	272	9	遂溪县河头镇双村村委会双村田道旁约8米
44082311420500348	竹节树	二级	370	16.0	204	19	遂溪县河头镇双村村委会双村田道旁约3米
44082310020500010	垂叶榕	三级	130	16.0	366	19	遂溪县遂城镇牛圩村委会铜古塘村
44082310020500467	樟	三级	170	13.0	290	24	遂溪县遂城镇牛圩村委会太安境
44082310020500468	樟	三级	100	15.0	190	14	遂溪县遂城镇牛圩村委会太安境
44082310020500469	樟	三级	130	13.1	240	14	遂溪县遂城镇牛圩村委会太安境
44082310020500470	樟	三级	130	14.0	220	14	遂溪县遂城镇牛圩村委会太安境
44082310020500471	樟	三级	190	13.0	320	17	遂溪县遂城镇牛圩村委会太安境
44082310020600011	樟	三级	130	25.0	315	17	遂溪县遂城镇马安村委会后公村
44082310020600012	黄桐	三级	130	14.0	285	13	遂溪县遂城镇马安村委会周济村
44082310020600013	樟	三级	200	24.0	340	18	遂溪县遂城镇马安村委会坑口村
44082310020600014	橄榄	三级	100	16.5	190	15	遂溪县遂城镇马安村委会北下村
44082310021200001	竹节树	三级	240	11.5	180.9	8	遂溪县遂城镇礼村村委会礼下村
44082310021200003	樟	三级	120	17.8	240	20	遂溪县遂城镇礼村村委会礼一队
44082310021200004	樟	三级	120	10.5	193.7	19	遂溪县遂城镇礼村村委会礼一队
44082310021200005	樟	三级	120	25.5	227	14	遂溪县遂城镇礼村村委会水口山
44082310021500006	见血封喉	三级	260	21.5	575	22	遂溪县遂城镇四九村委会旧圩村

111

(续)

古树编号	树种	古树等级	树龄（年）	树高（米）	胸围（厘米）	冠幅（米）	位置
44082310022500016	秋枫	三级	100	15.0	275	14	遂溪县遂城镇大家村委会凤山村
44082310022500017	樟	三级	100	16.5	205	14	遂溪县遂城镇大家村委会凤山村
44082310022500018	樟	三级	160	15.0	275	13	遂溪县遂城镇大家村委会凤山村土地公旁
44082310022500019	朴树	三级	170	10.0	250	9	遂溪县遂城镇大家村委会凤山村
44082310022500020	朴树	三级	170	16.0	280	9	遂溪县遂城镇大家村委会石井村
44082310022500021	樟	三级	250	16.0	500	24	遂溪县遂城镇大家村委会宾高村
44082310022500023	垂叶榕	三级	120	16.0	340	23	遂溪县遂城镇大家村委会宾高村
44082310022500024	龙眼	三级	150	16.0	188	8	遂溪县遂城镇大家村委会宾高村
44082310022500025	荔枝	三级	150	20.5	290	17	遂溪县遂城镇大家村委会宾高村
44082310022500026	樟	三级	140	20.5	240	15	遂溪县遂城镇大家村委会洪家村
44082310022500027	樟	三级	160	29.5	424	14	遂溪县遂城镇大家村委会宾高村
44082310022500028	樟	三级	100	25.0	195	14	遂溪县遂城镇大家村委会洪家村
44082310022500472	龙眼	三级	180	12.0	200	14	遂溪县遂城镇大家村委会福祥村山井
44082310022500473	龙眼	三级	100	9.0	135	10	遂溪县遂城镇大家村委会福祥村山井
44082310022500474	龙眼	三级	110	10.5	145	10	遂溪县遂城镇大家村委会福祥村山井
44082310022500475	龙眼	三级	140	12.0	170	12	遂溪县遂城镇大家村委会福祥村山井
44082310022500476	龙眼	三级	180	11.0	200	13	遂溪县遂城镇大家村委会福祥村山井
44082310022500477	龙眼	三级	140	12.0	170	14	遂溪县遂城镇大家村委会福祥村山井
44082310022500478	龙眼	三级	120	12.5	150	8	遂溪县遂城镇大家村委会福祥村山井
44082310022500479	龙眼	三级	140	10.0	170	9	遂溪县遂城镇大家村委会福祥村山井
44082310022500480	龙眼	三级	180	11.0	200	10	遂溪县遂城镇大家村委会福祥村山井
44082310120000384	高山榕	三级	150	14.0	400	17	遂溪县黄略镇王爱村委会凤岭村
44082310120000385	鹊肾树	三级	120	10.0	160	6	遂溪县黄略镇王爱村委会凤岭村
44082310120000386	垂叶榕	三级	150	12.0	400	23	遂溪县黄略镇王爱村委会凤岭村
44082310120000387	垂叶榕	三级	130	15.0	350	15	遂溪县黄略镇王爱村委会蚕村村中心
44082310120000388	朴树	三级	100	12.0	150	7	遂溪县黄略镇王爱村委会蚕村村
44082310120100368	樟	三级	150	15.0	320	17	遂溪县黄略镇塘口村委会庞村坎村
44082310120100369	樟	三级	150	15.0	300	21	遂溪县黄略镇塘口村委会庞村坎村
44082310120100370	垂叶榕	三级	150	7.0	470	9	遂溪县黄略镇塘口村委会庞村坎村
44082310120100371	红鳞蒲桃	三级	100	12.0	125	11	遂溪县黄略镇塘口村委会庞村坎村
44082310120200379	垂叶榕	三级	160	10.5	408	17	遂溪县黄略镇坑尾村委会麻蕾村
44082310120200380	垂叶榕	三级	100	8.0	251	10	遂溪县黄略镇坑尾村委会坑尾村
44082310120200381	垂叶榕	三级	250	14.0	660	23	遂溪县黄略镇坑尾村委会北峨村
44082310120200383	红鳞蒲桃	三级	100	11.0	120	6	遂溪县黄略镇坑尾村委会北峨村
44082310120200531	垂叶榕	三级	100	8.0	260	10	遂溪县黄略镇坑尾村委会坑尾村面前岭
44082310120300375	垂叶榕	三级	250	14.0	570	18	遂溪县黄略镇平石村委会书房仔村
44082310120300376	榕树	三级	170	12.0	430	17	遂溪县黄略镇平石村委会谷庭村
44082310120300377	樟	三级	190	12.0	360	21	遂溪县黄略镇平石村委会黄圯村
44082310120300378	樟	三级	150	13.0	267	15	遂溪县黄略镇平石村委会黄圯村
44082310120600393	酸豆	三级	100	12.5	280	10	遂溪县黄略镇许屋村委会许屋村
44082310120700398	龙眼	三级	250	16.0	245	11	遂溪县黄略镇塘围村委会塘围村
44082310120700399	垂叶榕	三级	130	10.3	350	10	遂溪县黄略镇塘围村委会塘围村
44082310120700400	垂叶榕	三级	250	12.0	510	19	遂溪县黄略镇塘围村委会南坡村
44082310120800394	垂叶榕	三级	230	12.0	630	38	遂溪县黄略镇礼部村委会叶屋村土地庙
44082310120800395	笔管榕	三级	180	11.0	450	18	遂溪县黄略镇礼部村委会叶屋村
44082310120800396	垂叶榕	三级	150	13.0	540	20	遂溪县黄略镇礼部村委会加隆村
44082310120800397	垂叶榕	三级	170	12.0	480	21	遂溪县黄略镇礼部村委会加隆村
44082310120900392	垂叶榕	三级	150	11.0	440	17	遂溪县黄略镇文车村委会东境村

第三章　湛江市古树名木目录

(续)

古树编号	树种	古树等级	树龄(年)	树高(米)	胸围(厘米)	冠幅(米)	位置
44082310121000389	龙眼	三级	120	8.0	171	9	遂溪县黄略镇九东村委会九东仔村
44082310121000390	榕树	三级	110	18.0	310	12	遂溪县黄略镇九东村委会九东仔村
44082310121000391	假玉桂	三级	200	7.5	310	5	遂溪县黄略镇九东村委会洋林村
44082310121800372	榕树	三级	180	15.0	630	29	遂溪县黄略镇新村村委会华封村
44082310121800373	垂叶榕	三级	150	12.5	390	17	遂溪县黄略镇新村村委会华封村
44082310121800374	垂叶榕	三级	120	10.5	345	15	遂溪县黄略镇新村村委会新村村
44082310220000183	垂叶榕	三级	220	25.5	550	21	遂溪县洋青镇城榄村委会城榄村
44082310220100180	樟	三级	260	15.0	480	12	遂溪县洋青镇水流村委会水流村
44082310220100181	黄葛树	三级	110	13.5	330	16	遂溪县洋青镇水流村委会水流村
44082310220100182	荔枝	三级	120	9.5	260	11	遂溪县洋青镇水流村委会曲塘村
44082310220400184	见血封喉	三级	140	16.0	420	16	遂溪县洋青镇竹山村委会竹山村
44082310221000178	垂叶榕	三级	130	13.5	400	24	遂溪县洋青镇古村村委会杨树塘村
44082310221000179	桂木	三级	150	11.7	240	14	遂溪县洋青镇古村村委会蒲岭子村
44082310221100175	垂叶榕	三级	250	12.0	610	27	遂溪县洋青镇芝兰村委会沙六村
44082310221100176	榕树	三级	110	12.5	360	16	遂溪县洋青镇芝兰村委会山猪坡村
44082310221700177	朴树	三级	200	21.0	310	19	遂溪县洋青镇姓谢村委会符屋村
44082310320100168	见血封喉	三级	270	20.0	600	19	遂溪县界炮镇界炮村委会高岭村
44082310320300169	木棉	三级	110	16.0	330	12	遂溪县界炮镇金围村委会洋高村
44082310320400166	高山榕	三级	130	17.0	350	16	遂溪县界炮镇坦塘村委会姓方村
44082310320500167	高山榕	三级	160	19.5	4.4	18	遂溪县界炮镇雷公村委会陈村
44082310320700165	垂叶榕	三级	120	15.0	400	14	遂溪县界炮镇周灵村委会打特塘村
44082310321600171	见血封喉	三级	150	21.0	495	21	遂溪县界炮镇安塘村委会上山村
44082310321600172	见血封喉	三级	220	26.5	550	35	遂溪县界炮镇安塘村委会上安塘村村南
44082310321900170	见血封喉	三级	140	21.0	478	20	遂溪县界炮镇合沟村委会合沟村
44082310420100291	红鳞蒲桃	三级	120	13.0	260	8	遂溪县乐民镇乐民村委会钟屋村
44082310420100292	榕树	三级	210	15.5	540	20	遂溪县乐民镇乐民村委会钟屋村
44082310420100293	水翁	三级	100	11.0	230	9	遂溪县乐民镇乐民村委会钟屋村
44082310420200355	格木	三级	100	14.0	210	18	遂溪县乐民镇松树村委会后寮村
44082310420300361	竹节树	三级	240	9.0	180	9	遂溪县乐民镇海山村委会海山村
44082310420300362	竹节树	三级	280	8.0	200	8	遂溪县乐民镇海山村委会海山村
44082310420300364	小叶朴	三级	200	9.0	280	6	遂溪县乐民镇海山村委会内塘村
44082310420300365	垂叶榕	三级	180	11.0	500	15	遂溪县乐民镇海山村委会内塘村
44082310420300366	铁线子	三级	100	10.5	270	9	遂溪县乐民镇海山村委会内塘村
44082310420500358	朴树	三级	130	10.5	184	12	遂溪县乐民镇墩文村委会墩文北村
44082310420500359	朴树	三级	100	10.5	178	11	遂溪县乐民镇墩文村委会墩文北村
44082310420600357	鹊肾树	三级	120	8.5	155	8	遂溪县乐民镇埠头村委会埠头村
44082310420800356	乌墨	三级	100	17.5	230	15	遂溪县乐民镇调神村委会调神村
44082310420900274	垂叶榕	三级	120	12.0	410	16	遂溪县乐民镇安埠村委会马屋寮村
44082310420900275	垂叶榕	三级	140	10.5	375	19	遂溪县乐民镇安埠村委会马屋寮村
44082310420900276	红鳞蒲桃	三级	110	11.0	140	13	遂溪县乐民镇安埠村委会马屋寮村
44082310420900277	红鳞蒲桃	三级	120	9.0	150	9	遂溪县乐民镇安埠村委会马屋寮村
44082310420900278	假玉桂	三级	100	9.0	166	9	遂溪县乐民镇安埠村委会赤坎仔村
44082310420900279	阳桃	三级	100	10.5	180	10	遂溪县乐民镇安埠村委会赤坎仔村
44082310420900280	垂叶榕	三级	110	12.0	350	19	遂溪县乐民镇安埠村委会赤坎仔村
44082310420900281	假玉桂	三级	150	10.5	210	13	遂溪县乐民镇安埠村委会赤坎仔村
44082310420900282	高山榕	三级	180	22.0	485	27	遂溪县乐民镇安埠村委会港仔村
44082310420900283	垂叶榕	三级	190	13.0	510	26	遂溪县乐民镇安埠村委会港仔村
44082310420900284	白桂木	三级	100	17.5	237	19	遂溪县乐民镇安埠村委会上牛村

(续)

古树编号	树种	古树等级	树龄（年）	树高（米）	胸围（厘米）	冠幅（米）	位置
44082310420900285	乌墨	三级	100	17.5	217	15	遂溪县乐民镇安埠村委会上牛村
44082310420900286	垂叶榕	三级	110	8.0	350	19	遂溪县乐民镇安埠村委会上牛村
44082310420900287	樟	三级	170	17.5	320	11	遂溪县乐民镇安埠村委会安埠村
44082310420900288	垂叶榕	三级	240	14.0	580	20	遂溪县乐民镇安埠村委会安埠村
44082310420900289	樟	三级	130	8.0	240	9	遂溪县乐民镇安埠村委会安埠村
44082310420900290	竹节树	三级	250	14.0	240	17	遂溪县乐民镇安埠村委会安埠村
44082310420900453	鹊肾树	三级	120	11.0	160	7	遂溪县乐民镇安埠村委会赤坎仔村
44082310420900454	见血封喉	三级	120	18.0	460	14	遂溪县乐民镇安埠村委会赤坎仔村
44082310520000337	朴树	三级	200	12.0	315	16	遂溪县江洪镇大路村委会挟仔村
44082310520000338	破布木	三级	110	13.0	135	9	遂溪县江洪镇大路村委会挟仔村
44082310520000339	榕树	三级	260	14.0	670	35	遂溪县江洪镇大路村委会挟仔村
44082310520000340	红鳞蒲桃	三级	130	9.0	190	11	遂溪县江洪镇大路村委会大路村
44082310520000341	海红豆	三级	100	10.0	200	11	遂溪县江洪镇大路村委会海坎村
44082310520100301	朴树	三级	140	20.0	250	18	遂溪县江洪镇北草村委会柴埠村
44082310520100302	朴树	三级	110	14.0	180	11	遂溪县江洪镇北草村委会柴埠村
44082310520100303	垂叶榕	二级	100	13.0	320	12	遂溪县江洪镇北草村委会柴埠村
44082310520100306	朴树	三级	120	12.0	210	11	遂溪县江洪镇北草村委会柴埠村
44082310520100307	铁冬青	三级	110	13.0	150	8	遂溪县江洪镇北草村委会柴埠村
44082310520100308	朴树	三级	150	16.0	260	18	遂溪县江洪镇北草村委会东边角村
44082310520100309	榕树	三级	120	16.0	380	16	遂溪县江洪镇北草村委会东边角村
44082310520100310	榕树	三级	120	18.0	380	17	遂溪县江洪镇北草村委会东边角村
44082310520100311	润楠	三级	100	13.0	165	13	遂溪县江洪镇北草村委会东边角村
44082310520200312	荔枝	三级	110	15.0	220	13	遂溪县江洪镇四联村委会十字路村
44082310520400313	斜叶榕	三级	190	13.0	500	19	遂溪县江洪镇昌洋村委会大石坑村
44082310520400314	朴树	三级	130	14.0	185	16	遂溪县江洪镇昌洋村委会大石坑村
44082310520400316	龙眼	三级	170	12.0	210	14	遂溪县江洪镇昌洋村委会大石坑村
44082310520400317	竹节树	三级	250	15.0	185	17	遂溪县江洪镇昌洋村委会石坑仔村
44082310520400318	海红豆	三级	140	14.0	290	16	遂溪县江洪镇昌洋村委会昌洋村
44082310520400319	高山榕	三级	170	14.0	470	17	遂溪县江洪镇昌洋村委会昌洋村
44082310520400320	高山榕	三级	140	13.0	420	13	遂溪县江洪镇昌洋村委会昌洋村
44082310520400322	高山榕	三级	200	20.0	600	24	遂溪县江洪镇昌洋村委会林显村
44082310520400323	朴树	三级	120	12.0	200	11	遂溪县江洪镇昌洋村委会林显村
44082310520400324	高山榕	三级	150	16.0	440	19	遂溪县江洪镇昌洋村委会林显村
44082310520400325	朴树	三级	110	13.0	180	10	遂溪县江洪镇昌洋村委会林显村
44082310520400326	高山榕	三级	140	16.0	410	18	遂溪县江洪镇昌洋村委会林显村
44082310520400327	垂叶榕	三级	150	10.0	430	21	遂溪县江洪镇昌洋村委会林显村
44082310520500328	竹节树	三级	250	10.5	240	13	遂溪县江洪镇姑寮村委会上村
44082310520500329	红鳞蒲桃	三级	110	12.0	142	9	遂溪县江洪镇姑寮村委会上村
44082310520500330	红鳞蒲桃	三级	120	16.0	160	13	遂溪县江洪镇姑寮村委会沙塘村
44082310520500331	高山榕	三级	220	16.0	560	19	遂溪县江洪镇姑寮村委会沙塘村
44082310520500332	竹节树	三级	230	13.0	170	10	遂溪县江洪镇姑寮村委会北关村
44082310520500334	朴树	三级	140	18.0	240	13	遂溪县江洪镇姑寮村委会北关村
44082310520500335	高山榕	三级	200	19.0	525	26	遂溪县江洪镇姑寮村委会北关村
44082310520500336	樟	三级	110	12.0	210	11	遂溪县江洪镇姑寮村委会北关村
44082310620100190	高山榕	三级	130	24.0	400	19	遂溪县杨柑镇杨柑村委会白水塘村
44082310620400193	竹节树	三级	230	18.0	280	20	遂溪县杨柑镇老河村委会老河村
44082310620700195	龙眼	三级	270	19.5	290	18	遂溪县杨柑镇协和村委会协和村
44082310620700508	荔枝	三级	160	13.0	280	9	遂溪县杨柑镇协和村委会协和小学

(续)

古树编号	树种	古树等级	树龄（年）	树高（米）	胸围（厘米）	冠幅（米）	位置
44082310620700509	荔枝	三级	160	13.0	280	13	遂溪县杨柑镇协和村委会协和小学
44082310620700510	荔枝	三级	110	11.0	230	11	遂溪县杨柑镇协和村委会协和小学
44082310620700511	荔枝	三级	100	9.0	210	9	遂溪县杨柑镇协和村委会协和小学
44082310620700512	荔枝	三级	110	13.0	220	11	遂溪县杨柑镇协和村委会协和小学
44082310620700513	荔枝	三级	110	13.0	225	12	遂溪县杨柑镇协和村委会协和小学
44082310620700514	荔枝	三级	110	12.5	220	10	遂溪县杨柑镇协和村委会协和小学
44082310620700515	荔枝	三级	100	10.0	210	9	遂溪县杨柑镇协和村委会协和小学
44082310620700516	荔枝	三级	130	12.0	255	12	遂溪县杨柑镇协和村委会协和小学
44082310620700517	荔枝	三级	130	11.0	260	12	遂溪县杨柑镇协和村委会协和小学
44082310620700518	荔枝	三级	100	12.0	210	12	遂溪县杨柑镇协和村委会协和小学
44082310620700519	荔枝	三级	110	11.0	220	11	遂溪县杨柑镇协和村委会协和小学
44082310620700520	荔枝	三级	100	8.0	210	10	遂溪县杨柑镇协和村委会协和小学
44082310620700521	荔枝	三级	110	10.5	220	9	遂溪县杨柑镇协和村委会协和小学
44082310620700522	荔枝	三级	110	11.0	230	9	遂溪县杨柑镇协和村委会协和小学
44082310621200200	高山榕	三级	140	18.0	410	17	遂溪县杨柑镇松树村委会林家水村
44082310621200201	荔枝	三级	160	10.5	310	10	遂溪县杨柑镇松树村委会榄湛村
44082310622000185	见血封喉	三级	100	21.0	370	20	遂溪县杨柑镇布政村委会荔枝山村
44082310622100196	樟	三级	150	18.5	310	17	遂溪县杨柑镇迈草村委会新安村
44082310622100197	山蒲桃	三级	100	11.0	125	8	遂溪县杨柑镇迈草村委会新安村
44082310622100198	垂叶榕	三级	160	12.7	460	14	遂溪县杨柑镇迈草村委会迈草村
44082310622100199	垂叶榕	三级	160	11.7	470	19	遂溪县杨柑镇迈草村委会迈草村
44082310622300191	高山榕	三级	170	31.0	470	33	遂溪县杨柑镇甘来村委会沟口村
44082310622300192	高山榕	三级	160	24.0	460	37	遂溪县杨柑镇甘来村委会甘来小学
44082310622300523	高山榕	三级	290	20.0	650	16	遂溪县杨柑镇甘来村委会文昌阁
44082310622300524	高山榕	三级	180	21.0	460	18	遂溪县杨柑镇甘来村委会文昌阁
44082310622300525	高山榕	三级	140	18.0	370	18	遂溪县杨柑镇甘来村委会文昌阁
44082310622300526	高山榕	三级	260	19.0	590	18	遂溪县杨柑镇甘来村委会文昌阁
44082310622300527	高山榕	三级	110	15.0	310	14	遂溪县杨柑镇甘来村委会文昌阁
44082310622300528	高山榕	三级	130	19.0	340	19	遂溪县杨柑镇甘来村委会文昌阁
44082310622300529	竹节树	三级	250	9.0	220	12	遂溪县杨柑镇甘来村委会黄氏宗祠前
44082310622400186	见血封喉	三级	100	26.5	400	19	遂溪县杨柑镇银河村委会白银树村
44082310622400187	竹节树	三级	100	15.0	230	18	遂溪县杨柑镇银河村委会白银树村
44082310622400188	山蒲桃	三级	130	18.0	2	18	遂溪县杨柑镇银河村委会白银树村
44082310720000067	垂叶榕	三级	160	14.0	450	11	遂溪县城月镇竹叶塘村委会迈哉村
44082310720000068	樟	三级	210	15.0	335	12	遂溪县城月镇竹叶塘村委会竹叶塘村
44082310720000069	铁冬青	三级	110	12.0	165	12	遂溪县城月镇竹叶塘村委会岐山村
44082310720200078	樟	三级	110	14.5	225	12	遂溪县城月镇后溪村委会后溪村
44082310720200079	鹊肾树	三级	270	8.5	340	9	遂溪县城月镇后溪村委会后溪村
44082310720200080	樟	三级	150	16.5	285	12	遂溪县城月镇后溪村委会白马庙
44082310720200081	凤凰木	三级	100	19.0	419	20	遂溪县城月镇后溪村委会后溪村
44082310720200082	台湾相思	三级	100	8.5	325	9	遂溪县城月镇后溪村委会后溪村
44082310720200083	樟	三级	120	14.5	250	11	遂溪县城月镇后溪村委会钱串村
44082310720200084	垂叶榕	三级	110	19.0	345	21	遂溪县城月镇后溪村委会钱串村
44082310720200085	樟	三级	260	15.0	450	13	遂溪县城月镇后溪村委会钱串村
44082310720200086	樟	三级	140	19.0	250	13	遂溪县城月镇后溪村委会钱串村
44082310720400099	樟	三级	180	16.8	345	22	遂溪县城月镇扶良村委会三合上村
44082310720400100	樟	三级	180	15.5	323	18	遂溪县城月镇扶良村委会三合上村
44082310720400101	樟	三级	140	11.0	285	20	遂溪县城月镇扶良村委会三合上村

(续)

古树编号	树种	古树等级	树龄（年）	树高（米）	胸围（厘米）	冠幅（米）	位置
44082310720400102	樟	三级	100	14.0	220	8	遂溪县城月镇扶良村委会三合上村
44082310720400103	红鳞蒲桃	三级	110	11.6	162	10	遂溪县城月镇扶良村委会龙浮村
44082310720400104	樟	三级	150	7.0	295	13	遂溪县城月镇扶良村委会坎塘村
44082310720400105	樟	三级	150	12.5	290	18	遂溪县城月镇扶良村委会坎塘村
44082310720400106	樟	三级	120	12.5	235	8	遂溪县城月镇扶良村委会坎塘村
44082310720400107	樟	三级	160	13.5	320	16	遂溪县城月镇扶良村委会坎塘村
44082310720500093	樟	三级	100	15.6	220	6	遂溪县城月镇官田村委会中村
44082310720500094	樟	三级	110	15.0	229	12	遂溪县城月镇官田村委会中村
44082310720500095	樟	三级	110	14.0	240	13	遂溪县城月镇官田村委会中村
44082310720500096	樟	三级	140	14.5	280	14	遂溪县城月镇官田村委会后发村
44082310720500097	樟	三级	140	15.0	279	14	遂溪县城月镇官田村委会后发村
44082310720500098	樟	三级	130	13.7	265	11	遂溪县城月镇官田村委会后发村
44082310720600071	樟	三级	110	25.0	210	11	遂溪县城月镇石塘村委会大湾村
44082310720600072	樟	三级	100	21.0	185	7	遂溪县城月镇石塘村委会大湾村
44082310720600073	樟	三级	100	20.0	210	7	遂溪县城月镇石塘村委会大湾村
44082310720600074	龙眼	三级	280	7.5	260	13	遂溪县城月镇石塘村委会大湾村
44082310720700075	土沉香	三级	100	13.0	180	6	遂溪县城月镇坡头村委会实荣村
44082310720700228	榕树	三级	140	28.0	480	17	遂溪县城月镇坡头村委会贺嘉祉村
44082310720800076	竹节树	三级	230	12.0	275	16	遂溪县城月镇潭葛村委会格向村
44082310720800077	朴树	三级	120	15.0	190	13	遂溪县城月镇潭葛村委会格向村
44082310721000113	垂叶榕	三级	210	11.7	530	18	遂溪县城月镇邦机村委会红家村
44082310721000114	竹节树	三级	230	8.0	158	15	遂溪县城月镇邦机村委会红家村
44082310721000115	樟	三级	190	15.0	322	19	遂溪县城月镇邦机村委会后坑村
44082310721000116	铁冬青	三级	100	10.0	132	6	遂溪县城月镇邦机村委会调丰仔村
44082310721000117	樟	三级	140	16.5	282	21	遂溪县城月镇邦机村委会调丰仔村
44082310721000124	樟	三级	120	15.0	256	11	遂溪县城月镇邦机村委会老泉塘村
44082310721100118	垂叶榕	三级	120	10.0	369	14	遂溪县城月镇家寮村委会家寮村
44082310721100119	垂叶榕	三级	100	11.5	270	16	遂溪县城月镇家寮村委会坡头仔南村
44082310721100120	垂叶榕	三级	210	10.0	540	25	遂溪县城月镇家寮村委会仁里湖村
44082310721100121	铁冬青	三级	230	11.5	270	14	遂溪县城月镇家寮村委会仁里湖村
44082310721100122	铁冬青	三级	120	10.0	185	9	遂溪县城月镇家寮村委会仁里湖村
44082310721100123	竹节树	三级	150	6.0	125	8	遂溪县城月镇家寮村委会仁里湖村
44082310721200087	垂叶榕	三级	170	20.0	470	15	遂溪县城月镇迈坦村委会迈坦村
44082310721200088	垂叶榕	三级	203	12.0	520	13	遂溪县城月镇迈坦村委会迈坦村
44082310721300138	垂叶榕	三级	100	7.5	295	18	遂溪县城月镇仁里村委会仁里中村
44082310721300139	垂叶榕	三级	100	7.0	290	17	遂溪县城月镇仁里村委会仁里中村
44082310721300140	竹节树	三级	180	9.5	145	12	遂溪县城月镇仁里村委会仁里中村
44082310721300142	见血封喉	三级	140	22.0	450	29	遂溪县城月镇仁里村委会仙来村
44082310721300143	木荷	三级	130	13.0	175	10	遂溪县城月镇仁里村委会仙来村
44082310721300144	竹节树	三级	260	13.0	215	14	遂溪县城月镇仁里村委会肖家西村
44082310721300145	垂叶榕	三级	250	16.0	450	23	遂溪县城月镇仁里村委会文胜塘村
44082310721300146	樟	三级	120	13.0	250	9	遂溪县城月镇仁里村委会白银塘村
44082310721300147	樟	三级	110	25.0	345	16	遂溪县城月镇仁里村委会文胜塘村
44082310721300148	樟	三级	100	25.0	210	16	遂溪县城月镇仁里村委会文胜塘村
44082310721300488	红鳞蒲桃	三级	130	9.0	165	12	遂溪县城月镇仁里村委会南边岭
44082310721300489	红鳞蒲桃	三级	110	9.1	140	12	遂溪县城月镇仁里村委会南边岭
44082310721300490	红鳞蒲桃	三级	110	8.0	145	13	遂溪县城月镇仁里村委会南边岭
44082310721300491	红鳞蒲桃	三级	130	9.0	160	10	遂溪县城月镇仁里村委会南边岭

第三章 湛江市古树名木目录

(续)

古树编号	树种	古树等级	树龄（年）	树高（米）	胸围（厘米）	冠幅（米）	位置
44082310721300492	红鳞蒲桃	三级	110	13.0	145	13	遂溪县城月镇仁里村委会南边岭
44082310721300493	红鳞蒲桃	三级	110	9.0	140	9	遂溪县城月镇仁里村委会南边岭
44082310721300494	润楠	三级	100	12.5	180	11	遂溪县城月镇仁里村委会南边岭
44082310721400108	垂叶榕	三级	100	12.5	480	20	遂溪县城月镇虎头坡村委会韩宅村
44082310721400109	荔枝	三级	120	18.0	253	11	遂溪县城月镇虎头坡村委会黄宅村
44082310721400110	荔枝	三级	110	12.0	250	11	遂溪县城月镇虎头坡村委会黄宅村
44082310721400111	见血封喉	三级	100	14.5	350	16	遂溪县城月镇虎头坡村委会周下村
44082310721400112	竹节树	三级	240	5.0	167	9	遂溪县城月镇虎头坡村委会周下村
44082310721400401	润楠	三级	100	10.5	180	12	遂溪县城月镇虎头坡村委会洋子村
44082310721400402	樟	三级	100	13.5	210	11	遂溪县城月镇虎头坡村委会洋子村
44082310721500404	榕树	三级	100	15.0	330	16	遂溪县城月镇庄家村委会庄家村
44082310721600136	岭南山竹子	三级	220	12.0	178	5	遂溪县城月镇平衡村委会迈七村庙前
44082310721600137	樟	三级	150	15.0	304	9	遂溪县城月镇平衡村委会迈七村庙右侧
44082310721600413	垂叶榕	三级	110	11.0	350	12	遂溪县城月镇平衡村委会平衡村
44082310721600415	竹节树	三级	180	8.0	240	8	遂溪县城月镇平衡村委会平衡村
44082310721600416	鹊肾树	三级	180	12.0	460	10	遂溪县城月镇平衡村委会平衡村
44082310721600417	竹节树	三级	250	11.0	170	11	遂溪县城月镇平衡村委会平园塘村
44082310721600418	五月茶	三级	100	12.0	140	8	遂溪县城月镇平衡村委会平园塘村
44082310721600419	垂叶榕	三级	260	15.0	600	16	遂溪县城月镇平衡村委会平园塘村
44082310721600420	竹节树	三级	270	9.0	195	7	遂溪县城月镇平衡村委会平园塘村
44082310721600421	榕树	三级	150	14.0	440	11	遂溪县城月镇平衡村委会平园塘村
44082310721600422	榕树	三级	260	16.0	700	23	遂溪县城月镇平衡村委会平园塘村
44082310721600423	竹节树	三级	250	10.0	170	11	遂溪县城月镇平衡村委会平园塘村
44082310721600424	榕树	三级	220	15.0	550	18	遂溪县城月镇平衡村委会平园塘村
44082310721600425	竹节树	三级	160	15.0	130	10	遂溪县城月镇平衡村委会白马庙
44082310721600426	海桐	三级	120	9.0	90	4	遂溪县城月镇平衡村委会白马庙
44082310721600427	竹节树	三级	180	12.0	140	12	遂溪县城月镇平衡村委会白马庙
44082310721600428	铁冬青	三级	150	14.0	200	9	遂溪县城月镇平衡村委会南山村
44082310721600429	竹节树	三级	270	19.0	225	12	遂溪县城月镇平衡村委会南山村
44082310721600430	榕树	三级	180	13.0	490	18	遂溪县城月镇平衡村委会乾塘村
44082310721600431	朴树	三级	170	12.0	280	14	遂溪县城月镇平衡村委会乾塘村
44082310721600432	五月茶	三级	140	6.7	130	8	遂溪县城月镇平衡村委会和家东村
44082310721600433	垂叶榕	三级	160	13.0	460	13	遂溪县城月镇平衡村委会和家东村
44082310721600434	榕树	三级	120	7.0	370	8	遂溪县城月镇平衡村委会和家东村
44082310721600435	垂叶榕	三级	170	16.0	480	14	遂溪县城月镇平衡村委会和家东村
44082310721600436	竹节树	三级	160	12.0	130	8	遂溪县城月镇平衡村委会和家东村
44082310721600437	竹节树	三级	270	13.0	200	8	遂溪县城月镇平衡村委会和家东村
44082310721600438	竹节树	三级	190	9.0	150	9	遂溪县城月镇平衡村委会和家西村
44082310721600439	榕树	三级	110	12.0	300	15	遂溪县城月镇平衡村委会和家西村
44082310721600440	垂叶榕	三级	120	13.0	330	14	遂溪县城月镇平衡村委会和家西村
44082310721700160	凤凰木	三级	100	13.0	215	16	遂溪县城月镇吴村村委会吴村
44082310721700161	竹节树	三级	110	9.0	210	10	遂溪县城月镇吴村村委会吴村
44082310721700162	竹节树	三级	130	15.0	250	13	遂溪县城月镇吴村村委会潭板村
44082310721700163	山蒲桃	三级	100	12.0	115	8	遂溪县城月镇吴村村委会潭板村
44082310721700164	垂叶榕	三级	150	14.0	440	20	遂溪县城月镇吴村村委会潭板村
44082310721700495	垂叶榕	三级	110	9.0	300	12	遂溪县城月镇吴村村委会旧村东马路边
44082310721700496	垂叶榕	三级	110	13.0	300	12	遂溪县城月镇吴村村委会旧村东马路边
44082310721700497	垂叶榕	三级	110	12.0	310	14	遂溪县城月镇吴村村委会旧村东马路边

(续)

(续)

古树编号	树种	古树等级	树龄（年）	树高（米）	胸围（厘米）	冠幅（米）	位置
44082310721700498	垂叶榕	三级	130	6.5	340	8	遂溪县城月镇吴村村委会旧村东马路边
44082310721800405	垂叶榕	三级	100	11.0	310	20	遂溪县城月镇吴西村委会库和村
44082310721800406	樟	三级	120	11.5	237	12	遂溪县城月镇吴西村委会库和村
44082310721800407	竹节树	三级	260	11.0	220	10	遂溪县城月镇吴西村委会库和村
44082310721800409	樟	三级	150	14.0	300	12	遂溪县城月镇吴西村委会库和村
44082310721800410	竹节树	三级	270	13.0	218	9	遂溪县城月镇吴西村委会库和村
44082310721800411	竹节树	三级	270	10.0	230	9	遂溪县城月镇吴西村委会库和村
44082310721800412	竹节树	三级	280	14.5	200	9	遂溪县城月镇吴西村委会吴西村桉树林地
44082310721800442	竹节树	三级	270	14.0	200	9	遂溪县城月镇吴西村委会吴西村
44082310721800443	笔管榕	三级	110	13.0	340	10	遂溪县城月镇吴西村委会上村
44082310721800444	笔管榕	三级	170	13.0	480	14	遂溪县城月镇吴西村委会吴西村
44082310721800445	笔管榕	三级	130	13.0	400	10	遂溪县城月镇吴西村委会吴西村
44082310721800446	竹节树	三级	210	13.0	160	11	遂溪县城月镇吴西村委会吴西村
44082310721900125	垂叶榕	三级	130	12.0	400	20	遂溪县城月镇坑仔村委会坑仔村
44082310721900126	垂叶榕	三级	200	12.5	530	22	遂溪县城月镇坑仔村委会坑仔村
44082310721900128	竹节树	三级	220	13.0	167	10	遂溪县城月镇坑仔村委会坑仔村
44082310721900129	岭南山竹子	三级	140	13.0	116	4	遂溪县城月镇坑仔村委会坑仔村
44082310721900130	竹节树	三级	220	11.0	246	14	遂溪县城月镇坑仔村委会坑仔村
44082310721900131	竹节树	三级	220	10.0	166	11	遂溪县城月镇坑仔村委会坑仔村
44082310721900132	垂叶榕	三级	130	12.8	400	20	遂溪县城月镇坑仔村委会坑仔村
44082310721900133	竹节树	三级	240	9.0	176	11	遂溪县城月镇坑仔村委会坑仔村
44082310721900135	垂叶榕	三级	130	10.0	367	16	遂溪县城月镇坑仔村委会良田村
44082310721900441	竹节树	三级	260	15.0	180	10	遂溪县城月镇坑仔村委会坑仔村
44082310722000149	荔枝	三级	130	13.0	245	13	遂溪县城月镇高明村委会高明村文化室前
44082310722000150	荔枝	三级	110	12.0	220	13	遂溪县城月镇高明村委会高明村
44082310722000151	荔枝	三级	110	15.0	225	10	遂溪县城月镇高明村委会高明村
44082310722000152	荔枝	三级	100	10.0	225	15	遂溪县城月镇高明村委会高明村水塔旁
44082310722000153	荔枝	三级	100	23.0	230	18	遂溪县城月镇高明村委会库塘村祠堂角
44082310722000155	荔枝	三级	100	15.0	210	14	遂溪县城月镇高明村委会山尾宝村
44082310722000156	垂叶榕	三级	180	9.0	300	16	遂溪县城月镇高明村委会文章西村
44082310722000159	垂叶榕	三级	100	16.0	340	16	遂溪县城月镇高明村委会文章西村
44082310722000481	红鳞蒲桃	三级	130	9.0	160	8	遂溪县城月镇高明村委会村西
44082310722000482	红鳞蒲桃	三级	140	10.0	170	9	遂溪县城月镇高明村委会村西
44082310722000483	红鳞蒲桃	三级	170	10.0	210	10	遂溪县城月镇高明村委会村西
44082310722000484	红鳞蒲桃	三级	110	7.8	140	7	遂溪县城月镇高明村委会村西
44082310722000485	红鳞蒲桃	三级	100	9.5	129	8	遂溪县城月镇高明村委会村西
44082310722000486	红鳞蒲桃	三级	190	8.0	225	11	遂溪县城月镇高明村委会村西
44082310722000487	红鳞蒲桃	三级	110	8.5	135	11	遂溪县城月镇高明村委会村西
44082310722100089	樟	三级	230	21.5	410	19	遂溪县城月镇陈家村委会陈家村
44082310722100090	鹊肾树	三级	170	6.5	204	11	遂溪县城月镇陈家村委会陈家村
44082310722100091	鹊肾树	三级	130	6.0	208	10	遂溪县城月镇陈家村委会陈家村
44082310722100092	樟	三级	110	11.0	216	13	遂溪县城月镇陈家村委会陈家村
44082310820100205	垂叶榕	三级	100	11.0	230	19	遂溪县乌塘镇乌塘村委会外坡村
44082310820100206	荔枝	三级	120	15.5	250	9	遂溪县乌塘镇乌塘村委会外坡村
44082310820100207	樟	三级	110	18.0	240	9	遂溪县乌塘镇乌塘村委会外坡村
44082310820200208	樟	三级	110	15.0	240	13	遂溪县乌塘镇浩发村委会浩发村
44082310820200209	樟	三级	110	14.0	240	14	遂溪县乌塘镇浩发村委会浩发村
44082310820200210	樟	三级	170	18.5	310	14	遂溪县乌塘镇浩发村委会浩发村

古树编号	树种	古树等级	树龄（年）	树高（米）	胸围（厘米）	冠幅（米）	位置
44082310820400204	垂叶榕	三级	130	12.0	400	30	遂溪县乌塘镇邦塘村委会邦塘村
44082310920100055	见血封喉	三级	100	14.5	435	16	遂溪县建新镇苏二村委会戏楼前
44082310920100058	荔枝	三级	110	12.5	235	14	遂溪县建新镇苏二村委会城河
44082310920100059	荔枝	三级	100	11.5	200	13	遂溪县建新镇苏二村委会东边坑
44082310920100060	荔枝	三级	110	12.0	240	17	遂溪县建新镇苏二村委会东边坑
44082310920200033	荔枝	三级	110	18.0	250	16	遂溪县建新镇卜巢村委会学校旁边
44082310920200034	樟	三级	170	18.5	320	20	遂溪县建新镇卜巢村委会卜巢村
44082310920200035	荔枝	三级	110	9.0	240	11	遂溪县建新镇卜巢村委会卜巢村
44082310922100036	见血封喉	三级	100	21.5	445	14	遂溪县建新镇溪北村民委员东坑岭
44082310922100037	见血封喉	三级	250	23.0	440	18	遂溪县建新镇溪北村民委员会村中
44082310922100038	荔枝	三级	100	18.0	212	12	遂溪县建新镇溪北村民委员会溪北村
44082310922100039	垂叶榕	三级	120	14.0	385	20	遂溪县建新镇溪北村民委员会溪北村
44082310922100040	垂叶榕	三级	110	10.5	328	19	遂溪县建新镇溪北村民委员会溪北村
44082310922200065	榕树	三级	270	16.5	650	15	遂溪县建新镇溪伯路村民委员会古井边
44082310922200066	榕树	三级	160	10.0	450	15	遂溪县建新镇溪伯路村民委员会民居旁
44082310922300061	竹节树	三级	260	11.5	200	11	遂溪县建新镇万山村民委员会民居旁
44082310922300062	垂叶榕	三级	140	14.5	400	19	遂溪县建新镇万山村民委员会民居旁
44082310922300063	榕树	三级	150	14.0	380	13	遂溪县建新镇万山村民委员会万山村农户屋旁
44082310922400064	荔枝	三级	110	15.0	235	13	遂溪县建新镇加埠村民委员会后路口
44082311020000052	榕树	三级	120	11.8	407	13	遂溪县岭北镇横山村委会田体村
44082311020000053	榕树	三级	110	12.0	350	12	遂溪县岭北镇横山村委会田体村
44082311020000054	榕树	三级	190	12.0	455	20	遂溪县岭北镇横山村委会望高村
44082311020100029	垂叶榕	三级	250	11.5	635	13	遂溪县岭北镇城里村委会西边尾村
44082311020100030	垂叶榕	三级	120	10.5	400	13	遂溪县岭北镇城里村委会西边尾村
44082311020100031	榕树	三级	110	20.5	370	15	遂溪县岭北镇城里村委会内村
44082311020100032	垂叶榕	三级	150	13.5	470	21	遂溪县岭北镇城里村委会后村
44082311020200041	樟	三级	160	19.0	302	21	遂溪县岭北镇田增村委会田增村
44082311020200042	乌墨	三级	100	20.0	220	7	遂溪县岭北镇田增村委会田增村
44082311020200043	樟	三级	110	17.0	220	14	遂溪县岭北镇田增村委会田增村
44082311020200044	秋枫	三级	180	20.0	375	19	遂溪县岭北镇田增村委会万家村
44082311020200045	铁冬青	三级	230	27.0	275	13	遂溪县岭北镇田增村委会万家村
44082311020200046	假玉桂	三级	240	22.0	287	16	遂溪县岭北镇田增村委会万家村
44082311020200047	榕树	三级	120	16.0	370	17	遂溪县岭北镇田增村委会迈典村
44082311020400048	朴树	三级	150	10.5	255	16	遂溪县岭北镇西塘村委会罗门塘
44082311020400049	榕树	三级	130	19.5	400	19	遂溪县岭北镇西塘村委会罗门塘
44082311020600050	榕树	三级	130	10.5	375	13	遂溪县岭北镇调丰村委会调丰村
44082311020600051	榕树	三级	120	13.5	340	17	遂溪县岭北镇调丰村委会调丰村
44082311120000273	樟	三级	190	18.0	360	19	遂溪县北坡镇架岭村委会架罗湾村
44082311120000462	垂叶榕	三级	150	9.0	400	10	遂溪县北坡镇架岭村委会郎活村
44082311120100254	朴树	三级	100	9.0	170	8	遂溪县北坡镇北坡村委会北坡村
44082311120200244	榕树	三级	160	13.5	470	20	遂溪县北坡镇文典村委会文典村庙前
44082311120200245	垂叶榕	三级	120	11.5	320	15	遂溪县北坡镇文典村委会文典村庙前
44082311120200246	樟	三级	200	16.5	420	19	遂溪县北坡镇文典村委会文典村
44082311120200247	垂叶榕	三级	100	12.0	330	31	遂溪县北坡镇文典村委会封对村
44082311120200248	竹节树	三级	130	10.5	260	18	遂溪县北坡镇文典村委会封对村
44082311120300240	榕树	三级	140	14.0	410	21	遂溪县北坡镇虾沟村委会虾沟村
44082311120300241	垂叶榕	三级	120	12.5	380	17	遂溪县北坡镇虾沟村委会虾沟村
44082311120300242	榕树	三级	110	11.5	310	12	遂溪县北坡镇虾沟村委会虾沟村

(续)

古树编号	树种	古树等级	树龄（年）	树高（米）	胸围（厘米）	冠幅（米）	位置
44082311120300243	榕树	三级	180	16.0	490	18	遂溪县北坡镇虾沟村委会虾沟村
44082311120400235	樟	三级	160	13.0	330	22	遂溪县北坡镇动土村委会动土村
44082311120400236	樟	三级	110	11.0	220	14	遂溪县北坡镇动土村委会动土村
44082311120400237	樟	三级	130	11.0	270	17	遂溪县北坡镇动土村委会动土村小学内
44082311120400238	樟	三级	100	11.0	230	20	遂溪县北坡镇动土村委会咸口村
44082311120400239	樟	三级	110	11.0	200	20	遂溪县北坡镇动土村委会咸口村
44082311120500231	高山榕	三级	260	26.0	700	22	遂溪县北坡镇下担村委会唐母村
44082311120500232	黄葛树	三级	180	15.0	500	20	遂溪县北坡镇下担村委会学孔村
44082311120500233	红鳞蒲桃	三级	100	13.5	150	15	遂溪县北坡镇下担村委会高塘村
44082311120600465	樟	三级	160	18.0	310	15	遂溪县北坡镇新屋村委会岑家塘村
44082311121000249	竹节树	三级	260	14.0	210	15	遂溪县北坡镇水南村委会黄根村
44082311121100251	榕树	三级	260	18.0	610	25	遂溪县北坡镇鹤门村委会新鹤门村
44082311121100252	竹节树	三级	270	13.5	19.5	13	遂溪县北坡镇鹤门村委会杨柏坑村
44082311121300267	垂叶榕	三级	130	13.0	400	13	遂溪县北坡镇下黎村委会后田村
44082311121300268	阴香	三级	130	11.0	256	9	遂溪县北坡镇下黎村委会车塘村
44082311121300269	阴香	三级	160	10.0	280	8	遂溪县北坡镇下黎村委会车塘村
44082311121300270	倒吊笔	三级	100	7.5	120	5	遂溪县北坡镇下黎村委会车塘村
44082311121300271	铁冬青	三级	220	9.0	194	9	遂溪县北坡镇下黎村委会车塘村
44082311121300449	乌墨	三级	150	18.0	320	7	遂溪县北坡镇下黎村委会内清湖村
44082311121300450	垂叶榕	三级	160	13.0	420	16	遂溪县北坡镇下黎村委会内清湖村
44082311121400253	榕树	三级	270	7.5	360	19	遂溪县北坡镇南渡村委会牛皮塘村
44082311121400463	竹节树	三级	270	9.0	210	10	遂溪县北坡镇南渡村委会铸梨村
44082311121400464	垂叶榕	三级	130	10.0	360	16	遂溪县北坡镇南渡村委会铸梨村
44082311220100255	水翁	三级	260	8.5	360	9	遂溪县港门镇货湖村委会梅陆仔村
44082311220200461	朴树	三级	100	16.0	170	13	遂溪县港门镇西坡村委会坡田尾村
44082311220500459	朴树	三级	220	11.0	320	20	遂溪县港门镇港门埠村委会老吴塘村
44082311220500460	格木	三级	110	11.0	220	11	遂溪县港门镇港门埠村委会埠仔村
44082311220600261	竹节树	三级	240	11.5	180	11	遂溪县港门镇枫树村委会迷债村
44082311220600262	桂木	三级	100	10.5	410	16	遂溪县港门镇枫树村委会荔枝园村
44082311220600263	桃榄	三级	100	15.5	260	14	遂溪县港门镇枫树村委会白马庙
44082311220600264	竹节树	三级	260	10.5	215	8	遂溪县港门镇枫树村委会竹山上村
44082311220700455	榕树	三级	150	16.0	410	16	遂溪县港门镇北灶村委会大塘东村
44082311220900456	朴树	三级	150	18.5	240	13	遂溪县港门镇石角村委会白泥塘村
44082311220900457	垂叶榕	三级	150	16.0	330	19	遂溪县港门镇石角村委会白泥塘村
44082311221000257	竹节树	三级	210	13.5	158	11	遂溪县港门镇黄屋村委会黄屋村
44082311221000258	海红豆	三级	180	21.5	310	19	遂溪县港门镇黄屋村委会黄屋村
44082311221000259	海红豆	三级	160	13.5	278	18	遂溪县港门镇黄屋村委会黄屋村
44082311221000260	桃榄	三级	150	16.0	384	8	遂溪县港门镇黄屋村委会黄屋村
44082311320200224	竹节树	三级	210	12.5	160	13	遂溪县草潭镇钗仔村委会草潭村
44082311320200225	见血封喉	三级	120	21.5	480	19	遂溪县草潭镇钗仔村委会钗仔村
44082311320200227	见血封喉	三级	100	17.0	420	21	遂溪县草潭镇钗仔村委会部队打靶场内
44082311320500222	垂叶榕	三级	150	16.5	430	23	遂溪县草潭镇麻公村委会湾尾小学后
44082311320500223	垂叶榕	三级	190	17.0	500	28	遂溪县草潭镇麻公村委会湾尾村
44082311320600217	笔管榕	三级	110	14.0	290	12	遂溪县草潭镇罗屋村委会罗屋村
44082311320600219	榕树	三级	170	18.5	470	16	遂溪县草潭镇罗屋村委会罗屋村
44082311320600220	榕树	三级	170	19.0	470	20	遂溪县草潭镇罗屋村委会罗屋小学外
44082311320600221	榕树	三级	150	16.5	440	18	遂溪县草潭镇罗屋村委会罗屋村
44082311321000229	朴树	三级	100	14.0	200	13	遂溪县草潭镇荔枝村委会荔枝山村

第三章　湛江市古树名木目录

(续)

古树编号	树种	古树等级	树龄(年)	树高(米)	胸围(厘米)	冠幅(米)	位置
44082311321000230	朴树	三级	160	10.5	275	19	遂溪县草潭镇荔枝村委会荔枝山村
44082311321500212	高山榕	三级	260	15.0	615	25	遂溪县草潭镇泉水村委会美翁上村
44082311321500213	见血封喉	三级	170	15.0	470	16	遂溪县草潭镇泉水村委会珍珠湾村
44082311321500214	酸豆	三级	100	20.0	295	14	遂溪县草潭镇泉水村委会珍珠湾村
44082311321600501	垂叶榕	三级	140	13.0	370	24	遂溪县草潭镇东港村委会天后宫
44082311321600502	垂叶榕	三级	100	12.0	290	23	遂溪县草潭镇东港村委会天后宫
44082311321600503	垂叶榕	三级	120	12.5	330	21	遂溪县草潭镇东港村委会天后宫
44082311321600504	垂叶榕	三级	100	13.0	290	20	遂溪县草潭镇东港村委会天后宫
44082311321600505	垂叶榕	三级	110	11.0	300	21	遂溪县草潭镇东港村委会天后宫
44082311321600506	垂叶榕	三级	150	12.5	401	22	遂溪县草潭镇东港村委会天后宫
44082311321600507	垂叶榕	三级	110	11.0	299	16	遂溪县草潭镇东港村委会天后宫
44082311420000294	垂叶榕	三级	130	13.5	400	25	遂溪县河头镇河头村委会下二村
44082311420000295	樟	三级	150	19.0	270	23	遂溪县河头镇河头村委会坡仔甲村
44082311420400297	樟	三级	210	22.0	390	23	遂溪县河头镇田西村委会曹宅村
44082311420500343	竹节树	三级	270	13.0	225	15	遂溪县河头镇双村村委会山内仔村
44082311420500344	红鳞蒲桃	三级	250	12.0	280	6	遂溪县河头镇双村村委会山内仔村
44082311420500347	竹节树	三级	280	11.0	210	11	遂溪县河头镇双村村委会双村
44082311420500349	樟	三级	190	14.0	330	17	遂溪县河头镇双村村委会双村
44082311420500350	樟	三级	140	8.0	276	4	遂溪县河头镇双村村委会双村
44082311420500351	龙眼	三级	190	10.0	220	12	遂溪县河头镇双村村委会双村
44082311420500352	乌墨	三级	110	15.0	290	12	遂溪县河头镇双村村委会双村
44082311420500353	朴树	三级	190	12.0	300	16	遂溪县河头镇双村村委会双村
44082311420500354	竹节树	三级	270	13.0	207	9	遂溪县河头镇双村村委会双村
44082311420500414	竹节树	三级	220	14.0	165	14	遂溪县河头镇双村村委会山内仔村
44082311420500499	龙眼	三级	140	10.0	170	13	遂溪县河头镇双村村委会长房公祠
44082311420500500	龙眼	三级	150	9.5	180	13	遂溪县河头镇双村村委会东坡楼

表5 徐闻县古树目录

古树编号	树种	古树等级	树龄（年）	树高（米）	胸围（厘米）	冠幅（米）	位置
44082510421000145	秋枫	一级	710	21.5	1100	18.0	徐闻县曲界镇高坡村委会那朗村村前田坑旁
44082520421000035	乌墨	一级	500	17.5	590	12.0	徐闻县角尾乡苞西村委会苞西村古墓旁
44082500120400012	土坛树	一级	520	8.5	379	10.5	徐闻县徐城街道办北门村委会后市村东门头土地公旁
44082510620600071	土坛树	一级	550	7.5	400	6.0	徐闻县西连镇大井村委会丰隆村村中水泥路旁
44082500100400014	缅茄	二级	400	15.0	270	23.0	徐闻县徐城街道办南门塘社区居委会徐闻县民主路124号
44082500100700020	白兰	二级	350	16.0	359	7.5	徐闻县徐城街道办附城社区居委会南山镇政府大院门口
44082510620500014	土坛树	二级	330	7.5	296	7.0	徐闻县西连镇龙腋村委会龙腋中村路边
44082510620600018	酸豆	二级	430	17.6	453	14.5	徐闻县西连镇大井村委会丰隆村水泥路旁
44082510621200047	酸豆	二级	430	19.6	394	10.0	徐闻县西连镇承梧村委会北插下村林望屋边
44082510621200048	酸豆	二级	430	16.0	271	7.0	徐闻县西连镇承梧村委会北插下村林望屋边
44082510621200049	鹊肾树	二级	450	8.0	298	7.0	徐闻县西连镇承梧村委会北插下村林望屋边
44082510621200050	鹊肾树	二级	380	10.8	274	7.0	徐闻县西连镇承梧村委会北插下村林望屋边
44082510621200070	鹊肾树	二级	300	8.0	160	3.0	徐闻县西连镇承梧村委会北插下村林望屋边
44082510720600029	高山榕	二级	360	25.0	910	30.0	徐闻县下桥镇旋安村委会三品斋村村北
44082510721100115	秋枫	二级	310	14.0	500	9.0	徐闻县下桥镇石板村委会石板岭原始次生林
44082510820100008	高山榕	二级	310	22.0	797	27.0	徐闻县龙塘镇龙塘村委会石盆村村东
44082510820100009	高山榕	二级	310	20.0	471	15.0	徐闻县龙塘镇龙塘村委会石盆村村东
44082510820100010	高山榕	二级	300	16.0	599	15.0	徐闻县龙塘镇龙塘村委会石盆村村东北
44082510820100200	高山榕	二级	310	20.0	520	10.0	徐闻县龙塘镇龙塘村委会石盆村村东
44082510820500073	高山榕	二级	300	15.0	549	27.5	徐闻县龙塘镇华林村委会北龙村前
44082510820500076	高山榕	二级	320	17.0	769	20.5	徐闻县龙塘镇华林村委会北龙村前
44082510820600101	土坛树	二级	320	7.0	150	10.5	徐闻县龙塘镇福田村委会丰足村前会主庙前
44082510820900187	榕树	二级	300	13.0	380	17.5	徐闻县龙塘镇东角村委会下塘村内土地公后
44082510821100155	龙眼	二级	380	10.0	317	10.5	徐闻县龙塘镇赤农村委会昌发村小学围墙外土地公旁
44082510821100156	琼刺榄	二级	350	8.0	220	9.0	徐闻县龙塘镇赤农村委会昌发村小学围墙外土地公旁
44082510920300016	酸豆	二级	300	13.0	320	17.0	徐闻县下洋镇后村委会后山尾村旧村落
44082510920800078	龙眼	二级	420	8.0	317	5.0	徐闻县下洋镇尖岭村委会甘塘村风水林水塘旁
44082511120200020	高山榕	二级	300	23.5	667	23.9	徐闻县和安镇云头村委会云头村村口风水林边
44082511320300143	见血封喉	二级	460	20.0	449	17.0	徐闻县南山镇乙神村委会山田村前东边
44082511321000007	酸豆	二级	300	17.3	449	15.0	徐闻县南山镇五里村委会五里村祠堂后
44082511321200049	酸豆	二级	310	18.5	510	21.0	徐闻县南山镇竹山村委会竹山南村
44082511321200056	榕树	二级	310	16.0	449	18.0	徐闻县南山镇竹山村委会后寮村路边
44082511321200057	榕树	二级	310	16.0	398	17.5	徐闻县南山镇竹山村委会后寮村路边
44082511321200058	榕树	二级	310	14.0	408	16.5	徐闻县南山镇竹山村委会后寮村路边
44082511321200059	榕树	二级	310	11.0	428	13.5	徐闻县南山镇竹山村委会后寮村路边
44082520120400154	海红豆	二级	300	20.0	384	16.0	徐闻县城北乡和家村委会马林村吴明屋西土地公旁
44082520120600406	龙眼	二级	360	10.0	345	10.0	徐闻县城北乡文丰园村委会下井村邓健屋前
44082520120600417	高山榕	二级	410	20.0	471	17.0	徐闻县城北乡文丰园村委会田西村林华发屋旁
44082520420100024	榕树	二级	340	13.6	678	28.5	徐闻县角尾乡角尾村委会南岭村土地公后
44082520420300027	榕树	二级	430	13.2	615	14.5	徐闻县角尾乡下寮仔村委会西山仔村林氏宗祠旁
44082520420300029	榕树	二级	380	14.3	373	20.5	徐闻县角尾乡下寮仔村委会西山仔村林氏宗祠旁
44082520420300030	榕树	二级	360	13.2	329	13.5	徐闻县角尾乡下寮仔村委会西山仔村林氏宗祠旁
44082520420300032	榕树	二级	300	12.6	238	6.5	徐闻县角尾乡下寮仔村委会西山仔村林文足家门前
44082500100400024	榕树	三级	290	16.5	550	15.0	徐闻县徐城街道办南门塘社区居委会署前路徐闻县育才学校旁
44082500100400025	榕树	三级	290	20.5	470	19.5	徐闻县徐城街道办南门塘社区居委会署前路徐闻县育才学校旁

第三章 湛江市古树名木目录

(续)

古树编号	树种	古树等级	树龄(年)	树高(米)	胸围(厘米)	冠幅(米)	位置
44082500100700013	秋枫	三级	120	10.0	105	11.0	徐闻县徐城街道办附城社区居委会树山村西沟坑
44082500100700021	榕树	三级	180	20.0	330	19.0	徐闻县徐城街道办附城社区居委会徐城街道办徐二小学内
44082500100700022	高山榕	三级	180	20.0	240	14.0	徐闻县徐城街道办附城社区居委会徐城街道办第二小学内
44082500100700023	高山榕	三级	110	15.0	240	11.0	徐闻县徐城街道办附城社区居委会徐城街道办第二小学内
44082500120300001	榕树	三级	130	20.0	499	17.0	徐闻县徐城街道办西门村委会贵生中学校前
44082500120300002	高山榕	三级	120	30.0	437	23.5	徐闻县徐城街道办西门村委会西门村陈友华铺仔前
44082500120300003	高山榕	三级	120	20.0	430	16.5	徐闻县徐城街道办西门村委会西门村陈华宅前
44082500120300004	高山榕	三级	120	20.0	427	11.0	徐闻县徐城街道办西门村委会西门村陈友华宅前
44082500120300005	榕树	三级	160	18.0	550	19.0	徐闻县徐城街道办西门村委会西门村黄保财铺仔前
44082500120300015	榄仁树	三级	140	19.1	290	19.5	徐闻县徐城街道办徐闻县徐闻第一中学内
44082500120300016	榄仁树	三级	140	18.3	270	19.0	徐闻县徐城街道办徐闻县第一中学孔庙前
44082500120300017	榕树	三级	150	9.1	290	12.5	徐闻县徐城街道办徐闻县第一中学内
44082500120400006	榕树	三级	180	20.0	509	26.0	徐闻县徐城街道办北门村委会北门村县博物馆后土地公旁
44082500120400007	榄仁树	三级	120	20.0	251	10.5	徐闻县徐城街道办北门村委会北门村北关境内
44082500120400008	榕树	三级	150	25.0	298	17.5	徐闻县徐城街道办北门村委会北门村北关境后
44082500120400009	土坛树	三级	150	5.0	160	4.0	徐闻县徐城街道办北门村委会后市村武馆前
44082500120400010	白兰	三级	100	22.0	261	7.0	徐闻县徐城街道办北门村委会后市村武馆内
44082500120400011	榕树	三级	150	18.0	458	17.5	徐闻县徐城街道办北门村委会后市村内深井边
44082500120400018	石栗	三级	120	11.2	190	7.0	徐闻县徐城街道办徐闻县徐城第三小学内
44082500120400019	石栗	三级	120	11.2	170	5.5	徐闻县徐城街道办徐闻县徐城第三小学内
44082510200100078	土坛树	三级	150	7.0	157	6.5	徐闻县迈陈镇迈市社区居委会大湖村
44082510200100079	酸豆	三级	180	22.0	408	16.0	徐闻县迈陈镇迈市社区居委会大湖村
44082510200100080	海红豆	三级	120	20.0	314	22.5	徐闻县迈陈镇迈市社区居委会大湖村
44082510200100081	酸豆	三级	110	9.0	267	15.0	徐闻县迈陈镇迈市社区居委会大湖村
44082510200100082	酸豆	三级	120	18.0	345	7.5	徐闻县迈陈镇迈市社区居委会大湖村
44082510200100083	酸豆	三级	200	20.0	345	11.0	徐闻县迈陈镇迈市社区居委会大湖村
44082510200100084	酸豆	三级	100	19.0	220	15.5	徐闻县迈陈镇迈市社区居委会大湖村
44082510200100085	酸豆	三级	100	20.0	220	7.0	徐闻县迈陈镇迈市社区居委会大湖村
44082510200100086	酸豆	三级	100	22.0	245	9.0	徐闻县迈陈镇迈市社区居委会大湖村
44082510200100087	酸豆	三级	100	18.0	220	9.0	徐闻县迈陈镇迈市社区居委会大湖村
44082510200100088	榕树	三级	210	16.0	474	15.5	徐闻县迈陈镇迈市社区居委会大湖村
44082510200100089	鹊肾树	三级	110	6.0	236	6.0	徐闻县迈陈镇迈市社区居委会大湖村
44082510200100090	榕树	三级	120	7.0	352	7.0	徐闻县迈陈镇迈市社区居委会大湖村
44082510200100091	榕树	三级	120	20.0	502	23.0	徐闻县迈陈镇迈市社区居委会大湖村
44082510200100092	榕树	三级	160	12.0	440	9.5	徐闻县迈陈镇迈市社区居委会大湖村
44082510200100093	榕树	三级	160	18.0	123	11.0	徐闻县迈陈镇迈市社区居委会大湖村戴康和院内
44082510200100094	鹊肾树	三级	100	18.0	157	8.5	徐闻县迈陈镇迈市社区居委会大湖村
44082510200100095	土坛树	三级	100	20.0	141	9.5	徐闻县迈陈镇迈市社区居委会大湖村
44082510200100097	榕树	三级	180	10.0	345	20.5	徐闻县迈陈镇迈市社区居委会大湖村
44082510200100211	朴树	三级	120	15.0	236	8.5	徐闻县迈陈镇迈市社区居委会迈陈中学
44082510200100217	榕树	三级	100	12.0	345	9.0	徐闻县迈陈镇迈市社区居委会迈陈中学
44082510200100218	榕树	三级	100	8.0	408	9.5	徐闻县迈陈镇迈市社区居委会迈陈中学
44082510200100220	榕树	三级	100	9.0	314	22.0	徐闻县迈陈镇迈市社区居委会迈陈中学
44082510200100221	榕树	三级	100	9.0	267	11.0	徐闻县迈陈镇迈市社区居委会迈陈中学
44082510200100222	榕树	三级	100	9.0	267	8.5	徐闻县迈陈镇迈市社区居委会迈陈中学
44082510220100001	龙眼	三级	120	9.5	251	10.0	徐闻县迈陈镇迈陈村委会计墩村
44082510220100002	海红豆	三级	120	16.0	226	11.0	徐闻县迈陈镇迈陈村委会计墩村
44082510220100003	岭南山竹子	三级	120	7.8	129	8.5	徐闻县迈陈镇迈陈村委会计墩村

(续)

古树编号	树种	古树等级	树龄（年）	树高（米）	胸围（厘米）	冠幅（米）	位置
44082510220100004	榕树	三级	160	10.0	339	9.0	徐闻县迈陈镇迈陈村委会讨墩村
44082510220100005	榕树	三级	180	10.0	132	16.5	徐闻县迈陈镇迈陈村委会讨墩村
44082510220100006	榕树	三级	180	13.0	371	9.5	徐闻县迈陈镇迈陈村委会讨墩村
44082510220100007	榕树	三级	100	21.0	411	15.5	徐闻县迈陈镇迈陈村委会讨墩村
44082510220100008	榕树	三级	100	12.0	258	11.0	徐闻县迈陈镇迈陈村委会讨墩村
44082510220100009	榕树	三级	100	8.5	251	8.0	徐闻县迈陈镇迈陈村委会讨墩村
44082510220100010	榕树	三级	100	8.0	345	7.0	徐闻县迈陈镇迈陈村委会讨墩村
44082510220100011	榕树	三级	100	11.0	204	8.0	徐闻县迈陈镇迈陈村委会讨墩村
44082510220100013	榕树	三级	120	10.0	251	11.0	徐闻县迈陈镇迈陈村委会讨墩村
44082510220100014	榕树	三级	180	18.0	424	8.0	徐闻县迈陈镇迈陈村委会讨墩村
44082510220100015	榕树	三级	100	12.0	236	11.5	徐闻县迈陈镇迈陈村委会讨墩村
44082510220100016	榕树	三级	110	10.0	267	11.0	徐闻县迈陈镇迈陈村委会讨墩村
44082510220100017	龙眼	三级	110	9.0	236	8.5	徐闻县迈陈镇迈陈村委会讨墩村
44082510220100018	榕树	三级	120	17.0	408	15.5	徐闻县迈陈镇迈陈村委会讨墩村
44082510220200098	榕树	三级	120	12.0	352	26.0	徐闻县迈陈镇北街村委会埚田村
44082510220200099	榕树	三级	100	22.0	220	21.0	徐闻县迈陈镇北街村委会埚田村
44082510220200102	高山榕	三级	200	25.0	502	24.0	徐闻县迈陈镇北街村委会那黄上村
44082510220200104	高山榕	三级	100	17.0	220	13.0	徐闻县迈陈镇北街村委会那黄上村
44082510220200105	榕树	三级	100	13.0	251	11.0	徐闻县迈陈镇北街村委会那黄上村
44082510220200106	高山榕	三级	160	25.0	440	17.0	徐闻县迈陈镇北街村委会那黄上村
44082510220200107	高山榕	三级	160	22.0	415	17.0	徐闻县迈陈镇北街村委会那黄上村
44082510220200109	高山榕	三级	100	8.0	377	11.0	徐闻县迈陈镇北街村委会那黄上村园边
44082510220200110	高山榕	三级	100	25.0	502	16.0	徐闻县迈陈镇北街村委会那黄上村
44082510220200111	榕树	三级	100	8.0	188	13.0	徐闻县迈陈镇北街村委会那黄上村
44082510220200112	榕树	三级	200	8.0	320	20.5	徐闻县迈陈镇北街村委会那黄上村
44082510220200113	榕树	三级	200	8.0	371	17.0	徐闻县迈陈镇北街村委会那黄上村
44082510220200115	榕树	三级	150	15.0	345	19.5	徐闻县迈陈镇北街村委会那黄上村
44082510220200116	榕树	三级	160	9.0	345	17.0	徐闻县迈陈镇北街村委会那黄上村
44082510220200117	土坛树	三级	130	10.0	188	7.5	徐闻县迈陈镇北街村委会那黄下村
44082510220200119	榕树	三级	120	10.0	251	11.0	徐闻县迈陈镇北街村委会那黄下村
44082510220200120	榕树	三级	130	10.0	320	18.0	徐闻县迈陈镇北街村委会北街上村
44082510220200121	酸豆	三级	160	17.0	323	12.0	徐闻县迈陈镇北街村委会北街上村
44082510220200122	木棉	三级	170	23.0	455	11.0	徐闻县迈陈镇北街村委会北街上村前
44082510220200123	榕树	三级	200	13.0	474	21.0	徐闻县迈陈镇北街村委会北街上村
44082510220200124	酸豆	三级	180	23.0	358	9.5	徐闻县迈陈镇北街村委会北街下村
44082510220200125	酸豆	三级	150	10.0	251	9.0	徐闻县迈陈镇北街村委会北街下村
44082510220200126	榕树	三级	130	8.0	258	9.0	徐闻县迈陈镇北街村委会北街下村
44082510220200127	榕树	三级	120	7.0	323	9.5	徐闻县迈陈镇北街村委会北街下村
44082510220200128	酸豆	三级	110	18.0	239	12.5	徐闻县迈陈镇北街村委会北街下村
44082510220200129	榕树	三级	130	22.0	352	19.0	徐闻县迈陈镇北街村委会石仔灶村
44082510220200130	榕树	三级	110	16.0	352	13.5	徐闻县迈陈镇北街村委会石仔灶村
44082510220200131	龙眼	三级	100	10.0	220	10.0	徐闻县迈陈镇北街村委会石仔灶村
44082510220200132	榕树	三级	140	20.0	69	21.0	徐闻县迈陈镇北街村委会官槽村
44082510220200133	榕树	三级	150	13.0	383	20.0	徐闻县迈陈镇北街村委会官槽村
44082510220200134	榕树	三级	130	12.0	371	20.0	徐闻县迈陈镇北街村委会官槽村
44082510220200135	榕树	三级	140	16.0	380	19.0	徐闻县迈陈镇北街村委会官槽村
44082510220200136	榕树	三级	150	13.0	383	19.0	徐闻县迈陈镇北街村委会官槽村
44082510220200137	乌墨	三级	200	18.0	339	10.0	徐闻县迈陈镇北街村委会宋屯村

(续)

古树编号	树种	古树等级	树龄（年）	树高（米）	胸围（厘米）	冠幅（米）	位置
44082510220200138	龙眼	三级	110	8.0	220	11.5	徐闻县迈陈镇北街村委会宋屯村水泥路旁
44082510220200139	龙眼	三级	100	10.0	251	10.0	徐闻县迈陈镇北街村委会宋屯村内
44082510220200140	鹊肾树	三级	110	10.0	220	9.0	徐闻县迈陈镇北街村委会宋屯村
44082510220200141	酸豆	三级	280	25.0	440	20.0	徐闻县迈陈镇北街村委会宋屯村
44082510220200142	榕树	三级	160	12.0	364	12.0	徐闻县迈陈镇北街村委会宋屯村
44082510220200143	高山榕	三级	150	15.0	785	25.0	徐闻县迈陈镇北街村委会宋屯村
44082510220200144	鹊肾树	三级	160	13.0	251	10.0	徐闻县迈陈镇北街村委会宋屯村
44082510220200145	榕树	三级	200	22.0	722	22.5	徐闻县迈陈镇北街村委会宋屯村
44082510220200146	高山榕	三级	160	21.0	471	19.0	徐闻县迈陈镇北街村委会宋屯村
44082510220200147	酸豆	三级	160	16.0	320	12.5	徐闻县迈陈镇北街村委会宋屯村
44082510220200148	龙眼	三级	220	12.0	283	7.5	徐闻县迈陈镇北街村委会宋屯村
44082510220200149	高山榕	三级	160	22.0	314	19.0	徐闻县迈陈镇北街村委会后山村
44082510220200150	榕树	三级	150	10.0	333	14.5	徐闻县迈陈镇北街村委会后山村
44082510220200151	榕树	三级	160	12.0	415	15.5	徐闻县迈陈镇北街村委会后山村
44082510220200152	榕树	三级	150	11.0	371	13.0	徐闻县迈陈镇北街村委会后山村
44082510220200153	榕树	三级	140	11.0	339	15.0	徐闻县迈陈镇北街村委会后山村边
44082510220200154	高山榕	三级	150	13.0	352	17.0	徐闻县迈陈镇北街村委会后山村
44082510220200155	榕树	三级	200	22.0	440	12.0	徐闻县迈陈镇北街村委会后山村
44082510220300019	龙眼	三级	120	10.0	283	11.0	徐闻县迈陈镇龙潭村委会龙潭村
44082510220300020	龙眼	三级	120	10.0	251	8.5	徐闻县迈陈镇龙潭村委会龙潭村
44082510220300021	榕树	三级	100	10.0	283	10.0	徐闻县迈陈镇龙潭村委会龙潭学校内
44082510220300022	榕树	三级	100	12.0	314	12.5	徐闻县迈陈镇龙潭村委会龙潭学校内
44082510220300023	榕树	三级	100	11.0	283	11.5	徐闻县迈陈镇龙潭村委会龙潭学校内
44082510220300024	榕树	三级	140	12.0	408	17.0	徐闻县迈陈镇龙潭村委会龙潭学校内
44082510220300025	秋枫	三级	160	12.0	251	9.5	徐闻县迈陈镇龙潭村委会龙潭村
44082510220300026	榕树	三级	100	13.0	267	12.0	徐闻县迈陈镇龙潭村委会龙潭村
44082510220300027	榕树	三级	250	8.0	565	10.0	徐闻县迈陈镇龙潭村委会龙潭村
44082510220300028	榕树	三级	250	13.0	440	20.0	徐闻县迈陈镇龙潭村委会龙潭村
44082510220300029	榕树	三级	120	20.0	471	15.0	徐闻县迈陈镇龙潭村委会讨泗村
44082510220300030	榕树	三级	260	25.0	980	25.5	徐闻县迈陈镇龙潭村委会讨泗村
44082510220300031	榕树	三级	110	23.0	283	14.0	徐闻县迈陈镇龙潭村委会讨泗村
44082510220300032	酸豆	三级	120	22.0	377	10.5	徐闻县迈陈镇龙潭村委会讨泗村
44082510220300033	榕树	三级	100	8.0	251	11.0	徐闻县迈陈镇龙潭村委会讨泗村
44082510220300034	鹊肾树	三级	220	10.0	323	7.5	徐闻县迈陈镇龙潭村委会讨泗村
44082510220300035	鹊肾树	三级	200	10.0	188	6.5	徐闻县迈陈镇龙潭村委会讨泗村
44082510220300036	鹊肾树	三级	200	14.0	251	7.5	徐闻县迈陈镇龙潭村委会讨泗村
44082510220300037	榕树	三级	140	23.0	377	13.0	徐闻县迈陈镇龙潭村委会讨泗村内水泥路旁
44082510220300038	榕树	三级	200	22.0	471	17.0	徐闻县迈陈镇龙潭村委会讨泗村
44082510220300039	土坛树	三级	130	10.0	188	11.0	徐闻县迈陈镇龙潭村委会新兴村
44082510220300041	榕树	三级	200	10.0	612	11.0	徐闻县迈陈镇龙潭村委会新村仔村
44082510220300042	榕树	三级	160	18.0	443	14.5	徐闻县迈陈镇龙潭村委会新村仔村
44082510220300043	榄仁树	三级	110	14.0	251	10.0	徐闻县迈陈镇龙潭村委会新村仔村
44082510220300044	榕树	三级	120	8.0	377	10.5	徐闻县迈陈镇龙潭村委会新村仔村
44082510220300045	鹊肾树	三级	100	8.0	173	6.5	徐闻县迈陈镇龙潭村委会新村仔村
44082510220300046	酸豆	三级	100	12.0	195	8.5	徐闻县迈陈镇龙潭村委会峤头村田边
44082510220300047	酸豆	三级	170	18.0	345	10.5	徐闻县迈陈镇龙潭村委会峤头村
44082510220300048	酸豆	三级	150	25.0	130	15.0	徐闻县迈陈镇龙潭村委会峤头村
44082510220300049	酸豆	三级	100	22.0	141	8.0	徐闻县迈陈镇龙潭村委会峤头村

(续)

古树编号	树种	古树等级	树龄（年）	树高（米）	胸围（厘米）	冠幅（米）	位置
44082510220300050	酸豆	三级	200	23.0	323	9.0	徐闻县迈陈镇龙潭村委会峰头村
44082510220300051	酸豆	三级	200	23.0	345	9.0	徐闻县迈陈镇龙潭村委会峰头村
44082510220300052	榕树	三级	120	10.0	320	10.5	徐闻县迈陈镇龙潭村委会峰头村宫左边
44082510220300053	榄仁树	三级	100	12.0	157	11.0	徐闻县迈陈镇龙潭村委会峰头村
44082510220300055	乌墨	三级	120	14.0	251	13.0	徐闻县迈陈镇龙潭村委会东坡村
44082510220300056	榕树	三级	200	14.0	440	13.0	徐闻县迈陈镇龙潭村委会东坡村
44082510220300058	榕树	三级	130	21.0	377	14.0	徐闻县迈陈镇龙潭村委会东坡村
44082510220300059	榕树	三级	250	18.0	691	22.5	徐闻县迈陈镇龙潭村委会那宋村
44082510220300060	榕树	三级	150	20.0	345	13.0	徐闻县迈陈镇龙潭村委会那宋村
44082510220300061	榕树	三级	110	7.0	320	7.5	徐闻县迈陈镇龙潭村委会那宋村
44082510220300062	榕树	三级	150	13.0	283	9.0	徐闻县迈陈镇龙潭村委会那宋村水泥路旁
44082510220300063	榕树	三级	120	11.0	317	9.0	徐闻县迈陈镇龙潭村委会那宋村
44082510220300064	榕树	三级	160	10.0	320	11.0	徐闻县迈陈镇龙潭村委会那宋村
44082510220300065	榕树	三级	230	16.0	320	12.5	徐闻县迈陈镇龙潭村委会那宋村
44082510220300066	榕树	三级	100	12.0	283	8.0	徐闻县迈陈镇龙潭村委会那宋村
44082510220300067	榕树	三级	100	18.0	251	10.0	徐闻县迈陈镇龙潭村委会那宋村
44082510220300068	凤凰木	三级	100	13.0	283	13.5	徐闻县迈陈镇龙潭村委会那宋村
44082510220300069	榕树	三级	110	8.0	320	9.5	徐闻县迈陈镇龙潭村委会那宋村
44082510220300070	海红豆	三级	160	12.0	283	13.0	徐闻县迈陈镇龙潭村委会那宋村口水泥路旁
44082510220300071	榕树	三级	110	14.0	323	13.0	徐闻县迈陈镇龙潭村委会那宋村
44082510220300072	榕树	三级	120	8.0	317	9.5	徐闻县迈陈镇龙潭村委会那宋村
44082510220300073	榕树	三级	200	8.0	729	11.0	徐闻县迈陈镇龙潭村委会那宋村
44082510220300074	榕树	三级	110	8.0	251	9.0	徐闻县迈陈镇龙潭村委会那宋村
44082510220300075	榕树	三级	150	9.0	421	23.5	徐闻县迈陈镇龙潭村委会那宋村
44082510220300076	榕树	三级	100	18.0	283	10.5	徐闻县迈陈镇龙潭村委会那宋村
44082510220300077	榕树	三级	120	9.0	327	13.0	徐闻县迈陈镇龙潭村委会那宋村
44082510220300100	高山榕	三级	100	25.0	471	13.0	徐闻县迈陈镇龙潭村委会坭田村
44082510220600236	龙眼	三级	200	6.0	345	8.0	徐闻县迈陈镇打银村委会打银村
44082510220600237	榕树	三级	250	18.0	534	13.0	徐闻县迈陈镇打银村委会打银村
44082510220600238	榕树	三级	250	18.0	53	14.5	徐闻县迈陈镇打银村委会打银村梁光招院内
44082510220600239	榕树	三级	250	18.0	396	13.0	徐闻县迈陈镇打银村委会打银村
44082510220600240	鹊肾树	三级	280	9.0	154	7.5	徐闻县迈陈镇打银村委会打银村
44082510220600242	榕树	三级	120	13.0	565	14.5	徐闻县迈陈镇打银村委会打银村
44082510220600243	榕树	三级	180	10.0	361	10.0	徐闻县迈陈镇打银村委会打银村
44082510220600245	榕树	三级	270	15.0	581	14.5	徐闻县迈陈镇打银村委会打银村
44082510220600246	榕树	三级	200	12.0	480	12.5	徐闻县迈陈镇打银村委会打银村
44082510220600247	榕树	三级	200	12.0	386	10.0	徐闻县迈陈镇打银村委会打银村
44082510220600248	榕树	三级	200	12.0	480	14.0	徐闻县迈陈镇打银村委会打银村
44082510220600249	龙眼	三级	120	12.0	371	8.0	徐闻县迈陈镇打银村委会打银村
44082510220600250	榕树	三级	170	8.0	465	7.0	徐闻县迈陈镇打银村委会北英村
44082510220600253	榕树	三级	200	8.0	418	7.0	徐闻县迈陈镇打银村委会龙马村
44082510220600255	榕树	三级	150	12.0	386	10.0	徐闻县迈陈镇打银村委会龙马村
44082510220600256	榕树	三级	200	15.0	584	14.0	徐闻县迈陈镇打银村委会堤塘村
44082510220600257	榕树	三级	180	15.0	496	15.0	徐闻县迈陈镇打银村委会堤塘村
44082510220600258	鹊肾树	三级	200	13.0	251	7.0	徐闻县迈陈镇打银村委会堤塘村
44082510220600259	鹊肾树	三级	200	13.0	207	6.0	徐闻县迈陈镇打银村委会堤塘
44082510220600260	鹊肾树	三级	200	12.0	204	5.0	徐闻县迈陈镇打银村委会堤塘村
44082510220600261	酸豆	三级	250	13.0	584	8.0	徐闻县迈陈镇打银村委会堤塘村

(续)

古树编号	树种	古树等级	树龄（年）	树高（米）	胸围（厘米）	冠幅（米）	位置
44082510220600262	鹊肾树	三级	120	13.0	308	6.0	徐闻县迈陈镇打银村委会堤塘村
44082510220600263	榕树	三级	120	12.0	496	12.5	徐闻县迈陈镇打银村委会本宫村
44082510220600266	榕树	三级	120	12.0	396	10.5	徐闻县迈陈镇打银村委会本宫村
44082510220600267	榕树	三级	150	10.0	276	15.0	徐闻县迈陈镇打银村委会本宫村
44082510220600268	酸豆	三级	170	16.0	364	8.0	徐闻县迈陈镇打银村委会昌奉村
44082510220600269	榕树	三级	120	10.0	276	8.0	徐闻县迈陈镇打银村委会昌俸村
44082510220600270	榕树	三级	150	15.0	393	11.5	徐闻县迈陈镇打银村委会昌俸村旁
44082510220600271	榕树	三级	150	12.0	396	11.5	徐闻县迈陈镇打银村委会昌俸村
44082510220800272	鹊肾树	三级	150	10.0	176	5.0	徐闻县迈陈镇坑头村委会谈才村
44082510220800273	榕树	三级	140	12.0	270	9.5	徐闻县迈陈镇坑头村委会谈才村
44082510220800274	榕树	三级	180	13.0	371	12.5	徐闻县迈陈镇坑头村委会谈才村
44082510220800275	鹊肾树	三级	250	10.0	207	7.0	徐闻县迈陈镇坑头村委会谈才村内
44082510220800276	鹊肾树	三级	150	10.0	176	6.0	徐闻县迈陈镇坑头村委会谈才村
44082510220800277	鹊肾树	三级	200	11.0	245	7.0	徐闻县迈陈镇坑头村委会谈才村
44082510220800278	鹊肾树	三级	150	10.0	198	7.0	徐闻县迈陈镇坑头村委会谈才村
44082510220800279	鹊肾树	三级	100	8.0	176	5.0	徐闻县迈陈镇坑头村委会谈才村
44082510220800280	凤凰木	三级	100	14.0	333	10.5	徐闻县迈陈镇坑头村委会谈才村庙前
44082510220800281	榕树	三级	200	8.0	386	6.0	徐闻县迈陈镇坑头村委会谈才村
44082510220800282	榕树	三级	100	11.0	308	12.0	徐闻县迈陈镇坑头村委会谈才村
44082510220800283	榕树	三级	200	11.0	283	10.0	徐闻县迈陈镇坑头村委会谈才村
44082510220800284	鹊肾树	三级	100	10.0	173	7.0	徐闻县迈陈镇坑头村委会谈才村
44082510220800285	榕树	三级	110	11.0	364	8.5	徐闻县迈陈镇坑头村委会谈才村
44082510220800286	鹊肾树	三级	150	9.0	270	6.0	徐闻县迈陈镇坑头村委会谈才村
44082510220800287	鹊肾树	三级	180	7.0	176	5.0	徐闻县迈陈镇坑头村委会谈才村
44082510220800288	鹊肾树	三级	180	12.0	355	8.0	徐闻县迈陈镇坑头村委会谈才村
44082510220800289	酸豆	三级	150	15.0	276	12.0	徐闻县迈陈镇坑头村委会谈才村
44082510220800290	鹊肾树	三级	120	8.0	245	5.0	徐闻县迈陈镇坑头村委会谈才村
44082510220800291	榕树	三级	150	15.0	418	12.0	徐闻县迈陈镇坑头村委会谈才村
44082510220800292	榕树	三级	160	15.0	396	11.5	徐闻县迈陈镇坑头村委会谈才村西南
44082510220800293	鹊肾树	三级	150	12.0	135	7.0	徐闻县迈陈镇坑头村委会谈才村西
44082510220800294	鹊肾树	三级	150	12.0	214	10.0	徐闻县迈陈镇坑头村委会谈才村
44082510220800295	鹊肾树	三级	150	12.0	151	10.0	徐闻县迈陈镇坑头村委会谈才村
44082510220800296	土坛树	三级	280	13.0	276	11.5	徐闻县迈陈镇坑头村委会谈才村
44082510220800297	鹊肾树	三级	150	12.0	214	8.0	徐闻县迈陈镇坑头村委会谈才村
44082510220800298	鹊肾树	三级	150	8.0	151	6.0	徐闻县迈陈镇坑头村委会谈才村
44082510220800299	鹊肾树	三级	150	10.0	151	8.0	徐闻县迈陈镇坑头村委会谈才村
44082510220800300	鹊肾树	三级	150	10.0	207	7.5	徐闻县迈陈镇坑头村委会谈才村
44082510220800301	榕树	三级	150	15.0	386	14.5	徐闻县迈陈镇坑头村委会谈才村
44082510220800302	榕树	三级	200	16.0	427	14.5	徐闻县迈陈镇坑头村委会谈才村
44082510220800303	榕树	三级	150	13.0	402	15.5	徐闻县迈陈镇坑头村委会谈才仔村
44082510220800304	榕树	三级	200	15.0	258	15.0	徐闻县迈陈镇坑头村委会谈才仔村
44082510220800305	榕树	三级	150	13.0	245	12.0	徐闻县迈陈镇坑头村委会谈才仔村
44082510220800306	榕树	三级	170	12.0	276	14.5	徐闻县迈陈镇坑头村委会谈才仔村
44082510220800307	榕树	三级	170	13.0	214	11.5	徐闻县迈陈镇坑头村委会谈才仔村
44082510220800308	榕树	三级	220	15.0	433	14.5	徐闻县迈陈镇坑头村委会拥妥村
44082510220800309	榕树	三级	200	15.0	301	13.0	徐闻县迈陈镇坑头村委会拥妥村
44082510220800310	榕树	三级	200	15.0	386	15.5	徐闻县迈陈镇坑头村委会拥妥村
44082510220800311	榕树	三级	200	15.0	396	12.5	徐闻县迈陈镇坑头村委会拥妥村

(续)

古树编号	树种	古树等级	树龄（年）	树高（米）	胸围（厘米）	冠幅（米）	位置
44082510220800312	乌墨	三级	100	12.0	245	10.0	徐闻县迈陈镇坑头村委会拥妥村水泥村旁
44082510220800313	木棉	三级	130	12.0	352	12.5	徐闻县迈陈镇坑头村委会拥妥村
44082510220800314	榕树	三级	200	13.0	415	14.0	徐闻县迈陈镇坑头村委会拥妥村
44082510220800315	榕树	三级	200	10.0	352	8.5	徐闻县迈陈镇坑头村委会拥妥村
44082510220800316	榕树	三级	220	15.0	669	14.5	徐闻县迈陈镇坑头村委会拥妥村
44082510220800317	榕树	三级	180	11.0	273	8.5	徐闻县迈陈镇坑头村委会拥妥村
44082510220800318	榕树	三级	170	13.0	433	12.5	徐闻县迈陈镇坑头村委会拥妥村
44082510220800319	榕树	三级	220	16.0	732	15.5	徐闻县迈陈镇坑头村委会拥妥村
44082510220800320	榕树	三级	210	14.0	581	14.0	徐闻县迈陈镇坑头村委会拥妥村
44082510220800321	榕树	三级	100	13.0	276	11.5	徐闻县迈陈镇坑头村委会坑头村委会
44082510220800322	榕树	三级	100	12.0	258	10.5	徐闻县迈陈镇坑头村委会坑头村委会
44082510220800323	榕树	三级	120	12.0	364	11.5	徐闻县迈陈镇坑头村委会北福村
44082510220800324	鹊肾树	三级	120	10.0	151	5.5	徐闻县迈陈镇坑头村委会北福村
44082510220800325	鹊肾树	三级	130	10.0	176	6.5	徐闻县迈陈镇坑头村委会北福村
44082510220800326	鹊肾树	三级	200	10.0	261	7.0	徐闻县迈陈镇坑头村委会北福村
44082510220800327	鹊肾树	三级	130	10.0	182	7.0	徐闻县迈陈镇坑头村委会北福村
44082510220800328	鹊肾树	三级	150	10.0	166	7.5	徐闻县迈陈镇坑头村委会北福村
44082510220800329	鹊肾树	三级	120	9.0	151	5.5	徐闻县迈陈镇坑头村委会北福村
44082510220800330	鹊肾树	三级	150	10.0	182	7.0	徐闻县迈陈镇坑头村委会北福村
44082510220800331	鹊肾树	三级	130	8.0	132	6.5	徐闻县迈陈镇坑头村委会北福村
44082510220800332	鹊肾树	三级	150	8.0	151	7.0	徐闻县迈陈镇坑头村委会北福村
44082510220800333	鹊肾树	三级	140	9.0	132	7.5	徐闻县迈陈镇坑头村委会北福村
44082510220800334	鹊肾树	三级	120	7.0	101	6.0	徐闻县迈陈镇坑头村委会北福村
44082510220800335	鹊肾树	三级	100	7.0	135	7.0	徐闻县迈陈镇坑头村委会北福村水泥路旁
44082510220800336	鹊肾树	三级	100	7.0	119	7.0	徐闻县迈陈镇坑头村委会北福村
44082510220800337	鹊肾树	三级	150	8.0	163	7.0	徐闻县迈陈镇坑头村委会北福村
44082510220800339	鹊肾树	三级	120	8.0	166	8.0	徐闻县迈陈镇坑头村委会北福村
44082510220800340	榕树	三级	120	15.0	386	14.0	徐闻县迈陈镇坑头村委会东场村
44082510220800341	榕树	三级	120	15.0	323	12.5	徐闻县迈陈镇坑头村委会东场村
44082510220800342	榄仁树	三级	100	15.0	333	14.5	徐闻县迈陈镇坑头村委会东场村
44082510220800343	榄仁树	三级	100	15.0	292	14.5	徐闻县迈陈镇坑头村委会东场村
44082510220800344	榕树	三级	100	13.0	308	12.5	徐闻县迈陈镇坑头村委会九皮村
44082510220800345	榕树	三级	100	13.0	270	12.5	徐闻县迈陈镇坑头村委会九皮村
44082510220800346	榕树	三级	200	13.0	386	13.0	徐闻县迈陈镇坑头村委会九皮村
44082510220800347	榕树	三级	100	12.0	239	10.5	徐闻县迈陈镇坑头村委会九皮村
44082510220800348	鹊肾树	三级	120	7.0	166	5.5	徐闻县迈陈镇坑头村委会北湖村
44082510220800349	榕树	三级	200	11.0	308	11.5	徐闻县迈陈镇坑头村委会北湖村
44082510220800350	酸豆	三级	150	17.0	345	8.0	徐闻县迈陈镇坑头村委会北湖村
44082510220800352	榕树	三级	130	10.0	355	10.0	徐闻县迈陈镇坑头村委会迈案村
44082510220800353	榕树	三级	100	11.0	261	8.5	徐闻县迈陈镇坑头村委会迈案村
44082510220800354	榕树	三级	120	10.0	267	9.5	徐闻县迈陈镇坑头村委会迈案村
44082510220800355	酸豆	三级	100	13.0	276	10.0	徐闻县迈陈镇坑头村委会迈案村
44082510220800356	榕树	三级	200	11.0	364	10.0	徐闻县迈陈镇坑头村委会迈案村
44082510220800357	榕树	三级	200	10.0	245	9.0	徐闻县迈陈镇坑头村委会迈案村
44082510220800358	鹊肾树	三级	200	10.0	229	8.0	徐闻县迈陈镇坑头村委会迈案村
44082510220800359	榕树	三级	100	10.0	245	10.0	徐闻县迈陈镇坑头村委会迈案村
44082510220800361	榕树	三级	150	14.0	396	8.5	徐闻县迈陈镇坑头村委会迈案村
44082510220800362	酸豆	三级	120	15.0	339	9.0	徐闻县迈陈镇坑头村委会迈案村

古树编号	树种	古树等级	树龄（年）	树高（米）	胸围（厘米）	冠幅（米）	位置
44082510220800363	榕树	三级	200	11.0	386	10.0	徐闻县迈陈镇坑头村委会迈案村
44082510220800364	榕树	三级	150	12.0	418	13.0	徐闻县迈陈镇坑头村委会刘宅村
44082510220800365	榕树	三级	180	14.0	371	11.0	徐闻县迈陈镇坑头村委会刘宅村
44082510220800366	榕树	三级	200	13.0	352	11.5	徐闻县迈陈镇坑头村委会刘宅村
44082510220800367	榕树	三级	200	15.0	371	12.5	徐闻县迈陈镇坑头村委会刘宅村
44082510220800368	高山榕	三级	150	15.0	477	15.0	徐闻县迈陈镇坑头村委会坑头村
44082510220800369	朴树	三级	100	12.0	267	8.0	徐闻县迈陈镇坑头村委会坑头村旁
44082510220800370	酸豆	三级	100	15.0	276	11.5	徐闻县迈陈镇坑头村委会坑头村
44082510220800371	高山榕	三级	100	13.0	352	10.5	徐闻县迈陈镇坑头村委会迈墩村
44082510220800372	榕树	三级	100	13.0	289	12.5	徐闻县迈陈镇坑头村委会迈墩村
44082510220800373	榕树	三级	100	13.0	386	11.5	徐闻县迈陈镇坑头村委会迈墩村
44082510220900156	榕树	三级	180	9.0	345	18.0	徐闻县迈陈镇青桐村委会迈增村
44082510220900157	榕树	三级	200	7.0	377	7.5	徐闻县迈陈镇青桐村委会迈增村
44082510220900158	榕树	三级	200	10.0	440	7.5	徐闻县迈陈镇青桐村委会迈增村
44082510220900159	鹊肾树	三级	150	7.0	173	6.5	徐闻县迈陈镇青桐村委会迈增村
44082510220900160	鹊肾树	三级	100	8.0	157	7.0	徐闻县迈陈镇青桐村委会迈增村
44082510220900161	鹊肾树	三级	100	6.0	220	6.5	徐闻县迈陈镇青桐村委会迈增村
44082510220900162	鹊肾树	三级	100	6.0	204	5.5	徐闻县迈陈镇青桐村委会迈增村
44082510220900163	鹊肾树	三级	100	7.0	173	4.5	徐闻县迈陈镇青桐村委会迈增村
44082510220900164	鹊肾树	三级	100	5.0	126	3.5	徐闻县迈陈镇青桐村委会迈增村边
44082510220900165	鹊肾树	三级	100	4.0	157	4.0	徐闻县迈陈镇青桐村委会迈增村
44082510220900166	榕树	三级	100	10.0	298	6.5	徐闻县迈陈镇青桐村委会迈增村
44082510220900167	鹊肾树	三级	110	6.0	157	6.5	徐闻县迈陈镇青桐村委会迈增村
44082510220900168	鹊肾树	三级	140	7.0	188	6.5	徐闻县迈陈镇青桐村委会迈增村
44082510220900169	鹊肾树	三级	110	6.0	157	4.0	徐闻县迈陈镇青桐村委会迈增村
44082510220900170	鹊肾树	三级	130	6.0	173	5.0	徐闻县迈陈镇青桐村委会迈增村
44082510220900171	高山榕	三级	130	20.0	424	21.0	徐闻县迈陈镇青桐村委会生山水村
44082510220900172	高山榕	三级	100	15.0	408	17.0	徐闻县迈陈镇青桐村委会生山水村
44082510220900173	榕树	三级	120	8.0	314	7.5	徐闻县迈陈镇青桐村委会生山水村
44082510220900174	榕树	三级	200	10.0	408	8.5	徐闻县迈陈镇青桐村委会生山水村
44082510220900175	榕树	三级	130	8.0	440	11.5	徐闻县迈陈镇青桐村委会生山水村
44082510220900176	朴树	三级	150	9.0	236	8.5	徐闻县迈陈镇青桐村委会南迈村
44082510220900177	榕树	三级	200	9.0	424	7.5	徐闻县迈陈镇青桐村委会南迈村
44082510220900178	榕树	三级	200	9.0	314	6.5	徐闻县迈陈镇青桐村委会南迈村
44082510220900179	朴树	三级	100	7.0	157	8.0	徐闻县迈陈镇青桐村委会南迈村旁
44082510220900184	榕树	三级	200	10.0	345	21.0	徐闻县迈陈镇青桐村委会中村
44082510220900185	鹊肾树	三级	150	8.0	188	6.5	徐闻县迈陈镇青桐村委会中村
44082510220900186	木棉	三级	100	22.0	236	7.5	徐闻县迈陈镇青桐村委会中村
44082510220900187	木棉	三级	100	20.0	236	8.5	徐闻县迈陈镇青桐村委会中村
44082510220900188	榕树	三级	140	9.0	377	14.5	徐闻县迈陈镇青桐村委会中村
44082510220900189	海红豆	三级	240	7.0	314	6.5	徐闻县迈陈镇青桐村委会中村
44082510220900190	榕树	三级	140	16.0	440	21.5	徐闻县迈陈镇青桐村委会中村
44082510220900191	刺篱木	三级	120	8.0	173	9.5	徐闻县迈陈镇青桐村委会中村占妃建院内
44082510220900193	木棉	三级	250	23.0	345	9.0	徐闻县迈陈镇青桐村委会西村
44082510220900194	高山榕	三级	130	10.0	471	18.0	徐闻县迈陈镇青桐村委会北村
44082510220900195	鹊肾树	三级	100	8.0	126	6.5	徐闻县迈陈镇青桐村委会中村
44082510220900196	榕树	三级	200	20.0	659	23.5	徐闻县迈陈镇青桐村委会下村
44082510220900197	榕树	三级	200	8.0	408	17.0	徐闻县迈陈镇青桐村委会下村

(续)

古树编号	树种	古树等级	树龄（年）	树高（米）	胸围（厘米）	冠幅（米）	位置
44082510220900198	鹊肾树	三级	100	8.0	204	5.5	徐闻县迈陈镇青桐村委会下村
44082510220900199	鹊肾树	三级	110	8.0	157	5.5	徐闻县迈陈镇青桐村委会下村
44082510220900200	龙眼	三级	120	8.0	220	10.5	徐闻县迈陈镇青桐村委会下村
44082510220900201	鹊肾树	三级	100	7.0	126	6.5	徐闻县迈陈镇青桐村委会下村土地公旁
44082510220900202	鹊肾树	三级	110	7.0	141	5.5	徐闻县迈陈镇青桐村委会下村
44082510220900203	鹊肾树	三级	100	7.0	157	7.5	徐闻县迈陈镇青桐村委会下村
44082510220900204	榕树	三级	150	8.0	345	9.0	徐闻县迈陈镇青桐村委会上村
44082510220900205	高山榕	三级	120	9.0	377	19.5	徐闻县迈陈镇青桐村委会上村
44082510220900206	鹊肾树	三级	150	9.0	204	7.5	徐闻县迈陈镇青桐村委会九亩村
44082510220900207	鹊肾树	三级	150	8.0	157	6.5	徐闻县迈陈镇青桐村委会九亩村
44082510220900208	土坛树	三级	100	8.0	126	7.5	徐闻县迈陈镇青桐村委会九亩村旁
44082510220900209	土坛树	三级	130	8.0	126	7.5	徐闻县迈陈镇青桐村委会九亩村
44082510220900210	乌墨	三级	150	20.0	314	10.5	徐闻县迈陈镇青桐村委会上村水泥路边
44082510220900403	鹊肾树	三级	120	8.5	170	9.5	徐闻县迈陈镇青桐村委会北村
44082510220900404	鹊肾树	三级	120	7.0	170	9.0	徐闻县迈陈镇青桐村委会北村
44082510221000223	榕树	三级	120	14.0	415	13.5	徐闻县迈陈镇白坡村委会把伍村
44082510221000224	鹊肾树	三级	110	11.0	182	6.0	徐闻县迈陈镇白坡村委会把伍村
44082510221000225	鹊肾树	三级	180	10.0	239	6.5	徐闻县迈陈镇白坡村委会把伍村
44082510221000226	朴树	三级	130	18.0	330	20.0	徐闻县迈陈镇白坡村委会把伍村
44082510221000227	榕树	三级	160	13.0	490	18.0	徐闻县迈陈镇白坡村委会把伍村
44082510221000228	榕树	三级	120	11.0	336	15.5	徐闻县迈陈镇白坡村委会把伍村
44082510221000230	海红豆	三级	100	15.0	223	11.0	徐闻县迈陈镇白坡村委会把伍村边
44082510221000231	海红豆	三级	110	13.0	323	10.5	徐闻县迈陈镇白坡村委会把伍村
44082510221000232	榕树	三级	140	14.0	383	15.5	徐闻县迈陈镇白坡村委会把伍村
44082510221100374	榕树	三级	110	13.0	276	9.5	徐闻县迈陈镇官田村委会华丰村
44082510221100375	榕树	三级	150	8.0	239	8.0	徐闻县迈陈镇官田村委会华丰村
44082510221100376	榕树	三级	130	15.0	352	12.5	徐闻县迈陈镇官田村委会华丰村
44082510221100377	高山榕	三级	100	6.0	239	6.5	徐闻县迈陈镇官田村委会土旺村
44082510221100378	斜叶榕	三级	120	6.0	289	5.5	徐闻县迈陈镇官田村委会土旺村
44082510221100379	高山榕	三级	150	13.0	367	10.5	徐闻县迈陈镇官田村委会土旺村
44082510221100380	酸豆	三级	150	13.0	355	9.5	徐闻县迈陈镇官田村委会边坞村
44082510221100381	酸豆	三级	150	15.0	355	10.5	徐闻县迈陈镇官田村委会边坞村
44082510221100382	高山榕	三级	130	14.0	543	14.5	徐闻县迈陈镇官田村委会边坞村
44082510221100383	高山榕	三级	130	12.0	355	12.5	徐闻县迈陈镇官田村委会边坞村
44082510221100384	高山榕	三级	130	8.0	273	8.0	徐闻县迈陈镇官田村委会边坞村
44082510221100385	榕树	三级	200	12.0	214	15.0	徐闻县迈陈镇官田村委会金宅村
44082510221100386	榕树	三级	200	10.0	239	6.5	徐闻县迈陈镇官田村委会金宅村
44082510221100387	榕树	三级	180	13.0	292	12.5	徐闻县迈陈镇官田村委会金宅村内
44082510221100388	榕树	三级	150	14.0	352	12.5	徐闻县迈陈镇官田村委会金宅村
44082510221100389	榕树	三级	200	14.0	289	11.5	徐闻县迈陈镇官田村委会金宅村
44082510221100390	榕树	三级	170	10.0	355	7.5	徐闻县迈陈镇官田村委会金宅村
44082510221100391	榕树	三级	160	12.0	273	11.0	徐闻县迈陈镇官田村委会金宅村
44082510221100392	榕树	三级	100	12.0	245	9.5	徐闻县迈陈镇官田村委会金宅村
44082510221100393	高山榕	三级	100	10.0	270	9.5	徐闻县迈陈镇官田村委会金宅村
44082510221100394	榕树	三级	200	13.0	386	14.5	徐闻县迈陈镇官田村委会金宅村
44082510221100395	榕树	三级	130	10.0	323	11.5	徐闻县迈陈镇官田村委会对楼内村
44082510221100396	榕树	三级	130	12.0	261	10.5	徐闻县迈陈镇官田村委会对楼内村
44082510221100397	榕树	三级	150	11.0	352	9.5	徐闻县迈陈镇官田村委会东港村

第三章 湛江市古树名木目录

(续)

古树编号	树种	古树等级	树龄（年）	树高（米）	胸围（厘米）	冠幅（米）	位置
44082510221100398	榕树	三级	130	13.0	301	11.5	徐闻县迈陈镇官田村委会东港村
44082510221100399	榕树	三级	200	10.0	258	9.5	徐闻县迈陈镇官田村委会东港村
44082510221100400	榕树	三级	200	8.0	229	7.5	徐闻县迈陈镇官田村委会东港村
44082510221100401	榕树	三级	200	12.0	386	12.5	徐闻县迈陈镇官田村委会东港村
44082510221100402	榕树	三级	200	14.0	195	13.5	徐闻县迈陈镇官田村委会东港村
44082510300200015	酸豆	三级	100	19.0	320	16.5	徐闻县海安镇白沙社区居委会白沙村村内
44082510300200016	酸豆	三级	100	18.0	336	16.0	徐闻县海安镇白沙社区居委会白沙村村内
44082510300200017	榄仁树	三级	100	13.0	333	15.0	徐闻县海安白沙社区居委会白沙村村内
44082510320100012	高山榕	三级	100	17.0	399	17.5	徐闻县海安镇坑仔村委会乌港村村内
44082510320100013	榕树	三级	110	9.0	380	18.0	徐闻县海安镇坑仔村委会坑仔村村内
44082510320100014	榕树	三级	110	19.0	572	19.5	徐闻县海安镇坑仔村委会坑仔村村内
44082510320200018	榕树	三级	100	9.0	499	16.0	徐闻县海安镇加洋村委会上坞村村内
44082510320200019	榕树	三级	100	20.0	999	30.0	徐闻县海安镇加洋村委会上坞村村内
44082510320200020	榕树	三级	100	7.0	349	14.0	徐闻县海安镇加洋村委会上坞村村内
44082510320200021	榕树	三级	110	10.0	320	21.0	徐闻县海安镇加洋村委会北水村村内
44082510320200022	酸豆	三级	100	18.0	380	17.0	徐闻县海安镇加洋村委会良田仔村村内
44082510320300028	酸豆	三级	110	13.0	380	14.0	徐闻县海安镇文部村委会塘西村村内
44082510320400023	榕树	三级	100	20.0	801	17.0	徐闻县海安镇麻城村委会麻城村村内
44082510320400024	榕树	三级	100	20.0	572	23.0	徐闻县海安镇麻城村委会新华村村东北
44082510320400025	榕树	三级	100	12.0	330	17.0	徐闻县海安镇麻城村委会江丰村村内
44082510320400026	榕树	三级	100	10.0	251	13.5	徐闻县海安镇麻城村委会江丰村村内
44082510320400027	榕树	三级	100	10.0	421	15.0	徐闻县海安镇麻城村委会东山村村内
44082510320500001	榕树	三级	110	18.0	499	22.0	徐闻县海安镇广安村委会城内村村内
44082510320500002	榕树	三级	100	20.0	521	25.0	徐闻县海安镇广安村委会城内村村内
44082510320500003	榕树	三级	100	12.0	361	13.0	徐闻县海安镇广安村委会城内村村内
44082510320500004	榕树	三级	110	16.0	540	21.0	徐闻县海安镇广安村委会城内村村内
44082510320500005	榕树	三级	110	19.0	339	17.5	徐闻县海安镇广安村委会北关村庞康武院内南边
44082510320500006	榕树	三级	110	19.0	521	17.5	徐闻县海安镇广安村委会北关村庞康武院内中边
44082510320500007	榕树	三级	100	19.0	499	20.0	徐闻县海安镇广安村委会北关村庞康武院内北边
44082510320500008	榕树	三级	120	20.0	999	34.0	徐闻县海安镇广安村委会广安村关圣庙旁
44082510320500009	榕树	三级	100	14.0	349	13.5	徐闻县海安镇广安村委会后朗村村内
44082510320500010	榕树	三级	100	15.0	301	14.5	徐闻县海安镇广安村委会后朗村旧小学旁
44082510320500011	榕树	三级	100	15.0	307	14.5	徐闻县海安镇广安村委会后朗村旧小学旁
44082510400100172	樟	三级	130	18.0	462	13.0	徐闻县曲界曲界社区居委会镇政府院子内
44082510400100173	荔枝	三级	140	16.0	185	7.5	徐闻县曲界曲界社区居委会镇政府院子内
44082510400100174	樟	三级	110	18.0	285	13.0	徐闻县曲界曲界社区居委会镇政府院子内
44082510420100130	榕树	三级	110	10.0	330	14.0	徐闻县曲界镇三河村委会三河村
44082510420100131	榕树	三级	110	10.0	280	14.0	徐闻县曲界镇三河村委会三河村
44082510420100132	榕树	三级	100	8.0	340	18.0	徐闻县曲界镇三河村委会三河村
44082510420100133	秋枫	三级	180	20.0	450	22.0	徐闻县曲界镇三河村委会三河村
44082510420100134	榕树	三级	110	10.0	360	32.0	徐闻县曲界镇三河村委会三河村
44082510420100135	榕树	三级	110	6.0	280	14.0	徐闻县曲界镇三河村委会三河村
44082510420100136	樟	三级	110	10.0	230	18.0	徐闻县曲界镇三河村委会三河村
44082510420100137	黄桐	三级	120	12.0	220	22.0	徐闻县曲界镇三河村委会三河村
44082510420100138	黄桐	三级	110	12.0	286	22.0	徐闻县曲界镇三河村委会三河村
44082510420300020	榕树	三级	250	15.0	420	9.0	徐闻县曲界镇高西村委会西坡村
44082510420300021	榕树	三级	240	15.0	430	10.0	徐闻县曲界镇高西村委会西坡村
44082510420300022	榕树	三级	240	16.0	450	12.5	徐闻县曲界镇高西村委会西坡村

(续)

古树编号	树种	古树等级	树龄（年）	树高（米）	胸围（厘米）	冠幅（米）	位置
44082510420300023	樟	三级	120	17.0	180	6.0	徐闻县曲界镇高西村委会西坡村
44082510420300024	樟	三级	120	16.0	180	9.0	徐闻县曲界镇高西村委会马家村
44082510420300025	樟	三级	140	18.0	160	11.0	徐闻县曲界镇高西村委会马家村
44082510420300026	樟	三级	150	17.0	210	10.0	徐闻县曲界镇高西村委会马家村
44082510420300027	樟	三级	180	18.0	250	13.0	徐闻县曲界镇高西村委会马家村
44082510420300028	黄桐	三级	150	22.0	280	13.0	徐闻县曲界镇高西村委会马家村
44082510420300029	樟	三级	120	15.0	180	11.0	徐闻县曲界镇高西村委会马家村
44082510420300030	山杜英	三级	100	8.0	210	5.0	徐闻县曲界镇高西村委会马家村
44082510420300031	山牡荆	三级	120	12.0	150	6.0	徐闻县曲界镇高西村委会马家村
44082510420300032	秋枫	三级	150	15.0	230	13.0	徐闻县曲界镇高西村委会马家村
44082510420300033	榕树	三级	130	12.0	280	12.5	徐闻县曲界镇高西村委会马家村
44082510420300034	樟	三级	130	16.0	230	11.0	徐闻县曲界镇高西村委会马家村
44082510420300035	铁冬青	三级	120	15.0	180	9.0	徐闻县曲界镇高西村委会马家村
44082510420300036	铁冬青	三级	130	16.0	190	7.0	徐闻县曲界镇高西村委会马家村
44082510420300037	榕树	三级	100	20.0	420	13.0	徐闻县曲界镇高西村委会马家村
44082510420300038	榕树	三级	100	14.0	300	10.0	徐闻县曲界镇高西村委会马家村
44082510420300039	榕树	三级	130	15.0	280	9.0	徐闻县曲界镇高西村委会马家村
44082510420400001	朴树	三级	110	14.2	173	11.0	徐闻县曲界镇田洋村委会田洋村庙前
44082510420400002	朴树	三级	110	6.0	173	7.0	徐闻县曲界镇田洋村委会田洋村金盘
44082510420400003	榕树	三级	110	7.5	198	8.0	徐闻县曲界镇田洋村委会后坡庙前
44082510420400004	榕树	三级	110	10.0	240	15.5	徐闻县曲界镇田洋村委会后坡庙前
44082510420400005	榕树	三级	110	11.0	210	10.5	徐闻县曲界镇田洋村委会后坡庙前
44082510420400006	榕树	三级	100	8.0	100	6.5	徐闻县曲界镇田洋村委会田村村后坡
44082510420400007	榕树	三级	110	9.0	345	7.0	徐闻县曲界镇田洋村委会田洋村后坡
44082510420400008	榕树	三级	110	10.0	377	11.0	徐闻县曲界镇田洋村委会田洋村后坡
44082510420500075	樟	三级	110	18.0	220	18.0	徐闻县曲界镇龙门村委会龙门村
44082510420500076	樟	三级	120	17.0	240	14.0	徐闻县曲界镇龙门村委会龙门村
44082510420500077	樟	三级	110	18.0	210	18.0	徐闻县曲界镇龙门村委会龙门村内
44082510420500078	樟	三级	120	18.0	240	18.0	徐闻县曲界镇龙门村委会龙门村内
44082510420500079	樟	三级	120	20.0	230	22.0	徐闻县曲界镇龙门村委会龙门村内
44082510420500080	樟	三级	120	10.0	240	21.0	徐闻县曲界镇龙门村委会龙门村内
44082510420500081	樟	三级	110	10.0	230	18.0	徐闻县曲界镇龙门村委会龙门村内
44082510420500082	樟	三级	110	20.0	210	18.0	徐闻县曲界镇龙门村委会龙门村
44082510420500083	樟	三级	110	18.0	230	14.0	徐闻县曲界镇龙门村委会龙门村
44082510420500084	樟	三级	110	15.0	210	18.0	徐闻县曲界镇龙门村委会龙门村
44082510420500085	樟	三级	120	12.0	230	16.0	徐闻县曲界镇龙门村委会龙门村
44082510420500086	樟	三级	120	15.0	210	18.0	徐闻县曲界镇龙门村委会龙门村
44082510420500087	樟	三级	130	14.0	240	22.0	徐闻县曲界镇龙门村委会龙门村
44082510420500088	樟	三级	110	16.0	210	18.0	徐闻县曲界镇龙门村委会龙门村
44082510420500089	樟	三级	120	14.0	220	18.0	徐闻县曲界镇龙门村委会龙门村
44082510420500090	樟	三级	120	16.0	220	14.0	徐闻县曲界镇龙门村委会龙门村
44082510420500091	樟	三级	110	16.0	210	18.0	徐闻县曲界镇龙门村委会龙门村
44082510420500092	樟	三级	110	13.0	210	14.0	徐闻县曲界镇龙门村委会龙门村
44082510420500093	樟	三级	110	16.0	220	16.0	徐闻县曲界镇龙门村委会龙门村
44082510420500094	樟	三级	110	14.0	220	16.0	徐闻县曲界镇龙门村委会龙门村
44082510420500095	樟	三级	120	18.0	250	22.0	徐闻县曲界镇龙门村委会龙门村
44082510420500096	樟	三级	120	10.0	240	18.0	徐闻县曲界镇龙门村委会龙门村
44082510420500097	樟	三级	120	18.0	210	18.0	徐闻县曲界镇龙门村委会龙门村

第三章 湛江市古树名木目录

(续)

古树编号	树种	古树等级	树龄（年）	树高（米）	胸围（厘米）	冠幅（米）	位置
44082510420500098	樟	三级	120	16.0	320	19.0	徐闻县曲界镇龙门村委会龙门村
44082510420500099	樟	三级	120	14.0	210	17.0	徐闻县曲界镇龙门村委会龙门村
44082510420500100	樟	三级	110	16.0	230	19.0	徐闻县曲界镇龙门村委会龙门村
44082510420500101	樟	三级	110	16.0	220	19.0	徐闻县曲界镇龙门村委会龙门村
44082510420500102	樟	三级	110	16.0	230	14.0	徐闻县曲界镇龙门村委会龙门村
44082510420500103	樟	三级	120	15.0	240	18.0	徐闻县曲界镇龙门村委会龙门村
44082510420500104	樟	三级	130	15.0	240	18.0	徐闻县曲界镇龙门村委会龙门村
44082510420500106	樟	三级	100	14.0	240	18.0	徐闻县曲界镇龙门村委会龙门村
44082510420500107	樟	三级	120	16.0	230	19.0	徐闻县曲界镇龙门村委会龙门村
44082510420500108	樟	三级	100	15.0	722	22.0	徐闻县曲界镇龙门村委会龙门村
44082510420500109	樟	三级	100	13.0	220	16.0	徐闻县曲界镇龙门村委会龙门村
44082510420500110	樟	三级	100	16.0	230	22.0	徐闻县曲界镇龙门村委会龙门村
44082510420500111	樟	三级	110	18.0	260	20.0	徐闻县曲界镇龙门村委会龙门村
44082510420500112	樟	三级	110	18.0	240	14.0	徐闻县曲界镇龙门村委会龙门村
44082510420500113	樟	三级	110	16.0	210	14.0	徐闻县曲界镇龙门村委会龙门村
44082510420500114	樟	三级	110	20.0	250	18.0	徐闻县曲界镇龙门村委会龙门村
44082510420500115	樟	三级	110	16.0	230	16.0	徐闻县曲界镇龙门村委会龙门村
44082510420500116	樟	三级	110	18.0	270	24.0	徐闻县曲界镇龙门村委会龙门村
44082510420500117	樟	三级	110	16.0	210	18.0	徐闻县曲界镇龙门村委会龙门村
44082510420500118	樟	三级	120	14.0	240	16.0	徐闻县曲界镇龙门村委会龙门村
44082510420500119	樟	三级	110	18.0	230	16.0	徐闻县曲界镇龙门村委会龙门村
44082510420500120	樟	三级	110	15.0	250	18.0	徐闻县曲界镇龙门村委会龙门村
44082510420500121	樟	三级	110	16.0	230	18.0	徐闻县曲界镇龙门村委会龙门村
44082510420500122	樟	三级	110	18.0	240	18.0	徐闻县曲界镇龙门村委会龙门村
44082510420500123	樟	三级	120	14.0	240	14.0	徐闻县曲界镇龙门村委会龙门村
44082510420500124	樟	三级	110	18.0	230	18.0	徐闻县曲界镇龙门村委会龙门村
44082510420500125	榕树	三级	260	18.0	520	19.0	徐闻县曲界镇龙门村委会龙门村
44082510420500126	榕树	三级	220	12.0	420	28.0	徐闻县曲界镇龙门村委会龙门村
44082510420500127	樟	三级	120	12.0	260	18.0	徐闻县曲界镇龙门村委会龙门村
44082510420500128	樟	三级	100	16.0	240	22.0	徐闻县曲界镇龙门村委会龙门村
44082510420700009	橄榄	三级	180	18.5	235	10.0	徐闻县曲界镇南胜村委会干坑村庙前
44082510420700010	黄桐	三级	210	13.0	420	11.0	徐闻县曲界镇南胜村委会干坑庙山
44082510420700011	黄桐	三级	220	21.0	410	14.0	徐闻县曲界镇南胜村委会干坑村内
44082510420700012	榕树	三级	150	16.0	350	8.5	徐闻县曲界镇南胜村委会干坑村
44082510420700013	黄桐	三级	210	16.0	480	20.0	徐闻县曲界镇南胜村委会干坑村
44082510420800014	樟	三级	110	15.0	300	12.0	徐闻县曲界镇愚公楼村委会顶岭村内
44082510420800015	樟	三级	120	15.0	300	12.0	徐闻县曲界镇愚公楼村委会顶岭村内
44082510420800016	木棉	三级	130	20.0	300	12.0	徐闻县曲界镇愚公楼村委会顶岭村内
44082510420800018	榕树	三级	110	23.0	510	25.0	徐闻县曲界镇愚公楼村委会西边山村庙前
44082510420800019	荔枝	三级	200	25.0	320	23.5	徐闻县曲界镇愚公楼村委会愚公楼村
44082510420800175	榕树	三级	140	12.0	420	15.5	徐闻县曲界镇愚公楼村委会儒田村东水塘边
44082510420900045	榕树	三级	110	15.0	530	21.0	徐闻县曲界镇石灵溪村委会甘草塘村
44082510420900046	见血封喉	三级	260	18.0	260	8.0	徐闻县曲界镇石灵溪村委会甘草塘村
44082510420900047	见血封喉	三级	260	18.0	520	7.0	徐闻县曲界镇石灵溪村委会甘草塘村
44082510420900048	秋枫	三级	220	18.0	320	9.0	徐闻县曲界镇石灵溪村委会甘草塘村水口地
44082510420900049	鹊肾树	三级	120	15.0	330	9.0	徐闻县曲界镇石灵溪村委会甘草塘
44082510420900050	荔枝	三级	120	15.0	180	9.0	徐闻县曲界镇石灵溪村委会甘草塘
44082510420900051	龙眼	三级	150	18.0	565	9.0	徐闻县曲界镇石灵溪村委会甘草塘

(续)

(续)

古树编号	树种	古树等级	树龄（年）	树高（米）	胸围（厘米）	冠幅（米）	位置
44082510420900052	龙眼	三级	130	16.0	170	11.0	徐闻县曲界镇石灵溪村委会甘草塘
44082510420900053	樟	三级	120	20.0	230	7.0	徐闻县曲界镇石灵溪村委会甘草塘
44082510420900054	见血封喉	三级	150	18.0	230	9.0	徐闻县曲界镇石灵溪村委会甘草塘
44082510420900055	荔枝	三级	120	18.0	180	11.0	徐闻县曲界镇石灵溪村委会甘草塘
44082510420900056	榕树	三级	210	18.0	480	19.0	徐闻县曲界镇石灵溪村委会新安村
44082510420900057	榕树	三级	120	15.0	320	10.5	徐闻县曲界镇石灵溪村委会新安村
44082510420900058	龙眼	三级	180	15.0	220	8.0	徐闻县曲界镇石灵溪村委会新安村
44082510420900059	榕树	三级	180	12.0	320	9.0	徐闻县曲界镇石灵溪村委会新安村
44082510420900060	榕树	三级	160	12.0	210	111.0	徐闻县曲界镇石灵溪村委会新安村
44082510420900061	假玉桂	三级	160	20.0	330	11.0	徐闻县曲界镇石灵溪村委会新安村土地公后
44082510420900062	榕树	三级	130	15.0	280	24.0	徐闻县曲界镇石灵溪村委会松树园村
44082510420900063	龙眼	三级	130	12.0	180	7.0	徐闻县曲界镇石灵溪村委会松树园村
44082510420900064	秋枫	三级	120	12.0	180	9.0	徐闻县曲界镇石灵溪村委会松树园村
44082510421000040	榕树	三级	120	18.0	380	19.0	徐闻县曲界镇高坡村委会大垌场
44082510421000041	鹊肾树	三级	130	12.0	120	7.0	徐闻县曲界镇高坡村委会大垌场
44082510421000042	樟	三级	100	15.0	190	19.0	徐闻县曲界镇高坡村委会大垌场
44082510421000043	龙眼	三级	120	14.0	210	7.0	徐闻县曲界镇高坡村委会土秀湖村
44082510421000044	黄桐	三级	110	18.0	220	11.0	徐闻县曲界镇高坡村委会土秀湖村
44082510421000139	樟	三级	110	15.0	326	18.0	徐闻县曲界镇高坡村委会高坡村
44082510421000140	榕树	三级	120	18.0	580	34.0	徐闻县曲界镇高坡村委会高坡村
44082510421000141	榕树	三级	120	16.0	320	19.0	徐闻县曲界镇高坡村委会过眼村
44082510421000142	榕树	三级	130	16.0	420	26.0	徐闻县曲界镇高坡村委会凉村
44082510421000143	华南皂荚	三级	120	12.0	220	14.0	徐闻县曲界镇高坡村委会梁村
44082510421000144	榕树	三级	180	10.0	420	18.0	徐闻县曲界镇高坡村委会那来村
44082510421200156	山杜英	三级	120	18.0	245	17.0	徐闻县曲界镇城家村委会后寮村
44082510421200159	樟	三级	110	22.0	170	14.0	徐闻县曲界镇城家村委会后寮村
44082510421200160	榕树	三级	120	18.0	420	26.0	徐闻县曲界镇城家村委会后寮村
44082510421200161	橄榄	三级	110	18.0	135	18.0	徐闻县曲界镇城家村委会后寮村
44082510421200162	山槐	三级	130	16.0	180	14.0	徐闻县曲界镇城家村委会后寮村
44082510421200163	樟	三级	110	12.0	185	16.0	徐闻县曲界镇城家村委会后寮村
44082510421200164	樟	三级	110	12.0	145	14.0	徐闻县曲界镇城家村委会后寮村
44082510421200165	樟	三级	120	18.0	220	18.0	徐闻县曲界镇城家村委会后寮村
44082510421200166	秋枫	三级	120	16.0	180	18.0	徐闻县曲界镇城家村委会后寮村
44082510421200167	樟	三级	110	14.0	160	14.0	徐闻县曲界镇城家村委会后寮村
44082510421200168	樟	三级	120	16.0	210	15.0	徐闻县曲界镇城家村委会后寮村
44082510421200169	樟	三级	110	14.0	185	14.0	徐闻县曲界镇城家村委会后寮村
44082510421200170	荔枝	三级	120	12.0	180	14.0	徐闻县曲界镇城家村委会后寮村
44082510421200171	荔枝	三级	110	8.0	165	14.0	徐闻县曲界镇城家村委会后寮村
44082510421300065	樟	三级	110	12.0	290	9.0	徐闻县曲界镇曲界村委会戚宅村
44082510421300066	樟	三级	120	12.0	310	9.0	徐闻县曲界镇曲界村委会戚宅村
44082510421300067	秋枫	三级	120	18.0	180	10.5	徐闻县曲界镇曲界村委会戚宅村
44082510421300068	秋枫	三级	100	16.0	160	4.5	徐闻县曲界镇曲界村委会戚宅村
44082510421300069	樟	三级	120	8.0	691	4.0	徐闻县曲界镇曲界村委会金满堂村前
44082510421300070	秋枫	三级	120	15.0	659	7.0	徐闻县曲界镇曲界村委会金满堂
44082510421300071	黄桐	三级	150	18.0	510	12.0	徐闻县曲界镇曲界村委会金满堂韩宅村
44082510421300072	黄桐	三级	130	15.0	310	14.0	徐闻县曲界镇曲界村委会金满堂
44082510421300074	铁冬青	三级	120	21.0	220	6.0	徐闻县曲界镇曲界村委会金满堂
44082510421300146	见血封喉	三级	140	18.0	340	46.0	徐闻县曲界镇曲界村委会曲界村

古树编号	树种	古树等级	树龄（年）	树高（米）	胸围（厘米）	冠幅（米）	位置
44082510421300147	榕树	三级	110	16.0	260	22.0	徐闻县曲界镇曲界村委会曲东村
44082510421300149	朴树	三级	110	18.0	310	22.0	徐闻县曲界镇曲界村委会曲东村
44082510421300150	榕树	三级	110	13.0	340	22.0	徐闻县曲界镇曲界村委会曲南村
44082510421300151	木棉	三级	120	18.0	340	22.0	徐闻县曲界镇曲界村委会曲南村
44082510421300152	朴树	三级	110	16.0	280	23.0	徐闻县曲界镇曲界村委会坡苏村
44082510421300153	秋枫	三级	110	18.0	180	18.0	徐闻县曲界镇曲界村委会坡苏村
44082510421300154	榕树	三级	110	10.0	320	18.0	徐闻县曲界镇曲界村委会坡苏村
44082510421300155	榕树	三级	110	12.0	280	22.0	徐闻县曲界镇曲界村委会坡苏村
44082510421300158	橄榄	三级	120	12.0	150	11.0	徐闻县曲界镇曲界村委会后寮村村后
44082510520100001	榕树	三级	120	15.0	260	25.0	徐闻县前山镇前山村委会曾家村西
44082510520100002	榕树	三级	150	18.0	450	26.0	徐闻县前山镇前山村委会南边田村东
44082510520100003	榕树	三级	120	14.0	360	21.0	徐闻县前山镇前山村委会南边田村东
44082510520100004	榕树	三级	140	7.0	270	20.0	徐闻县前山镇前山村委会南边田村东
44082510520100005	秋枫	三级	120	19.0	340	17.0	徐闻县前山镇前山村委会南边田村东
44082510520100006	铁冬青	三级	160	8.0	380	13.0	徐闻县前山镇前山村委会南边田村北
44082510520100007	榕树	三级	140	13.0	660	23.0	徐闻县前山镇前山村委会南边田村北
44082510520200056	朴树	三级	120	25.0	420	26.0	徐闻县前山镇甲村村委会后吉尾村西
44082510520200057	秋枫	三级	140	19.5	510	23.0	徐闻县前山镇甲村村委会后吉尾村西
44082510520200058	五月茶	三级	140	8.5	330	13.0	徐闻县前山镇甲村村委会本坑村南
44082510520200059	榕树	三级	160	16.8	420	19.0	徐闻县前山镇甲村村委会本坑村南
44082510520200060	榕树	三级	140	25.0	430	25.0	徐闻县前山镇甲村村委会深水村西
44082510520300047	榕树	三级	140	19.8	410	19.0	徐闻县前山镇北松村委会禄齐村南
44082510520300048	榕树	三级	160	16.0	380	15.0	徐闻县前山镇北松村委会禄齐村南
44082510520300049	榕树	三级	180	14.0	510	25.0	徐闻县前山镇北松村委会禄齐村南
44082510520300050	榕树	三级	120	18.0	780	19.0	徐闻县前山镇北松村委会禄齐村西
44082510520300051	榕树	三级	140	21.0	650	27.0	徐闻县前山镇北松村委会禄齐村南
44082510520300052	榕树	三级	140	18.0	580	16.0	徐闻县前山镇北松村委会和家村前
44082510520300053	秋枫	三级	120	24.0	460	27.0	徐闻县前山镇北松村委会和家村前
44082510520300054	榕树	三级	140	15.0	630	16.0	徐闻县前山镇北松村委会和家村南
44082510520300055	榕树	三级	160	12.0	470	17.0	徐闻县前山镇北松村委会和家村南
44082510520400084	榕树	三级	130	22.0	720	23.0	徐闻县前山镇曹家村委会北坡村西
44082510520400085	榕树	三级	140	17.0	380	15.0	徐闻县前山镇曹家村委会北坡村西
44082510520400086	榕树	三级	240	19.0	840	27.0	徐闻县前山镇曹家村委会后岭村内
44082510520400087	榕树	三级	140	12.0	390	15.0	徐闻县前山镇曹家村委会后岭村内
44082510520400088	榕树	三级	150	15.0	480	19.0	徐闻县前山镇曹家村委会复兴村西
44082510520400089	榕树	三级	120	16.0	420	15.0	徐闻县前山镇曹家村委会六角井村西
44082510520400090	榕树	三级	140	14.0	390	14.0	徐闻县前山镇曹家村委会六角井村北
44082510520400091	榕树	三级	160	15.0	480	13.0	徐闻县前山镇曹家村委会曹家村南
44082510520400092	榕树	三级	140	9.0	730	17.0	徐闻县前山镇曹家村委会曹家村东
44082510520400093	榕树	三级	160	11.0	580	15.0	徐闻县前山镇曹家村委会曹家村东
44082510520500070	榕树	三级	140	18.0	510	23.0	徐闻县前山镇云仔村委会科家村南
44082510520500071	榕树	三级	180	16.0	1696	17.0	徐闻县前山镇云仔村委会科家村南
44082510520500072	榕树	三级	160	16.7	480	21.0	徐闻县前山镇云仔村委会科家村南
44082510520500073	榕树	三级	110	15.6	480	17.0	徐闻县前山镇云仔村委会科家村南
44082510520500074	榕树	三级	120	18.4	630	22.0	徐闻县前山镇云仔村委会科家村南
44082510520500075	榕树	三级	130	17.6	650	22.0	徐闻县前山镇云仔村委会科家村南
44082510520500076	榕树	三级	140	15.6	530	15.0	徐闻县前山镇云仔村委会科家村南
44082510520500077	榕树	三级	120	16.3	510	17.0	徐闻县前山镇云仔村委会科家村南

(续)

古树编号	树种	古树等级	树龄（年）	树高（米）	胸围（厘米）	冠幅（米）	位置
44082510520500078	榕树	三级	100	14.7	520	15.0	徐闻县前山镇云仔村委会科家村南
44082510520500079	榕树	三级	150	13.4	380	16.0	徐闻县前山镇云仔村委会方宅村南
44082510520500080	榕树	三级	140	15.1	620	16.0	徐闻县前山镇云仔村委会方宅村南
44082510520600081	榕树	三级	110	13.8	480	17.0	徐闻县前山镇丁村村委会丁村村南
44082510520600082	榕树	三级	140	14.5	620	23.0	徐闻县前山镇丁村村委会丁角村北
44082510520600083	榕树	三级	150	16.7	570	19.0	徐闻县前山镇丁村村委会丁角村北
44082510520700028	榕树	三级	140	13.0	450	19.0	徐闻县前山镇南安村委会南上村东
44082510520700029	榕树	三级	160	15.0	520	25.0	徐闻县前山镇南安村委会南安村东
44082510520700030	杨桐	三级	100	12.0	280	25.0	徐闻县前山镇南安村委会村仔村北
44082510520700031	榕树	三级	140	19.0	530	27.0	徐闻县前山镇南安村委会村仔村东
44082510520700032	榕树	三级	180	13.0	480	23.0	徐闻县前山镇南安村委会村仔村东
44082510520700033	榕树	三级	140	13.0	420	17.0	徐闻县前山镇南安村委会挖仔村南
44082510520800034	榕树	三级	120	14.0	750	28.0	徐闻县前山镇外墩村委会港尾村南
44082510520800035	榕树	三级	140	12.0	660	27.0	徐闻县前山镇外墩村委会港尾村北
44082510520800036	榕树	三级	120	14.0	520	22.0	徐闻县前山镇外墩村委会李宅村东
44082510520800037	榕树	三级	120	13.0	640	23.0	徐闻县前山镇外墩村委会李宅村东
44082510520800038	榕树	三级	140	14.0	460	25.0	徐闻县前山镇外墩村委会外墩村北
44082510520800039	榕树	三级	180	20.0	370	17.0	徐闻县前山镇外墩村委会外墩村北
44082510520800040	榕树	三级	200	18.0	390	17.0	徐闻县前山镇外墩村委会外墩村北
44082510520900041	榕树	三级	120	21.0	460	27.0	徐闻县前山镇后坑村委会家田村
44082510520900042	榕树	三级	120	19.0	520	23.0	徐闻县前山镇后坑村委会家田村东
44082510520900043	榕树	三级	120	18.8	610	27.0	徐闻县前山镇后坑村委会家田村东
44082510520900044	榕树	三级	120	17.0	540	27.0	徐闻县前山镇后坑村委会家田村东
44082510520900045	榕树	三级	140	18.6	370	19.0	徐闻县前山镇后坑村委会后坑村前
44082510520900046	榕树	三级	160	16.0	370	17.0	徐闻县前山镇后坑村委会禄高村东
44082510521000061	榕树	三级	140	18.2	550	22.0	徐闻县前山镇孙田村委会前山尾村南
44082510521000062	榕树	三级	120	17.6	420	17.0	徐闻县前山镇孙田村委会前山尾村南
44082510521000063	榕树	三级	190	19.4	370	13.0	徐闻县前山镇孙田村委会前山尾村南
44082510521000064	榕树	三级	140	16.0	380	17.0	徐闻县前山镇孙田村委会北礼村南
44082510521000065	榕树	三级	120	17.9	360	15.0	徐闻县前山镇孙田村委会昌仔村北
44082510521000066	榕树	三级	160	21.6	560	25.0	徐闻县前山镇孙田村委会孙田村南
44082510521000067	榕树	三级	160	19.5	360	17.0	徐闻县前山镇孙田村委会孙田村西
44082510521000068	榕树	三级	140	15.0	380	17.0	徐闻县前山镇孙田村委会孙田村北
44082510521100008	榕树	三级	160	19.0	340	23.0	徐闻县前山镇下园村委会林宅村北
44082510521100009	榕树	三级	140	18.0	310	17.5	徐闻县前山镇下园村委会林宅村东
44082510521100010	朴树	三级	120	19.0	264	15.0	徐闻县前山镇下园村委会梁宅村东
44082510521100011	榕树	三级	120	18.0	260	13.5	徐闻县前山镇下园村委会梁宅村东
44082510521100012	榕树	三级	160	13.0	260	23.0	徐闻县前山镇下园村委会下园村北
44082510521100013	榕树	三级	160	21.0	410	27.0	徐闻县前山镇下园村委会下园村西
44082510521100014	榕树	三级	140	17.0	360	25.0	徐闻县前山镇下园村委会下园村西
44082510521100015	榕树	三级	120	14.9	380	19.0	徐闻县前山镇下园村委会下园村西
44082510521100016	榕树	三级	180	21.0	450	24.0	徐闻县前山镇下园村委会下园村南
44082510521100017	榕树	三级	160	18.0	190	15.0	徐闻县前山镇下园村委会下园村南
44082510521100018	榕树	三级	130	22.0	530	19.0	徐闻县前山镇下园村委会下园村南
44082510521100019	榕树	三级	160	20.0	480	23.0	徐闻县前山镇下园村委会下园村南
44082510521100020	榕树	三级	160	17.0	270	14.0	徐闻县前山镇下园村委会下园村南
44082510521100021	榕树	三级	140	16.0	220	19.0	徐闻县前山镇下园村委会下园村南
44082510521100022	榕树	三级	140	22.0	540	25.0	徐闻县前山镇下园村委会禄尾村南

第三章　湛江市古树名木目录

(续)

古树编号	树种	古树等级	树龄（年）	树高（米）	胸围（厘米）	冠幅（米）	位置
44082510521100023	榕树	三级	120	16.0	377	19.0	徐闻县前山镇下园村委会禄尾村东
44082510521100024	榕树	三级	160	15.0	550	24.0	徐闻县前山镇下园村委会禄尾村东
44082510521100025	榕树	三级	160	17.0	360	22.0	徐闻县前山镇下园村委会禄尾村东
44082510521100026	见血封喉	三级	280	25.0	418	35.0	徐闻县前山镇下园村委会禄尾村内
44082510521100027	榕树	三级	140	15.0	270	19.0	徐闻县前山镇下园村委会禄尾村南
44082510521300069	榕树	三级	160	17.3	480	15.0	徐闻县前山镇前海村委会后海村东
44082510620100006	酸豆	三级	120	15.8	346	9.5	徐闻县西连镇西连村委会罗宅村南
44082510620100007	木棉	三级	150	16.0	435	9.5	徐闻县西连镇西连村委会罗宅村南
44082510620200008	榕树	三级	120	8.5	320	9.0	徐闻县西连镇边板村委会铺仔村
44082510620200009	木棉	三级	120	18.0	210	10.5	徐闻县西连镇边板村委会铺仔村
44082510620200010	榕树	三级	150	8.0	473	13.0	徐闻县西连镇边板村委会北插仔村
44082510620300001	酸豆	三级	150	18.0	280	17.5	徐闻县西连镇迈谷村委会迈谷村
44082510620300002	酸豆	三级	110	14.5	308	15.0	徐闻县西连镇迈谷村委会迈谷村
44082510620300003	酸豆	三级	150	12.0	245	9.0	徐闻县西连镇迈谷村委会迈谷村
44082510620300004	酸豆	三级	150	12.0	290	15.5	徐闻县西连镇迈谷村委会迈谷村
44082510620300005	榕树	三级	150	14.5	335	17.0	徐闻县西连镇迈谷村委会迈谷村北
44082510620400011	榕树	三级	250	12.5	485	12.5	徐闻县西连镇北海村委会北海宋宅村
44082510620400012	榕树	三级	130	10.7	254	13.0	徐闻县西连镇北海村委会新村仔村
44082510620500013	榕树	三级	130	14.8	424	15.5	徐闻县西连镇龙腋村委会龙腋村
44082510620500015	榕树	三级	120	14.0	436	15.5	徐闻县西连镇龙腋村委会龙腋北村
44082510620500016	榕树	三级	120	9.8	315	7.5	徐闻县西连镇龙腋村委会龙腋北村
44082510620500017	高山榕	三级	120	14.5	418	14.5	徐闻县西连镇龙腋村委会龙腋西村
44082510620600019	榕树	三级	110	15.2	570	17.0	徐闻县西连镇大井村委会丰隆村
44082510620600020	榕树	三级	100	13.7	664	18.5	徐闻县西连镇大井村委会大井中村
44082510620600021	榕树	三级	110	12.5	355	14.0	徐闻县西连镇大井村委会大井中村
44082510620600022	榕树	三级	120	9.0	273	11.5	徐闻县西连镇大井村委会大井下村
44082510620700023	榕树	三级	120	17.6	510	13.5	徐闻县西连镇龙耳村委会油河村
44082510620700024	榕树	三级	100	13.4	316	15.5	徐闻县西连镇龙耳村委会油河村
44082510620700025	榕树	三级	120	16.7	372	14.0	徐闻县西连镇龙耳村委会龙耳村
44082510620700026	榕树	三级	120	11.0	421	11.0	徐闻县西连镇龙耳村委会龙耳村
44082510620800027	木棉	三级	250	21.5	386	15.5	徐闻县西连镇石马村委会下宫村
44082510620800028	榕树	三级	150	18.7	456	16.5	徐闻县西连镇石马村委会下宫村
44082510620900029	榕树	三级	110	10.5	274	13.5	徐闻县西连镇英邱村委会英民村
44082510620900030	海红豆	三级	120	24.5	310	20.5	徐闻县西连镇英邱村委会英民村
44082510620900031	榕树	三级	110	14.1	486	15.0	徐闻县西连镇英邱村委会英民村
44082510620900032	榕树	三级	100	15.0	428	11.0	徐闻县西连镇英邱村委会英邱村
44082510621000034	刺桐	三级	180	8.2	428	7.0	徐闻县西连镇金土村委会油河仔村
44082510621000035	刺桐	三级	160	9.8	374	8.0	徐闻县西连镇金土村委会油河仔村
44082510621000036	榕树	三级	120	12.8	420	16.5	徐闻县西连镇金土村委会金土村
44082510621000037	鹊肾树	三级	100	12.5	258	6.5	徐闻县西连镇金土村委会金土村
44082510621100033	榕树	三级	100	10.7	418	10.0	徐闻县西连镇水尾村委会水尾上村
44082510621200043	木棉	三级	100	16.7	273	7.5	徐闻县西连镇承梧村委会肖家村
44082510621200044	榕树	三级	150	11.8	357	12.5	徐闻县西连镇承梧村委会田洋村
44082510621200045	榕树	三级	150	15.0	446	11.0	徐闻县西连镇承梧村委会田洋村
44082510621200046	榕树	三级	130	16.2	454	14.0	徐闻县西连镇承梧村委会北插村
44082510621300038	榕树	三级	100	12.5	387	15.0	徐闻县西连镇田西村委会许家后村
44082510621300039	榕树	三级	100	13.4	367	11.5	徐闻县西连镇田西村委会许家村
44082510621300040	榕树	三级	100	15.0	381	14.0	徐闻县西连镇田西村委会许家村

(续)

(续)

古树编号	树种	古树等级	树龄（年）	树高（米）	胸围（厘米）	冠幅（米）	位置
44082510621300041	酸豆	三级	150	18.1	365	15.5	徐闻县西连镇田西村委会东岭村
44082510621300042	榕树	三级	110	14.9	427	15.0	徐闻县西连镇田西村委会老张村
44082510621400061	榕树	三级	130	14.9	426	15.0	徐闻县西连镇瓜藤村委会新村
44082510621400062	榕树	三级	180	14.7	495	13.5	徐闻县西连镇瓜藤村委会新村
44082510621400063	榕树	三级	120	12.0	270	13.5	徐闻县西连镇瓜藤村委会台楼村
44082510621400064	榕树	三级	120	11.2	411	11.0	徐闻县西连镇瓜藤村委会台楼村
44082510621400065	榕树	三级	200	13.2	473	12.5	徐闻县西连镇瓜藤村委会瓜南村南好岭
44082510621400066	榕树	三级	100	11.8	332	12.0	徐闻县西连镇瓜藤村委会瓜南村
44082510621400067	榕树	三级	160	15.5	548	13.5	徐闻县西连镇瓜藤村委会瓜中村
44082510621400068	榕树	三级	120	11.0	405	12.0	徐闻县西连镇瓜藤村委会瓜中村
44082510621400069	乌墨	三级	110	10.6	274	9.0	徐闻县西连镇瓜藤村委会瓜中村
44082510621500051	杧果	三级	120	17.5	247	7.5	徐闻县西连镇乐琴村委会乐琴村
44082510621500052	高山榕	三级	130	15.5	464	11.0	徐闻县西连镇乐琴村委会乐琴村
44082510621500053	榕树	三级	110	11.7	510	15.0	徐闻县西连镇乐琴村委会乐琴村
44082510621500054	高山榕	三级	100	15.0	517	12.5	徐闻县西连镇乐琴村委会乐琴村
44082510621500055	木棉	三级	110	21.5	241	7.0	徐闻县西连镇乐琴村委会北田村
44082510621500056	木棉	三级	120	18.2	303	8.5	徐闻县西连镇乐琴村委会北田村
44082510621500057	榕树	三级	120	12.2	590	9.5	徐闻县西连镇乐琴村委会北田村
44082510621500058	榕树	三级	130	16.2	514	11.5	徐闻县西连镇乐琴村委会北田村
44082510621500059	榕树	三级	110	17.6	315	11.5	徐闻县西连镇乐琴村委会北田村
44082510621500060	榕树	三级	130	15.5	324	9.0	徐闻县西连镇乐琴村委会北田村
44082510720200071	榕树	三级	210	28.0	1200	25.0	徐闻县下桥镇桥南村委会王家村前
44082510720200072	榕树	三级	130	11.0	499	23.5	徐闻县下桥镇桥南村委会北山村前
44082510720200073	榕树	三级	130	16.0	399	11.5	徐闻县下桥镇桥南村委会大立村西
44082510720200074	岭南山竹子	三级	130	13.0	141	5.5	徐闻县下桥镇桥南村委会洋尾村旁
44082510720300056	榕树	三级	110	26.0	619	24.0	徐闻县下桥镇北插村委会北插村学校后
44082510720300057	榕树	三级	200	30.0	1200	33.5	徐闻县下桥镇北插村委会北插村西
44082510720300058	五月茶	三级	120	14.0	198	11.0	徐闻县下桥镇北插村委会北插村南
44082510720300059	秋枫	三级	120	18.0	308	14.0	徐闻县下桥镇北插村委会北插村西
44082510720300060	榕树	三级	130	18.0	399	15.5	徐闻县下桥镇北插村委会学校墙旁
44082510720300061	榕树	三级	130	16.0	499	15.5	徐闻县下桥镇北插村委会学校内
44082510720300062	见血封喉	三级	140	20.0	700	19.5	徐闻县下桥镇北插村委会金竹村边
44082510720300063	榕树	三级	230	20.0	301	55.0	徐闻县下桥镇北插村委会金竹村庙旁
44082510720300064	高山榕	三级	230	30.0	1498	25.5	徐闻县下桥镇北插村委会金竹村路旁
44082510720300065	高山榕	三级	230	32.0	1649	29.0	徐闻县下桥镇北插村委会金竹村路旁
44082510720300066	榕树	三级	120	12.0	1005	12.0	徐闻县下桥镇北插村委会百亩仔村路旁
44082510720300067	榕树	三级	120	26.0	848	22.0	徐闻县下桥镇北插村委会百亩仔村庙旁
44082510720300068	高山榕	三级	230	30.0	2600	31.5	徐闻县下桥镇北插村委会百亩仔村路旁
44082510720300069	榕树	三级	110	15.0	399	13.5	徐闻县下桥镇北插村委会英利坞村前
44082510720300070	榕树	三级	120	10.0	499	12.0	徐闻县下桥镇北插村委会英利坞村路旁
44082510720300123	山牡荆	三级	110	12.0	384	7.5	徐闻县下桥镇北插村委会金竹村村北土地公旁
44082510720300124	鹊肾树	三级	110	10.0	195	8.0	徐闻县下桥镇北插村委会金竹村村北土地公旁
44082510720400114	土坛树	三级	250	9.0	659	10.0	徐闻县下桥镇那利村委会那利村村里
44082510720600028	榕树	三级	100	30.0	499	28.0	徐闻县下桥镇旋安村委会三品斋村村北
44082510720600030	榕树	三级	130	13.0	798	14.0	徐闻县下桥镇旋安村委会三品斋村村北
44082510720600031	榕树	三级	130	22.0	499	15.0	徐闻县下桥镇旋安村委会三品斋村村北
44082510720600032	榕树	三级	130	24.0	550	17.0	徐闻县下桥镇旋安村委会三品斋村村北
44082510720600033	乌墨	三级	100	20.0	298	15.5	徐闻县下桥镇旋安村委会南边洋村庙旁

(续)

古树编号	树种	古树等级	树龄（年）	树高（米）	胸围（厘米）	冠幅（米）	位置
440825107206000034	高山榕	三级	130	26.0	499	21.5	徐闻县下桥镇旋安村委会南边洋村庙旁
440825107206000035	见血封喉	三级	200	28.0	1099	32.0	徐闻县下桥镇旋安村委会南边详村边
440825107206000036	见血封喉	三级	100	26.0	298	25.0	徐闻县下桥镇旋安村委会桃园村村北
440825107206000037	榕树	三级	150	26.0	612	21.0	徐闻县下桥镇旋安村委会桃园村村北
440825107206000038	榕树	三级	150	18.0	298	13.0	徐闻县下桥镇旋安村委会桃园村村北
440825107206000039	高山榕	三级	120	14.0	298	12.5	徐闻县下桥镇旋安村委会桃园村村北
440825107206000054	榕树	三级	210	26.0	600	27.0	徐闻县下桥镇旋安村委会旋安村旁
440825107206000055	樟	三级	130	16.0	251	14.5	徐闻县下桥镇旋安村委会旋安村庙前
440825107207000001	樟	三级	170	8.2	349	21.5	徐闻县下桥镇拨园村委会拨园村内
440825107207000002	岭南山竹子	三级	110	14.0	198	19.0	徐闻县下桥镇拨园村委会拨园边沟村
440825107207000003	龙眼	三级	200	15.0	248	15.5	徐闻县下桥镇拨园村委会边沟村边
440825107207000004	榕树	三级	260	20.0	339	19.0	徐闻县下桥镇拨园村委会拨园村雷神庙
440825107207000005	秋枫	三级	150	25.0	179	15.5	徐闻县下桥镇拨园村委会拨园村雷神庙旁
440825107207000006	朴树	三级	150	21.0	129	11.5	徐闻县下桥镇拨园村委会拨园村雷神庙
440825107207000007	榕树	三级	180	22.0	358	19.0	徐闻县下桥镇拨园村委会拨园村雷神庙旁
440825107207000008	朴树	三级	100	21.0	138	11.5	徐闻县下桥镇拨园村委会拨园村雷神庙旁
440825107207000009	幌伞枫	三级	150	18.0	138	15.5	徐闻县下桥镇拨园村委会拨园村雷神庙
440825107207000010	秋枫	三级	150	20.0	248	17.5	徐闻县下桥镇拨园村委会拨园村雷神庙旁
440825107207000011	朴树	三级	100	20.0	157	14.0	徐闻县下桥镇拨园村委会拨园村雷神庙旁
440825107207000012	樟	三级	150	18.0	308	14.0	徐闻县下桥镇拨园村委会拨园村路边
440825107207000013	樟	三级	120	18.0	220	12.0	徐闻县下桥镇拨园村委会拨园村路边
440825107207000015	榕树	三级	100	25.0	600	24.0	徐闻县下桥镇拨园村委会拨园村路边
440825107207000016	高山榕	三级	200	26.0	700	29.0	徐闻县下桥镇拨园村委会拨园村路边
440825107207000017	高山榕	三级	200	25.0	458	32.5	徐闻县下桥镇拨园村委会拨园村路边
440825107207000021	秋枫	三级	100	18.0	270	16.5	徐闻县下桥镇拨园村委会拨园村二十四坑
440825107207000022	榕树	三级	100	24.0	280	19.5	徐闻县下桥镇拨园村委会拨园村二十四坑
440825107207000023	高山榕	三级	110	24.0	1300	29.0	徐闻县下桥镇拨园村委会双洋村路边
440825107207000024	榕树	三级	100	25.0	380	28.0	徐闻县下桥镇拨园村委会双洋村路边
440825107207000025	榕树	三级	100	24.0	361	27.0	徐闻县下桥镇拨园村委会双洋村路边
440825107207000026	榕树	三级	100	16.0	261	16.0	徐闻县下桥镇拨园村委会双洋村路边
440825107207000027	高山榕	三级	110	30.0	650	29.0	徐闻县下桥镇拨园村委会双洋村路边
440825107207000040	鹊肾树	三级	130	12.0	201	13.5	徐闻县下桥镇拨园村委会下埚南村前庙旁
440825107207000041	鹊肾树	三级	130	11.0	110	8.5	徐闻县下桥镇拨园村委会下埚南村前
440825107207000042	鹊肾树	三级	100	12.0	151	12.0	徐闻县下桥镇拨园村委会下埚南村前
440825107207000043	高山榕	三级	110	17.0	204	19.0	徐闻县下桥镇拨园村委会下埚北村前
440825107207000044	榕树	三级	110	14.0	961	16.0	徐闻县下桥镇拨园村委会下埚北村前
440825107207000045	高山榕	三级	110	16.0	1200	24.0	徐闻县下桥镇拨园村委会下埚北村前
440825107207000046	高山榕	三级	110	15.0	848	23.0	徐闻县下桥镇拨园村委会下埚北村前
440825107207000047	高山榕	三级	110	17.0	1300	30.0	徐闻县下桥镇拨园村委会下埚北村前
440825107207000048	高山榕	三级	110	15.0	1099	21.5	徐闻县下桥镇拨园村委会下埚北村前
440825107207000049	高山榕	三级	110	12.0	820	14.0	徐闻县下桥镇拨园村委会下埚北村前
440825107207000050	高山榕	三级	120	14.5	898	18.0	徐闻县下桥镇拨园村委会下埚北村前
440825107207000051	高山榕	三级	120	14.0	449	11.5	徐闻县下桥镇拨园村委会下埚北村前
440825107207000052	高山榕	三级	130	18.0	650	20.0	徐闻县下桥镇拨园村委会下埚北村前
440825107207000053	高山榕	三级	100	16.0	1300	23.0	徐闻县下桥镇拨园村委会下埚北村边
440825107208000079	樟	三级	130	18.0	207	17.0	徐闻县下桥镇迈埚村委会北合村庙前
440825107208000080	榕树	三级	160	23.0	1149	20.0	徐闻县下桥镇迈埚村委会二桥村土地庙旁
440825107208000081	高山榕	三级	150	21.0	356	12.0	徐闻县下桥镇迈埚村委会二桥村土地公旁

(续)

古树编号	树种	古树等级	树龄（年）	树高（米）	胸围（厘米）	冠幅（米）	位置
44082510720800082	樟	三级	110	28.0	352	8.0	徐闻县下桥镇迈埚村委会二桥村路旁
44082510720800083	榕树	三级	120	30.0	411	26.5	徐闻县下桥镇迈埚村委会迈埚村庙旁
44082510720800084	榕树	三级	120	30.0	318	22.5	徐闻县下桥镇迈埚村委会迈佬上村土地公旁
44082510720800085	乌墨	三级	120	30.0	254	12.0	徐闻县下桥镇迈埚村委会迈佬下村路旁
44082510720800086	见血封喉	三级	120	30.0	270	12.0	徐闻县下桥镇迈埚村委会迈佬下村前
44082510720800122	樟	三级	230	25.0	529	9.0	徐闻县下桥镇迈埚村委会迈埚村内水泥路旁
44082510721000087	假玉桂	三级	100	12.0	198	11.5	徐闻县下桥镇高田村委会边胆村土地公旁
44082510721000088	榕树	三级	100	11.0	396	12.5	徐闻县下桥镇高田村委会边胆村土地公旁
44082510721000089	高山榕	三级	200	11.0	691	15.5	徐闻县下桥镇高田村委会新湖村文化楼旁
44082510721000090	榕树	三级	200	15.0	1187	16.5	徐闻县下桥镇高田村委会那有村路边
44082510721000091	榕树	三级	160	13.0	691	11.5	徐闻县下桥镇高田村委会那有村路边
44082510721000092	榕树	三级	260	12.0	594	17.0	徐闻县下桥镇高田村委会高田村村后路边
44082510721000093	榕树	三级	200	10.0	791	5.5	徐闻县下桥镇高田村委会响水村土地公路边
44082510721000094	榕树	三级	210	8.0	594	11.0	徐闻县下桥镇高田村委会响水村土地公旁
44082510721000095	五月茶	三级	140	15.0	207	9.5	徐闻县下桥镇高田村委会松树园村庙旁
44082510721000096	榕树	三级	180	13.0	493	16.5	徐闻县下桥镇高田村委会松树园村口
44082510721100075	榕树	三级	110	12.0	1498	15.5	徐闻县下桥镇石板村委会龙所岭土地庙边
44082510721100076	高山榕	三级	100	16.0	848	14.0	徐闻县下桥镇石板村委会龙所岭土地庙旁
44082510721100077	榕树	三级	150	15.0	848	8.5	徐闻县下桥镇石板村委会龙所岭村土地庙旁
44082510721100078	榕树	三级	100	12.0	1200	15.0	徐闻县下桥镇石板村委会禄家村文化楼前
44082510721100116	华润楠	三级	100	15.0	60	9.0	徐闻县下桥镇石板村委会石板村原始次生林里
44082510721100117	华润楠	三级	130	12.0	200	5.5	徐闻县下桥镇石板村委会石板村原始次生林里
44082510721100118	华润楠	三级	130	15.0	400	10.0	徐闻县下桥镇石板村委会石板村原始次生林里
44082510721100119	铁冬青	三级	120	12.0	2	5.5	徐闻县下桥镇石板村委会石板村原始次生林里
44082510721100120	华润楠	三级	120	13.0	300	8.5	徐闻县下桥镇石板村委会石板村原始次生林里
44082510721100121	翻白叶树	三级	100	11.0	60	7.5	徐闻县下桥镇石板村委会石板村原始次生林里
44082510721200100	榕树	三级	150	12.0	301	10.5	徐闻县下桥镇北良村委会那满坑村前
44082510721200101	木棉	三级	120	15.0	251	11.0	徐闻县下桥镇北良村委会猪母湖村前
44082510721200103	榕树	三级	160	14.0	399	13.0	徐闻县下桥镇北良村委会北良村文化楼西
44082510721200104	榕树	三级	100	8.0	160	6.0	徐闻县下桥镇北良村委会北良村庙前
44082510721200105	樟	三级	100	18.0	239	6.0	徐闻县下桥镇北良村委会北良村祠堂前
44082510721200107	榕树	三级	160	13.0	399	17.5	徐闻县下桥镇北良村委会北良村祠堂前
44082510721200111	榕树	三级	110	13.0	308	13.5	徐闻县下桥镇北良村委会北良村文化楼前
44082510721200112	榕树	三级	110	14.0	415	8.0	徐闻县下桥镇北良村委会北良村文化楼前
44082510721200113	榕树	三级	160	8.0	499	6.5	徐闻县下桥镇北良村委会北良村文化楼前
44082510800100135	酸豆	三级	130	9.0	270	14.0	徐闻县龙塘镇龙安社区居委会大安村
44082510800100136	秋枫	三级	100	17.0	509	14.5	徐闻县龙塘镇龙安社区居委会安永仔村前
44082510800100137	秋枫	三级	100	10.0	151	10.0	徐闻县龙塘镇龙安社区居委会安永仔村前
44082510800100138	铁冬青	三级	100	13.0	261	16.5	徐闻县龙塘镇龙安社区居委会安永仔村
44082510800100139	铁冬青	三级	100	18.0	280	15.0	徐闻县龙塘镇龙安社区居委会安永仔村前
44082510800100140	幌伞枫	三级	100	10.0	301	8.0	徐闻县龙塘镇龙安社区居委会安永仔村
44082510820100001	见血封喉	三级	180	16.0	301	18.5	徐闻县龙塘镇龙塘村委会龙城村村东
44082510820100002	见血封喉	三级	170	25.0	440	22.0	徐闻县龙塘镇龙塘村委会龙城村村北
44082510820100003	榕树	三级	150	10.0	600	19.5	徐闻县龙塘镇龙塘村委会那湾村村前
44082510820100004	见血封喉	三级	120	10.0	251	9.5	徐闻县龙塘镇龙塘村委会那湾村村前
44082510820100005	榕树	三级	180	15.0	374	13.5	徐闻县龙塘镇龙塘村委会那湾村村前
44082510820100006	榕树	三级	230	20.0	521	17.0	徐闻县龙塘镇龙塘村委会那湾村村北
44082510820100007	山楝	三级	150	15.0	220	16.0	徐闻县龙塘镇龙塘村委会那湾村前

第三章 湛江市古树名木目录

(续)

古树编号	树种	古树等级	树龄(年)	树高(米)	胸围(厘米)	冠幅(米)	位置
44082510820100011	榕树	三级	290	21.0	280	14.5	徐闻县龙塘镇龙塘村委会石盆村村内
44082510820100012	鹊肾树	三级	290	14.0	308	13.0	徐闻县龙塘镇龙塘村委会石盆村村内
44082510820100013	鹊肾树	三级	120	7.0	179	7.5	徐闻县龙塘镇龙塘村委会石盆村村内
44082510820100014	榕树	三级	200	12.0	361	19.5	徐闻县龙塘镇龙塘村委会排村村前
44082510820100015	高山榕	三级	200	14.0	587	24.5	徐闻县龙塘镇龙塘村委会排村村前
44082510820100016	榕树	三级	180	12.0	480	18.0	徐闻县龙塘镇龙塘村委会排村
44082510820100017	榕树	三级	170	12.0	380	23.0	徐闻县龙塘镇龙塘村委会排村村前
44082510820100018	高山榕	三级	150	22.0	1200	30.5	徐闻县龙塘镇龙塘村委会排村后庙
44082510820100019	高山榕	三级	160	11.0	290	19.5	徐闻县龙塘镇龙塘村委会排村后村
44082510820100020	高山榕	三级	150	12.0	700	22.5	徐闻县龙塘镇龙塘村委会排村后村
44082510820100021	榕树	三级	150	13.0	440	26.5	徐闻县龙塘镇龙塘村委会月塘村
44082510820100022	榕树	三级	170	18.0	471	22.5	徐闻县龙塘镇龙塘村委会月塘村村前
44082510820100023	榕树	三级	180	12.0	100	6.0	徐闻县龙塘镇龙塘村委会月塘村村前
44082510820100024	榕树	三级	100	10.0	308	12.5	徐闻县龙塘镇龙塘村委会北龙寮村
44082510820100025	高山榕	三级	120	16.0	700	36.5	徐闻县龙塘镇龙塘村委会岸东村岸东坎
44082510820100026	榕树	三级	180	15.0	609	17.0	徐闻县龙塘镇龙塘村委会岸东村村前
44082510820100027	榄仁树	三级	120	14.0	349	17.5	徐闻县龙塘镇龙塘村委会岸东村村前
44082510820100028	榕树	三级	150	16.0	600	24.5	徐闻县龙塘镇龙塘村委会岸东村村前庙后
44082510820100029	高山榕	三级	150	15.0	502	26.5	徐闻县龙塘镇龙塘村委会岸东村村前
44082510820100030	榕树	三级	119	14.0	399	22.0	徐闻县龙塘镇龙塘村委会岸东村村前
44082510820100202	阳桃	三级	110	9.0	190	8.5	徐闻县龙塘镇龙塘村委会排村东边围村水泥路旁
44082510820200031	榕树	三级	130	16.0	537	22.5	徐闻县龙塘镇大塘村委会大塘村村内
44082510820200032	高山榕	三级	130	18.0	380	17.0	徐闻县龙塘镇大塘村委会大塘村村内
44082510820200033	高山榕	三级	130	16.0	700	21.5	徐闻县龙塘镇大塘村委会大塘村内
44082510820200034	高山榕	三级	130	17.0	700	20.0	徐闻县龙塘镇大塘村委会大塘村内
44082510820200035	高山榕	三级	130	19.0	801	21.5	徐闻县龙塘镇大塘村委会大塘村内
44082510820200036	高山榕	三级	130	22.0	458	22.5	徐闻县龙塘镇大塘村委会大塘村内
44082510820200037	高山榕	三级	130	23.0	769	24.0	徐闻县龙塘镇大塘村委会大塘村内
44082510820200038	高山榕	三级	130	19.0	801	23.0	徐闻县龙塘镇大塘村委会大塘村
44082510820200039	高山榕	三级	130	16.0	559	23.0	徐闻县龙塘镇大塘村委会大塘村前
44082510820200040	高山榕	三级	120	22.0	471	20.0	徐闻县龙塘镇大塘村委会大塘村内
44082510820200041	高山榕	三级	120	20.0	127	21.5	徐闻县龙塘镇大塘村委会大塘村内
44082510820200042	高山榕	三级	120	12.0	600	21.0	徐闻县龙塘镇大塘村委会大塘村内
44082510820200043	高山榕	三级	120	17.0	449	21.0	徐闻县龙塘镇大塘村委会大塘村内
44082510820200044	高山榕	三级	110	13.0	399	14.0	徐闻县龙塘镇大塘村委会海仔村前港
44082510820200045	榄仁树	三级	100	14.0	248	18.5	徐闻县龙塘镇大塘村委会下海村学校内
44082510820200046	榄仁树	三级	100	12.0	188	16.5	徐闻县龙塘镇大塘村委会下海村学校内
44082510820200047	榕树	三级	190	14.0	421	20.5	徐闻县龙塘镇大塘村委会孔吟村内
44082510820200048	榕树	三级	210	12.0	440	18.5	徐闻县龙塘镇大塘村委会孔吟村东
44082510820200049	高山榕	三级	230	19.0	518	35.5	徐闻县龙塘镇大塘村委会孔吟村东
44082510820200050	榕树	三级	150	17.0	427	20.5	徐闻县龙塘镇大塘村委会孔吟村
44082510820200051	鹊肾树	三级	100	8.0	148	7.0	徐闻县龙塘镇大塘村委会石埚村西
44082510820200052	土坛树	三级	110	8.0	140	7.0	徐闻县龙塘镇大塘村委会良羌村
44082510820200053	榄仁树	三级	110	13.0	349	17.0	徐闻县龙塘镇大塘村委会良羌村
44082510820200054	榕树	三级	120	16.0	352	18.0	徐闻县龙塘镇大塘村委会良羌村
44082510820200055	高山榕	三级	120	15.0	480	18.0	徐闻县龙塘镇大塘村委会白水塘村前
44082510820200056	榕树	三级	120	15.0	474	30.0	徐闻县龙塘镇大塘村委会白水塘村前
44082510820200057	榕树	三级	170	12.0	349	17.5	徐闻县龙塘镇大塘村委会山湖村

(续)

古树编号	树种	古树等级	树龄（年）	树高（米）	胸围（厘米）	冠幅（米）	位置
44082510820200197	榕树	三级	160	16.0	820	34.5	徐闻县龙塘镇大塘村委会深湖村北
44082510820200198	榕树	三级	130	12.0	371	16.5	徐闻县龙塘镇大塘村委会深湖村糖寮山
44082510820200199	榕树	三级	180	12.0	361	9.0	徐闻县龙塘镇大塘村委会深湖村糖寮山
44082510820200201	高山榕	三级	110	23.0	380	27.5	徐闻县龙塘镇大塘村委会协兴村东南李贤全屋边
44082510820300061	榕树	三级	250	13.0	430	24.0	徐闻县龙塘镇木棉村委会木棉村
44082510820300062	榕树	三级	250	14.0	399	22.5	徐闻县龙塘镇木棉村委会木棉村前
44082510820300063	木棉	三级	190	14.0	380	16.5	徐闻县龙塘镇木棉村委会木棉塘旁
44082510820300064	乌墨	三级	230	16.0	330	13.5	徐闻县龙塘镇木棉村委会合山园村
44082510820300065	榕树	三级	230	9.0	399	13.0	徐闻县龙塘镇木棉村委会合山园村东
44082510820300066	榄仁树	三级	120	14.0	251	20.5	徐闻县龙塘镇木棉村委会锦山村学校内
44082510820300067	榕树	三级	120	19.0	201	16.5	徐闻县龙塘镇木棉村委会锦山村学校内
44082510820300068	榕树	三级	110	15.0	301	17.5	徐闻县龙塘镇木棉村委会锦山村学校后
44082510820300069	榕树	三级	250	12.0	499	16.0	徐闻县龙塘镇木棉村委会那宋村溏旁
44082510820300070	榕树	三级	160	15.0	521	22.5	徐闻县龙塘镇木棉村委会那泗村西
44082510820400058	榕树	三级	150	9.0	301	15.0	徐闻县龙塘镇青安村委会中宅村
44082510820400059	榕树	三级	120	13.0	901	19.0	徐闻县龙塘镇青安村委会中宅村前
44082510820400060	榕树	三级	110	18.0	399	19.0	徐闻县龙塘镇青安村委会包宅村前
44082510820500071	榕树	三级	100	9.0	251	16.0	徐闻县龙塘镇华林村委会符宅村学校前
44082510820500072	榕树	三级	100	9.0	276	13.0	徐闻县龙塘镇华林村委会符宅村前
44082510820500074	木棉	三级	170	13.0	220	6.0	徐闻县龙塘镇华林村委会北龙村前
44082510820500075	木棉	三级	130	13.0	201	9.0	徐闻县龙塘镇华林村委会北龙村前
44082510820500077	榕树	三级	120	13.0	531	24.0	徐闻县龙塘镇华林村委会北平村
44082510820500078	榕树	三级	130	15.0	581	21.0	徐闻县龙塘镇华林村委会北平村
44082510820500079	榕树	三级	180	9.0	600	14.5	徐闻县龙塘镇华林村委会文斗村前
44082510820500080	榕树	三级	160	15.0	619	23.5	徐闻县龙塘镇华林村委会吴家田村前
44082510820500081	榕树	三级	150	16.0	311	18.5	徐闻县龙塘镇华林村委会吴家田村前
44082510820500082	榕树	三级	160	7.0	349	13.5	徐闻县龙塘镇华林村委会吴家田村前
44082510820500083	榕树	三级	130	9.0	188	9.5	徐闻县龙塘镇华林村委会吴家田村前
44082510820500084	榕树	三级	180	15.0	499	24.0	徐闻县龙塘镇华林村委会吴家田村前
44082510820500085	榕树	三级	180	12.0	345	17.5	徐闻县龙塘镇华林村委会迈寿涡村前
44082510820500086	高山榕	三级	180	15.0	191	25.5	徐闻县龙塘镇华林村委会竹园村前
44082510820500087	龙眼	三级	110	10.0	210	12.0	徐闻县龙塘镇华林村委会竹园村内
44082510820500088	高山榕	三级	120	15.0	289	17.5	徐闻县龙塘镇华林村委会安永村
44082510820500089	高山榕	三级	110	14.0	270	20.0	徐闻县龙塘镇华林村委会安永村
44082510820500090	榕树	三级	130	9.0	421	16.5	徐闻县龙塘镇华林村委会那甸村
44082510820500091	榕树	三级	140	10.0	399	11.5	徐闻县龙塘镇华林村委会那甸村前
44082510820500092	榕树	三级	140	15.0	480	21.5	徐闻县龙塘镇华林村委会挖头村前
44082510820500093	高山榕	三级	140	19.0	345	18.5	徐闻县龙塘镇华林村委会挖头村前
44082510820500094	榕树	三级	140	13.0	440	31.5	徐闻县龙塘镇华林村委会挖头村前
44082510820500095	高山榕	三级	100	13.0	600	34.5	徐闻县龙塘镇华林村委会后寮村内
44082510820500096	高山榕	三级	110	16.0	700	33.5	徐闻县龙塘镇华林村委会新农村
44082510820500132	榕树	三级	100	9.0	220	11.5	徐闻县龙塘镇华林村委会符宅村
44082510820500133	见血封喉	三级	110	15.0	210	9.0	徐闻县龙塘镇华林村委会北龙村
44082510820500134	见血封喉	三级	110	15.0	261	12.5	徐闻县龙塘镇华林村委会北龙村前
44082510820600097	见血封喉	三级	230	9.0	349	16.0	徐闻县龙塘镇福田村委会曹益村樟纽园
44082510820600098	榕树	三级	110	9.0	691	26.5	徐闻县龙塘镇福田村委会曹益村后
44082510820600099	高山榕	三级	180	18.0	729	26.5	徐闻县龙塘镇福田村委会高浮村内
44082510820600100	榕树	三级	210	14.0	801	31.0	徐闻县龙塘镇福田村委会西松村东

(续)

古树编号	树种	古树等级	树龄（年）	树高（米）	胸围（厘米）	冠幅（米）	位置
44082510820600102	朴树	三级	110	11.0	129	11.0	徐闻县龙塘镇福田村委会丰足村
44082510820600103	见血封喉	三级	110	19.0	1222	20.5	徐闻县龙塘镇福田村委会月灵村后
44082510820600104	榕树	三级	200	12.0	521	15.5	徐闻县龙塘镇福田村委会月灵村内
44082510820700131	见血封喉	三级	200	16.0	502	12.0	徐闻县龙塘镇黄定村委会那岭村东
44082510820700141	榕树	三级	100	15.0	449	15.5	徐闻县龙塘镇黄定村委会东园村后
44082510820700142	榕树	三级	130	11.0	301	16.0	徐闻县龙塘镇黄定村委会过眼村前
44082510820700143	榕树	三级	160	15.0	499	22.5	徐闻县龙塘镇黄定村委会过眼村
44082510820700144	榄仁树	三级	160	15.0	480	23.5	徐闻县龙塘镇黄定村委会过眼村
44082510820700145	龙眼	三级	100	7.5	399	12.5	徐闻县龙塘镇黄定村委会黄定村村委院内
44082510820700146	龙眼	三级	100	12.0	251	14.0	徐闻县龙塘镇黄定村委会黄定村
44082510820700147	木棉	三级	130	18.0	399	21.5	徐闻县龙塘镇黄定村委会黄定村内
44082510820700195	荔枝	三级	100	9.0	207	10.0	徐闻县龙塘镇黄定村委会迈胜农场
44082510820700196	榕树	三级	100	9.0	289	18.5	徐闻县龙塘镇黄定村委会迈胜学校内
44082510820800105	见血封喉	三级	110	22.0	458	20.5	徐闻县龙塘镇西洋村委会后昌村内
44082510820800106	榕树	三级	110	8.0	418	19.0	徐闻县龙塘镇西洋村委会英印村内
44082510820800107	见血封喉	三级	120	17.0	540	22.0	徐闻县龙塘镇西洋村委会英印仔村村西
44082510820800108	樟	三级	110	12.0	361	20.5	徐闻县龙塘镇西洋村委会昌仔园村前
44082510820800109	秋枫	三级	100	13.0	179	12.5	徐闻县龙塘镇西洋村委会昌仔园村前
44082510820800110	榕树	三级	120	8.0	458	20.5	徐闻县龙塘镇西洋村委会槟榔园村前
44082510820800111	见血封喉	三级	160	12.0	458	15.0	徐闻县龙塘镇西洋村委会槟榔园村内
44082510820800112	木棉	三级	170	11.0	399	13.0	徐闻县龙塘镇西洋村委会边胆村前
44082510820800113	榕树	三级	200	11.0	550	24.5	徐闻县龙塘镇西洋村委会边胆村前
44082510820800114	榕树	三级	200	12.0	597	16.0	徐闻县龙塘镇西洋村委会边胆村前
44082510820800115	榕树	三级	100	14.0	581	24.0	徐闻县龙塘镇西洋村委会边胆村前
44082510820800116	榕树	三级	110	10.0	270	21.0	徐闻县龙塘镇西洋村委会边胆村前
44082510820800117	榕树	三级	100	13.0	399	17.0	徐闻县龙塘镇西洋村委会边胆村前
44082510820800118	榕树	三级	200	11.0	430	13.5	徐闻县龙塘镇西洋村委会边胆村前
44082510820800121	秋枫	三级	200	10.0	301	11.0	徐闻县龙塘镇西洋村委会边胆村前
44082510820800122	秋枫	三级	210	11.0	330	8.5	徐闻县龙塘镇西洋村委会边胆村前
44082510820800123	见血封喉	三级	140	12.0	631	20.5	徐闻县龙塘镇西洋村委会西洋村内
44082510820800124	见血封喉	三级	110	12.0	509	19.0	徐闻县龙塘镇西洋村委会西洋村后
44082510820800125	榕树	三级	160	11.0	380	21.0	徐闻县龙塘镇西洋村委会西洋村后
44082510820800126	榕树	三级	150	13.0	320	16.0	徐闻县龙塘镇西洋村委会西洋村后
44082510820800127	见血封喉	三级	120	14.0	600	17.5	徐闻县龙塘镇西洋村委会田蟹钳村
44082510820800128	榕树	三级	100	13.0	480	18.0	徐闻县龙塘镇西洋村委会田蟹钳村后
44082510820800129	见血封喉	三级	200	16.0	521	21.0	徐闻县龙塘镇西洋村委会湖仔村内
44082510820800130	见血封喉	三级	100	10.0	270	8.0	徐闻县龙塘镇西洋村委会湖仔村
44082510820900176	榕树	三级	210	9.0	480	16.0	徐闻县龙塘镇东角村委会连址村
44082510820900177	榕树	三级	170	10.0	480	22.0	徐闻县龙塘镇东角村委会连址村
44082510820900178	榕树	三级	120	9.0	424	18.5	徐闻县龙塘镇东角村委会连址村内
44082510820900179	榕树	三级	110	8.0	201	15.0	徐闻县龙塘镇东角村委会连址村内
44082510820900180	榕树	三级	210	10.0	600	21.0	徐闻县龙塘镇东角村委会连址村东
44082510820900181	榕树	三级	190	13.0	647	19.0	徐闻县龙塘镇东角村委会大家村前
44082510820900182	榕树	三级	180	16.0	590	19.5	徐闻县龙塘镇东角村委会大家村
44082510820900183	朴树	三级	100	12.0	449	17.0	徐闻县龙塘镇东角村委会大家村内
44082510820900184	榕树	三级	100	10.0	458	23.5	徐闻县龙塘镇东角村委会东角村学校内
44082510820900185	榕树	三级	100	9.0	389	21.0	徐闻县龙塘镇东角村委会东角村学校内
44082510820900186	榕树	三级	100	11.0	421	23.5	徐闻县龙塘镇东角村委会东角村学校内

(续)

古树编号	树种	古树等级	树龄（年）	树高（米）	胸围（厘米）	冠幅（米）	位置
44082510820900188	榕树	三级	170	8.0	421	14.0	徐闻县龙塘镇东角村委会下塘村北
44082510820900189	榕树	三级	120	11.0	320	20.0	徐闻县龙塘镇东角村委会芝麻园村文化楼
44082510820900190	榕树	三级	150	8.0	408	18.0	徐闻县龙塘镇东角村委会芝麻园村前
44082510820900191	朴树	三级	100	14.0	361	6.0	徐闻县龙塘镇东角村委会芝麻园村前
44082510820900192	见血封喉	三级	130	17.0	458	17.0	徐闻县龙塘镇东角村委会芝麻园村前
44082510821000168	榕树	三级	120	12.0	280	13.5	徐闻县龙塘镇赤渔村委会麻湖村后
44082510821000169	榕树	三级	130	14.0	349	20.5	徐闻县龙塘镇赤渔村委会麻湖村后
44082510821000170	榕树	三级	210	13.0	330	24.5	徐闻县龙塘镇赤渔村委会麻湖村后
44082510821000171	榕树	三级	200	11.0	603	17.5	徐闻县龙塘镇赤渔村委会麻湖村后
44082510821000172	榕树	三级	110	10.0	600	15.0	徐闻县龙塘镇赤渔村委会麻湖村北
44082510821000173	榕树	三级	110	10.0	330	15.0	徐闻县龙塘镇赤渔村委会麻湖村北
44082510821000175	榕树	三级	180	9.0	317	17.0	徐闻县龙塘镇赤渔村委会麻湖村文化楼旁
44082510821100148	高山榕	三级	110	14.0	371	26.5	徐闻县龙塘镇赤农村委会柯家村内
44082510821100149	高山榕	三级	130	12.0	349	23.0	徐闻县龙塘镇赤农村委会柯家村内
44082510821100150	榄仁树	三级	200	12.0	371	27.5	徐闻县龙塘镇赤农村委会大教村前
44082510821100151	榕树	三级	110	13.0	559	19.5	徐闻县龙塘镇赤农村委会盐田村前
44082510821100152	榕树	三级	160	9.0	619	20.0	徐闻县龙塘镇赤农村委会盐田村内
44082510821100153	榕树	三级	270	10.0	540	21.5	徐闻县龙塘镇赤农村委会博赊村港口
44082510821100154	朴树	三级	130	9.0	179	8.5	徐闻县龙塘镇赤农村委会坡田村前
44082510821100157	榕树	三级	110	10.0	371	16.5	徐闻县龙塘镇赤农村委会昌发村前
44082510821100158	榕树	三级	100	9.0	251	11.0	徐闻县龙塘镇赤农村委会田西村前
44082510821100159	榕树	三级	250	12.0	480	21.5	徐闻县龙塘镇赤农村委会田西村内
44082510821100160	榕树	三级	110	12.0	349	16.5	徐闻县龙塘镇赤农村委会田西村后
44082510821100161	榕树	三级	110	13.0	311	17.0	徐闻县龙塘镇赤农村委会田西村后
44082510821100162	榕树	三级	120	7.0	308	15.0	徐闻县龙塘镇赤农村委会下洋村
44082510821100163	榕树	三级	140	11.0	118	16.0	徐闻县龙塘镇赤农村委会葛园村内
44082510821100164	榕树	三级	110	14.0	308	14.0	徐闻县龙塘镇赤农村委会葛园村
44082510821100165	榕树	三级	120	13.0	377	9.5	徐闻县龙塘镇赤农村委会葛园村东
44082510821100166	榕树	三级	180	15.0	480	17.5	徐闻县龙塘镇赤农村委会和面村前
44082510821100167	榕树	三级	110	11.0	301	16.5	徐闻县龙塘镇赤农村委会和面村前
44082510821100193	榕树	三级	180	8.0	320	14.0	徐闻县龙塘镇赤农村委会田尾圩村前
44082510821100194	榕树	三级	130	9.0	361	12.0	徐闻县龙塘镇赤农村委会田尾圩村前
44082510900100057	竹节树	三级	100	8.0	250	9.5	徐闻县下洋镇下洋社区居委会后岭村
44082510900100058	榕树	三级	140	8.0	367	14.5	徐闻县下洋镇下洋社区居委会新村仔村
44082510900100059	榕树	三级	140	7.5	371	15.0	徐闻县下洋镇下洋社区居委会新村仔村
44082510900100060	榕树	三级	140	8.5	383	10.5	徐闻县下洋镇下洋社区居委会新村仔村
44082510900100061	榕树	三级	100	5.0	314	5.0	徐闻县下洋镇下洋社区居委会新村仔村
44082510900100062	榕树	三级	200	9.0	490	7.5	徐闻县下洋镇下洋社区居委会新村仔村
44082510920200004	榄仁树	三级	230	5.6	220	11.0	徐闻县下洋镇海星村委会南尾宫村庙前
44082510920200005	榄仁树	三级	200	8.5	220	16.0	徐闻县下洋镇海星村委会车路门村土地公旁
44082510920300006	见血封喉	三级	100	14.5	141	11.5	徐闻县下洋镇后村村委会下田村文化楼旁
44082510920300007	榕树	三级	100	12.5	236	12.5	徐闻县下洋镇后村村委会后村村南
44082510920300008	榕树	三级	130	15.0	336	9.0	徐闻县下洋镇后村村委会后村村南土地公旁
44082510920300009	榕树	三级	160	16.0	415	12.0	徐闻县下洋镇后村村委会后村村南土地公旁
44082510920300010	榕树	三级	110	6.0	308	10.0	徐闻县下洋镇后村村委会后村村北
44082510920300011	榕树	三级	180	11.5	449	14.5	徐闻县下洋镇后村村委会后村村北公祖庙旁
44082510920300012	榕树	三级	101	15.0	402	15.0	徐闻县下洋镇后村村委会后村公祖庙旁
44082510920300013	榕树	三级	200	14.5	518	15.5	徐闻县下洋镇后村村委会后村公祖庙旁

第三章 湛江市古树名木目录

(续)

古树编号	树种	古树等级	树龄(年)	树高(米)	胸围(厘米)	冠幅(米)	位置
44082510920300014	榕树	三级	150	10.0	129	15.5	徐闻县下洋镇后村村委会后村村北
44082510920300015	榕树	三级	190	10.0	484	9.0	徐闻县下洋镇后村村委会后村村北
44082510920300017	榕树	三级	270	14.0	189	17.0	徐闻县下洋镇后村村委会福场村前
44082510920300018	阴香	三级	130	4.5	214	6.5	徐闻县下洋镇后村村委会武赛坑村庙旁
44082510920300019	榕树	三级	130	12.5	367	11.0	徐闻县下洋镇后村村委会黄塘公祖庙旁
44082510920300020	榕树	三级	140	11.5	367	11.5	徐闻县下洋镇后村村委会黄塘塘旁
44082510920300021	铁冬青	三级	120	6.5	173	4.0	徐闻县下洋镇后村村委会黄塘村庙旁
44082510920300022	榕树	三级	130	8.5	342	10.5	徐闻县下洋镇后村村委会黄塘塘旁
44082510920400083	榕树	三级	140	6.0	367	4.0	徐闻县下洋镇龙江塘村委会黄家村
44082510920400084	榕树	三级	130	8.0	449	11.5	徐闻县下洋镇龙江塘村委会六黎村前
44082510920400085	榕树	三级	150	9.5	393	11.0	徐闻县下洋镇龙江塘村委会六黎村前
44082510920400086	榕树	三级	140	11.0	389	11.5	徐闻县下洋镇龙江塘村委会田园村
44082510920400087	榕树	三级	100	10.0	298	11.0	徐闻县下洋镇龙江塘村委会田园村
44082510920400088	榕树	三级	110	11.0	308	11.0	徐闻县下洋镇龙江塘村委会田园村
44082510920400089	榕树	三级	150	9.0	399	10.0	徐闻县下洋镇龙江塘村委会田园村
44082510920400090	榕树	三级	220	10.0	518	9.5	徐闻县下洋镇龙江塘村委会田园村
44082510920400091	鹊肾树	三级	120	5.5	152	5.0	徐闻县下洋镇龙江塘村委会田园村
44082510920400092	鹊肾树	三级	170	7.0	204	6.0	徐闻县下洋镇龙江塘村委会田园村
44082510920400093	榕树	三级	130	14.0	345	10.0	徐闻县下洋镇龙江塘村委会田园村
44082510920400094	榕树	三级	140	12.0	559	12.5	徐闻县下洋镇龙江塘村委会龙江公祖庙旁
44082510920500036	见血封喉	三级	150	14.0	314	13.0	徐闻县下洋镇小苏村村委会小苏村
44082510920500037	见血封喉	三级	150	12.4	314	13.5	徐闻县下洋镇小苏村村委会小苏村
44082510920500038	见血封喉	三级	100	15.0	122	8.5	徐闻县下洋镇小苏村村委会西六村
44082510920600023	榕树	三级	120	14.0	280	18.0	徐闻县下洋镇姑村村委会乌辉塘土地公庙旁
44082510920600024	榕树	三级	130	9.0	99	10.5	徐闻县下洋镇姑村村委会后堀村
44082510920600025	榕树	三级	100	8.0	358	14.0	徐闻县下洋镇姑村村委会后堀土地公庙旁
44082510920600026	幌伞枫	三级	110	9.0	179	4.5	徐闻县下洋镇姑村村委会后堀村土地公庙旁
44082510920600027	朴树	三级	150	11.0	239	11.0	徐闻县下洋镇姑村村委会陈宅村
44082510920600028	高山榕	三级	100	7.0	239	5.5	徐闻县下洋镇姑村村委会陈宅公祖庙后
44082510920600029	秋枫	三级	110	8.5	85	14.0	徐闻县下洋镇姑村村委会陈宅土地公庙后
44082510920600030	榕树	三级	100	12.0	280	8.5	徐闻县下洋镇姑村村委会陈宅村中
44082510920600031	榕树	三级	150	12.0	446	18.0	徐闻县下洋镇姑村村委会姑村文化楼后
44082510920600032	鹊肾树	三级	120	10.0	166	4.0	徐闻县下洋镇姑村村委会姑村文化楼后
44082510920600033	榕树	三级	100	8.5	289	14.0	徐闻县下洋镇姑村村委会姑村文化楼旁
44082510920600034	榕树	三级	150	11.5	158	14.5	徐闻县下洋镇姑村村委会姑村村中
44082510920600035	榕树	三级	130	11.0	380	14.0	徐闻县下洋镇姑村村委会姑村村中
44082510920700001	鹊肾树	三级	200	7.6	236	9.5	徐闻县下洋镇下港村委会下港村
44082510920700002	鹊肾树	三级	140	7.5	179	9.5	徐闻县下洋镇下港村委会下港村
44082510920700003	榄仁树	三级	100	8.5	258	25.5	徐闻县下洋镇下港村委会下港小学
44082510920800071	鹊肾树	三级	110	6.0	140	5.0	徐闻县下洋镇尖岭村委会甘塘村前
44082510920800072	鹊肾树	三级	130	6.0	160	5.0	徐闻县下洋镇尖岭村委会甘塘村前
44082510920800073	榕树	三级	150	13.0	389	11.0	徐闻县下洋镇尖岭村委会甘塘村前
44082510920800074	榕树	三级	140	11.0	383	9.0	徐闻县下洋镇尖岭村委会甘塘村村前
44082510920800075	榕树	三级	180	11.0	449	12.5	徐闻县下洋镇尖岭村委会甘塘村村前
44082510920800076	龙眼	三级	140	8.0	170	5.0	徐闻县下洋镇尖岭村委会甘塘村村前
44082510920800077	龙眼	三级	160	4.0	182	6.0	徐闻县下洋镇尖岭村委会甘塘村村前
44082510920800079	龙眼	三级	160	8.0	61	8.5	徐闻县下洋镇尖岭村委会甘塘村村前
44082510920800080	鹊肾树	三级	110	4.0	140	5.0	徐闻县下洋镇尖岭村委会边湖仔村

(续)

古树编号	树种	古树等级	树龄（年）	树高（米）	胸围（厘米）	冠幅（米）	位置
44082510920800081	鹊肾树	三级	160	7.0	199	7.5	徐闻县下洋镇尖岭村委会尖岭村
44082510920800082	鹊肾树	三级	180	7.0	218	4.5	徐闻县下洋镇尖岭村委会尖岭村
44082510920900065	朴树	三级	100	14.0	170	6.5	徐闻县下洋镇边坡村委会八角尾村公祖庙旁
44082510920900066	朴树	三级	110	15.0	179	9.0	徐闻县下洋镇边坡村委会八角尾村公祖庙旁
44082510920900067	龙眼	三级	140	7.0	166	5.5	徐闻县下洋镇边坡村委会八角尾村公祖庙旁
44082510920900068	鹊肾树	三级	110	5.0	138	4.0	徐闻县下洋镇边坡村委会八角尾村公祖庙旁
44082510920900069	榕树	三级	170	8.0	427	19.5	徐闻县下洋镇边坡村委会边坡塘旁
44082510920900070	榕树	三级	150	15.0	399	18.0	徐闻县下洋镇边坡村委会边坡土地公庙前
44082510921000063	见血封喉	三级	100	15.0	377	17.5	徐闻县下洋镇地塘村委会程陆村
44082510921000064	榕树	三级	150	16.0	339	9.0	徐闻县下洋镇地塘村委会那谭村文化楼旁
44082510921100039	榕树	三级	110	6.0	280	10.5	徐闻县下洋镇墩尾村委会后桥村
44082510921100040	榕树	三级	130	11.5	490	20.5	徐闻县下洋镇墩尾村委会弄坡村公祖庙旁
44082510921100041	见血封喉	三级	280	27.0	628	25.0	徐闻县下洋镇墩尾村委会桐挖村
44082510921100042	秋枫	三级	130	18.0	289	9.0	徐闻县下洋镇墩尾村委会西尾公祖庙前
44082510921100043	龙眼	三级	160	15.0	185	7.5	徐闻县下洋镇墩尾村委会西尾村
44082510921100044	龙眼	三级	130	5.0	157	8.0	徐闻县下洋镇墩尾村委会西尾村
44082510921100045	龙眼	三级	160	7.0	185	10.0	徐闻县下洋镇墩尾村委会西尾村
44082510921100046	龙眼	三级	160	10.0	188	11.5	徐闻县下洋镇墩尾村委会西尾村
44082510921100047	龙眼	三级	180	10.5	199	10.0	徐闻县下洋镇墩尾村委会西尾村
44082510921100048	龙眼	三级	220	9.0	223	10.0	徐闻县下洋镇墩尾村委会西尾村
44082510921100049	秋枫	三级	100	15.0	87	11.5	徐闻县下洋镇墩尾村委会墩尾村
44082510921100050	龙眼	三级	230	7.0	77	6.0	徐闻县下洋镇墩尾村委会墩尾村
44082510921100051	榕树	三级	120	8.5	352	13.0	徐闻县下洋镇墩尾村委会上园村
44082510921100052	榕树	三级	100	8.0	276	9.5	徐闻县下洋镇墩尾村委会西尾湖村
44082510921100053	榕树	三级	180	18.0	143	17.0	徐闻县下洋镇墩尾村委会西尾湖村土地公庙后
44082510921100054	榕树	三级	200	5.0	493	5.0	徐闻县下洋镇墩尾村委会西尾湖村
44082510921100055	榕树	三级	200	19.0	230	13.5	徐闻县下洋镇墩尾村委会西尾湖村
44082510921100056	榕树	三级	140	16.0	380	16.0	徐闻县下洋镇墩尾村委会西尾湖村
44082510921100095	见血封喉	三级	100	13.0	230	11.5	徐闻县下洋镇墩尾村委会弄坡村村前
44082511020100023	山槐	三级	100	18.0	185	15.0	徐闻县锦和镇东山村委会同安村南
44082511020100024	樟	三级	100	15.0	210	12.0	徐闻县锦和镇东山村委会同安村前
44082511020100025	樟	三级	100	15.0	201	11.0	徐闻县锦和镇东山村委会同安村前
44082511020100026	朴树	三级	100	16.0	242	12.0	徐闻县锦和镇东山村委会同安村前
44082511020100027	樟	三级	100	15.0	229	13.5	徐闻县锦和镇东山村委会同安村前
44082511020100028	樟	三级	110	14.0	210	15.0	徐闻县锦和镇东山村委会同安村前
44082511020100029	樟	三级	100	14.0	188	13.0	徐闻县锦和镇东山村委会同安村前
44082511020100030	樟	三级	100	14.0	220	10.0	徐闻县锦和镇东山村委会同安村前
44082511020100031	榕树	三级	130	13.0	229	18.0	徐闻县锦和镇东山村委会同安村前
44082511020100032	樟	三级	100	14.0	188	13.0	徐闻县锦和镇东山村委会同安村
44082511020100033	樟	三级	120	15.0	1311	17.0	徐闻县锦和镇东山村委会同安村前
44082511020100034	樟	三级	120	16.0	427	18.5	徐闻县锦和镇东山村委会同安村前
44082511020100035	樟	三级	110	16.0	258	16.0	徐闻县锦和镇东山村委会同安村前
44082511020100036	橄榄	三级	130	16.0	220	16.0	徐闻县锦和镇东山村委会同安村村东
44082511020100037	榕树	三级	100	16.0	254	17.0	徐闻县锦和镇东山村委会坑仔村前
44082511020100038	榕树	三级	100	13.0	311	22.0	徐闻县锦和镇东山村委会东山村前
44082511020100039	榕树	三级	140	15.0	480	18.0	徐闻县锦和镇东山村委会东山村前
44082511020100040	榕树	三级	100	14.0	361	16.0	徐闻县锦和镇东山村委会东山村前
44082511020100041	朴树	三级	100	16.0	261	16.0	徐闻县锦和镇东山村委会新村村前

第三章 湛江市古树名木目录

(续)

古树编号	树种	古树等级	树龄（年）	树高（米）	胸围（厘米）	冠幅（米）	位置
44082511020100042	朴树	三级	100	15.0	201	14.0	徐闻县锦和镇东山村委会新村村南
44082511020100043	铁冬青	三级	120	16.0	160	12.0	徐闻县锦和镇东山村委会新村村前
44082511020100044	朴树	三级	100	16.0	207	14.0	徐闻县锦和镇东山村委会新村村前
44082511020100045	朴树	三级	100	18.0	301	14.0	徐闻县锦和镇东山村委会新村村南
44082511020100046	朴树	三级	110	17.0	251	10.0	徐闻县锦和镇东山村委会新村村前
44082511020300014	榕树	三级	130	11.0	311	18.0	徐闻县锦和镇那楚村委会高园村前
44082511020300015	鹊肾树	三级	260	3.5	151	6.5	徐闻县锦和镇那楚村委会高园村
44082511020300016	榕树	三级	210	6.0	380	9.0	徐闻县锦和镇那楚村委会高园村北
44082511020300017	鹊肾树	三级	160	6.0	201	7.0	徐闻县锦和镇那楚村委会高园村北
44082511020300018	鹊肾树	三级	260	6.0	192	5.0	徐闻县锦和镇那楚村委会高园村北
44082511020300019	鹊肾树	三级	260	5.5	151	6.0	徐闻县锦和镇那楚村委会高园村北
44082511020300020	鹊肾树	三级	260	5.5	132	5.0	徐闻县锦和镇那楚村委会高园村北
44082511020300021	榕树	三级	110	11.0	650	18.0	徐闻县锦和镇那楚村委会新村村前
44082511020300022	榕树	三级	120	14.0	330	15.0	徐闻县锦和镇那楚村委会新村村前
44082511020400005	土坛树	三级	170	4.7	104	7.5	徐闻县锦和镇坑口村委会边板村前
44082511020400006	荔枝	三级	190	4.2	192	8.0	徐闻县锦和镇坑口村委会边板村前
44082511020400007	鹊肾树	三级	150	10.3	201	10.0	徐闻县锦和镇坑口村委会边板村前
44082511020400008	榕树	三级	200	9.8	251	17.0	徐闻县锦和镇坑口村委会竹山头村前
44082511020400009	樟	三级	120	10.6	239	17.0	徐闻县锦和镇坑口村委会竹山头村前
44082511020400010	樟	三级	110	10.0	210	16.5	徐闻县锦和镇坑口村委会竹山头村前
44082511020400011	樟	三级	110	10.0	188	15.5	徐闻县锦和镇坑口村委会竹山头村前
44082511020400012	榕树	三级	200	14.5	280	14.0	徐闻县锦和镇坑口村委会竹山头村前
44082511020400013	樟	三级	180	11.0	270	16.5	徐闻县锦和镇坑口村委会竹山头村边
44082511020700068	荔枝	三级	110	8.0	229	6.0	徐闻县锦和镇锦丰村委会下洋仔村中
44082511021000047	海红豆	三级	110	11.0	70	16.0	徐闻县锦和镇六极村委会南村村边
44082511021000048	海红豆	三级	110	17.0	229	11.0	徐闻县锦和镇六极村委会南村村边
44082511021000049	榕树	三级	100	14.0	201	14.0	徐闻县锦和镇六极村委会后宫村边
44082511021000069	酸豆	三级	110	15.0	210	13.5	徐闻县锦和镇六极村委会中村村中
44082511021200070	龙眼	三级	100	6.0	207	10.0	徐闻县锦和镇那板村委会南坪村
44082511021200071	龙眼	三级	110	8.0	201	10.5	徐闻县锦和镇那板村委会南坪村前
44082511021200072	榕树	三级	100	8.0	261	14.0	徐闻县锦和镇那板村委会笃头村前
44082511021200073	榕树	三级	120	9.0	201	16.5	徐闻县锦和镇那板村委会笃头村前
44082511021200074	榕树	三级	120	9.0	201	13.0	徐闻县锦和镇那板村委会笃头村前
44082511021200075	龙眼	三级	100	10.0	201	11.0	徐闻县锦和镇那板村委会笃头村前
44082511021200076	榕树	三级	110	20.0	270	17.5	徐闻县锦和镇那板村委会后坑村前
44082511021200077	榕树	三级	110	18.0	330	17.5	徐闻县锦和镇那板村委会后坑仔村前
44082511021200078	朴树	三级	100	16.0	229	12.5	徐闻县锦和镇那板村委会后坑仔村前
44082511021200079	波罗蜜	三级	100	15.0	229	11.5	徐闻县锦和镇那板村委会后坑仔村前
44082511021200080	樟	三级	100	14.0	339	11.0	徐闻县锦和镇那板村委会后坑仔村前
44082511021200081	榕树	三级	100	13.0	399	22.0	徐闻县锦和镇那板村委会后坑仔村
44082511021300001	苏铁	三级	140	4.5	91	3.0	徐闻县锦和镇龙群村委会后坑村前
44082511021300002	樟	三级	110	14.0	280	16.5	徐闻县锦和镇龙群村委会龙群村东
44082511021300003	樟	三级	110	14.0	251	13.0	徐闻县锦和镇龙群村委会龙群村东
44082511021300004	樟	三级	100	12.0	210	14.0	徐闻县锦和镇龙群村委会那井村前
44082511021500050	榕树	三级	120	15.0	349	12.0	徐闻县锦和镇白茅村委会文宅村前
44082511021500051	榕树	三级	100	15.0	330	12.0	徐闻县锦和镇白茅村委会文宅村前
44082511021500052	榕树	三级	110	14.0	311	10.0	徐闻县锦和镇白茅村委会文宅村前
44082511021500053	樟	三级	120	14.0	389	13.0	徐闻县锦和镇白茅村委会文宅村前

(续)

古树编号	树种	古树等级	树龄（年）	树高（米）	胸围（厘米）	冠幅（米）	位置
44082511021500054	岭南山竹子	三级	100	11.0	170	7.0	徐闻县锦和镇白茅村委会文宅村前
44082511021500055	红鳞蒲桃	三级	130	12.0	101	7.0	徐闻县锦和镇白茅村委会文宅村前
44082511021500056	榕树	三级	130	12.0	119	7.0	徐闻县锦和镇白茅村委会文宅村前
44082511021500057	红鳞蒲桃	三级	130	13.0	119	9.0	徐闻县锦和镇白茅村委会文宅村前
44082511021500058	榕树	三级	100	14.0	289	14.0	徐闻县锦和镇白茅村委会文宅村前
44082511021500059	榕树	三级	110	12.0	358	11.0	徐闻县锦和镇白茅村委会文宅村前
44082511021500060	榕树	三级	130	14.0	336	10.0	徐闻县锦和镇白茅村委会文宅村前
44082511021500061	红鳞蒲桃	三级	130	9.0	119	5.0	徐闻县锦和镇白茅村委会汪宅村前
44082511021500062	榕树	三级	110	8.0	317	5.0	徐闻县锦和镇白茅村委会汪宅村前
44082511021500063	榕树	三级	100	9.0	270	12.0	徐闻县锦和镇白茅村委会汪宅村前
44082511021500064	朴树	三级	100	10.0	201	13.0	徐闻县锦和镇白茅村委会汪宅村前
44082511021500065	龙眼	三级	110	15.0	210	13.0	徐闻县锦和镇白茅村委会汪宅村前
44082511021500066	岭南山竹子	三级	110	14.0	220	5.0	徐闻县锦和镇白茅村委会汪宅村前
44082511021500067	岭南山竹子	三级	100	14.0	179	4.0	徐闻县锦和镇白茅村委会汪宅村前
44082511120100025	樟	三级	100	14.1	190	9.3	徐闻县和安镇和安村委会陈家村土地公庙旁
44082511120100026	樟	三级	100	16.6	172	16.0	徐闻县和安镇和安村委会陈家村村南庙旁
44082511120100027	樟	三级	100	18.0	220	42.4	徐闻县和安镇和安村委会陈家村南庙旁
44082511120100028	榕树	三级	110	17.5	172	14.8	徐闻县和安镇和安村委会陈家村南庙旁
44082511120100029	山杜英	三级	120	13.5	130	11.8	徐闻县和安镇和安村委会陈家村北
44082511120100030	山杜英	三级	120	13.8	114	11.6	徐闻县和安镇和安村委会陈家村北
44082511120100032	鹊肾树	三级	100	16.5	160	14.5	徐闻县和安镇和安村委会茅园村东院内
44082511120200021	榕树	三级	160	9.1	420	9.5	徐闻县和安镇云头村委会云头村文化楼前
44082511120200022	樟	三级	120	16.6	229	20.2	徐闻县和安镇云头村委会边坑村北庙旁
44082511120200023	樟	三级	120	13.8	251	10.0	徐闻县和安镇云头村委会边坑村南庙旁
44082511120200024	樟	三级	120	13.8	270	14.4	徐闻县和安镇云头村委会边坑村东庙旁
44082511120300031	朴树	三级	140	16.5	303	15.9	徐闻县和安镇水头村委会徐闻县353乡道靠近佳吉
44082511120400041	榕树	三级	150	11.2	130	12.2	徐闻县和安镇公港村委会公港村北
44082511120400042	榄仁树	三级	150	23.0	240	19.3	徐闻县和安镇公港村委会赤坎村南土地庙旁
44082511120400043	朴树	三级	110	24.5	191	9.6	徐闻县和安镇公港村委会赤坎村南
44082511120400044	鹊肾树	三级	110	16.1	120	8.6	徐闻县和安镇公港村委会赤坎村南土地公旁
44082511120500033	山棣	三级	100	16.5	240	13.3	徐闻县和安镇后湖村委会后海村北庙边
44082511120500034	榕树	三级	110	13.5	280	11.2	徐闻县和安镇后湖村委会后海村北庙旁
44082511120500035	朴树	三级	100	14.2	229	10.9	徐闻县和安镇后湖村委会后海村北
44082511120500036	朴树	三级	100	15.2	220	14.0	徐闻县和安镇后湖村委会后海村北
44082511120500037	朴树	三级	150	15.2	250	11.9	徐闻县和安镇后湖村委会东村村中南
44082511120500038	榕树	三级	200	8.1	240	6.4	徐闻县和安镇后湖村委会东村村北
44082511120500039	鹊肾树	三级	150	16.0	202	16.0	徐闻县和安镇后湖村委会蓝田村北
44082511120500040	鹊肾树	三级	100	7.2	200	6.3	徐闻县和安镇后湖村委会蓝田村南
44082511120600014	龙眼	三级	110	11.6	175	9.9	徐闻县和安镇金鸡村委会金鸡村西
44082511120600015	榕树	三级	160	12.3	300	19.4	徐闻县和安镇金鸡村委会金鸡村文化楼旁
44082511120600016	朴树	三级	100	11.5	131	9.7	徐闻县和安镇金鸡村委会徐闻县353乡道靠近佳吉
44082511120600017	山棣	三级	120	16.5	188	9.0	徐闻县和安镇金鸡村委会金鸡村北
44082511120600018	山棣	三级	120	17.7	172	10.5	徐闻县和安镇金鸡村委会金鸡村北
44082511120600019	潺槁木姜子	三级	100	10.3	140	6.4	徐闻县和安镇金鸡村委会金鸡村西林记屋旁
44082511120700001	朴树	三级	130	25.0	251	20.5	徐闻县和安镇佳平村委会佳吉村西路边
44082511120700002	鹊肾树	三级	140	15.0	198	9.3	徐闻县和安镇佳平村委会佳吉村南边
44082511120700003	岭南山竹子	三级	110	18.0	151	5.8	徐闻县和安镇佳平村委会佳吉村北土地公旁
44082511120700004	假玉桂	三级	110	18.0	245	12.7	徐闻县和安镇佳平村委会佳吉村戏楼岭上

(续)

古树编号	树种	古树等级	树龄（年）	树高（米）	胸围（厘米）	冠幅（米）	位置
44082511120700005	榕树	三级	100	20.0	160	13.4	徐闻县和安镇佳平村委会佳平村村北宅后
44082511120700006	榕树	三级	110	7.5	180	3.7	徐闻县和安镇佳平村委会佳平村西
44082511120700007	朴树	三级	120	19.0	195	11.9	徐闻县和安镇佳平村委会佳平村西路
44082511120700008	榄仁树	三级	120	13.0	237	22.4	徐闻县和安镇佳平村委会后江小学校内东
44082511120700009	岭南山竹子	三级	120	21.0	179	5.2	徐闻县和安镇佳平村委会村南土地公旁
44082511120700010	朴树	三级	100	16.2	141	7.0	徐闻县和安镇佳平村委会村南土地公旁
44082511120700011	朴树	三级	100	15.0	129	9.4	徐闻县和安镇佳平村委会村北土地公旁
44082511120700012	朴树	三级	130	22.0	220	12.0	徐闻县和安镇佳平村委会土港村岭上
44082511120700013	假玉桂	三级	110	16.2	170	9.3	徐闻县和安镇佳平村委会金鸡村西土地旁
44082511120800070	高山榕	三级	100	11.2	210	13.4	徐闻县和安镇北莉村委会港子村东
44082511120800071	榕树	三级	100	8.1	213	10.4	徐闻县和安镇北莉村委会坑尾村中路边
44082511120800072	假玉桂	三级	100	11.2	183	9.9	徐闻县和安镇北莉村委会坑尾村东
44082511120800073	鹊肾树	三级	100	10.8	151	7.5	徐闻县和安镇北莉村委会坑尾村东
44082511120800074	鹊肾树	三级	110	8.5	129	6.5	徐闻县和安镇北莉村委会坑尾村北
44082511120800075	假玉桂	三级	120	11.2	184	9.9	徐闻县和安镇北莉村委会坑尾村北
44082511120800076	榕树	三级	120	12.2	189	12.5	徐闻县和安镇北莉村委会坑尾村北
44082511120800077	假玉桂	三级	120	12.2	189	10.0	徐闻县和安镇北莉村委会坑尾村
44082511120800078	鹊肾树	三级	160	8.4	196	7.7	徐闻县和安镇北莉村委会北坑村东
44082511120800079	鹊肾树	三级	160	11.2	178	9.1	徐闻县和安镇北莉村委会北坑村东
44082511120800080	鹊肾树	三级	150	10.8	189	7.7	徐闻县和安镇北莉村委会北坑村东
44082511120800081	假玉桂	三级	160	8.8	196	4.0	徐闻县和安镇北莉村委会北坑村东
44082511120800082	假玉桂	三级	150	12.8	184	9.7	徐闻县和安镇北莉村委会北坑村东
44082511120800083	假玉桂	三级	150	13.5	186	9.1	徐闻县和安镇北莉村委会北坑村北
44082511120800084	鹊肾树	三级	160	12.2	163	7.3	徐闻县和安镇北莉村委会竹园村北
44082511120800085	假玉桂	三级	180	14.5	280	11.3	徐闻县和安镇北莉村委会竹园村北
44082511120800086	鹊肾树	三级	160	8.1	197	4.8	徐闻县和安镇北莉村委会竹园村北
44082511120800087	山楝	三级	150	11.1	193	9.0	徐闻县和安镇北莉村委会竹园村北
44082511120800088	鹊肾树	三级	180	10.2	163	6.8	徐闻县和安镇北莉村委会竹园村北
44082511120800089	山楝	三级	170	11.2	168	9.2	徐闻县和安镇北莉村委会竹园村北
44082511120800090	假玉桂	三级	150	11.3	185	7.0	徐闻县和安镇北莉村委会竹园村北
44082511120800091	假玉桂	三级	160	13.2	183	11.5	徐闻县和安镇北莉村委会竹园村北
44082511120800092	龙眼	三级	100	12.2	211	13.5	徐闻县和安镇北莉村委会竹园村北
44082511120800093	山楝	三级	150	18.2	255	12.2	徐闻县和安镇北莉村委会竹园村北
44082511120800094	山楝	三级	150	17.3	183	7.5	徐闻县和安镇北莉村委会竹园村北
44082511120800095	山楝	三级	150	18.2	183	10.0	徐闻县和安镇北莉村委会竹园村北
44082511120800096	假玉桂	三级	180	10.2	177	12.0	徐闻县和安镇北莉村委会竹园村北
44082511120800097	鹊肾树	三级	170	9.5	165	7.8	徐闻县和安镇北莉村委会竹园村南
44082511120800098	鹊肾树	三级	200	13.2	259	9.8	徐闻县和安镇北莉村委会竹园村北
44082511120800099	假玉桂	三级	180	16.5	199	6.5	徐闻县和安镇北莉村委会竹园村南
44082511120800100	鹊肾树	三级	180	12.5	184	7.4	徐闻县和安镇北莉村委会竹园村南
44082511120800101	榕树	三级	180	15.5	255	13.8	徐闻县和安镇北莉村委会竹园村南
44082511120800102	假玉桂	三级	100	12.2	164	6.5	徐闻县和安镇北莉村委会北村南
44082511120800103	鹊肾树	三级	100	8.7	153	6.8	徐闻县和安镇北莉村委会北村南
44082511120800104	鹊肾树	三级	100	8.2	161	6.8	徐闻县和安镇北莉村委会北村南
44082511120800105	鹊肾树	三级	120	8.5	140	5.0	徐闻县和安镇北莉村委会东塘村村东
44082511120800108	鹊肾树	三级	150	11.2	221	5.9	徐闻县和安镇北莉村委会东塘村中路边
44082511120800109	斜叶榕	三级	250	12.2	214	13.8	徐闻县和安镇北莉村委会东塘村村东
44082511120800110	山楝	三级	150	8.2	130	7.8	徐闻县和安镇北莉村委会东塘村村东

（续）

古树编号	树种	古树等级	树龄（年）	树高（米）	胸围（厘米）	冠幅（米）	位置
44082511120800111	鹊肾树	三级	150	11.2	210	9.0	徐闻县和安镇北莉村委会东塘村村南
44082511120800112	鹊肾树	三级	200	9.6	192	6.5	徐闻县和安镇北莉村委会东塘村村南
44082511120800113	鹊肾树	三级	150	11.4	230	7.4	徐闻县和安镇北莉村委会东塘村庙边
44082511120800114	鹊肾树	三级	120	8.7	140	6.2	徐闻县和安镇北莉村委会东塘村庙边
44082511120800115	榕树	三级	100	8.1	164	8.0	徐闻县和安镇北莉村委会东塘村南庙边
44082511120800116	榕树	三级	120	12.5	267	12.0	徐闻县和安镇北莉村委会东塘村村南
44082511120800117	高山榕	三级	120	13.0	330	11.5	徐闻县和安镇北莉村委会东塘南村南
44082511120800118	榕树	三级	130	4.0	210	3.5	徐闻县和安镇北莉村委会东塘北村庙边
44082511120800119	山棟	三级	120	10.2	149	11.6	徐闻县和安镇北莉村委会东塘北村庙后
44082511120900045	榕树	三级	150	12.5	290	24.2	徐闻县和安镇冬松村委会东塘村西土地公旁
44082511120900046	榕树	三级	120	10.3	220	12.2	徐闻县和安镇冬松村委会东塘村北
44082511120900047	朴树	三级	100	14.6	200	15.1	徐闻县和安镇冬松村委会东塘村东
44082511120900048	榕树	三级	100	10.2	220	11.3	徐闻县和安镇冬松村委会东塘村东土地公旁
44082511120900049	榕树	三级	200	8.9	300	12.3	徐闻县和安镇冬松村委会尾龙村西土地公旁
44082511120900050	鹊肾树	三级	150	7.5	141	6.5	徐闻县和安镇冬松村委会尾龙村西土地公庙旁
44082511120900051	榕树	三级	100	12.5	199	11.6	徐闻县和安镇冬松村委会尾龙村西
44082511120900052	榕树	三级	150	9.5	240	8.1	徐闻县和安镇冬松村委会尾龙村村西
44082511120900053	榕树	三级	150	12.3	170	13.8	徐闻县和安镇冬松村委会尾龙村西
44082511120900054	榕树	三级	150	12.2	280	13.6	徐闻县和安镇冬松村委会尾龙村西
44082511120900055	榕树	三级	150	10.5	260	9.9	徐闻县和安镇冬松村委会尾龙村西
44082511120900056	榕树	三级	150	11.2	260	13.0	徐闻县和安镇冬松村委会尾龙村西
44082511120900057	山棟	三级	130	12.2	141	8.7	徐闻县和安镇冬松村委会尾龙村西
44082511120900058	朴树	三级	150	15.5	346	15.5	徐闻县和安镇冬松村委会尾龙村西
44082511120900059	鹊肾树	三级	160	10.4	180	8.4	徐闻县和安镇冬松村委会尾龙村西
44082511120900060	鹊肾树	三级	100	7.2	120	6.8	徐闻县和安镇冬松村委会尾龙村西
44082511120900061	朴树	三级	100	15.4	200	10.7	徐闻县和安镇冬松村委会北尾村南路边
44082511120900062	朴树	三级	100	15.2	210	9.9	徐闻县和安镇冬松村委会北尾村南边
44082511120900063	榕树	三级	120	5.8	186	7.5	徐闻县和安镇冬松村委会北尾村文化楼前
44082511120900064	榕树	三级	270	13.2	302	10.8	徐闻县和安镇冬松村委会葛斗村中土地庙旁
44082511120900065	榕树	三级	280	13.1	338	15.2	徐闻县和安镇冬松村委会葛斗村北庙前
44082511120900066	高山榕	三级	120	19.2	412	16.4	徐闻县和安镇冬松村委会边坑村北路边
44082511120900067	假玉桂	三级	130	14.5	200	14.2	徐闻县和安镇冬松村委会后堀村北庙旁
44082511120900068	朴树	三级	110	16.5	189	7.5	徐闻县和安镇冬松村委会后堀村东
44082511120900069	朴树	三级	100	15.8	221	13.4	徐闻县和安镇冬松村委会后堀村北
44082511220100033	杧果	三级	100	11.0	220	13.0	徐闻县新寮镇港六村委会港六村
44082511220100034	龙眼	三级	180	14.0	210	12.0	徐闻县新寮镇港六村委会后塘村
44082511220100035	鹊肾树	三级	120	9.0	155	8.0	徐闻县新寮镇港六村委会后塘村
44082511220100036	鹊肾树	三级	160	8.2	200	8.0	徐闻县新寮镇港六村委会北园村
44082511220100037	朴树	三级	100	17.0	170	14.5	徐闻县新寮镇港六村委会明塘村
44082511220100038	鹊肾树	三级	220	8.1	260	9.5	徐闻县新寮镇港六村委会明塘村
44082511220500009	朴树	三级	100	11.0	170	10.5	徐闻县新寮镇八一村委会下寮村
44082511220500010	鹊肾树	三级	200	8.2	240	7.5	徐闻县新寮镇八一村委会云路村
44082511220500011	朴树	三级	100	26.0	178	11.5	徐闻县新寮镇八一村委会后寮村
44082511220500012	鹊肾树	三级	140	8.5	179	8.0	徐闻县新寮镇八一村委会鲨藤村
44082511220500013	龙眼	三级	100	10.0	146	8.0	徐闻县新寮镇八一村委会鲨藤村
44082511220500014	朴树	三级	120	10.0	210	12.0	徐闻县新寮镇八一村委会鲨藤村
44082511220500015	鹊肾树	三级	120	5.9	160	6.0	徐闻县新寮镇八一村委会鲨藤村
44082511220500016	榄仁树	三级	100	10.0	172	13.5	徐闻县新寮镇八一村委会鲨藤村

第三章 湛江市古树名木目录

(续)

古树编号	树种	古树等级	树龄（年）	树高（米）	胸围（厘米）	冠幅（米）	位置
44082511220500017	鹊肾树	三级	140	10.0	180	9.0	徐闻县新寮镇八一村委会南村
44082511220500018	朴树	三级	120	25.0	200	13.5	徐闻县新寮镇八一村委会东沟村
44082511220500019	朴树	三级	150	19.0	130	14.0	徐闻县新寮镇八一村委会田头村
44082511220500020	朴树	三级	200	8.0	290	9.5	徐闻县新寮镇八一村委会田头村
44082511220600001	鹊肾树	三级	120	8.2	515	7.5	徐闻县新寮镇后海村委会王宅
44082511220700021	假玉桂	三级	100	11.0	186	12.0	徐闻县新寮镇塘口村委会后六村
44082511220700022	鹊肾树	三级	100	9.0	120	10.0	徐闻县新寮镇塘口村委会后六村
44082511220700023	鹊肾树	三级	160	9.0	160	10.0	徐闻县新寮镇塘口村委会后六村
44082511220700024	龙眼	三级	100	15.0	140	14.0	徐闻县新寮镇塘口村委会盐厂村
44082511220700025	龙眼	三级	100	12.0	142	14.5	徐闻县新寮镇塘口村委会盐厂村
44082511220700026	鹊肾树	三级	160	11.0	160	13.0	徐闻县新寮镇塘口村委会龙仔村
44082511220700027	龙眼	三级	100	10.0	135	12.0	徐闻县新寮镇塘口村委会龙仔村
44082511220700028	鹊肾树	三级	100	9.0	130	7.5	徐闻县新寮镇塘口村委会龙仔村
44082511220700029	朴树	三级	120	15.0	210	12.5	徐闻县新寮镇塘口村委会龙仔村
44082511220700030	朴树	三级	120	16.0	210	13.5	徐闻县新寮镇塘口村委会龙仔村
44082511220700031	朴树	三级	100	12.0	180	12.0	徐闻县新寮镇塘口村委会龙仔村
44082511220700032	榄仁树	三级	250	15.0	240	15.0	徐闻县新寮镇塘口村委会龙仔村
44082511220800039	榕树	三级	100	15.0	290	12.5	徐闻县新寮镇北尾村委会北尾村
44082511220800040	龙眼	三级	100	8.3	230	12.0	徐闻县新寮镇北尾村委会北尾小学
44082511220800041	龙眼	三级	160	12.0	230	11.5	徐闻县新寮镇北尾村委会北尾小学
44082511220800042	榕树	三级	100	12.0	290	11.0	徐闻县新寮镇北尾村委会北尾小学
44082511220800043	榕树	三级	100	13.0	290	11.0	徐闻县新寮镇北尾村委会北尾村
44082511220900002	朴树	三级	140	10.0	230	5.5	徐闻县新寮镇东塘村委会塘尾村
44082511220900003	鹊肾树	三级	120	6.7	164	6.0	徐闻县新寮镇东塘村委会南林家村
44082511220900004	朴树	三级	160	15.0	272	17.0	徐闻县新寮镇东塘村委会东塘村
44082511220900005	朴树	三级	160	14.9	260	17.5	徐闻县新寮镇东塘村委会东塘村
44082511220900006	朴树	三级	140	25.0	230	15.5	徐闻县新寮镇东塘村委会东塘村
44082511220900007	朴树	三级	140	11.0	229	13.0	徐闻县新寮镇东塘村委会下建寮
44082511220900008	朴树	三级	130	19.0	220	11.0	徐闻县新寮镇东塘村委会建寮村
44082511320100127	朴树	三级	100	16.0	310	14.0	徐闻县南山镇下垌村委会铺仔坡村土地庙
44082511320100128	破布木	三级	100	16.0	320	3.5	徐闻县南山镇下垌村委会铺仔坡村土地庙旁
44082511320100129	见血封喉	三级	180	24.0	560	18.0	徐闻县南山镇下垌村委会英哥寮
44082511320100130	土坛树	三级	120	12.0	339	11.0	徐闻县南山镇下垌村委会曾宅村路边
44082511320200132	土坛树	三级	250	14.0	320	16.0	徐闻县南山镇那屯村委会那屯西村土地庙旁
44082511320300133	榕树	三级	110	22.0	360	23.0	徐闻县南山镇乙神村委会东高岭文化楼后
44082511320300134	榕树	三级	120	15.0	499	16.5	徐闻县南山镇乙神村委会山田村东
44082511320300135	榕树	三级	120	12.0	283	9.0	徐闻县南山镇乙神村委会山田村东
44082511320300137	榕树	三级	130	19.0	330	12.0	徐闻县南山镇乙神村委会山田村东
44082511320300138	榕树	三级	130	19.0	440	17.5	徐闻县南山镇乙神村委会山田村东
44082511320300139	榕树	三级	130	12.0	111	14.0	徐闻县南山镇乙神村委会山田村东
44082511320300140	鹊肾树	三级	140	14.0	92	8.5	徐闻县南山镇乙神村委会山田村塘边
44082511320300141	榕树	三级	100	15.0	308	13.0	徐闻县南山镇乙神村委会山田村东池塘边
44082511320300142	榕树	三级	100	15.0	301	13.0	徐闻县南山镇乙神村委会山田村塘边
44082511320300144	榕树	三级	110	22.0	430	21.0	徐闻县南山镇乙神村委会龙兴村
44082511320300145	见血封喉	三级	180	15.0	499	17.5	徐闻县南山镇乙神村委会田青朗村小学前
44082511320300146	酸豆	三级	130	15.0	140	13.0	徐闻县南山镇乙神村委会田青朗村东
44082511320300147	见血封喉	三级	150	25.0	220	21.0	徐闻县南山镇乙神村委会茅园仔村东
44082511320400148	榕树	三级	100	7.0	170	9.0	徐闻县南山镇槟榔村委会迈磊西村东

(续)

(续)

古树编号	树种	古树等级	树龄（年）	树高（米）	胸围（厘米）	冠幅（米）	位置
44082511320400149	榕树	三级	120	15.0	418	18.0	徐闻县南山镇槟榔村委会迈隆西村
44082511320400150	榕树	三级	120	22.0	600	39.0	徐闻县南山镇槟榔村委会博爱仔村
44082511320400152	木棉	三级	120	25.0	308	10.0	徐闻县南山镇槟榔村委会槟榔西村
44082511320400153	木棉	三级	120	28.0	117	22.5	徐闻县南山镇槟榔村委会槟榔西村后则
44082511320400154	木棉	三级	120	22.0	280	19.0	徐闻县南山镇槟榔村委会槟榔村北土地庙前
44082511320400155	榕树	三级	130	16.0	389	21.0	徐闻县南山镇槟榔村委会陈宅庙旁
44082511320400156	榕树	三级	120	13.0	377	25.0	徐闻县南山镇槟榔村委会槟榔东村
44082511320400157	榕树	三级	120	12.0	349	24.0	徐闻县南山镇槟榔村委会槟榔东村
44082511320400158	鹊肾树	三级	100	10.0	140	9.0	徐闻县南山镇槟榔村委会东村主庙旁
44082511320400159	鹊肾树	三级	100	9.0	138	9.0	徐闻县南山镇槟榔村委会东村土庙旁
44082511320400160	鹊肾树	三级	100	10.0	135	8.5	徐闻县南山镇槟榔村委会东村主庙旁
44082511320400161	鹊肾树	三级	100	9.0	140	7.0	徐闻县南山镇槟榔村委会东村主庙旁
44082511320400162	鹊肾树	三级	100	8.0	135	8.0	徐闻县南山镇槟榔村委会东村主庙旁
44082511320400163	鹊肾树	三级	100	8.0	132	7.5	徐闻县南山镇槟榔村委会东村主庙旁
44082511320400164	鹊肾树	三级	100	9.0	140	8.0	徐闻县南山镇槟榔村委会东村主庙旁
44082511320400165	见血封喉	三级	150	23.0	339	17.0	徐闻县南山镇槟榔村委会六黎村
44082511320500123	榄仁树	三级	120	20.0	310	26.5	徐闻县南山镇龙埚村委会龙埚村学校内
44082511320500124	秋枫	三级	150	11.0	929	19.5	徐闻县南山镇龙埚村委会龙埚村铁路西
44082511320500125	榕树	三级	150	18.0	700	23.0	徐闻县南山镇龙埚村委会殷场宅村路边
44082511320500126	榕树	三级	130	20.0	420	19.5	徐闻县南山镇龙埚村委会殷杨宅村路边
44082511320700104	榕树	三级	100	13.0	349	17.5	徐闻县南山镇北潭村委会下塘村文化楼边
44082511320700105	榕树	三级	100	23.0	360	21.0	徐闻县南山镇北潭村委会下塘文化楼西边
44082511320700106	榕树	三级	100	15.0	358	21.0	徐闻县南山镇北潭村委会东村学校东
44082511320700107	榕树	三级	100	15.0	280	17.0	徐闻县南山镇北潭村委会东村学校边
44082511320700108	钝叶鱼木	三级	110	20.0	290	13.0	徐闻县南山镇北潭村委会北潭西村学校区
44082511320700109	鹊肾树	三级	100	15.0	240	7.0	徐闻县南山镇北潭村委会西村学校西
44082511320700110	鹊肾树	三级	100	15.0	240	7.0	徐闻县南山镇北潭村委会西村学校西
44082511320700111	高山榕	三级	220	32.0	697	27.0	徐闻县南山镇北潭村委会北潭西村
44082511320700112	高山榕	三级	220	21.0	697	27.0	徐闻县南山镇北潭村委会北潭西村
44082511320700113	高山榕	三级	220	21.0	697	27.0	徐闻县南山镇北潭村委会西村
44082511320700114	榕树	三级	100	15.0	349	13.5	徐闻县南山镇北潭村委会北潭东村
44082511320700115	榕树	三级	100	15.0	101	15.5	徐闻县南山镇北潭村委会北潭东村东
44082511320700116	榕树	三级	100	14.0	317	17.0	徐闻县南山镇北潭村委会北潭东村东
44082511320700117	榕树	三级	100	12.0	317	15.5	徐闻县南山镇北潭村委会北潭东村水塔边
44082511320700118	榕树	三级	100	14.0	290	25.0	徐闻县南山镇北潭村委会北潭东村塘边
44082511320700119	榕树	三级	100	20.0	317	25.5	徐闻县南山镇北潭村委会北潭东村溏边
44082511320700120	鹊肾树	三级	110	12.0	190	10.5	徐闻县南山镇北潭村委会北潭东村
44082511320700121	土坛树	三级	200	11.0	200	8.0	徐闻县南山镇北潭村委会北潭东寮
44082511320700122	榕树	三级	150	13.0	320	8.0	徐闻县南山镇北潭村委会东寮村中
44082511320800099	见血封喉	三级	100	23.0	430	24.0	徐闻县南山镇长乐村委会讨南村文化楼前
44082511320800100	榕树	三级	130	30.0	570	26.0	徐闻县南山镇长乐村委会讨南村中
44082511320800101	鹊肾树	三级	200	12.0	190	8.5	徐闻县南山镇长乐村委会包罗园村
44082511320800102	龙眼	三级	120	12.0	367	9.0	徐闻县南山镇长乐村委会角厢村中
44082511320800103	榕树	三级	120	15.0	499	21.5	徐闻县南山镇长乐村委会角厢村东
44082511320900090	鹊肾树	三级	150	9.0	180	38.0	徐闻县南山镇海港村委会海西村
44082511320900091	鹊肾树	三级	150	12.0	140	5.5	徐闻县南山镇海港村委会海西村
44082511320900093	榕树	三级	110	18.0	550	23.0	徐闻县南山镇海港村委会海西村
44082511320900097	榕树	三级	110	12.0	310	14.0	徐闻县南山镇海港村委会海东村

(续)

古树编号	树种	古树等级	树龄（年）	树高（米）	胸围（厘米）	冠幅（米）	位置
44082511320900098	榕树	三级	110	20.0	499	23.5	徐闻县南山镇海港村委会石园村中
44082511321000001	凤凰木	三级	160	13.0	212	15.0	徐闻县南山镇五里村委会五里村文化楼西
44082511321000002	榄仁树	三级	120	18.0	190	16.0	徐闻县南山镇五里村委会五里村文化楼前
44082511321000003	榄仁树	三级	120	15.0	170	14.5	徐闻县南山镇五里村委会五里村文化楼前
44082511321000004	榕树	三级	260	7.0	377	20.0	徐闻县南山镇五里村委会五里村东塘土地庙
44082511321000005	鹊肾树	三级	130	11.0	254	7.5	徐闻县南山镇五里村委会五里村祠堂后
44082511321000006	鹊肾树	三级	130	10.0	289	10.0	徐闻县南山镇五里村委会五里村祠堂后
44082511321000008	榄仁树	三级	220	14.0	200	17.5	徐闻县南山镇五里村委会五里村土地公边
44082511321000009	榕树	三级	130	13.5	540	15.5	徐闻县南山镇五里村委会迈熟村文化楼旁
44082511321000010	榕树	三级	130	8.3	63	14.0	徐闻县南山镇五里村委会迈熟村文化楼北
44082511321000011	榕树	三级	110	13.0	43	16.0	徐闻县南山镇五里村委会迈熟村
44082511321000012	榕树	三级	100	8.2	44	13.0	徐闻县南山镇五里村委会迈熟水路村文化场内
44082511321000013	榄仁树	三级	120	24.0	188	19.0	徐闻县南山镇五里村委会五里新村土地庙前
44082511321000014	乌墨	三级	200	17.0	399	18.0	徐闻县南山镇五里村委会东屯村铁路东
44082511321100033	榕树	三级	100	14.0	380	13.5	徐闻县南山镇三塘村委会三塘村
44082511321100034	榕树	三级	120	17.0	550	21.5	徐闻县南山镇三塘村委会三塘村委会
44082511321100035	榕树	三级	120	25.0	418	16.5	徐闻县南山镇三塘村委会西村
44082511321100036	榕树	三级	120	18.0	477	24.5	徐闻县南山镇三塘村委会南坡村
44082511321100037	榕树	三级	200	16.5	90	19.5	徐闻县南山镇三塘村委会边港村内
44082511321100038	榕树	三级	100	15.0	93	14.0	徐闻县南山镇三塘村委会边港村中
44082511321100039	榕树	三级	150	19.0	314	15.5	徐闻县南山镇三塘村委会边港村中
44082511321100040	榕树	三级	250	15.0	650	16.5	徐闻县南山镇三塘村委会井田村中
44082511321100041	榕树	三级	200	9.5	143	10.5	徐闻县南山镇三塘村委会井田村中
44082511321100042	榕树	三级	200	14.5	389	12.5	徐闻县南山镇三塘村委会井田村中
44082511321100043	榕树	三级	200	18.0	578	19.0	徐闻县南山镇三塘村委会井田村
44082511321100044	榕树	三级	250	21.0	933	18.0	徐闻县南山镇三塘村委会井田村
44082511321100045	榕树	三级	250	18.0	499	20.0	徐闻县南山镇三塘村委会井田村路边
44082511321100046	榕树	三级	250	15.0	578	16.5	徐闻县南山镇三塘村委会井田村
44082511321100047	榕树	三级	250	12.0	458	14.5	徐闻县南山镇三塘村委会井田村
44082511321200048	酸豆	三级	150	17.0	290	13.5	徐闻县南山镇竹山村委会南村
44082511321200050	榕树	三级	110	18.0	280	14.0	徐闻县南山镇竹山村委会竹山南村
44082511321200051	榕树	三级	110	17.0	349	21.5	徐闻县南山镇竹山村委会竹山西村
44082511321200052	榕树	三级	110	14.0	270	12.5	徐闻县南山镇竹山村委会竹山西村
44082511321200053	榕树	三级	110	15.0	370	18.0	徐闻县南山镇竹山村委会竹山北村
44082511321200054	鹊肾树	三级	110	10.0	200	9.5	徐闻县南山镇竹山村委会竹山北村
44082511321200055	鹊肾树	三级	110	13.0	220	7.0	徐闻县南山镇竹山村委会竹山北村
44082511321200060	榕树	三级	120	13.0	320	20.0	徐闻县南山镇竹山村委会后寮村后
44082511321200061	榕树	三级	200	14.0	320	22.5	徐闻县南山镇竹山村委会后寮村中
44082511321200062	榕树	三级	120	11.0	220	10.0	徐闻县南山镇竹山村委会关三村前
44082511321200063	榕树	三级	120	13.0	220	10.0	徐闻县南山镇竹山村委会关三村东
44082511321200064	榕树	三级	110	11.0	300	21.0	徐闻县南山镇竹山村委会关三村东
44082511321200065	榕树	三级	120	10.0	300	21.0	徐闻县南山镇竹山村委会关三村东
44082511321200066	榕树	三级	110	12.0	458	15.0	徐闻县南山镇竹山村委会田寮村前土地庙
44082511321200067	朴树	三级	100	13.0	190	9.5	徐闻县南山镇竹山村委会田寮村东
44082511321200068	木棉	三级	100	19.0	220	8.5	徐闻县南山镇竹山村委会田寮村东
44082511321200069	榕树	三级	110	17.0	499	18.0	徐闻县南山镇竹山村委会田寮村
44082511321300070	榕树	三级	100	12.0	260	11.0	徐闻县南山镇四塘村委会四塘村中
44082511321300071	鹊肾树	三级	150	9.0	220	10.0	徐闻县南山镇四塘村委会四塘树

(续)

古树编号	树种	古树等级	树龄（年）	树高（米）	胸围（厘米）	冠幅（米）	位置
44082511321300072	榕树	三级	100	22.0	250	9.5	徐闻县南山镇四塘村委会四塘村
44082511321300073	秋枫	三级	110	21.0	380	17.0	徐闻县南山镇四塘村委会四塘村口
44082511321300074	榕树	三级	100	12.0	415	10.5	徐闻县南山镇四塘村委会西港村中
44082511321300075	凤凰木	三级	100	16.0	455	12.5	徐闻县南山镇四塘村委会西港村中
44082511321400024	酸豆	三级	150	25.0	308	15.0	徐闻县南山镇南山村委会东江村铁路东80米
44082511321400025	酸豆	三级	150	26.0	280	15.0	徐闻县南山镇南村委会东江村铁路80米
44082511321400026	榕树	三级	200	11.0	380	20.0	徐闻县南山镇南村委会田寮仔村中
44082511321400027	榄仁树	三级	100	12.0	300	15.5	徐闻县南山镇南山村委会南下村庙前
44082511321400028	榕树	三级	100	10.5	160	14.0	徐闻县南山镇南山村委会南下村北
44082511321400029	榕树	三级	100	13.0	377	26.0	徐闻县南山镇南山村委会南下村路边
44082511321400030	榕树	三级	100	11.0	125	20.0	徐闻县南山镇南山村委会南下村
44082511321400031	凤凰木	三级	110	16.0	314	17.0	徐闻县南山镇南山村委会南下村
44082511321400032	酸豆	三级	100	14.0	440	14.0	徐闻县南山镇南山村委会南上村中
44082511321500016	榕树	三级	100	17.0	499	18.0	徐闻县南山镇二桥村委会毛练村
44082511321500017	榕树	三级	180	14.8	600	22.0	徐闻县南山镇二桥村委会那干村敬老院前
44082511321500018	榕树	三级	130	20.0	460	21.5	徐闻县南山镇二桥村委会那干村敬老院
44082511321500019	榕树	三级	130	20.0	460	11.5	徐闻县南山镇二桥村委会那干敬老院
44082511321500020	榕树	三级	170	15.0	628	21.0	徐闻县南山镇二桥村委会那润村敬老院后
44082511321500021	榕树	三级	180	14.8	400	19.0	徐闻县南山镇二桥村委会那润村
44082511321500022	榕树	三级	150	10.0	310	13.5	徐闻县南山镇二桥村委会那润村
44082511321500023	榕树	三级	150	13.0	301	15.0	徐闻县南山镇二桥村委会那润村
44082511321600076	榄仁树	三级	100	9.0	180	11.5	徐闻县南山镇芒海村委会芒海村中庙前
44082511321600077	榕树	三级	150	22.0	449	24.5	徐闻县南山镇芒海村委会芒海村
44082511321900078	榕树	三级	100	23.0	440	22.5	徐闻县南山镇下井村委会下井南村
44082511321900079	榕树	三级	100	18.0	440	19.0	徐闻县南山镇下井村委会下井南村
44082511321900080	榕树	三级	150	20.0	559	22.5	徐闻县南山镇下井村委会下井南村
44082511321900081	榕树	三级	100	10.0	240	12.5	徐闻县南山镇下井村委会下井北村前
44082511321900083	榕树	三级	120	10.0	399	10.0	徐闻县南山镇下井村委会北村前
44082511321900084	榕树	三级	120	13.0	408	12.0	徐闻县南山镇下井村委会下井北村
44082511321900085	榕树	三级	120	21.0	499	21.0	徐闻县南山镇下井村委会下井北村前
44082511321900086	榕树	三级	120	23.0	499	24.5	徐闻县南山镇下井村委会下井北村
44082511321900087	榕树	三级	210	23.0	600	21.0	徐闻县南山镇下井村委会下井北村后山
44082511321900088	榕树	三级	120	18.0	200	11.0	徐闻县南山镇下井村委会下井北村后山
44082511321900089	榕树	三级	240	22.0	650	24.0	徐闻县南山镇下井村委会下井北村
44082520120100433	榕树	三级	110	10.0	377	8.0	徐闻县城北乡头铺村委会游宅村国道旁
44082520120100434	榕树	三级	110	11.0	220	19.0	徐闻县城北乡头铺村委会讨岳村北
44082520120100435	榕树	三级	110	10.0	220	22.5	徐闻县城北乡头铺村委会讨岳村北
44082520120100436	榕树	三级	110	18.0	236	19.5	徐闻县城北乡头铺村委会游宅村游援朝屋旁
44082520120100437	榕树	三级	110	18.0	236	15.0	徐闻县城北乡头铺村委会游宅村游蛟屋旁
44082520120100438	荔枝	三级	120	15.0	236	13.5	徐闻县城北乡头铺村委会后岭村黄光辉院内
44082520120100439	荔枝	三级	120	16.0	220	14.0	徐闻县城北乡头铺村委会后岭村黄光辉院内
44082520120100440	荔枝	三级	120	15.0	314	14.5	徐闻县城北乡头铺村委会后岭村符忠兴屋前
44082520120100441	荔枝	三级	120	15.0	283	14.5	徐闻县城北乡头铺村委会后岭村符生屋前
44082520120100442	樟	三级	110	15.0	283	14.0	徐闻县城北乡头铺村委会后岭村黄礼信屋前
44082520120100443	龙眼	三级	150	15.0	220	12.5	徐闻县城北乡头铺村委会那仔村许文壮屋后
44082520120100444	榕树	三级	120	12.0	188	11.0	徐闻县城北乡头铺村委会那北仔村许文壮屋后
44082520120100445	荔枝	三级	120	12.0	204	8.5	徐闻县城北乡头铺村委会那北仔村许文北屋后
44082520120100446	海红豆	三级	150	20.0	314	19.5	徐闻县城北乡头铺村委会那北仔村南

(续)

古树编号	树种	古树等级	树龄（年）	树高（米）	胸围（厘米）	冠幅（米）	位置
44082520120100447	假柿木姜子	三级	150	12.0	236	6.5	徐闻县城北乡头铺村委会刘宅村村前土地公前
44082520120100448	海红豆	三级	150	10.0	236	9.5	徐闻县城北乡头铺村委会刘宅村前
44082520120100449	荔枝	三级	150	16.0	188	6.5	徐闻县城北乡头铺村委会刘宅村前
44082520120100450	龙眼	三级	200	10.0	283	9.5	徐闻县城北乡头铺村委会马琴村东
44082520120300151	高山榕	三级	100	25.0	722	36.5	徐闻县城北乡北岭村委会北岭村水塔西
44082520120300152	榕树	三级	150	18.0	314	18.5	徐闻县城北乡北岭村委会谭家村吴连新屋后
44082520120300153	荔枝	三级	100	13.0	188	11.0	徐闻县城北乡北岭村委会谭家村西
44082520120400155	海红豆	三级	100	21.0	251	14.0	徐闻县城北乡和家村委会马林村吴明屋西
44082520120400156	榕树	三级	200	13.0	534	14.5	徐闻县城北乡和家村委会下塘园村
44082520120400157	高山榕	三级	230	25.0	631	22.5	徐闻县城北乡和家村委会下塘园村陈新仁屋前
44082520120400158	高山榕	三级	230	20.0	722	21.5	徐闻县城北乡和家村委会下塘园村陈新扬屋西
44082520120400159	榕树	三级	100	25.0	408	22.5	徐闻县城北乡和家村委会儒家井村高妃光屋前
44082520120400160	榕树	三级	150	13.0	597	30.0	徐闻县城北乡和家村委会儒家井村北
44082520120400161	榕树	三级	150	12.0	597	12.0	徐闻县城北乡和家村委会儒家井村北
44082520120400162	龙眼	三级	150	10.0	251	10.0	徐闻县城北乡和家村委会儒家井村北
44082520120400163	见血封喉	三级	270	26.0	440	20.0	徐闻县城北乡和家村委会儒家井村国道旁
44082520120400519	樟	三级	130	20.0	399	11.0	徐闻县城北乡和家村委会东坑村边墩土地公旁
44082520120400520	樟	三级	130	20.0	182	12.5	徐闻县城北乡和家村委会东坑村边墩土地公旁
44082520120400521	樟	三级	130	20.0	600	14.0	徐闻县城北乡和家村委会东坑村边墩土地公旁
44082520120400522	海红豆	三级	130	18.0	251	8.0	徐闻县城北乡和家村委会东坑村边墩土地公旁
44082520120400523	高山榕	三级	110	20.0	550	16.5	徐闻县城北乡和家村委会东坑村新塘边
44082520120500355	高山榕	三级	230	22.0	1256	40.0	徐闻县城北乡那松村委会边河村
44082520120500356	木棉	三级	260	20.0	283	6.5	徐闻县城北乡那松村委会边河村吴飞屋内
44082520120500357	朴树	三级	240	20.0	314	7.5	徐闻县城北乡那松村委会边河村吴飞屋南
44082520120500358	高山榕	三级	250	16.0	911	10.5	徐闻县城北乡那松村委会边河村吴峥嵘屋后
44082520120500359	高山榕	三级	230	28.0	722	20.5	徐闻县城北乡那松村委会边河村吴峥嵘屋北
44082520120500360	榕树	三级	100	20.0	236	18.0	徐闻县城北乡那松村委会那松村郑堪再屋西
44082520120500361	榕树	三级	200	20.0	440	22.5	徐闻县城北乡那松村委会那松村黄华兴屋西
44082520120500362	见血封喉	三级	100	20.0	298	15.5	徐闻县城北乡那松村委会那松村
44082520120500363	见血封喉	三级	100	25.0	283	13.5	徐闻县城北乡那松村委会那松村郑堪太屋旁
44082520120500364	榕树	三级	200	16.0	440	13.5	徐闻县城北乡那松村委会那松村郑堪太屋旁
44082520120500365	榕树	三级	160	16.0	597	13.0	徐闻县城北乡那松村委会那松村郑雷乐屋前
44082520120500366	高山榕	三级	250	20.0	722	35.5	徐闻县城北乡那松村委会那松村郑昌信屋北
44082520120500367	见血封喉	三级	100	26.0	267	7.5	徐闻县城北乡那松村委会那松村郑堪富宅地旁
44082520120500368	榕树	三级	150	16.0	283	14.0	徐闻县城北乡那松村委会昌引村戴琴珍屋前
44082520120500369	榕树	三级	100	12.0	251	11.5	徐闻县城北乡那松村委会昌引村黄恒头屋南
44082520120500370	榕树	三级	150	20.0	502	27.5	徐闻县城北乡那松村委会那松村郑玖二屋前
44082520120500371	鹊肾树	三级	150	9.0	270	8.0	徐闻县城北乡那松村委会那松村张扬屋北
44082520120500372	榕树	三级	130	16.0	204	15.0	徐闻县城北乡那松村委会东园村蔡景扬屋前
44082520120500373	榕树	三级	100	12.0	220	18.0	徐闻县城北乡那松村委会东园村土地公前
44082520120500374	樟	三级	200	16.0	298	10.0	徐闻县城北乡那松村委会东园村土地公前
44082520120500375	樟	三级	100	16.0	157	6.0	徐闻县城北乡那松村委会东园村土地公前
44082520120500376	樟	三级	200	13.0	345	7.0	徐闻县城北乡那松村委会竹园村林文富屋东
44082520120500377	木棉	三级	100	25.0	204	5.0	徐闻县城北乡那松村委会竹园村林文富屋东
44082520120500378	木棉	三级	100	21.0	188	8.0	徐闻县城北乡那松村委会竹园村林文富屋东
44082520120500379	荔枝	三级	120	12.0	251	6.0	徐闻县城北乡那松村委会竹园村林文富屋东
44082520120500380	木棉	三级	100	12.0	157	5.5	徐闻县城北乡那松村委会竹园村林文富屋东
44082520120500381	朴树	三级	180	15.0	251	6.0	徐闻县城北乡那松村委会南村仔村土地公旁

(续)

古树编号	树种	古树等级	树龄（年）	树高（米）	胸围（厘米）	冠幅（米）	位置
44082520120500382	破布木	三级	100	25.0	377	8.5	徐闻县城北乡那松村委会南村仔村土地公旁
44082520120500383	朴树	三级	100	22.0	251	17.5	徐闻县城北乡那松村委会南村仔村土地公旁
44082520120500384	榕树	三级	200	30.0	659	37.5	徐闻县城北乡那松村委会南村仔村骆安均屋北
44082520120500385	高山榕	三级	280	25.0	1036	40.5	徐闻县城北乡那松村委会南村仔村黄宅黄华芬屋南
44082520120500386	樟	三级	100	16.0	188	5.5	徐闻县城北乡那松村委会南村仔村黄宅黄华芬屋北
44082520120500387	榕树	三级	100	16.0	502	13.5	徐闻县城北乡那松村委会南村仔村黄堪照园边
44082520120500388	山棣	三级	120	10.0	220	15.0	徐闻县城北乡那松村委会南村仔村黄华生园边
44082520120500389	山棣	三级	120	16.0	251	17.5	徐闻县城北乡那松村委会南村仔村黄华生园边
44082520120500390	土坛树	三级	100	8.0	157	4.5	徐闻县城北乡那松村委会南村仔村金开智屋前
44082520120500391	见血封喉	三级	200	30.0	314	12.0	徐闻县城北乡那松村委会西树村黄新吉屋南
44082520120500392	高山榕	三级	150	26.0	691	22.0	徐闻县城北乡那松村委会西树村许立明院内
44082520120600407	榕树	三级	120	16.0	345	12.5	徐闻县城北乡文丰园村委会下井村北
44082520120600408	榕树	三级	120	16.0	188	10.0	徐闻县城北乡文丰园村委会下井村北
44082520120600409	榕树	三级	100	16.0	157	13.5	徐闻县城北乡文丰园村委会下井村北
44082520120600410	榕树	三级	120	17.0	408	14.0	徐闻县城北乡文丰园村委会下井村祠堂后
44082520120600411	龙眼	三级	130	17.0	220	14.5	徐闻县城北乡文丰园村委会下井村
44082520120600412	荔枝	三级	130	15.0	188	14.5	徐闻县城北乡文丰园村委会西塘村吴世栋宅内
44082520120600413	榕树	三级	150	10.0	314	10.0	徐闻县城北乡文丰园村委会田西村王琼海屋南
44082520120600414	榕树	三级	130	11.0	314	13.5	徐闻县城北乡文丰园村委会田西村王琼海屋南
44082520120600415	榕树	三级	130	5.0	173	5.5	徐闻县城北乡文丰园村委会田西村王琼海屋南
44082520120600416	榕树	三级	200	12.0	408	17.5	徐闻县城北乡文丰园村委会田西村王琼海屋前
44082520120600418	榕树	三级	150	12.0	452	10.0	徐闻县城北乡文丰园村委会田西村林长明屋西
44082520120600419	榕树	三级	130	12.0	267	20.5	徐闻县城北乡文丰园村委会文丰园小学内
44082520120600420	榕树	三级	130	13.0	314	20.0	徐闻县城北乡文丰园村委会文丰园小学内
44082520120600421	龙眼	三级	130	16.0	283	16.5	徐闻县城北乡文丰园村委会文丰园小学内
44082520120600422	高山榕	三级	130	16.0	283	23.0	徐闻县城北乡文丰园村委会文丰园文西村
44082520120600423	樟	三级	130	20.0	283	6.5	徐闻县城北乡文丰园村委会文东村土地公旁
44082520120600424	木棉	三级	130	11.0	267	5.5	徐闻县城北乡文丰园村委会文东村土地公旁
44082520120600425	樟	三级	130	18.0	283	16.5	徐闻县城北乡文丰园村委会文东村
44082520120600426	榕树	三级	150	10.0	188	17.0	徐闻县城北乡文丰园村委会后坡寮仔村张震华屋旁
44082520120600427	龙眼	三级	250	16.0	251	15.5	徐闻县城北乡文丰园村委会文斗堝村西
44082520120600428	樟	三级	200	18.0	408	26.5	徐闻县城北乡文丰园村委会文斗堝村西
44082520120600429	木棉	三级	200	18.0	283	12.5	徐闻县城北乡文丰园村委会文斗堝村西
44082520120600430	木棉	三级	110	20.0	283	10.0	徐闻县城北乡文丰园村委会文斗堝村旧小学内
44082520120600431	木棉	三级	110	20.0	283	8.5	徐闻县城北乡文丰园村委会文斗堝村旧小学内
44082520120600432	高山榕	三级	150	13.0	345	17.5	徐闻县城北乡文丰园村委会文斗堝村谢华珠屋旁
44082520120700451	榄仁树	三级	120	20.0	283	21.5	徐闻县城北乡西堝村委会西堝村委会院内
44082520120700452	榄仁树	三级	100	20.0	330	17.5	徐闻县城北乡西堝村委会西堝村委会院内
44082520120700453	榕树	三级	100	15.0	220	15.5	徐闻县城北乡西堝村委会西堝村委会前
44082520120700454	山棣	三级	200	22.0	440	15.0	徐闻县城北乡西堝村委会西堝村北
44082520120700455	朴树	三级	180	20.0	377	18.0	徐闻县城北乡西堝村委会西堝村东
44082520120700456	木棉	三级	150	28.0	188	6.5	徐闻县城北乡西堝村委会西堝村东
44082520120700457	榕树	三级	110	16.0	377	18.5	徐闻县城北乡西堝村委会宿虎村邓资明屋前
44082520120700458	榕树	三级	150	18.0	628	21.5	徐闻县城北乡西堝村委会宿虎村邓资茂屋南
44082520120700459	木棉	三级	150	20.0	283	10.5	徐闻县城北乡西堝村委会宿虎村文化场
44082520120800393	榕树	三级	100	16.0	207	21.0	徐闻县城北乡迈报村委会堝斗园村林胜利铺仔前
44082520120800394	樟	三级	180	26.0	458	19.0	徐闻县城北乡迈报村委会堝斗园村土地公旁
44082520120800395	高山榕	三级	100	12.0	437	17.0	徐闻县城北乡迈报村委会北插村李勇宅前

第三章 湛江市古树名木目录

(续)

古树编号	树种	古树等级	树龄（年）	树高（米）	胸围（厘米）	冠幅（米）	位置
44082520120800396	见血封喉	三级	200	22.0	691	15.5	徐闻县城北乡迈报村委会迈报村周华有宅西南
44082520120800397	高山榕	三级	200	22.0	603	25.0	徐闻县城北乡迈报村委会迈报村骆全宅南
44082520120800398	高山榕	三级	200	26.0	691	29.0	徐闻县城北乡迈报村委会迈报村骆全宅南
44082520120800399	高山榕	三级	200	26.0	722	25.0	徐闻县城北乡迈报村委会迈报村骆全宅南
44082520120800400	厚皮树	三级	150	12.0	188	18.0	徐闻县城北乡迈报村委会迈报村宫前
44082520120800401	高山榕	三级	100	8.0	427	8.0	徐闻县城北乡迈报村委会迈报村宫前
44082520120800402	鹊肾树	三级	180	13.0	188	5.0	徐闻县城北乡迈报村委会沈宅村土地公旁
44082520120800404	鹊肾树	三级	180	8.0	220	6.0	徐闻县城北乡迈报村委会沈宅村土地公旁
44082520120800405	鹊肾树	三级	180	13.0	157	5.0	徐闻县城北乡迈报村委会沈宅村土地公旁
44082520120900460	榕树	三级	150	20.0	314	8.5	徐闻县城北乡后坡寮村委会南寮村李生屋旁
44082520120900461	荔枝	三级	150	8.0	220	5.0	徐闻县城北乡后坡寮村委会南寮村李生屋东
44082520120900462	龙眼	三级	150	10.0	188	13.0	徐闻县城北乡后坡寮村委会南寮村
44082520120900463	高山榕	三级	180	16.0	628	21.0	徐闻县城北乡后坡寮村委会后坡寮小学校园内
44082520120900464	刺桐	三级	110	12.0	565	15.0	徐闻县城北乡后坡寮村委会后坡寮村小学内
44082520120900465	朴树	三级	110	18.0	236	14.5	徐闻县城北乡后坡寮村委会后坡寮村西南
44082520120900466	龙眼	三级	110	12.0	157	6.5	徐闻县城北乡后坡寮村委会后坡寮村西南土地公旁
44082520120900467	朴树	三级	110	13.0	236	10.0	徐闻县城北乡后坡寮村委会后坡寮村西南
44082520121000001	见血封喉	三级	150	14.9	314	14.7	徐闻县城北乡石岭村委会钟宅村文化楼前
44082520121000002	见血封喉	三级	150	25.2	229	15.0	徐闻县城北乡石岭村委会钟宅村文化楼前
44082520121000003	秋枫	三级	200	9.7	288	7.0	徐闻县城北乡石岭村委会钟宅村文化楼前
44082520121000004	秋枫	三级	200	29.2	778	11.5	徐闻县城北乡石岭村委会钟宅村文化楼前
44082520121000005	秋枫	三级	100	17.1	270	13.0	徐闻县城北乡石岭村委会钟宅村文化楼前
44082520121000006	秋枫	三级	100	15.1	260	14.5	徐闻县城北乡石岭村委会钟完宅村文化楼北
44082520121000007	榕树	三级	200	21.3	568	20.5	徐闻县城北乡石岭村委会钟园富宅前
44082520121000008	榕树	三级	200	22.1	518	19.0	徐闻县城北乡石岭村委会钟宅村后塘仔
44082520121000009	秋枫	三级	120	19.2	298	9.5	徐闻县城北乡石岭村委会钟宅村后塘仔
44082520121000010	榕树	三级	240	30.2	697	26.5	徐闻县城北乡石岭村委会钟宅村后塘仔
44082520121000011	榕树	三级	200	9.3	562	15.5	徐闻县城北乡石岭村委会钟宅村后塘仔
44082520121000012	海红豆	三级	100	11.1	179	10.0	徐闻县城北乡石岭村委会钟宅村钟学远宅南
44082520121000013	高山榕	三级	160	20.0	305	17.0	徐闻县城北乡石岭村委会钟宅村钟学远宅后
44082520121000014	荔枝	三级	150	20.0	239	12.5	徐闻县城北乡石岭村委会钟宅村钟学远宅后
44082520121000015	榕树	三级	210	24.0	528	25.5	徐闻县城北乡石岭村委会林宅村文化楼前
44082520121000016	高山榕	三级	200	23.0	458	33.5	徐闻县城北乡石岭村委会林宅文化楼前
44082520121000017	刺桐	三级	110	13.0	399	15.0	徐闻县城北乡石岭村委会林宅村文化楼前
44082520121000018	高山榕	三级	100	11.0	600	17.0	徐闻县城北乡石岭村委会林宅村文化楼前
44082520121000019	榕树	三级	140	13.0	399	14.5	徐闻县城北乡石岭村委会林宅村学校西南
44082520121000020	榕树	三级	100	10.0	198	10.5	徐闻县城北乡石岭村委会林宅村西南
44082520121000021	高山榕	三级	180	12.0	628	32.0	徐闻县城北乡石岭村委会林宅村村委会西
44082520121000022	高山榕	三级	210	10.0	578	16.0	徐闻县城北乡石岭村委会林宅村村委会西
44082520121000023	榕树	三级	200	26.0	609	31.5	徐闻县城北乡石岭村委会林宅村林望满宅南
44082520121000024	榕树	三级	200	30.0	568	34.5	徐闻县城北乡石岭村委会林宅村林望满宅南
44082520121000025	榕树	三级	210	28.0	477	27.5	徐闻县城北乡石岭村委会林宅村林望满宅南
44082520121000026	高山榕	三级	210	23.0	697	39.5	徐闻县城北乡石岭村委会林宅村学校内
44082520121000027	榕树	三级	210	18.0	399	21.5	徐闻县城北乡石岭村委会林宅村水塔东
44082520121000028	榕树	三级	210	16.0	349	19.0	徐闻县城北乡石岭村委会林宅村水塔东
44082520121000029	朴树	三级	100	12.0	188	13.5	徐闻县城北乡石岭村委会林宅村水塔东
44082520121000030	樟	三级	100	16.0	220	12.5	徐闻县城北乡石岭村委会林宅村林庆邦宅后
44082520121000031	高山榕	三级	110	20.0	298	15.5	徐闻县城北乡石岭村委会林宅村林冲宅北

(续)

(续)

古树编号	树种	古树等级	树龄（年）	树高（米）	胸围（厘米）	冠幅（米）	位置
44082520121000032	榕树	三级	160	26.0	427	22.5	徐闻县城北乡石岭村委会林宅村林冲宅前
44082520121000033	高山榕	三级	100	21.0	499	30.0	徐闻县城北乡石岭村委会林宅村林新皇宅后
44082520121000034	榕树	三级	100	18.0	60	16.0	徐闻县城北乡石岭村委会林宅村林望远宅北
44082520121000035	榕树	三级	100	21.0	399	16.5	徐闻县城北乡石岭村委会林宅村林望远宅西
44082520121000036	榕树	三级	100	11.0	377	6.5	徐闻县城北乡石岭村委会林宅村林望远宅西
44082520121000037	榕树	三级	120	16.0	399	14.0	徐闻县城北乡石岭村委会林宅村林乏文宅前
44082520121000038	高山榕	三级	110	13.0	198	8.5	徐闻县城北乡石岭村委会林宅村林坚邦宅西
44082520121000039	高山榕	三级	130	20.0	528	34.0	徐闻县城北乡石岭村委会林宅村林望惠宅前
44082520121000040	高山榕	三级	120	23.0	798	27.5	徐闻县城北乡石岭村委会林宅村
44082520121000041	高山榕	三级	140	21.0	779	25.0	徐闻县城北乡石岭村委会林宅村林望任宅前
44082520121000042	榕树	三级	140	21.0	399	24.5	徐闻县城北乡石岭村委会林宅村林望任宅前
44082520121000043	高山榕	三级	100	29.0	898	27.5	徐闻县城北乡石岭村委会林宅村黄友宅东
44082520121000044	高山榕	三级	140	13.0	600	18.5	徐闻县城北乡石岭村委会林宅村黄友宅内
44082520121000045	高山榕	三级	140	28.0	499	31.5	徐闻县城北乡石岭村委会林宅村林望郊宅前
44082520121000046	樟	三级	100	20.0	251	8.5	徐闻县城北乡石岭村委会林宅村林弟宅内
44082520121000047	樟	三级	100	21.0	229	11.5	徐闻县城北乡石岭村委会林宅村林弟宅内
44082520121000048	樟	三级	100	13.0	157	11.5	徐闻县城北乡石岭村委会林宅村林弟宅内
44082520121000049	朴树	三级	110	28.0	298	12.5	徐闻县城北乡石岭村委会林宅村林弟宅西
44082520121000050	高山榕	三级	140	23.0	600	27.0	徐闻县城北乡石岭村委会林宅村林飞宅西
44082520121000051	榕树	三级	100	11.0	280	20.5	徐闻县城北乡石岭村委会龙盛村董遵芳宅前
44082520121000052	榕树	三级	100	15.0	798	17.5	徐闻县城北乡石岭村委会龙盛村董遵芳宅前
44082520121000053	龙眼	三级	100	10.0	129	6.5	徐闻县城北乡石岭村委会龙盛村文化楼前
44082520121000054	木棉	三级	100	15.0	220	5.5	徐闻县城北乡石岭村委会龙盛村文化楼前
44082520121000055	见血封喉	三级	100	25.0	207	8.5	徐闻县城北乡石岭村委会龙盛村文化楼前
44082520121000056	见血封喉	三级	100	25.0	298	6.5	徐闻县城北乡石岭村委会龙盛村文化楼前
44082520121000057	荔枝	三级	100	11.0	179	7.5	徐闻县城北乡石岭村委会龙盛村董遵芳宅内
44082520121000058	荔枝	三级	120	9.0	170	7.5	徐闻县城北乡石岭村委会龙盛村董遵芳宅内
44082520121000059	荔枝	三级	120	10.0	188	7.5	徐闻县城北乡石岭村委会龙盛村董遵秀宅内
44082520121000060	荔枝	三级	200	25.0	229	13.5	徐闻县城北乡石岭村委会龙盛村董遵裕宅内
44082520121000061	朴树	三级	100	18.0	258	17.0	徐闻县城北乡石岭村委会龙盛村董遵文宅南
44082520121000062	荔枝	三级	110	16.0	207	9.5	徐闻县城北乡石岭村委会龙盛村董纯禄宅内
44082520121000063	荔枝	三级	120	20.0	188	14.5	徐闻县城北乡石岭村委会龙盛村董纯禄宅内
44082520121000064	刺篱木	三级	150	20.0	69	4.5	徐闻县城北乡石岭村委会龙盛村董纯禄宅内
44082520121000065	刺篱木	三级	150	10.0	97	4.5	徐闻县城北乡石岭村委会龙盛村董纯禄宅内
44082520121000066	木棉	三级	160	30.0	399	17.5	徐闻县城北乡石岭村委会龙盛村林望仁宅内
44082520121000067	榕树	三级	110	10.0	358	18.0	徐闻县城北乡石岭村委会龙盛村董遵文园南
44082520121000068	榕树	三级	130	12.0	418	20.5	徐闻县城北乡石岭村委会龙盛村董遵文园南
44082520121000069	榕树	三级	130	10.0	220	10.0	徐闻县城北乡石岭村委会龙盛村董遵文宅南
44082520121000070	榕树	三级	130	16.0	280	19.5	徐闻县城北乡石岭村委会龙盛村董遵文园南
44082520121000071	榕树	三级	130	18.0	537	20.5	徐闻县城北乡石岭村委会龙盛村董遵文园南
44082520121000072	高山榕	三级	150	26.0	600	33.5	徐闻县城北乡石岭村委会龙盛村董纯东宅前
44082520121000073	榕树	三级	150	10.0	289	11.0	徐闻县城北乡石岭村委会龙盛村董纯东宅前
44082520121000074	高山榕	三级	150	16.0	600	18.0	徐闻县城北乡石岭村委会龙盛村董纯东宅前
44082520121000075	高山榕	三级	150	23.0	622	18.5	徐闻县城北乡石岭村委会龙盛村董纯东宅前
44082520121000076	榕树	三级	150	20.0	427	15.0	徐闻县城北乡石岭村委会龙盛村董纯东宅前
44082520121000077	高山榕	三级	120	30.0	418	20.5	徐闻县城北乡石岭村委会下芋寮仔村土地公旁
44082520121000078	榕树	三级	110	18.0	280	11.5	徐闻县城北乡石岭村委会下寮仔村邹启优宅前
44082520121000079	榕树	三级	110	18.0	258	12.5	徐闻县城北乡石岭村委会下寮仔村邹裕宅前

(续)

古树编号	树种	古树等级	树龄（年）	树高（米）	胸围（厘米）	冠幅（米）	位置
44082520121000080	榕树	三级	150	18.0	207	7.0	徐闻县城北乡石岭村委会下寮仔村邹裕宅前
44082520121000081	榕树	三级	150	18.0	229	10.0	徐闻县城北乡石岭村委会下寮仔村邹裕宅前
44082520121000082	榕树	三级	150	31.0	349	18.5	徐闻县城北乡石岭村委会下寮仔村邹洪跃宅内
44082520121000524	木棉	三级	150	18.2	4	8.0	徐闻县城北乡石岭村委会徐闻县289乡道靠近隆盛村
44082520121100083	鹊肾树	三级	180	5.0	220	5.0	徐闻县城北乡加乐园村委会加乐园村市场后
44082520121100084	榕树	三级	110	10.0	314	8.5	徐闻县城北乡加乐园村委会加乐园村市场南
44082520121100085	榕树	三级	110	7.0	502	12.5	徐闻县城北乡加乐园村委会加乐园村市场后
44082520121100086	土坛树	三级	200	7.0	345	4.0	徐闻县城北乡加乐园村委会加乐园村市场后
44082520121100087	榕树	三级	100	8.0	345	20.5	徐闻县城北乡加乐园村委会加乐园村祠堂前
44082520121100088	榕树	三级	100	8.0	345	12.0	徐闻县城北乡加乐园村委会加乐园村祠堂前
44082520121100089	榕树	三级	100	5.0	314	6.0	徐闻县城北乡加乐园村委会加乐园村梁德前屋前
44082520121100090	高山榕	三级	160	27.0	471	25.0	徐闻县城北乡加乐园村委会加乐园西村许慎震屋前
44082520121100091	榕树	三级	160	10.0	283	11.0	徐闻县城北乡加乐园村委会加乐园西村许慎震屋前
44082520121100092	榕树	三级	100	27.0	267	14.5	徐闻县城北乡加乐园村委会加乐园西村许慎震屋后
44082520121100093	榕树	三级	120	30.0	355	21.5	徐闻县城北乡加乐园村委会加乐园西村梁荣军屋前
44082520121100094	鹊肾树	三级	130	8.0	94	6.5	徐闻县城北乡加乐园村委会加乐园西村梁树屋西
44082520121100095	榕树	三级	150	25.0	597	31.0	徐闻县城北乡加乐园村委会加乐园西村梁树辉屋南
44082520121100096	鹊肾树	三级	130	7.0	126	3.5	徐闻县城北乡加乐园村委会加乐园西村梁树辉屋南
44082520121100097	榕树	三级	110	30.0	565	29.5	徐闻县城北乡加乐园村委会加乐园西村梁荣威院内
44082520121100098	荔枝	三级	200	18.0	377	12.5	徐闻县城北乡加乐园村委会加乐园小学内
44082520121100099	荔枝	三级	200	17.0	377	10.0	徐闻县城北乡加乐园村委会加乐园小学内
44082520121100100	荔枝	三级	200	16.0	377	12.0	徐闻县城北乡加乐园村委会加乐园小学内
44082520121100101	荔枝	三级	200	8.0	377	11.5	徐闻县城北乡加乐园村委会加乐园小学内
44082520121100102	荔枝	三级	200	10.0	333	7.0	徐闻县城北乡加乐园村委会加乐园小学内
44082520121100103	荔枝	三级	200	8.0	330	6.0	徐闻县城北乡加乐园村委会加乐园小学内
44082520121100104	荔枝	三级	200	9.0	628	8.0	徐闻县城北乡加乐园村委会加乐园小学内
44082520121100105	荔枝	三级	200	6.0	628	10.5	徐闻县城北乡加乐园村委会加乐园小学内
44082520121100106	荔枝	三级	200	20.0	298	15.5	徐闻县城北乡加乐园村委会加乐园小学内
44082520121100107	荔枝	三级	200	5.0	126	5.5	徐闻县城北乡加乐园村委会加乐园小学内
44082520121100108	荔枝	三级	200	9.0	126	5.0	徐闻县城北乡加乐园村委会加乐园学校外
44082520121100109	荔枝	三级	200	15.0	314	16.5	徐闻县城北乡加乐园村委会加乐园西村梁树丰院内
44082520121100110	高山榕	三级	180	29.0	942	38.5	徐闻县城北乡加乐园村委会昌赫村西北
44082520121100111	高山榕	三级	180	30.0	722	33.5	徐闻县城北乡加乐园村委会昌赫村西北
44082520121100112	高山榕	三级	180	30.0	722	23.5	徐闻县城北乡加乐园村委会昌赫村西北
44082520121100113	榄仁树	三级	100	18.0	157	5.0	徐闻县城北乡加乐园村委会昌赫村西北
44082520121100114	凤凰木	三级	100	10.0	157	11.5	徐闻县城北乡加乐园村委会昌赫村西北
44082520121100115	高山榕	三级	180	30.0	345	21.0	徐闻县城北乡加乐园村委会昌赫村西北
44082520121100116	高山榕	三级	180	29.0	911	34.0	徐闻县城北乡加乐园村委会昌赫村西北
44082520121100117	高山榕	三级	180	28.0	314	26.0	徐闻县城北乡加乐园村委会昌赫村西北
44082520121100118	高山榕	三级	150	28.0	565	31.5	徐闻县城北乡加乐园村委会昌赫村西北
44082520121100119	高山榕	三级	180	20.0	597	26.5	徐闻县城北乡加乐园村委会昌赫村西北
44082520121100120	高山榕	三级	180	30.0	911	47.5	徐闻县城北乡加乐园村委会昌赫村西北
44082520121100121	高山榕	三级	180	30.0	659	26.5	徐闻县城北乡加乐园村委会昌赫村西北
44082520121100122	高山榕	三级	180	25.0	659	26.5	徐闻县城北乡加乐园村委会昌赫村西北
44082520121100123	高山榕	三级	180	30.0	345	15.5	徐闻县城北乡加乐园村委会昌赫村西北
44082520121100124	榕树	三级	180	30.0	345	20.0	徐闻县城北乡加乐园村委会昌赫村西北
44082520121100125	高山榕	三级	180	27.0	408	20.0	徐闻县城北乡加乐园村委会昌赫村西北
44082520121100126	高山榕	三级	180	21.0	377	14.0	徐闻县城北乡加乐园村委会昌赫村西北

(续)

古树编号	树种	古树等级	树龄（年）	树高（米）	胸围（厘米）	冠幅（米）	位置
44082520121100127	高山榕	三级	180	30.0	377	17.5	徐闻县城北乡加乐园村委会昌赫村西北
44082520121100128	高山榕	三级	150	30.0	1036	28.0	徐闻县城北乡加乐园村委会昌赫村陈庆屋北
44082520121100129	榕树	三级	180	27.0	597	22.5	徐闻县城北乡加乐园村委会昌赫村西
44082520121100130	高山榕	三级	180	30.0	597	21.0	徐闻县城北乡加乐园村委会昌赫村西
44082520121100131	榕树	三级	180	20.0	597	17.5	徐闻县城北乡加乐园村委会昌赫村西
44082520121100132	朴树	三级	110	30.0	251	9.5	徐闻县城北乡加乐园村委会昌赫村西
44082520121100133	榕树	三级	150	13.0	471	19.0	徐闻县城北乡加乐园村委会何宅村何钟成屋前
44082520121100134	鹊肾树	三级	180	10.0	188	7.5	徐闻县城北乡加乐园村委会开平村陈堪福屋后
44082520121100135	樟	三级	180	30.0	283	22.5	徐闻县城北乡加乐园村委会开平村陈奋任屋后
44082520121100145	榕树	三级	150	14.0	251	14.0	徐闻县城北乡加乐园村委会昌赫村陈奋竞院内
44082520121100146	朴树	三级	250	30.0	314	20.0	徐闻县城北乡加乐园村委会开平村西边村土地公旁
44082520121100147	海红豆	三级	100	10.0	157	10.0	徐闻县城北乡加乐园村委会开平村西边村土地公旁
44082520121100148	海红豆	三级	200	10.0	188	10.0	徐闻县城北乡加乐园村委会开平村西边村土地公旁
44082520121200468	榕树	三级	150	8.0	471	8.5	徐闻县城北乡大黄村委会石榴山村南
44082520121200469	榕树	三级	160	10.0	455	8.0	徐闻县城北乡大黄村委会石榴山村南
44082520121200470	榕树	三级	150	12.0	440	16.0	徐闻县城北乡大黄村委会计养村南
44082520121200471	榕树	三级	180	15.0	440	18.0	徐闻县城北乡大黄村委会计养村康开发院内
44082520121200472	榕树	三级	200	18.0	455	17.0	徐闻县城北乡大黄村委会计养村康元泽宅地旁
44082520121200473	鹊肾树	三级	250	18.0	188	6.0	徐闻县城北乡大黄村委会计养村康元超屋旁
44082520121200474	榕树	三级	160	23.0	471	17.0	徐闻县城北乡大黄村委会边姓村
44082520121200475	榕树	三级	160	12.0	440	12.5	徐闻县城北乡大黄村委会边姓村钟明屋南
44082520121200476	榕树	三级	170	16.0	455	23.5	徐闻县城北乡大黄村委会迈才园村邓进玉屋旁
44082520121200477	榕树	三级	200	24.0	565	25.0	徐闻县城北乡大黄村委会迈才园村邓康生屋旁
44082520121200478	榕树	三级	180	12.0	440	15.0	徐闻县城北乡大黄村委会迈才园村邓进玉屋后
44082520121200479	朴树	三级	110	14.0	283	13.0	徐闻县城北乡大黄村委会迈才园村前
44082520121200480	榕树	三级	180	16.0	440	9.5	徐闻县城北乡大黄村委会迈才园村前
44082520121200481	榕树	三级	200	18.0	408	20.0	徐闻县城北乡大黄村委会迈才园村邓进玉屋旁
44082520121200482	土坛树	三级	100	12.0	188	10.5	徐闻县城北乡大黄村委会三笃塘村邓敢斗屋前
44082520121200483	榕树	三级	210	20.0	659	35.5	徐闻县城北乡大黄村委会三笃塘村西土地公后
44082520121200484	榕树	三级	220	20.0	659	26.5	徐闻县城北乡大黄村委会三笃塘村西南
44082520121200485	榕树	三级	110	9.0	314	7.5	徐闻县城北乡大黄村委会三笃塘郑元球屋东
44082520121200487	榕树	三级	120	17.0	408	29.5	徐闻县城北乡大黄村委会边古仔黄武亮屋前土地幺旁
44082520121200488	榕树	三级	150	18.0	659	26.5	徐闻县城北乡大黄村委会边古仔村黄武亮屋前
44082520121200489	酸豆	三级	120	20.0	220	14.5	徐闻县城北乡大黄村委会边古仔村黄武亮屋旁
44082520121200490	榕树	三级	150	9.0	251	10.0	徐闻县城北乡大黄村委会龙山村罗元泽屋前
44082520121200491	榕树	三级	150	8.0	283	11.0	徐闻县城北乡大黄村委会龙山村罗元泽屋前
44082520121200492	榕树	三级	170	17.0	314	11.0	徐闻县城北乡大黄村委会龙山村北
44082520121200493	榕树	三级	150	18.0	377	15.0	徐闻县城北乡大黄村委会社朗仔村前
44082520121200494	鹊肾树	三级	150	12.0	141	8.0	徐闻县城北乡大黄村委会社朗仔村前
44082520121200495	榕树	三级	150	13.0	283	17.0	徐闻县城北乡大黄村委会社朗仔村前
44082520121200496	榕树	三级	150	20.0	408	14.0	徐闻县城北乡大黄村委会社朗仔村李有福院内
44082520121200497	榕树	三级	150	12.0	283	13.5	徐闻县城北乡大黄村委会社朗仔村李木屋东
44082520121200498	鹊肾树	三级	250	7.0	141	5.0	徐闻县城北乡大黄村委会社朗仔村前
44082520121200499	榕树	三级	150	13.0	267	16.0	徐闻县城北乡大黄村委会社朗仔村前
44082520121200500	榕树	三级	100	10.0	188	11.5	徐闻县城北乡大黄村委会社朗仔村前
44082520121200501	榕树	三级	150	8.0	345	6.0	徐闻县城北乡大黄村委会社朗仔村前
44082520121200502	榕树	三级	150	18.0	455	20.5	徐闻县城北乡大黄村委会社朗仔村前
44082520121200503	榕树	三级	150	7.0	314	11.5	徐闻县城北乡大黄村委会社朗仔村前

第三章 湛江市古树名木目录

(续)

古树编号	树种	古树等级	树龄（年）	树高（米）	胸围（厘米）	冠幅（米）	位置
44082520121200504	榕树	三级	150	7.0	314	11.5	徐闻县城北乡大黄村委会社朗仔村前
44082520121200505	榕树	三级	150	13.0	471	12.0	徐闻县城北乡大黄村委会社长村下塘东
44082520121200506	榕树	三级	200	20.0	502	15.0	徐闻县城北乡大黄村委会社长村李凤莲屋南
44082520121200507	榕树	三级	150	8.0	283	9.5	徐闻县城北乡大黄村委会社长村墦坤招屋前
44082520121200508	榕树	三级	150	15.0	345	10.0	徐闻县城北乡大黄村委会社长村潘弟永屋前
44082520121200509	榕树	三级	200	10.0	314	12.5	徐闻县城北乡大黄村委会社长村潘华招屋旁
44082520121200510	榕树	三级	200	20.0	565	16.5	徐闻县城北乡大黄村委会社长村潘长青屋西
44082520121200511	榕树	三级	200	20.0	502	19.0	徐闻县城北乡大黄村委会社长村潘长青屋西
44082520121200512	榕树	三级	200	15.0	283	11.0	徐闻县城北乡大黄村委会社长村潘长青屋西
44082520121200513	鹊肾树	三级	200	10.0	157	7.0	徐闻县城北乡大黄村委会社长村潘长青屋西
44082520121200514	榕树	三级	180	9.0	471	10.0	徐闻县城北乡大黄村委会社长村钟光球屋前
44082520121200515	榕树	三级	120	15.0	377	8.0	徐闻县城北乡大黄村委会社长村潘杨明屋前
44082520121200516	鹊肾树	三级	120	10.0	188	5.5	徐闻县城北乡大黄村委会社长村钟希感屋前
44082520121200517	榕树	三级	200	16.0	455	15.0	徐闻县城北乡大黄村委会社长村钟养感屋前
44082520121200518	海红豆	三级	110	7.0	188	9.0	徐闻县城北乡大黄村委会社长村潘豪明屋前
44082520121300301	榕树	三级	100	10.0	220	15.0	徐闻县城北乡桃园村委会桃园上村土地公旁
44082520121300302	榕树	三级	100	9.0	280	7.5	徐闻县城北乡桃园村委会桃园上村土地公旁
44082520121300303	榕树	三级	150	12.0	220	20.5	徐闻县城北乡桃园村委会那种村谢朋宅南
44082520121300304	朴树	三级	110	20.0	258	13.5	徐闻县城北乡桃园村委会那种村谢聂宅基地内
44082520121300305	乌墨	三级	200	28.0	399	14.5	徐闻县城北乡桃园村委会桃园村吴传洛宅前
44082520121300306	酸豆	三级	110	18.0	258	12.5	徐闻县城北乡桃园村委会八斗村符传宅前
44082520121300307	乌墨	三级	100	18.0	192	8.0	徐闻县城北乡桃园村委会八斗村土地公旁边
44082520121300308	土坛树	三级	100	10.0	239	4.5	徐闻县城北乡桃园村委会八斗村土地公旁
44082520121300309	鹊肾树	三级	180	18.0	280	9.5	徐闻县城北乡桃园村委会八斗村土地公旁
44082520121300310	榕树	三级	180	9.0	317	12.0	徐闻县城北乡桃园村委会那塘村社宅城
44082520121300311	榕树	三级	100	18.0	280	12.5	徐闻县城北乡桃园村委会那塘村社宅城
44082520121300312	榕树	三级	200	20.0	550	27.0	徐闻县城北乡桃园村委会那塘村土地公旁
44082520121300313	榕树	三级	200	13.0	600	18.0	徐闻县城北乡桃园村委会那塘村土地公旁
44082520121300314	岭南山竹子	三级	100	13.0	188	3.0	徐闻县城北乡桃园村委会那塘村土地公旁
44082520121300316	榕树	三级	120	12.0	298	7.5	徐闻县城北乡桃园村委会那搪村何春声宅前
44082520121300317	酸豆	三级	180	18.0	408	17.0	徐闻县城北乡桃园村委会安宅村
44082520121300318	鹊肾树	三级	150	10.0	188	5.0	徐闻县城北乡桃园村委会安宅村前园
44082520121300319	榕树	三级	250	8.0	399	10.0	徐闻县城北乡桃园村委会安宅村老村园
44082520121300320	榕树	三级	200	16.0	512	11.0	徐闻县城北乡桃园村委会安宅村九江园土地公旁
44082520121300321	榕树	三级	250	16.0	600	20.0	徐闻县城北乡桃园村委会安宅村九江园土地公旁
44082520121300322	朴树	三级	100	20.0	179	8.0	徐闻县城北乡桃园村委会安宅村青惠廟前
44082520121300323	木棉	三级	100	12.0	283	6.5	徐闻县城北乡桃园村委会安宅村青惠廟前
44082520121300324	朴树	三级	100	15.0	148	8.0	徐闻县城北乡桃园村委会安宅村土地公旁
44082520121300325	朴树	三级	100	15.0	129	10.0	徐闻县城北乡桃园村委会安宅村何明宅南土地公旁
44082520121300326	鹊肾树	三级	100	15.0	126	5.0	徐闻县城北乡桃园村委会安宅村何明宅南土地公旁
44082520121300327	鹊肾树	三级	100	15.0	188	5.5	徐闻县城北乡桃园村委会安宅村何明宅南土地公旁
44082520121300328	榕树	三级	200	10.0	612	19.0	徐闻县城北乡桃园村委会提创村戏楼边
44082520121300330	凤凰木	三级	250	20.0	157	17.0	徐闻县城北乡桃园村委会提创村戏楼后
44082520121300331	榕树	三级	150	20.0	280	16.5	徐闻县城北乡桃园村委会提创村周光权宅前
44082520121300332	榕树	三级	180	20.0	283	16.5	徐闻县城北乡桃园村委会提创村周康文宅北
44082520121300333	榕树	三级	180	9.0	600	17.0	徐闻县城北乡桃园村委会提创村周赵鱼宅东
44082520121300334	榕树	三级	150	8.0	298	16.5	徐闻县城北乡桃园村委会提创村周学宅东土地公旁
44082520121300335	榕树	三级	150	20.0	430	22.0	徐闻县城北乡桃园村委会提创新村周珠兴宅内

（续）

古树编号	树种	古树等级	树龄（年）	树高（米）	胸围（厘米）	冠幅（米）	位置
44082520121300336	榕树	三级	250	8.0	427	8.0	徐闻县城北乡桃园村委会提创新村周珠兴宅内
44082520121300337	土坛树	三级	100	8.0	188	12.0	徐闻县城北乡桃园村委会提创新村谭艳珍宅南
44082520121300338	榕树	三级	180	16.0	565	19.0	徐闻县城北乡桃园村委会提创新村周荣兴宅东
44082520121300339	榕树	三级	100	12.0	258	15.0	徐闻县城北乡桃园村委会提创新村周略宅内
44082520121300340	榕树	三级	110	22.0	471	26.5	徐闻县城北乡桃园村委会扶宜村土地公后
44082520121300341	榕树	三级	110	10.0	198	18.0	徐闻县城北乡桃园村委会扶宜村何李文宅前
44082520121300342	榕树	三级	100	16.0	298	17.0	徐闻县城北乡桃园村委会扶宜村陈进宅东
44082520121300344	榕树	三级	100	10.0	220	5.5	徐闻县城北乡桃园村委会扶宜村土地公旁
44082520121300345	鹊肾树	三级	100	6.0	157	5.5	徐闻县城北乡桃园村委会扶宜村土地公旁
44082520121300346	朴树	三级	100	9.0	141	4.5	徐闻县城北乡桃园村委会扶宜村土地公旁
44082520121300347	榕树	三级	100	8.0	449	7.0	徐闻县城北乡桃园村委会扶宜村土地公旁
44082520121300348	榕树	三级	100	18.0	433	20.5	徐闻县城北乡桃园村委会龙乐村土地公前
44082520121300349	榕树	三级	180	18.0	345	7.0	徐闻县城北乡桃园村委会龙乐村土地公前
44082520121300350	榕树	三级	180	14.0	427	11.5	徐闻县城北乡桃园村委会龙乐村土地公前
44082520121300351	榕树	三级	180	20.0	440	18.0	徐闻县城北乡桃园村委会龙乐村林犖宅前
44082520121300352	榕树	三级	200	16.0	440	17.5	徐闻县城北乡桃园村委会龙乐村毛康宅西
44082520121300353	铁灵花	三级	190	16.0	283	12.0	徐闻县城北乡桃园村委会仕仁村吴德宅东
44082520121300354	榕树	三级	110	16.0	248	16.5	徐闻县城北乡桃园村委会仕仁村吴和波前
44082520121400164	榕树	三级	250	25.0	587	13.5	徐闻县城北乡那练村委会那练村骆妃新屋旁
44082520121400165	榕树	三级	100	12.0	248	17.5	徐闻县城北乡那练村委会那练村骆学机屋后
44082520121400176	鹊肾树	三级	130	11.0	298	7.5	徐闻县城北乡那练村委会那练村骆导屋东
44082520121400178	鹊肾树	三级	130	8.0	188	6.0	徐闻县城北乡那练村委会那练村骆导屋西
44082520121400182	鹊肾树	三级	130	12.0	283	7.5	徐闻县城北乡那练村委会那练村骆导屋东
44082520121400183	鹊肾树	三级	160	10.0	298	5.5	徐闻县城北乡那练村委会那练村骆导屋东
44082520121400184	鹊肾树	三级	130	10.0	157	5.0	徐闻县城北乡那练村委会那练村骆导屋东
44082520121400200	榕树	三级	150	9.0	314	13.0	徐闻县城北乡那练村委会那练村骆颖屋西
44082520121400201	榕树	三级	130	12.0	298	9.5	徐闻县城北乡那练村委会那练村骆康富屋前
44082520121400202	鹊肾树	三级	150	7.0	188	5.0	徐闻县城北乡那练村委会那练村骆康富屋前
44082520121400203	榕树	三级	150	8.0	220	12.0	徐闻县城北乡那练村委会那练村骆康富屋前
44082520121400205	鹊肾树	三级	150	6.0	141	4.5	徐闻县城北乡那练村委会那练村东井西
44082520121400206	鹊肾树	三级	150	11.0	188	5.5	徐闻县城北乡那练村委会那练村东井西
44082520121400207	鹊肾树	三级	150	12.0	220	9.5	徐闻县城北乡那练村委会那练村东井西
44082520121400208	榕树	三级	200	15.0	298	11.5	徐闻县城北乡那练村委会那练村前
44082520121400209	斜叶榕	三级	200	9.0	345	20.0	徐闻县城北乡那练村委会那练村前
44082520121400210	榕树	三级	200	10.0	377	16.5	徐闻县城北乡那练村委会那练村前
44082520121400211	榕树	三级	200	10.0	251	17.5	徐闻县城北乡那练村委会那练村前
44082520121400212	荔枝	三级	100	9.0	126	8.5	徐闻县城北乡那练村委会那练村前
44082520121400213	榕树	三级	150	10.0	220	19.5	徐闻县城北乡那练村委会那练村骆达明屋东
44082520121400214	榕树	三级	200	9.0	204	7.5	徐闻县城北乡那练村委会那练村骆达明屋西
44082520121400215	榕树	三级	200	11.0	317	12.5	徐闻县城北乡那练村委会那练村骆达龙屋旁
44082520121400216	榕树	三级	150	12.0	251	13.0	徐闻县城北乡那练村委会那练村骆光财屋前
44082520121400217	榕树	三级	150	8.0	283	10.0	徐闻县城北乡那练村委会那练村前
44082520121400218	榕树	三级	150	25.0	220	6.5	徐闻县城北乡那练村委会那练村前
44082520121400219	鹊肾树	三级	150	12.0	141	5.5	徐闻县城北乡那练村委会那练村前
44082520121400220	鹊肾树	三级	150	7.0	126	5.5	徐闻县城北乡那练村委会那练村前
44082520121400221	鹊肾树	三级	150	8.0	110	5.5	徐闻县城北乡那练村委会那练村前
44082520121400222	海红豆	三级	150	16.0	157	10.0	徐闻县城北乡那练村委会那练村前
44082520121400223	海红豆	三级	150	12.0	251	7.5	徐闻县城北乡那练村委会那练村前
44082520121400224	鹊肾树	三级	150	9.0	94	5.5	徐闻县城北乡那练村委会那练村前

第三章 湛江市古树名木目录

(续)

古树编号	树种	古树等级	树龄（年）	树高（米）	胸围（厘米）	冠幅（米）	位置
44082520121400225	榕树	三级	200	20.0	597	18.0	徐闻县城北乡那练村委会那练村骆孝屋前
44082520121400226	榕树	三级	200	20.0	722	19.0	徐闻县城北乡那练村委会那练村西
44082520121400227	鹊肾树	三级	150	8.0	220	6.5	徐闻县城北乡那练村委会那练村西
44082520121400228	榕树	三级	200	8.0	471	7.5	徐闻县城北乡那练村委会那练村骆县屋旁
44082520121400229	榕树	三级	110	12.0	248	13.0	徐闻县城北乡那练村委会那练村西
44082520121400230	榕树	三级	130	20.0	502	12.5	徐闻县城北乡那练村委会那练村外翰第前
44082520121400231	榕树	三级	200	10.0	330	10.5	徐闻县城北乡那练村委会那练村文化楼
44082520121400232	海红豆	三级	120	10.0	188	10.0	徐闻县城北乡那练村委会盐坡村越南铺仔
44082520121400233	榕树	三级	120	8.0	298	14.0	徐闻县城北乡那练村委会盐坡村越南铺仔
44082520121400234	海红豆	三级	120	15.0	138	9.0	徐闻县城北乡那练村委会盐坡村越南铺仔
44082520121400235	鹊肾树	三级	110	6.0	267	6.0	徐闻县城北乡那练村委会盐坡村搞石园
44082520121400236	鹊肾树	三级	110	6.0	94	4.0	徐闻县城北乡那练村委会盐坡村搞石园
44082520121400237	鹊肾树	三级	110	7.0	198	5.0	徐闻县城北乡那练村委会盐坡村搞石园
44082520121400238	鹊肾树	三级	110	7.0	220	5.0	徐闻县城北乡那练村委会盐坡村搞石园
44082520121400239	鹊肾树	三级	100	5.0	179	4.0	徐闻县城北乡那练村委会盐坡村搞石园
44082520121400240	榕树	三级	150	10.0	267	9.5	徐闻县城北乡那练村委会盐坡村后坑土地公
44082520121400241	榕树	三级	100	11.0	220	10.0	徐闻县城北乡那练村委会盐坡村后寮村
44082520121400243	榕树	三级	130	12.0	440	10.0	徐闻县城北乡那练村委会盐坡村后寮村
44082520121400245	榕树	三级	150	15.0	550	11.5	徐闻县城北乡那练村委会盐坡村李海山宅内
44082520121400246	榕树	三级	120	5.0	188	7.5	徐闻县城北乡那练村委会盐坡村王赵文宅后
44082520121400247	榕树	三级	150	10.0	440	13.5	徐闻县城北乡那练村委会盐坡村王顺宅后
44082520121400248	榕树	三级	140	14.0	289	9.0	徐闻县城北乡那练村委会盐坡村王金连宅后
44082520121400249	龙眼	三级	150	18.0	349	9.5	徐闻县城北乡那练村委会盐坡村南坡仔土地公边
44082520121400250	鹊肾树	三级	100	18.0	160	5.0	徐闻县城北乡那练村委会盐坡村南坡仔土地公旁
44082520121400254	鹊肾树	三级	130	12.0	198	7.0	徐闻县城北乡那练村委会盐坡村王伦法宅内
44082520121400255	鹊肾树	三级	130	6.0	126	4.0	徐闻县城北乡那练村委会盐坡村王伦法宅内
44082520121400256	鹊肾树	三级	130	12.0	151	4.0	徐闻县城北乡那练村委会盐坡村王伦法宅内
44082520121400257	鹊肾树	三级	150	6.0	220	4.0	徐闻县城北乡那练村委会盐坡村王光朋宅前
44082520121400258	榕树	三级	160	8.0	330	5.5	徐闻县城北乡那练村委会盐坡村王伦法宅基地内
44082520121400259	榕树	三级	110	10.0	192	9.0	徐闻县城北乡那练村委会盐坡王光明宅基地
44082520121400260	榕树	三级	150	10.0	308	7.5	徐闻县城北乡那练村委会盐坡村十五队宅前
44082520121400261	鹊肾树	三级	130	9.0	160	4.5	徐闻县城北乡那练村委会盐坡村十五队宅前
44082520121400262	榕树	三级	150	8.0	289	11.5	徐闻县城北乡那练村委会盐坡村王堪利宅前
44082520121400263	鹊肾树	三级	120	13.0	160	5.5	徐闻县城北乡那练村委会盐坡村王红宏宅北
44082520121400264	鹊肾树	三级	120	10.0	220	5.0	徐闻县城北乡那练村委会监坡村王红宏宅北
44082520121400266	鹊肾树	三级	180	12.0	440	19.0	徐闻县城北乡那练村委会盐坡村王红宏宅后
44082520121400267	鹊肾树	三级	100	10.0	188	5.0	徐闻县城北乡那练村委会盐坡村王红宏宅后
44082520121400268	鹊肾树	三级	150	9.0	160	5.0	徐闻县城北乡那练村委会盐坡村王红宏宅后
44082520121400269	榕树	三级	100	6.0	261	5.5	徐闻县城北乡那练村委会盐坡村王斌宅南
44082520121400270	鹊肾树	三级	100	8.0	160	7.0	徐闻县城北乡那练村委会盐坡村王斌铺仔前
44082520121400271	榕树	三级	130	8.0	229	15.5	徐闻县城北乡那练村委会盐坡村凌妃营铺仔前
44082520121400272	榕树	三级	150	10.0	280	10.0	徐闻县城北乡那练村委会盐坡村王巧明宅内
44082520121400273	榕树	三级	100	6.0	258	5.5	徐闻县城北乡那练村委会盐坡村王陈民宅旁
44082520121400274	鹊肾树	三级	250	10.0	251	6.0	徐闻县城北乡那练村委会盐新村土地公
44082520121400275	榕树	三级	150	10.0	270	9.0	徐闻县城北乡那练村委会盐坡村新村土地公旁
44082520121400276	榕树	三级	250	10.0	349	18.0	徐闻县城北乡那练村委会盐坡新村土地公旁
44082520121400277	鹊肾树	三级	100	8.0	210	5.0	徐闻县城北乡那练村委会盐坡村骆玉甫宅后
44082520121400278	鹊肾树	三级	100	5.0	201	3.0	徐闻县城北乡那练村委会盐坡村王堪荣宅前
44082520121400281	榕树	三级	130	7.0	280	6.0	徐闻县城北乡那练村委会盐坡村王堪荣宅东

(续)

古树编号	树种	古树等级	树龄（年）	树高（米）	胸围（厘米）	冠幅（米）	位置
44082520121400282	鹊肾树	三级	130	5.0	110	4.0	徐闻县城北乡那练村委会盐坡村王堪荣宅东
44082520121400285	榕树	三级	200	8.0	430	10.0	徐闻县城北乡那练村委会盐坡村杨仲森宅东
44082520121400286	榕树	三级	150	9.0	339	16.5	徐闻县城北乡那练村委会盐坡村王妃浩宅前
44082520121400287	榕树	三级	120	8.0	261	5.5	徐闻县城北乡那练村委会盐坡村学校墙西
44082520121400288	榕树	三级	120	8.0	201	9.0	徐闻县城北乡那练村委会盐坡村学校内
44082520121400289	榕树	三级	120	7.0	151	10.5	徐闻县城北乡那练村委会盐坡村学校内
44082520121400290	榕树	三级	120	10.0	220	6.5	徐闻县城北乡那练村委会盐坡村学校内
44082520121400291	榕树	三级	120	10.0	301	11.0	徐闻县城北乡那练村委会盐坡村学校内
44082520121400292	鹊肾树	三级	120	7.0	129	4.0	徐闻县城北乡那练村委会盐坡村学校内
44082520121400293	鹊肾树	三级	120	6.0	132	3.0	徐闻县城北乡那练村委会盐坡村学校内
44082520121400294	鹊肾树	三级	120	8.0	499	9.0	徐闻县城北乡那练村委会盐坡村学校内
44082520121400295	鹊肾树	三级	120	8.0	151	4.0	徐闻县城北乡那练村委会盐坡村学校内
44082520121400296	鹊肾树	三级	120	7.0	132	3.0	徐闻县城北乡那练村委会盐坡村学校内
44082520121400297	榕树	三级	120	6.0	239	5.0	徐闻县城北乡那练村委会盐坡村学校内
44082520121400298	榕树	三级	130	8.0	430	15.0	徐闻县城北乡那练村委会盐坡村学校内
44082520121400299	榕树	三级	100	15.0	430	19.5	徐闻县城北乡那练村委会盐坡村学校南墙外
44082520121400300	鹊肾树	三级	150	12.0	229	7.0	徐闻县城北乡那练村委会盐坡村学校东
44082520420100017	酸豆	三级	140	16.2	352	4.0	徐闻县角尾乡角尾村委会郑黄村
44082520420100018	榕树	三级	190	12.3	471	20.0	徐闻县角尾乡角尾村委会郑黄村
44082520420100019	酸豆	三级	150	18.7	367	15.5	徐闻县角尾乡角尾村委会郑黄村
44082520420100020	榕树	三级	140	11.7	371	15.0	徐闻县角尾乡角尾村委会郑黄村
44082520420100021	榕树	三级	110	11.0	280	11.0	徐闻县角尾乡角尾村委会郑黄村
44082520420100022	酸豆	三级	100	11.0	251	12.5	徐闻县角尾乡角尾村委会角尾中心小学内
44082520420100023	酸豆	三级	170	19.5	399	19.0	徐闻县角尾乡角尾村委会角尾中心小学内
44082520420300025	榕树	三级	240	9.5	559	9.0	徐闻县角尾乡下寮仔村委会北插寮文化楼前
44082520420300026	榕树	三级	170	12.5	433	22.0	徐闻县角尾乡下寮仔村委会北插寮村
44082520420300028	榕树	三级	140	11.2	254	10.5	徐闻县角尾乡下寮仔村委会西山仔村
44082520420300031	榕树	三级	130	15.3	330	8.5	徐闻县角尾乡下寮仔村委会西山仔村
44082520420300033	榕树	三级	180	11.3	229	11.5	徐闻县角尾乡下寮仔村委会西山仔村
44082520420900001	榕树	三级	250	12.0	575	16.0	徐闻县角尾乡北注村委会北注小学旁边
44082520421000034	酸豆	三级	160	15.3	380	18.0	徐闻县角尾乡苞西村委会苞西村
44082520421000036	酸豆	三级	100	19.6	276	19.0	徐闻县角尾乡苞西村委会苞西村
44082520421000037	木棉	三级	180	11.3	339	6.0	徐闻县角尾乡苞西村委会苞西村
44082520421100002	木棉	三级	240	6.0	298	7.8	徐闻县角尾乡潭鳌村委会北胜村
44082520421100003	榕树	三级	200	14.0	518	21.2	徐闻县角尾乡潭鳌村委会北胜村
44082520421100004	榕树	三级	200	17.8	707	26.0	徐闻县角尾乡潭鳌村委会养逢村
44082520421100005	榕树	三级	140	17.8	371	16.0	徐闻县角尾乡潭鳌村委会养逢村
44082520421100006	榕树	三级	160	17.6	415	18.0	徐闻县角尾乡潭鳌村委会养逢村
44082520421100007	酸豆	三级	110	21.0	301	11.0	徐闻县角尾乡潭鳌村委会孟宁村
44082520421100008	榕树	三级	130	12.5	339	14.5	徐闻县角尾乡潭鳌村委会孟宁村
44082520421100009	榕树	三级	230	11.8	502	12.5	徐闻县角尾乡潭鳌村委会孟宁村
44082520421100010	榕树	三级	230	15.2	531	21.0	徐闻县角尾乡潭鳌村委会孟宁村
44082520421100011	鹊肾树	三级	220	9.2	251	7.5	徐闻县角尾乡潭鳌村委会孟宁村
44082520421100012	鹊肾树	三级	190	8.8	229	10.0	徐闻县角尾乡潭鳌村委会孟宁村
44082520421100013	鹊肾树	三级	130	8.9	157	8.5	徐闻县角尾乡潭鳌村委会孟宁村
44082520421100014	榕树	三级	150	15.2	380	19.5	徐闻县角尾乡潭鳌村委会孟宁村
44082520421100015	榕树	三级	100	12.3	280	14.5	徐闻县角尾乡潭鳌村委会孟宁村
44082520421100016	榄仁树	三级	190	16.0	424	19.5	徐闻县角尾乡潭鳌村委会孟宁村戏楼前

表6 麻章区古树目录

古树编号	树种	古树等级	树龄（年）	树高（米）	胸围（厘米）	冠幅（米）	位置
44081110020300027	见血封喉	一级	510	16.0	400	16	麻章区麻章镇大塘村委会大塘村文化楼
44081110022800015	竹节树	一级	510	11.0	295	13	麻章区麻章镇沙沟尾村委会村中
44081110121200473	竹节树	一级	510	12.0	307	11	麻章区太平镇仙村村委会中村富公祠东侧
44081110121500439	见血封喉	一级	530	16.0	502	27	麻章区太平镇王村村委会古村公园
44081110121600960	竹节树	一级	530	9.0	312	9	麻章区太平镇山后村委会后坡仔
44081110121901049	竹节树	一级	515	15.0	320	14	麻章区太平镇六坑村委会上六坑旧村场内
44081110220400367	见血封喉	一级	500	15.0	423	20	麻章区湖光镇世乔村委会新屋村
44081110221100252	榕树	一级	510	18.0	980	22	麻章区湖光镇金兴村委会火山蛋石前
44081110022900033	竹节树	二级	300	8.0	222	13	麻章区麻章镇厚礼南村委会村委会办公点西百米
44081110020200089	龙眼	二级	300	12.0	255	8	麻章区麻章镇谢家村委会天宫庙西南侧靠墙边
44081110020300028	垂叶榕	二级	300	10.0	900	12	麻章区麻章镇大塘村委会旧村场南侧院屋旁
44081110020800183	樟	二级	310	12.1	440	15	麻章区麻章镇英豪村委会英豪中村良直公祠南侧
44081110022500067	见血封喉	二级	350	13.0	435	19	麻章区麻章镇云头上村委会瑞云南路80号柳工厂内
44081110022900034	见血封喉	二级	300	12.0	350	18	麻章区麻章镇厚礼南村委会林万财家门口
44081110120700972	竹节树	二级	310	12.0	220	14	麻章区太平镇卜品村委会卜品村土地庙前
44081110120800604	竹节树	二级	400	11.0	257	6	麻章区太平镇北山村委会塘尾村彭家盛屋旁
44081110120900736	榕树	二级	300	12.0	480	19	麻章区太平镇六礼村委会边园村东边靠海岸
44081110120900737	榕树	二级	300	13.0	480	20	麻章区太平镇六礼村委会边园村东边靠海岸山头上
44081110121000562	竹节树	二级	300	11.0	206	7	麻章区太平镇岭头村委会仙凤村陈氏宗祠前
44081110121000567	鸡蛋花	二级	350	7.5	220	7	麻章区太平镇岭头村委会仙凤村陈氏宗祠旁
44081110121000568	竹节树	二级	300	13.0	220	10	麻章区太平镇岭头村委会仙凤村土地公庙旁
44081110121100707	榕树	二级	300	10.0	389	17	麻章区太平镇吕宅村委会太公园石碑东北向百米
44081110121500435	荔枝	二级	300	7.0	376	10	麻章区太平镇王村村委会主村内村
44081110121900456	竹节树	二级	310	9.0	230	9	麻章区太平镇六坑村委会上六坑村古村落路边
44081110122700579	竹节树	二级	300	10.0	206	7	麻章区太平镇百龙村委会百龙村周氏训雷庙后
44081110220200162	朴树	二级	300	17.0	370	20	麻章区湖光镇旧县村委会湖塘村广福庙左侧
44081110221500265	竹节树	二级	360	12.0	240	7	麻章区湖光镇临西村委会海尾村孙来兴家旁
44081110020200088	樟	三级	100	12.0	168	15	麻章区麻章镇谢家村委会天宫庙南侧
44081110020200090	见血封喉	三级	213	9.0	230	10	麻章区麻章镇谢家村委会英武党左侧
44081110020200091	龙眼	三级	150	9.0	180	10	麻章区麻章镇谢家村委会英武堂前侧
44081110020200092	高山榕	三级	100	15.0	250	23	麻章区麻章镇谢家村委会谢名材家旁
44081110020200093	垂叶榕	三级	100	9.0	215	8	麻章区麻章镇谢家村委会谢名材家旁
44081110020200094	垂叶榕	三级	100	8.0	210	14	麻章区麻章镇谢家村委会谢名材家旁
44081110020200095	见血封喉	三级	100	15.0	300	8	麻章区麻章镇谢家村委会电厂围墙内
44081110020200096	樟	三级	160	13.0	255	15	麻章区麻章镇谢家村委会黄虾二家旁
44081110020300029	榕树	三级	140	20.0	360	23	麻章区麻章镇大塘村委会村中
44081110020300030	垂叶榕	三级	103	18.0	600	18	麻章区麻章镇大塘村委会村中
44081110020300031	见血封喉	三级	100	18.0	261	23	麻章区麻章镇大塘村委会村中
44081110020300032	见血封喉	三级	103	12.0	350	18	麻章区麻章镇大塘村委会村中
44081110020500076	幌伞枫	三级	100	8.0	222	8	麻章区麻章镇调塾村委会罗怀泉家
44081110020500077	竹节树	三级	100	7.0	95	7	麻章区麻章镇调塾村委会罗怀泉家
44081110020500078	垂叶榕	三级	160	8.0	270	9	麻章区麻章镇调塾村委会宗祠前东
44081110020500079	垂叶榕	三级	160	8.0	315	12	麻章区麻章镇调塾村委会福安镜庙西
44081110020500080	榕树	三级	170	9.0	200	13	麻章区麻章镇调塾村委会资生境庙后
44081110020500081	朴树	三级	130	8.5	194	10	麻章区麻章镇调塾村委会资生境庙后
44081110020500083	垂叶榕	三级	110	8.5	200	9	麻章区麻章镇调塾村委会境福庙
44081110020500084	垂叶榕	三级	100	9.0	156	9	麻章区麻章镇调塾村委会境福庙

(续)

古树编号	树种	古树等级	树龄（年）	树高（米）	胸围（厘米）	冠幅（米）	位置
44081110020500085	红鳞蒲桃	三级	140	9.0	120	11	麻章区麻章镇调塾村委会南天宫旁边
44081110020500086	铁冬青	三级	100	11.0	125	10	麻章区麻章镇调塾村委会罗怀泉家后
44081110020500087	垂叶榕	三级	160	8.0	400	13	麻章区麻章镇调塾村委会罗怀泉家东侧
44081110020600215	荔枝	三级	130	11.0	250	12	麻章区麻章镇冯村村委会门口
44081110020600216	荔枝	三级	140	13.0	240	13	麻章区麻章镇冯村村委会小学内
44081110020600217	橄榄	三级	140	9.0	245	7	麻章区麻章镇冯村村委会小学内
44081110020600218	樟	三级	125	13.0	305	9	麻章区麻章镇冯村村委会池塘边
44081110020600219	垂叶榕	三级	120	13.0	280	13	麻章区麻章镇冯村村委会冯村中村
44081110020600220	垂叶榕	三级	120	11.0	350	10	麻章区麻章镇冯村村委会路边
44081110020600221	垂叶榕	三级	130	13.0	380	13	麻章区麻章镇冯村村委会冯村中村
44081110020600222	垂叶榕	三级	290	13.0	700	19	麻章区麻章镇冯村村委会冯村中村旧村场
44081110020700244	榕树	三级	200	14.0	650	16	麻章区麻章镇古河村委会旧古河场
44081110020700245	樟	三级	140	13.0	245	18	麻章区麻章镇古河村委会南坡后祖坟
44081110020700246	垂叶榕	三级	140	6.0	400	8	麻章区麻章镇古河村委会南坡后祖坟
44081110020700247	红鳞蒲桃	三级	100	9.0	119	7	麻章区麻章镇古河村委会中山境
44081110020700248	笔管榕	三级	100	6.0	480	9	麻章区麻章镇古河村委会文化楼南
44081110020700249	垂叶榕	三级	170	6.0	370	8	麻章区麻章镇古河村委会村头
44081110020800182	垂叶榕	三级	130	12.0	265	14	麻章区麻章镇英豪村委会函头
44081110020800184	朴树	三级	265	16.6	360	19	麻章区麻章镇英豪村委会英豪内村
44081110020800185	鸡蛋花	三级	100	7.7	240	15	麻章区麻章镇英豪村委会英豪内村小学内
44081110020800186	樟	三级	162	17.0	270	12	麻章区麻章镇英豪村委会英豪内村
44081110020800187	鹊肾树	三级	100	11.0	137	8	麻章区麻章镇英豪村委会英豪内村
44081110020800188	垂叶榕	三级	130	11.0	400	14	麻章区麻章镇英豪村委会英豪内村
44081110020800189	龙眼	三级	150	12.0	175	11	麻章区麻章镇英豪村委会英豪内村
44081110020800190	龙眼	三级	120	8.5	160	9	麻章区麻章镇英豪村委会英豪内村
44081110020800191	龙眼	三级	120	10.0	170	8	麻章区麻章镇英豪村委会英豪内村文化楼边
44081110020800192	垂叶榕	三级	120	10.5	400	11	麻章区麻章镇英豪村委会英豪内村文化楼池塘边
44081110020800193	荔枝	三级	110	11.0	230	9	麻章区麻章镇英豪村委会英豪内村
44081110020800194	荔枝	三级	100	9.0	206	7	麻章区麻章镇英豪村委会村长菜地
44081110020800195	荔枝	三级	140	7.0	260	6	麻章区麻章镇英豪村委会英豪内村
44081110020800196	山棕	三级	100	12.0	220	10	麻章区麻章镇英豪村委会英豪内村村长个人
44081110020800197	橄榄	三级	100	13.5	150	10	麻章区麻章镇英豪村委会函头村烈圣宫
44081110020800198	橄榄	三级	130	11.0	250	9	麻章区麻章镇英豪村委会函头村列圣宫
44081110020800199	橄榄	三级	100	11.0	152	8	麻章区麻章镇英豪村委会函头村列圣宫边
44081110020801054	垂叶榕	三级	110	8.2	570	16	麻章区麻章镇英豪村委会杨屋村文化楼内
44081110021000224	樟	三级	100	14.0	190	10	麻章章镇聂村村委会关帝庙边
44081110021000225	樟	三级	100	14.0	190	12	麻章章镇聂村村委会关帝庙旁
44081110021000226	樟	三级	130	14.0	233	10	麻章区麻章镇聂村村委会关帝庙左侧约200米
44081110021000227	樟	三级	110	15.0	205	5	麻章区麻章镇聂村村委会关帝庙左侧约200米
44081110021000228	樟	三级	110	14.0	206	14	麻章区麻章镇聂村村委会关帝庙左侧约200米
44081110021000229	樟	三级	130	15.0	236	11	麻章区麻章镇聂村村委会关帝庙左侧约200米
44081110021000230	樟	三级	120	11.0	215	10	麻章区麻章镇聂村村委会聂村小学
44081110021000231	高山榕	三级	160	13.0	400	31	麻章区麻章镇聂村村委会聂村小学
44081110021000232	高山榕	三级	160	13.0	430	34	麻章区麻章镇聂村村委会聂村小学
44081110021000233	樟	三级	130	12.0	230	13	麻章区麻章镇聂村村委会聂村小学
44081110021000234	樟	三级	130	12.0	230	12	麻章区麻章镇聂村村委会聂村小学
44081110021000235	榕树	三级	160	12.0	410	26	麻章区麻章镇聂村村委会聂村小学里面
44081110021000236	樟	三级	100	9.0	198	10	麻章区麻章镇聂村村委会聂村小学北面路旁
44081110021000237	樟	三级	100	10.0	280	12	麻章区麻章镇聂村村委会聂村小学北面路旁

第三章 湛江市古树名木目录

(续)

古树编号	树种	古树等级	树龄（年）	树高（米）	胸围（厘米）	冠幅（米）	位置
44081110021000238	樟	三级	140	12.0	248	9	麻章区麻章镇聂村村委会聂村小学北面路旁
44081110021000239	樟	三级	130	16.0	240	12	麻章区麻章镇聂村村委会聂村小学北路旁
44081110021000240	铁冬青	三级	115	10.0	146	10	麻章区麻章镇聂村村委会四娘庙周围
44081110021000241	铁冬青	三级	158	13.0	204	9	麻章区麻章镇聂村村委会四娘庙周围
44081110021000242	樟	三级	100	11.0	190	9	麻章区麻章镇聂村村委会四娘庙前
44081110021000243	樟	三级	120	13.0	218	8	麻章区麻章镇聂村村委会四娘庙旁
44081110021200109	樟	三级	100	14.0	190	12	麻章区麻章镇畅侃村村委会边村陈发盛
44081110021200110	樟	三级	100	14.0	175	10	麻章区麻章镇畅侃村村委会边村小河边
44081110021200111	榕树	三级	200	7.0	350	18	麻章区麻章镇畅侃村村委会边村小河边
44081110021200112	见血封喉	三级	130	14.0	250	12	麻章区麻章镇畅侃村村委会陈氏祠堂后
44081110021200113	垂叶榕	三级	130	9.0	250	13	麻章区麻章镇畅侃村村委会陈氏宗祠统学公祠前
44081110021200114	垂叶榕	三级	130	7.0	230	9	麻章区麻章镇畅侃村村委会陈氏宗祠前
44081110021200115	龙眼	三级	150	8.0	180	11	麻章区麻章镇畅侃村村委会陈骏明家旁宗祠水塘侧
44081110021200116	垂叶榕	三级	150	8.0	230	12	麻章区麻章镇畅侃村村委会畅侃小学后
44081110021200117	垂叶榕	三级	200	9.0	370	13	麻章区麻章镇畅侃村村委会畅侃小学后
44081110021200118	垂叶榕	三级	100	8.0	180	10	麻章区麻章镇畅侃村村委会畅侃小学后
44081110021200119	垂叶榕	三级	100	9.0	166	7	麻章区麻章镇畅侃村村委会畅侃小学后池边
44081110021200120	龙眼	三级	250	12.0	243	10	麻章区麻章镇畅侃村村委会茅山
44081110021200121	垂叶榕	三级	100	6.5	145	7	麻章区麻章镇畅侃村村委会畅侃小学后池边
44081110021200122	垂叶榕	三级	130	10.0	296	16	麻章区麻章镇畅侃村村委会畅侃小学亭子旁
44081110021200123	垂叶榕	三级	130	12.0	270	15	麻章区麻章镇畅侃村村委会塔脚、公厕旁
44081110021200124	樟	三级	200	12.0	355	11	麻章区麻章镇畅侃村村委会新村庙后
44081110021200125	龙眼	三级	170	7.0	190	9	麻章区麻章镇畅侃村村委会村后三岔路口
44081110021200126	龙眼	三级	140	7.0	160	6	麻章区麻章镇畅侃村村委会后岭三岔路口
44081110021200127	榕树	三级	110	13.0	300	15	麻章区麻章镇畅侃村村委会后岭村口
44081110021200128	龙眼	三级	130	12.0	155	10	麻章区麻章镇畅侃村村委会后岭
44081110021200130	龙眼	三级	140	9.0	170	10	麻章区麻章镇畅侃村村委会后岭村口
44081110021200131	龙眼	三级	180	11.0	200	9	麻章区麻章镇畅侃村村委会后岭村口
44081110021200132	龙眼	三级	160	7.6	190	7	麻章区麻章镇畅侃村村委会后岭村口
44081110021200133	龙眼	三级	160	8.0	190	6	麻章区麻章镇畅侃村村委会后岭村口
44081110021200134	垂叶榕	三级	200	8.0	430	22	麻章区麻章镇畅侃村村委会茅山
44081110021500250	垂叶榕	三级	130	10.0	288	19	麻章区麻章镇高阳村村委会陈氏宗祠
44081110021500251	垂叶榕	三级	100	7.0	230	15	麻章区麻章镇高阳村村委会高阳村委会西侧水塘旁
44081110021900001	垂叶榕	三级	130	9.0	534	19	麻章区麻章镇洋水岭村村委会太和村
44081110021900002	垂叶榕	三级	250	10.0	130	23	麻章区麻章镇洋水岭村村委会洋溢村后撑公祠正前方
44081110022200259	榕树	三级	150	15.6	579	20	麻章区麻章镇符竹村村委会文化楼附近
44081110022200260	山棣	三级	110	5.0	210	4	麻章区麻章镇符竹村村委会李氏宗祠东侧
44081110022200261	龙眼	三级	100	8.0	200	8	麻章区麻章镇符竹村村委会村内水塔旁
44081110022200262	榕树	三级	105	7.0	285	9	麻章区麻章镇符竹村村委会王保户旁
44081110022200263	垂叶榕	三级	160	15.0	290	23	麻章区麻章镇符竹村村委会大鹏村
44081110022300003	见血封喉	三级	113	18.5	245	11	麻章区麻章镇郭家村村委会国兴村文化楼
44081110022300004	见血封喉	三级	110	15.0	335	15	麻章区麻章镇郭家村村委会国兴村文化楼
44081110022300005	见血封喉	三级	150	15.0	300	14	麻章区麻章镇郭家村村委会国兴村文化楼
44081110022300006	荔枝	三级	105	7.5	210	10	麻章区麻章镇郭家村村委会国兴村
44081110022300007	龙眼	三级	110	13.0	160	9	麻章区麻章镇郭家村村委会国兴村
44081110022300008	龙眼	三级	110	13.0	158	9	麻章区麻章镇郭家村村委会国兴村
44081110022300009	竹节树	三级	205	11.0	120	6	麻章区麻章镇郭家村村委会国兴村
44081110022300010	朴树	三级	150	10.0	201	9	麻章区麻章镇郭家村村委会国兴村
44081110022300011	垂叶榕	三级	130	8.0	320	14	麻章区麻章镇郭家村村委会国兴村南国公庙

(续)

古树编号	树种	古树等级	树龄（年）	树高（米）	胸围（厘米）	冠幅（米）	位置
44081110022300012	垂叶榕	三级	200	13.0	420	13	麻章区麻章镇郭家村委会国兴村
44081110022300013	假柿木姜子	三级	100	9.0	160	9	麻章区麻章镇郭家村委会国兴村
44081110022300014	垂叶榕	三级	135	12.5	278	15	麻章区麻章镇郭家村委会国兴村
44081110022400097	见血封喉	三级	110	14.0	400	15	麻章区麻章镇后河村委会后村中
44081110022400098	鹊肾树	三级	130	8.0	150	10	麻章区麻章镇后河村委会壇主庙旁
44081110022400099	假玉桂	三级	100	8.0	134	9	麻章区麻章镇后河村委会壇主庙旁
44081110022400100	倒吊笔	三级	100	9.0	116	6	麻章区麻章镇后河村委会壇主庙旁
44081110022400101	假玉桂	三级	100	10.0	125	9	麻章区麻章镇后河村委会壇主庙旁
44081110022400102	竹节树	三级	100	6.0	73	6	麻章区麻章镇后河村委会壇主庙旁
44081110022400103	见血封喉	三级	200	15.0	320	14	麻章区麻章镇后河村委会周月进家旁
44081110022500058	垂叶榕	三级	160	10.0	400	15	麻章区麻章镇云头上村委会德福庙后
44081110022500059	垂叶榕	三级	160	8.0	400	16	麻章区麻章镇云头上村委会德福庙前
44081110022500060	垂叶榕	三级	100	8.0	240	13	麻章区麻章镇云头上村委会办公室门前50米
44081110022500061	垂叶榕	三级	100	6.0	225	13	麻章区麻章镇云头上村委会村公厕旁
44081110022500062	龙眼	三级	130	9.0	150	6	麻章区麻章镇云头上村委会肖海文家门前
44081110022500063	竹节树	三级	110	7.0	80	8	麻章区麻章镇云头上村委会肖海文家后
44081110022500064	樟	三级	100	9.0	182	11	麻章区麻章镇云头上村委会肖海文家后
44081110022500065	阳桃	三级	100	8.0	170	8	麻章区麻章镇云头上村委会肖汉华门前
44081110022500066	荔枝	三级	100	9.0	75	11	麻章区麻章镇云头上村委会村委书记家附近
44081110022500068	樟	三级	120	11.0	270	13	麻章区麻章镇云头上村委会谢家路口西80米
44081110022500069	樟	三级	100	11.0	190	9	麻章区麻章镇云头上村委会村鱼塘旁
44081110022500070	樟	三级	100	10.0	200	8	麻章区麻章镇云头上村委会村鱼塘旁
44081110022500071	樟	三级	100	9.0	200	9	麻章区麻章镇云头上村委会村鱼塘旁
44081110022500072	樟	三级	100	8.0	190	9	麻章区麻章镇云头上村委会村鱼塘旁
44081110022500073	樟	三级	100	4.0	190	7	麻章区麻章镇云头上村委会村鱼塘旁
44081110022500074	樟	三级	100	5.0	190	7	麻章区麻章镇云头上村委会村鱼塘旁
44081110022500075	樟	三级	100	8.0	190	7	麻章区麻章镇云头上村委会村鱼塘旁
44081110022800016	竹节树	三级	200	8.0	210	9	麻章区麻章镇沙沟尾村委会村中
44081110022800017	竹节树	三级	130	6.0	108	7	麻章区麻章镇沙沟尾村委会村中
44081110022800018	竹节树	三级	150	7.5	114	6	麻章区麻章镇沙沟尾村委会村中
44081110022800019	榕树	三级	200	10.0	430	16	麻章区麻章镇沙沟尾村委会村中
44081110022800020	垂叶榕	三级	200	9.0	400	16	麻章区麻章镇沙沟尾村委会村中
44081110022800021	鹊肾树	三级	160	8.0	210	9	麻章区麻章镇沙沟尾村委会村中
44081110022800022	竹节树	三级	200	11.0	182	10	麻章区麻章镇沙沟尾村委会南边祠堂
44081110022800023	垂叶榕	三级	170	9.0	380	17	麻章区麻章镇沙沟尾村委会唐皇庙
44081110022800024	斜叶榕	三级	250	9.0	265	13	麻章区麻章镇沙沟尾村委会村中
44081110022800025	竹节树	三级	280	8.0	186	10	麻章区麻章镇沙沟尾村委会村中
44081110022800026	竹节树	三级	200	7.0	135	9	麻章区麻章镇沙沟尾村委会村中
44081110022801038	龙眼	三级	280	7.5	222	10	麻章区麻章镇沙沟尾村委会公共服务站门前
44081110022900035	榕树	三级	160	9.0	410	15	麻章区麻章镇厚礼南村委会村前林南清宅边
44081110022900036	榕树	三级	130	10.0	270	15	麻章区麻章镇厚礼南村委会村前塘边林水杨宅前
44081110022900037	竹节树	三级	180	9.0	140	9	麻章区麻章镇厚礼南村委会村前塘边林水福宅前
44081110022900038	竹节树	三级	115	9.0	115	8	麻章区麻章镇厚礼南村委会村前塘边林水杨宅前
44081110022900039	竹节树	三级	160	7.0	145	7	麻章区麻章镇厚礼南村委会村前塘边林水杨宅前
44081110022900040	竹节树	三级	120	8.0	10	8	麻章区麻章镇厚礼南村委会村前塘边水栖宅前
44081110022900041	鹊肾树	三级	150	7.0	135	8	麻章区麻章镇厚礼南村委会村前塘边水栖宅前
44081110022900042	垂叶榕	三级	150	12.0	470	16	麻章区麻章镇厚礼南村委会村前塘边水栖宅前
44081110022900043	榕树	三级	140	12.0	380	21	麻章区麻章镇厚礼南村委会村前林兴国宅边
44081110022900045	厚皮树	三级	100	8.0	125	8	麻章区麻章镇厚礼南村委会村前林兴国宅边

第三章 湛江市古树名木目录

(续)

古树编号	树种	古树等级	树龄（年）	树高（米）	胸围（厘米）	冠幅（米）	位置
44081110022900046	厚皮树	三级	100	10.0	110	9	麻章区麻章镇厚礼南村委会村前林兴国宅边
44081110022900047	鹊肾树	三级	150	8.0	190	8	麻章区麻章镇厚礼南村委会村前林兴国宅边
44081110022900048	竹节树	三级	140	9.0	120	9	麻章区麻章镇厚礼南村委会风水林西
44081110022900049	竹节树	三级	125	9.0	110	7	麻章区麻章镇厚礼南村委会风水林西
44081110022900050	竹节树	三级	230	8.0	170	10	麻章区麻章镇厚礼南村委会风水林西
44081110022900051	竹节树	三级	145	8.0	130	8	麻章区麻章镇厚礼南村委会风水林西
44081110022900052	竹节树	三级	120	5.0	100	6	麻章区麻章镇厚礼南村委会风水林西
44081110022900053	鹊肾树	三级	100	8.0	100	6	麻章区麻章镇厚礼南村委会风水林西
44081110022900054	木麻黄	三级	150	14.0	270	11	麻章区麻章镇厚礼南村委会村后林秩益铺前
44081110022900055	木麻黄	三级	130	13.0	180	7	麻章区麻章镇厚礼南村委会村后林秩益铺前
44081110022900056	木麻黄	三级	130	13.0	190	8	麻章区麻章镇厚礼南村委会村后林秩益铺前
44081110023000201	樟	三级	130	16.7	230	10	麻章区麻章镇厚礼北村委会村土地庙
44081110023000202	樟	三级	105	15.0	360	12	麻章区麻章镇厚礼北村委会月胜房前
44081110023000203	樟	三级	222	16.7	375	13	麻章区麻章镇厚礼北村委会厚礼北东面
44081110023000204	垂叶榕	三级	105	12.0	230	12	麻章区麻章镇厚礼北村委会阿辉房前
44081110023000205	垂叶榕	三级	105	12.0	230	11	麻章区麻章镇厚礼北村委会阿辉房前
44081110023000206	垂叶榕	三级	100	11.0	200	9	麻章区麻章镇厚礼北村委会阿辉房前
44081110023200135	榕树	三级	110	9.0	340	12	麻章区麻章镇花村村委会土地庙
44081110023200136	垂叶榕	三级	110	6.0	256	11	麻章区麻章镇花村村委会土地庙
44081110023200137	榕树	三级	100	11.0	270	10	麻章区麻章镇花村村委会林先进家旁
44081110023200138	竹节树	三级	280	9.0	190	10	麻章区麻章镇花村村委会林先进家旁50米
44081110023200139	垂叶榕	三级	120	7.0	275	11	麻章区麻章镇花村村委会龙家山
44081110023200140	榕树	三级	140	15.0	360	15	麻章区麻章镇花村村委会龙家山
44081110023200141	榕树	三级	160	10.0	400	15	麻章区麻章镇花村村委会龙家山
44081110023200142	榕树	三级	120	8.0	317	15	麻章区麻章镇花村村委会文化楼
44081110023300104	垂叶榕	三级	100	10.0	250	9	麻章区麻章镇城家内村委会福德庙左侧
44081110023300105	垂叶榕	三级	150	11.0	220	22	麻章区麻章镇城家内村委会符氏泉祠北侧
44081110023300106	龙眼	三级	130	8.0	160	12	麻章区麻章镇城家内村委会符氏泉祠北侧
44081110023300107	垂叶榕	三级	200	12.0	320	25	麻章区麻章镇城家内村委会清风竹园"三举"树牌前
44081110023300108	橄榄	三级	100	11.0	150	11	麻章区麻章镇城家内村委会清风林里
44081110100100532	红鳞蒲桃	三级	240	9.0	278	15	麻章区太平镇太平社区良村云岗庙前
44081110100100533	红鳞蒲桃	三级	120	7.0	155	6	麻章区太平镇太平社区良村云岗庙前
44081110100100534	红鳞蒲桃	三级	130	7.0	166	8	麻章区太平镇太平社区良村云岗庙前
44081110100100535	红鳞蒲桃	三级	100	7.0	126	7	麻章区太平镇太平社区良村云岗庙前
44081110100100536	竹节树	三级	240	10.0	164	9	麻章区太平镇太平社区良村云岗庙前
44081110100100537	华润楠	三级	110	6.0	142	6	麻章区太平镇太平社区良村云岗庙前400米
44081110100100538	华润楠	三级	100	6.0	120	4	麻章区太平镇太平社区良村云岗庙前
44081110100100539	华润楠	三级	100	6.0	103	8	麻章区太平镇太平社区良村高山庙
44081110100100540	华润楠	三级	100	6.0	100	7	麻章区太平镇太平社区良村高山庙旁
44081110100100541	华润楠	三级	110	5.0	150	6	麻章区太平镇太平社区良村高山庙旁
44081110100100580	垂叶榕	三级	110	7.0	251	12	麻章区太平镇太平社区百花黄村池塘边
44081110100100581	黄槿	三级	100	10.0	140	7	麻章区太平镇太平社区百花黄村池塘边
44081110100100582	垂叶榕	三级	110	9.0	300	9	麻章区太平镇太平社区百花黄村村中
44081110100100619	鹊肾树	三级	110	8.0	140	6	麻章区太平镇太平社区良村老村
44081110100100620	垂叶榕	三级	110	11.0	260	11	麻章区太平镇太平社区良村老村
44081110100100621	垂叶榕	三级	110	10.0	250	9	麻章区太平镇太平社区良村老村
44081110100100622	鹊肾树	三级	100	7.0	130	5	麻章区太平镇太平社区良村老村
44081110100100623	龙眼	三级	150	9.0	237	9	麻章区太平镇太平社区良村老村
44081110100100624	龙眼	三级	150	12.0	225	11	麻章区太平镇太平社区良村老村

(续)

古树编号	树种	古树等级	树龄（年）	树高（米）	胸围（厘米）	冠幅（米）	位置
44081110100100625	龙眼	三级	150	6.5	184	4	麻章区太平镇太平社区良村老村
44081110100100626	龙眼	三级	150	9.0	174	7	麻章区太平镇太平社区良村老村
44081110100100627	龙眼	三级	150	10.0	182	7	麻章区太平镇太平社区良村老村
44081110100100628	龙眼	三级	150	10.0	180	7	麻章区太平镇太平社区良村老村
44081110100100629	朴树	三级	140	7.0	230	10	麻章区太平镇太平社区良村祠堂旁
44081110100100630	红鳞蒲桃	三级	100	10.0	142	7	麻章区太平镇太平社区良村祠堂旁
44081110100100631	竹节树	三级	220	9.0	150	7	麻章区太平镇太平社区良村祠堂右旁约150米
44081110100100632	红鳞蒲桃	三级	150	7.0	200	6	麻章区太平镇太平社区良村老村池塘
44081110100100633	鹊肾树	三级	120	9.0	150	7	麻章区太平镇太平社区良村长房公祠
44081110100100634	鹊肾树	三级	200	10.0	240	8	麻章区太平镇太平社区良村长房公祠旁
44081110100100635	红鳞蒲桃	三级	150	11.0	185	8	麻章区太平镇太平社区良村长房公祠旁
44081110100100636	鹊肾树	三级	220	7.8	255	9	麻章区太平镇太平社区良村长房公祠旁
44081110100100637	竹节树	三级	260	12.0	182	10	麻章区太平镇太平社区良村长房公祠旁
44081110100100638	红鳞蒲桃	三级	120	11.0	152	9	麻章区太平镇太平社区良村长房公祠旁
44081110100100639	红鳞蒲桃	三级	120	11.0	150	9	麻章区太平镇太平社区良村长房公祠旁
44081110100100640	红鳞蒲桃	三级	110	11.0	130	8	麻章区太平镇太平社区良村长房公祠前右侧
44081110100100641	水翁	三级	100	13.0	190	6	麻章区太平镇太平社区良村长房公祠前
44081110100100642	水翁	三级	100	9.0	183	8	麻章区太平镇太平社区良村长房公祠前
44081110100100643	红鳞蒲桃	三级	100	11.0	128	6	麻章区太平镇太平社区良村长房公祠前
44081110100100644	红鳞蒲桃	三级	150	11.0	174	7	麻章区太平镇太平社区良村长房公祠前
44081110100100645	竹节树	三级	120	10.0	92	9	麻章区太平镇太平社区良村长房公祠前
44081110100100646	竹节树	三级	140	13.0	110	7	麻章区太平镇太平社区良村长房公祠前
44081110100100647	红鳞蒲桃	三级	100	12.0	136	7	麻章区太平镇太平社区良村长房公祠前
44081110100100648	红鳞蒲桃	三级	100	12.0	132	7	麻章区太平镇太平社区良村长房公祠前
44081110100100649	竹节树	三级	120	9.0	93	7	麻章区太平镇太平社区良村长房公祠前
44081110100100650	竹节树	三级	160	12.0	124	6	麻章区太平镇太平社区良村长房公祠前
44081110100100651	岭南山竹子	三级	100	10.0	129	5	麻章区太平镇太平社区良村长房公祠前
44081110100100652	红鳞蒲桃	三级	130	10.5	161	8	麻章区太平镇太平社区良村长房公祠前
44081110100100653	红鳞蒲桃	三级	120	9.0	140	7	麻章区太平镇太平社区良村长房公祠前
44081110100100654	红鳞蒲桃	三级	150	9.0	186	7	麻章区太平镇太平社区良村长房公祠前
44081110100100655	水翁	三级	110	13.0	217	7	麻章区太平镇太平社区良村长房公祠旁
44081110100100656	红鳞蒲桃	三级	120	11.0	152	6	麻章区太平镇太平社区良村长房公祠前
44081110100100657	竹节树	三级	170	8.0	128	8	麻章区太平镇太平社区良村长房公祠前
44081110100100658	红鳞蒲桃	三级	150	8.5	183	8	麻章区太平镇太平社区良村长房公祠前
44081110100100659	垂叶榕	三级	180	12.0	410	16	麻章区太平镇太平社区良村古村落
44081110100100660	垂叶榕	三级	100	9.0	238	10	麻章区太平镇太平社区良村古村落
44081110100100661	红鳞蒲桃	三级	140	7.5	174	10	麻章区太平镇太平社区良村古村落
44081110100100662	垂叶榕	三级	150	10.0	320	11	麻章区太平镇太平社区良村洪庙山旁
44081110100100663	水翁	三级	160	7.0	267	9	麻章区太平镇太平社区良村古村落
44081110100100664	鹊肾树	三级	180	5.0	200	6	麻章区太平镇太平社区良村洪庙山旁
44081110100100665	朴树	三级	120	9.0	193	8	麻章区太平镇太平社区良村古村落
44081110100100666	红鳞蒲桃	三级	100	9.0	128	8	麻章区太平镇太平社区良村古村落
44081110100100667	华润楠	三级	100	8.0	101	7	麻章区太平镇太平社区良村古村落
44081110100100754	木麻黄	三级	100	14.0	240	9	麻章区太平镇太平社区立新路
44081110100100755	见血封喉	三级	200	12.0	485	16	麻章区太平镇太平社区胜利街47号路旁
44081110100100756	朴树	三级	150	12.0	230	12	麻章区太平镇太平社区解放街85号左侧
44081110100100757	阳桃	三级	150	8.0	156	7	麻章区太平镇太平社区解放街85号
44081110100100758	朴树	三级	140	12.0	224	10	麻章区太平镇太平社区旧文化站旁大门入口内
44081110100100759	朴树	三级	150	15.0	236	13	麻章区太平镇太平社区旧文化站旁大门入口内

(续)

古树编号	树种	古树等级	树龄（年）	树高（米）	胸围（厘米）	冠幅（米）	位置
44081110100101052	白兰	三级	120	16.0	187	15	麻章区太平镇太平社区太平镇政府大院内
44081110100101053	鸡蛋花	三级	110	8.5	130	11	麻章区太平镇太平社区太平镇政府大院内
44081110120100902	竹节树	三级	220	11.0	154	16	麻章区太平镇造甲村委会陈氏祖庙旁
44081110120100903	垂叶榕	三级	120	11.0	250	14	麻章区太平镇造甲村委会陈氏祖庙旁
44081110120100904	垂叶榕	三级	115	7.5	230	8	麻章区太平镇造甲村委会陈氏祖庙旁
44081110120100905	竹节树	三级	120	10.0	98	8	麻章区太平镇造甲村委会陈氏祖庙旁
44081110120100906	竹节树	三级	170	10.0	126	15	麻章区太平镇造甲村委会陈氏祖庙旁
44081110120100907	垂叶榕	三级	110	3.5	250	7	麻章区太平镇造甲村委会陈氏祖庙旁
44081110120200880	竹节树	三级	150	11.0	113	9	麻章区太平镇新联村委会边凭村劝导站前
44081110120200881	龙眼	三级	100	11.5	134	5	麻章区太平镇新联村委会边凭村劝导站旁
44081110120200882	竹节树	三级	150	12.0	116	6	麻章区太平镇新联村委会边凭村劝导站旁
44081110120200883	竹节树	三级	120	7.0	90	10	麻章区太平镇新联村委会边凭村劝导站旁
44081110120200884	竹节树	三级	110	7.0	87	6	麻章区太平镇新联村委会边凭村劝导站旁
44081110120200885	竹节树	三级	150	7.0	110	9	麻章区太平镇新联村委会边凭村劝导站旁
44081110120200886	竹节树	三级	110	9.0	85	8	麻章区太平镇新联村委会边凭村劝导站旁
44081110120200887	荔枝	三级	110	11.0	202	12	麻章区太平镇新联村委会边凭村供水点
44081110120200888	垂叶榕	三级	150	10.0	300	13	麻章区太平镇新联村委会边凭村供水点
44081110120200889	垂叶榕	三级	100	11.0	213	10	麻章区太平镇新联村委会边凭村古村落
44081110120200890	垂叶榕	三级	105	12.0	231	17	麻章区太平镇新联村委会边凭村古村落
44081110120200891	垂叶榕	三级	105	12.0	240	17	麻章区太平镇新联村委会边凭村古村落
44081110120200892	垂叶榕	三级	110	11.0	260	22	麻章区太平镇新联村委会边凭村文化楼前
44081110120200893	垂叶榕	三级	105	9.0	220	12	麻章区太平镇新联村委会边凭村文化楼前
44081110120200894	山棣	三级	100	12.0	156	11	麻章区太平镇新联村委会边凭村文化楼侧
44081110120200895	阳桃	三级	140	12.0	186	10	麻章区太平镇新联村委会边凭村古村落
44081110120200896	竹节树	三级	110	6.5	85	5	麻章区太平镇新联村委会边凭村池塘边
44081110120200897	竹节树	三级	100	4.2	76	5	麻章区太平镇新联村委会边凭村池塘边
44081110120200898	竹节树	三级	150	6.5	110	6	麻章区太平镇新联村委会边凭村池塘边
44081110120200899	榕树	三级	100	9.0	260	12	麻章区太平镇新联村委会边凭村池塘边
44081110120200900	竹节树	三级	150	8.0	116	7	麻章区太平镇新联村委会边凭村池塘边
44081110120200901	竹节树	三级	120	10.0	100	5	麻章区太平镇新联村委会边凭村池塘边
44081110120200908	竹节树	三级	180	8.0	131	7	麻章区太平镇新联村委会造甲仔村小河边
44081110120200909	竹节树	三级	180	9.0	130	9	麻章区太平镇新联村委会造甲仔村小河边
44081110120200910	竹节树	三级	120	12.0	95	6	麻章区太平镇新联村委会造甲仔村小河旁
44081110120200911	华润楠	三级	100	9.0	137	6	麻章区太平镇新联村委会造甲仔村小河旁
44081110120200912	竹节树	三级	115	9.0	89	8	麻章区太平镇新联村委会造甲仔村小河旁
44081110120200913	竹节树	三级	120	8.0	100	9	麻章区太平镇新联村委会造甲仔村小河旁
44081110120200914	华润楠	三级	105	7.0	153	4	麻章区太平镇新联村委会造甲仔村小河旁
44081110120200915	鹊肾树	三级	105	10.0	135	6	麻章区太平镇新联村委会造甲仔村冯氏宗祠旁
44081110120200916	大叶山棣	三级	120	13.0	245	13	麻章区太平镇新联村委会造甲仔村冯氏宗祠旁
44081110120200917	鹊肾树	三级	100	6.0	125	6	麻章区太平镇新联村委会造甲仔村冯氏宗祠旁
44081110120200918	龙眼	三级	120	9.0	190	8	麻章区太平镇新联村委会造甲仔村冯氏宗祠旁
44081110120200919	竹节树	三级	120	11.0	97	8	麻章区太平镇新联村委会造甲仔村冯氏宗祠后
44081110120200920	垂叶榕	三级	120	12.0	270	16	麻章区太平镇新联村委会造甲仔村冯氏宗祠旁
44081110120200921	红鳞蒲桃	三级	120	8.5	160	6	麻章区太平镇新联村委会造甲仔村会郡福庙旁
44081110120200922	竹节树	三级	120	10.0	88	10	麻章区太平镇新联村委会造甲仔村文化楼后
44081110120200923	竹节树	三级	180	7.5	124	9	麻章区太平镇新联村委会造甲仔村文化楼后
44081110120200924	竹节树	三级	110	8.5	80	5	麻章区太平镇新联村委会造甲仔村文化楼后
44081110120300583	榕树	三级	100	10.0	240	7	麻章区太平镇调浪村委会谢庆豪家墙边
44081110120300584	垂叶榕	三级	150	9.0	315	17	麻章区太平镇调浪村委会下庵

(续)

古树编号	树种	古树等级	树龄（年）	树高（米）	胸围（厘米）	冠幅（米）	位置
44081110120300585	垂叶榕	三级	100	9.0	250	30	麻章区太平镇调浪村委会下庵
44081110120300586	垂叶榕	三级	110	9.0	320	11	麻章区太平镇调浪村委会启和屋旁边
44081110120300587	垂叶榕	三级	100	13.0	300	23	麻章区太平镇调浪村委会下边尾
44081110120300588	垂叶榕	三级	120	10.0	381	8	麻章区太平镇调浪村委会下央尾
44081110120300589	垂叶榕	三级	120	12.0	400	14	麻章区太平镇调浪村委会下央尾神庙旁边
44081110120300590	樟	三级	150	14.0	272	16	麻章区太平镇调浪村委会下央尾神庙旁边
44081110120300591	竹节树	三级	100	6.0	75	4	麻章区太平镇调浪村委会下央尾神庙旁边
44081110120300592	垂叶榕	三级	100	17.0	327	13	麻章区太平镇调浪村委会文化楼旁边
44081110120300593	垂叶榕	三级	260	8.0	500	20	麻章区太平镇调浪村委会外村塘
44081110120300594	垂叶榕	三级	150	15.0	300	18	麻章区太平镇调浪村委会文隆公祠堂旁边
44081110120300595	垂叶榕	三级	130	13.0	437	23	麻章区太平镇调浪村委会外村塘
44081110120300596	垂叶榕	三级	100	8.0	236	15	麻章区太平镇调浪村委会外村塘
44081110120300597	垂叶榕	三级	110	13.0	320	12	麻章区太平镇调浪村委会下片世进屋旁
44081110120300598	竹节树	三级	250	7.0	178	8	麻章区太平镇调浪村委会下片后坡
44081110120300599	垂叶榕	三级	100	7.0	214	12	麻章区太平镇调浪村委会下片世进屋旁
44081110120300600	垂叶榕	三级	110	11.0	306	12	麻章区太平镇调浪村委会下片庆春屋旁
44081110120300601	樟	三级	120	12.0	220	11	麻章区太平镇调浪村委会耀扬公祠旁
44081110120300602	鹊肾树	三级	110	8.0	143	7	麻章区太平镇调浪村委会境主大王宫
44081110120300603	垂叶榕	三级	130	10.0	431	18	麻章区太平镇调浪村委会庵屋园
44081110120400795	垂叶榕	三级	240	10.0	540	18	麻章区太平镇塘边村委会塘西村景纯公祠旁
44081110120400796	垂叶榕	三级	150	10.0	340	12	麻章区太平镇塘边村委会坡塘村景纯公祠旁
44081110120400797	垂叶榕	三级	200	11.0	530	12	麻章区太平镇塘边村委会坡塘村景纯公祠旁
44081110120400798	竹节树	三级	200	9.0	166	10	麻章区太平镇塘边村委会坡塘村庙前
44081110120400799	竹节树	三级	120	12.0	104	8	麻章区太平镇塘边村委会坡塘村庙前
44081110120400800	鹊肾树	三级	120	9.0	140	9	麻章区太平镇塘边村委会坡塘村庙前
44081110120400801	铁冬青	三级	110	14.0	129	8	麻章区太平镇塘边村委会坡塘村庙后
44081110120400802	山棟	三级	100	15.0	175	15	麻章区太平镇塘边村委会坡塘村庙后
44081110120400803	垂叶榕	三级	100	8.0	240	8	麻章区太平镇塘边村委会塘西村长房祖祠旁
44081110120400804	鹊肾树	三级	180	9.0	208	5	麻章区太平镇塘边村委会塘西村上道庙旁
44081110120400805	鹊肾树	三级	140	9.5	176	5	麻章区太平镇塘边村委会塘西村上道庙旁
44081110120400806	榕树	三级	100	11.0	280	10	麻章区太平镇塘边村委会塘西村田边
44081110120400985	竹节树	三级	100	7.0	111	8	麻章区太平镇塘边村委会韩官山外围路旁
44081110120400986	竹节树	三级	120	7.0	110	8	麻章区太平镇塘边村委会韩家山村外围路旁
44081110120400988	铁冬青	三级	123	10.0	159	13	麻章区太平镇塘边村委会韩官山村老庙前
44081110120400989	海红豆	三级	118	8.0	207	10	麻章区太平镇塘边村委会韩官山村新庙前
44081110120400990	鹊肾树	三级	100	7.0	121	7	麻章区太平镇塘边村委会韩官山村宗庙前
44081110120400991	红鳞蒲桃	三级	100	11.0	125	10	麻章区太平镇塘边村委会韩官山村宗庙前
44081110120400992	垂叶榕	三级	100	9.0	250	15	麻章区太平镇塘边村委会韩官山村文化楼旁
44081110120400993	垂叶榕	三级	100	12.0	125	8	麻章区太平镇塘边村委会韩官山村三房春祠后
44081110120400994	竹节树	三级	120	10.0	97	7	麻章区太平镇塘边村委会韩官山村三房春祠后
44081110120500773	木麻黄	三级	110	13.0	206	9	麻章区太平镇洋村东村委会吴氏祠堂旁
44081110120500774	木麻黄	三级	110	12.0	198	9	麻章区太平镇洋村东村委会吴氏宗祠旁
44081110120500775	木麻黄	三级	110	12.5	168	9	麻章区太平镇洋村东村委会吴氏宗祠旁
44081110120500776	朴树	三级	220	15.0	310	14	麻章区太平镇洋村东村委会西边城
44081110120500777	鹊肾树	三级	130	6.0	163	5	麻章区太平镇洋村东村委会西边城
44081110120500778	垂叶榕	三级	155	12.0	316	24	麻章区太平镇洋村东村委会西边城
44081110120500779	垂叶榕	三级	150	12.0	310	15	麻章区太平镇洋村东村委会西边城
44081110120600792	榕树	三级	150	8.0	400	8	麻章区太平镇通明村委会村委会门口
44081110120600793	榕树	三级	250	13.0	356	16	麻章区太平镇通明村委会六角井旁

第三章 湛江市古树名木目录

(续)

古树编号	树种	古树等级	树龄（年）	树高（米）	胸围（厘米）	冠幅（米）	位置
44081110120600794	榕树	三级	110	13.0	286	17	麻章区太平镇通明村委会文化楼旁
44081110120600807	竹节树	三级	130	9.0	103	6	麻章区太平镇通明村委会店坡村村口
44081110120600808	鹊肾树	三级	180	12.0	202	9	麻章区太平镇通明村委会店坡村村口
44081110120600809	鹊肾树	三级	150	11.0	184	11	麻章区太平镇通明村委会店坡村灵岗庙旁
44081110120600810	垂叶榕	三级	140	13.0	372	13	麻章区太平镇通明村委会麒麟村白马老师庙旁
44081110120600811	榄仁树	三级	100	12.0	277	13	麻章区太平镇通明村委会麒麟村文化楼前
44081110120600812	垂叶榕	三级	100	9.0	210	9	麻章区太平镇通明村委会麒麟村文化楼前
44081110120600813	榕树	三级	110	10.0	326	11	麻章区太平镇通明村委会麒麟村文化楼前
44081110120600814	榕树	三级	110	11.0	320	12	麻章区太平镇通明村委会麒麟村文化楼前
44081110120600815	龙眼	三级	120	9.0	146	9	麻章区太平镇通明村委会麒麟村麒麟学校后
44081110120700965	垂叶榕	三级	120	9.5	304	12	麻章区太平镇卜品村委会卜品村委会旁
44081110120700966	竹节树	三级	230	8.5	157	11	麻章区太平镇卜品村委会巡天庙前
44081110120700967	竹节树	三级	230	8.5	156	14	麻章区太平镇卜品村委会巡天庙前
44081110120700968	垂叶榕	三级	115	8.5	370	11	麻章区太平镇卜品村委会巡天庙旁
44081110120700969	朴树	三级	130	11.0	210	10	麻章区太平镇卜品村委会灵岗庙旁
44081110120700970	榕树	三级	110	11.0	320	18	麻章区太平镇卜品村委会罗氏祠堂前
44081110120700971	垂叶榕	三级	200	12.0	500	19	麻章区太平镇卜品村委会罗氏宗祠古井旁
44081110120700973	垂叶榕	三级	105	9.0	292	12	麻章区太平镇卜品村委会南村口土地庙前
44081110120700974	榕树	三级	160	12.0	327	17	麻章区太平镇卜品村委会兴雷庙旁
44081110120700975	垂叶榕	三级	150	9.0	274	8	麻章区太平镇卜品村委会李氏祠堂前
44081110120700976	垂叶榕	三级	120	10.0	219	15	麻章区太平镇卜品村委会塘边黄氏春祠前
44081110120700977	垂叶榕	三级	120	9.0	300	14	麻章区太平镇卜品村委会塘边黄氏春祠前
44081110120700978	朴树	三级	130	13.0	208	15	麻章区太平镇卜品村委会塘边
44081110120700979	朴树	三级	105	12.0	140	10	麻章区太平镇卜品村委会塘边
44081110120700980	朴树	三级	160	15.0	260	20	麻章区太平镇卜品村委会塘边
44081110120700981	垂叶榕	三级	200	12.0	418	14	麻章区太平镇卜品村委会村北土地庙前
44081110120700982	龙眼	三级	142	9.0	170	10	麻章区太平镇卜品村委会黄氏春祠后
44081110120700983	龙眼	三级	105	9.0	142	9	麻章区太平镇卜品村委会何宅仔村何三房祠前
44081110120700984	龙眼	三级	100	9.0	135	7	麻章区太平镇卜品村委会何宅仔村祠堂北
44081110120800605	朴树	三级	200	15.0	299	20	麻章区太平镇北山村委会后坡村文化楼前
44081110120800606	樟	三级	150	13.0	270	11	麻章区太平镇北山村委会后坡村文化楼前
44081110120800607	樟	三级	170	11.0	357	12	麻章区太平镇北山村委会后坡村文化楼前
44081110120800608	樟	三级	110	9.0	203	8	麻章区太平镇北山村委会后坡村文化楼
44081110120800609	樟	三级	110	12.0	210	11	麻章区太平镇北山村委会后坡村文化楼前
44081110120800610	波罗蜜	三级	100	7.0	226	6	麻章区太平镇北山村委会塘尾村巡天府
44081110120800611	龙眼	三级	100	10.0	170	7	麻章区太平镇北山村委会塘尾村
44081110120800670	垂叶榕	三级	100	11.0	228	14	麻章区太平镇北山村委会谭体村
44081110120800671	垂叶榕	三级	100	11.0	225	14	麻章区太平镇北山村委会谭体村
44081110120800672	笔管榕	三级	100	9.0	400	12	麻章区太平镇北山村委会谭体村
44081110120800673	鹊肾树	三级	130	8.0	170	8	麻章区太平镇北山村委会谭体村陈氏宗祠
44081110120800674	鹊肾树	三级	125	8.0	160	9	麻章区太平镇北山村委会谭体村陈氏宗祠
44081110120800675	鹊肾树	三级	135	8.0	180	7	麻章区太平镇北山村委会谭体村陈氏宗祠
44081110120800676	垂叶榕	三级	100	10.0	220	11	麻章区太平镇北山村委会谭体村陈氏宗祠
44081110120800677	垂叶榕	三级	100	10.0	220	13	麻章区太平镇北山村委会谭体村陈氏宗祠
44081110120800678	龙眼	三级	100	9.0	190	8	麻章区太平镇北山村委会谭体村陈氏宗祠
44081110120800679	鹊肾树	三级	105	7.5	130	7	麻章区太平镇北山村委会谭体村陈氏宗祠
44081110120800680	鹊肾树	三级	130	9.0	160	7	麻章区太平镇北山村委会谭体村陈氏宗祠
44081110120800681	垂叶榕	三级	110	7.0	290	8	麻章区太平镇北山村委会北山村
44081110120800682	垂叶榕	三级	110	8.0	275	9	麻章区太平镇北山村委会北山村

(续)

(续)

古树编号	树种	古树等级	树龄（年）	树高（米）	胸围（厘米）	冠幅（米）	位置
44081110120800683	垂叶榕	三级	110	9.0	265	11	麻章区太平镇北山村委会后坡村
44081110120800684	垂叶榕	三级	120	7.0	500	12	麻章区太平镇北山村委会草彭村
44081110120800685	垂叶榕	三级	110	8.0	260	9	麻章区太平镇北山村委会草彭村
44081110120800686	垂叶榕	三级	120	8.5	340	8	麻章区太平镇北山村委会草彭村
44081110120800687	垂叶榕	三级	110	10.0	255	11	麻章区太平镇北山村委会家塘村
44081110120800688	垂叶榕	三级	110	12.0	265	11	麻章区太平镇北山村委会家塘村
44081110120800689	垂叶榕	三级	120	12.0	270	11	麻章区太平镇北山村委会家塘村
44081110120800690	荔枝	三级	120	12.0	330	10	麻章区太平镇北山村委会家塘村
44081110120800691	垂叶榕	三级	120	11.0	300	13	麻章区太平镇北山村委会家塘村
44081110120800692	垂叶榕	三级	120	11.0	340	13	麻章区太平镇北山村委会家塘村
44081110120800693	垂叶榕	三级	120	10.0	300	10	麻章区太平镇北山村委会北山村
44081110120800694	垂叶榕	三级	120	13.0	290	13	麻章区太平镇北山村委会北山村
44081110120800695	垂叶榕	三级	120	13.0	280	17	麻章区太平镇北山村委会北山村
44081110120800696	垂叶榕	三级	120	13.0	600	28	麻章区太平镇北山村委会北山村
44081110120800697	垂叶榕	三级	120	13.0	340	14	麻章区太平镇北山村委会北山村
44081110120800698	垂叶榕	三级	110	9.0	255	9	麻章区太平镇北山村委会北山村
44081110120800749	朴树	三级	110	13.0	178	16	麻章区太平镇北山村委会草坑村
44081110120800750	朴树	三级	102	13.0	170	12	麻章区太平镇北山村委会草坑村
44081110120800751	垂叶榕	三级	125	13.0	280	16	麻章区太平镇北山村委会草坑村
44081110120800752	榕树	三级	100	11.0	260	17	麻章区太平镇北山村委会草坑村
44081110120800753	榕树	三级	120	12.0	320	15	麻章区太平镇北山村委会草坑村
44081110120800781	榕树	三级	130	13.0	336	9	麻章区太平镇北山村委会家塘村
44081110120800782	垂叶榕	三级	140	12.0	317	19	麻章区太平镇北山村委会李宅村
44081110120800783	垂叶榕	三级	110	12.0	319	19	麻章区太平镇北山村委会李宅村
44081110120800784	垂叶榕	三级	120	15.0	280	15	麻章区太平镇北山村委会李宅村
44081110120800785	垂叶榕	三级	130	14.0	300	13	麻章区太平镇北山村委会李宅村
44081110120800786	垂叶榕	三级	140	15.0	330	17	麻章区太平镇北山村委会李宅村
44081110120800787	垂叶榕	三级	145	12.0	320	18	麻章区太平镇北山村委会李宅村
44081110120800788	樟	三级	170	15.0	298	17	麻章区太平镇北山村委会李宅村
44081110120800789	垂叶榕	三级	200	15.0	500	22	麻章区太平镇北山村委会李宅村古井旁
44081110120800790	朴树	三级	180	16.0	260	13	麻章区太平镇北山村委会李宅村古井旁
44081110120800791	垂叶榕	三级	120	16.0	251	13	麻章区太平镇北山村委会李宅村
44081110120900719	垂叶榕	三级	120	13.0	325	19	麻章区太平镇六礼村委会陈氏宗祠福堂德旁
44081110120900720	榕树	三级	120	12.0	320	15	麻章区太平镇六礼村委会老村场
44081110120900721	龙眼	三级	150	12.0	183	12	麻章区太平镇六礼村委会老村场
44081110120900722	荔枝	三级	100	10.0	204	11	麻章区太平镇六礼村委会老村场
44081110120900723	荔枝	三级	110	12.0	220	14	麻章区太平镇六礼村委会老村场
44081110120900724	榕树	三级	150	10.0	300	18	麻章区太平镇六礼村委会老村场
44081110120900725	鹊肾树	三级	200	11.0	295	12	麻章区太平镇六礼村委会老村场
44081110120900726	榕树	三级	150	10.0	400	18	麻章区太平镇六礼村委会下村仔福德堂
44081110120900727	榕树	三级	140	13.0	385	12	麻章区太平镇六礼村委会下村仔村
44081110120900728	榕树	三级	100	15.0	300	19	麻章区太平镇六礼村委会下村仔村
44081110120900729	榄仁树	三级	110	11.0	291	14	麻章区太平镇六礼村委会金瓜园村郑
44081110120900730	榕树	三级	100	11.0	223	10	麻章区太平镇六礼村委会金瓜园村
44081110120900731	榕树	三级	140	12.0	380	10	麻章区太平镇六礼村委会金瓜园村
44081110120900732	鹊肾树	三级	120	9.0	153	8	麻章区太平镇六礼村委会金瓜园村
44081110120900733	山楝	三级	100	11.0	135	12	麻章区太平镇六礼村委会金瓜园村
44081110120900734	榕树	三级	150	11.0	390	12	麻章区太平镇六礼村委会金瓜园村
44081110120900735	榕树	三级	140	14.0	373	12	麻章区太平镇六礼村委会金瓜园村

第三章 湛江市古树名木目录

(续)

古树编号	树种	古树等级	树龄（年）	树高（米）	胸围（厘米）	冠幅（米）	位置
44081110120900738	榕树	三级	105	11.0	230	15	麻章区太平镇六礼村委会边园村
44081110120900739	笔管榕	三级	200	10.0	360	20	麻章区太平镇六礼村委会边园村
44081110120900740	榕树	三级	180	12.0	430	20	麻章区太平镇六礼村委会后头仔村
44081110120900741	榕树	三级	180	12.0	450	15	麻章区太平镇六礼村委会后头仔村
44081110120900742	榕树	三级	200	13.0	500	10	麻章区太平镇六礼村委会后头仔村
44081110120900743	榕树	三级	160	12.0	420	10	麻章区太平镇六礼村委会后头仔村
44081110120900744	竹节树	三级	160	7.0	114	10	麻章区太平镇六礼村委会只湖村
44081110120900745	榕树	三级	100	10.0	260	11	麻章区太平镇六礼村委会只湖村土地庙旁
44081110120900746	鹊肾树	三级	150	8.0	189	6	麻章区太平镇六礼村委会只湖村
44081110120900747	鹊肾树	三级	140	8.5	170	6	麻章区太平镇六礼村委会只湖村
44081110120900748	鹊肾树	三级	125	8.0	99	7	麻章区太平镇六礼村委会只湖村
44081110121000542	垂叶榕	三级	230	13.0	500	14	麻章区太平镇岭头村委会村委会旁
44081110121000543	榕树	三级	210	15.0	456	10	麻章区太平镇岭头村委会村委会旁
44081110121000544	朴树	三级	100	6.0	160	5	麻章区太平镇岭头村委会村委会旁
44081110121000545	榕树	三级	180	12.0	450	10	麻章区太平镇岭头村委会村委会旁
44081110121000546	龙眼	三级	220	9.0	223	7	麻章区太平镇岭头村委会村委会旁
44081110121000547	榕树	三级	200	15.0	700	15	麻章区太平镇岭头村委会岭头村文化广场左边
44081110121000548	朴树	三级	130	10.0	212	7	麻章区太平镇岭头村委会岭头村广场中
44081110121000549	榕树	三级	130	14.0	500	13	麻章区太平镇岭头村委会广场旁
44081110121000550	榕树	三级	120	10.0	312	10	麻章区太平镇岭头村委会三房祖祠前
44081110121000551	朴树	三级	160	10.0	258	6	麻章区太平镇岭头村委会陈氏宗祠旁
44081110121000552	榕树	三级	130	9.0	350	10	麻章区太平镇岭头村委会陈氏宗祠旁
44081110121000553	榕树	三级	140	8.0	400	9	麻章区太平镇岭头村委会陈氏宗祠前
44081110121000554	笔管榕	三级	100	7.0	246	10	麻章区太平镇岭头村委会陈氏宗祠旁
44081110121000555	榕树	三级	250	13.0	600	20	麻章区太平镇岭头村委会陈氏宗祠旁
44081110121000556	榕树	三级	200	14.0	460	13	麻章区太平镇岭头村委会岭头小学前100米
44081110121000557	榕树	三级	150	11.0	400	10	麻章区太平镇岭头村委会岭头小学前
44081110121000558	榕树	三级	100	12.0	255	7	麻章区太平镇岭头村委会仙凤村村中
44081110121000559	榕树	三级	110	11.0	300	8	麻章区太平镇岭头村委会仙凤村村中
44081110121000560	朴树	三级	110	15.0	180	9	麻章区太平镇岭头村委会仙凤村村中
44081110121000561	朴树	三级	100	15.0	160	8	麻章区太平镇岭头村委会仙凤村村中
44081110121000563	竹节树	三级	240	12.0	164	6	麻章区太平镇岭头村委会仙凤村陈氏宗祠旁
44081110121000564	竹节树	三级	220	12.0	154	7	麻章区太平镇岭头村委会仙凤村陈氏宗祠旁
44081110121000565	龙眼	三级	100	10.0	133	6	麻章区太平镇岭头村委会仙凤村陈氏宗祠旁
44081110121000566	榕树	三级	150	16.0	403	15	麻章区太平镇岭头村委会仙凤村文化楼前
44081110121100700	榕树	三级	120	15.0	330	21	麻章区太平镇吕宅村委会村委会附近
44081110121100701	榕树	三级	200	17.0	490	22	麻章区太平镇吕宅村委会五房春祠旁
44081110121100702	朴树	三级	120	13.0	352	16	麻章区太平镇吕宅村委会五房春祠堂旁
44081110121100703	榕树	三级	110	11.0	310	16	麻章区太平镇吕宅村委会五房春祠堂旁
44081110121100704	榕树	三级	100	11.0	276	14	麻章区太平镇吕宅村委会太公园旁
44081110121100705	榕树	三级	100	6.0	215	14	麻章区太平镇吕宅村委会太公园旁
44081110121100706	龙眼	三级	105	8.0	133	8	麻章区太平镇吕宅村委会太公园内
44081110121100708	竹节树	三级	160	11.0	117	9	麻章区太平镇吕宅村委会太公园内
44081110121100709	朴树	三级	120	12.0	205	11	麻章区太平镇吕宅村委会太公园内
44081110121100710	龙眼	三级	110	9.0	188	14	麻章区太平镇吕宅村委会三圣庙旁
44081110121100711	笔管榕	三级	105	11.0	323	15	麻章区太平镇吕宅村委会绍绪公祠门口
44081110121100712	榕树	三级	105	10.0	230	11	麻章区太平镇吕宅村委会钓渭轩门口
44081110121100713	榕树	三级	110	12.0	300	13	麻章区太平镇吕宅村委会钓渭轩水塔旁
44081110121100714	竹节树	三级	120	6.0	100	7	麻章区太平镇吕宅村委会钓渭轩旁

(续)

古树编号	树种	古树等级	树龄（年）	树高（米）	胸围（厘米）	冠幅（米）	位置
44081110121100715	竹节树	三级	120	13.0	101	8	麻章区太平镇吕宅村委会南排
44081110121100716	竹节树	三级	220	15.0	151	13	麻章区太平镇吕宅村委会南排
44081110121100717	竹节树	三级	180	14.0	130	8	麻章区太平镇吕宅村委会南排
44081110121100718	龙眼	三级	160	9.0	215	8	麻章区太平镇吕宅村委会吕氏宗祠旁
44081110121200467	竹节树	三级	170	8.0	88	9	麻章区太平镇仙村村委会中村白马庙北侧
44081110121200468	竹节树	三级	100	7.0	82	8	麻章区太平镇仙村村委会中村白马庙北侧
44081110121200469	竹节树	三级	180	9.0	135	7	麻章区太平镇仙村村委会中村白马庙北侧
44081110121200470	竹节树	三级	110	7.0	86	5	麻章区太平镇仙村村委会中村经离公祠
44081110121200471	龙眼	三级	100	10.0	224	5	麻章区太平镇仙村村委会中村经离公祠
44081110121200472	榕树	三级	100	12.0	406	16	麻章区太平镇仙村村委会中村富公祠东侧
44081110121200474	垂叶榕	三级	100	6.0	330	13	麻章区太平镇仙村村委会中村富公祠东侧
44081110121200475	水翁	三级	100	7.0	157	5	麻章区太平镇仙村村委会中村
44081110121200476	水翁	三级	100	8.0	140	4	麻章区太平镇仙村村委会中村富公祠后
44081110121200477	华润楠	三级	100	8.0	183	8	麻章区太平镇仙村村委会中村富公祠后
44081110121200478	秋枫	三级	160	9.0	366	6	麻章区太平镇仙村村委会下村仙府园
44081110121200479	竹节树	三级	110	6.0	84	5	麻章区太平镇仙村村委会下村仙府园
44081110121200480	垂叶榕	三级	100	8.0	244	8	麻章区太平镇仙村村委会下村仙府园
44081110121200481	榕树	三级	100	7.0	294	8	麻章区太平镇仙村村委会下村仙府园
44081110121200482	垂叶榕	三级	160	7.0	377	14	麻章区太平镇仙村村委会下村仙府园
44081110121200483	鹊肾树	三级	100	4.0	92	3	麻章区太平镇仙村村委会下村
44081110121200484	榕树	三级	100	12.0	281	11	麻章区太平镇仙村村委会下村
44081110121200485	榕树	三级	200	6.0	311	3	麻章区太平镇仙村村委会下村
44081110121200486	朴树	三级	210	12.0	307	10	麻章区太平镇仙村村委会下村
44081110121200487	竹节树	三级	180	13.0	127	20	麻章区太平镇仙村村委会下村风水林
44081110121200488	竹节树	三级	180	13.0	130	20	麻章区太平镇仙村村委会下村风水林
44081110121200489	竹节树	三级	180	13.0	132	20	麻章区太平镇仙村村委会下村风水林
44081110121200490	榕树	三级	100	13.0	300	11	麻章区太平镇仙村村委会下村风水林
44081110121200491	秋枫	三级	100	4.0	254	5	麻章区太平镇仙村村委会仙村小学旁
44081110121200492	竹节树	三级	190	7.5	132	7	麻章区太平镇仙村村委会中村文化楼后
44081110121200493	垂叶榕	三级	100	10.0	245	11	麻章区太平镇仙村村委会中村文化楼后
44081110121200494	龙眼	三级	110	9.0	236	8	麻章区太平镇仙村村委会西村
44081110121200495	竹节树	三级	170	8.0	125	5	麻章区太平镇仙村村委会西村
44081110121200496	红鳞蒲桃	三级	100	8.0	134	6	麻章区太平镇仙村村委会坡湖村神庙
44081110121200497	红鳞蒲桃	三级	100	9.0	127	7	麻章区太平镇仙村村委会坡湖村神庙
44081110121200498	红鳞蒲桃	三级	100	8.0	110	9	麻章区太平镇仙村村委会坡湖村神庙
44081110121200499	竹节树	三级	110	10.0	84	6	麻章区太平镇仙村村委会坡湖村神庙
44081110121200500	竹节树	三级	200	15.0	139	13	麻章区太平镇仙村村委会坡湖村神庙
44081110121200501	红鳞蒲桃	三级	100	12.0	117	10	麻章区太平镇仙村村委会坡湖村神庙
44081110121200502	竹节树	三级	120	13.5	89	6	麻章区太平镇仙村村委会坡湖村神庙
44081110121200503	广东箣柊	三级	100	11.0	92	7	麻章区太平镇仙村村委会坡湖村神庙
44081110121200504	竹节树	三级	110	13.0	86	12	麻章区太平镇仙村村委会坡湖村神庙
44081110121200505	竹节树	三级	110	12.0	84	7	麻章区太平镇仙村村委会坡湖村神庙
44081110121200506	红鳞蒲桃	三级	100	11.0	143	10	麻章区太平镇仙村村委会坡湖村
44081110121200507	竹节树	三级	170	14.0	123	13	麻章区太平镇仙村村委会坡湖村
44081110121200508	竹节树	三级	150	9.5	109	11	麻章区太平镇仙村村委会坡湖村
44081110121200509	竹节树	三级	190	9.5	134	10	麻章区太平镇仙村村委会坡湖村
44081110121200510	竹节树	三级	140	6.0	100	6	麻章区太平镇仙村村委会坡湖村
44081110121300511	榕树	三级	100	9.0	240	14	麻章区太平镇东岸村委会众采楼旁
44081110121300512	斜叶榕	三级	100	8.6	269	8	麻章区太平镇东岸村委会土地公庙旁

第三章 湛江市古树名木目录

(续)

古树编号	树种	古树等级	树龄（年）	树高（米）	胸围（厘米）	冠幅（米）	位置
44081110121300513	榕树	三级	120	6.0	337	15	麻章区太平镇东岸村委会元武宫前
44081110121300514	榕树	三级	100	7.0	227	9	麻章区太平镇东岸村委会卢氏宗祠
44081110121300515	斜叶榕	三级	100	8.0	280	11	麻章区太平镇东岸村委会卢氏宗祠旁
44081110121300516	榕树	三级	100	11.0	375	12	麻章区太平镇东岸村委会卢氏祠堂旁
44081110121300517	榕树	三级	100	10.0	286	14	麻章区太平镇东岸村委会村内
44081110121300518	榕树	三级	110	14.0	383	12	麻章区太平镇东岸村委会翁井村
44081110121300519	竹节树	三级	150	7.0	114	5	麻章区太平镇东岸村委会翁井村村口
44081110121500436	龙眼	三级	180	8.0	200	13	麻章区太平镇王村村委会内村
44081110121500437	竹节树	三级	260	7.0	178	9	麻章区太平镇王村村委会内村
44081110121500438	榕树	三级	110	9.0	370	17	麻章区太平镇王村村委会内村
44081110121500440	朴树	三级	150	16.0	231	14	麻章区太平镇王村村委会内村
44081110121500441	樟	三级	240	13.0	395	17	麻章区太平镇王村村委会内村
44081110121500442	樟	三级	146	15.0	260	14	麻章区太平镇王村村委会内村
44081110121500443	榕树	三级	130	15.0	350	15	麻章区太平镇王村村委会内村
44081110121500444	榕树	三级	100	8.0	315	14	麻章区太平镇王村村委会内村白马宫旁
44081110121500445	樟	三级	175	15.0	300	20	麻章区太平镇王村村委会内村白马宫旁
44081110121500446	榕树	三级	133	11.0	349	14	麻章区太平镇王村村委会内村周氏宗祠旁
44081110121500447	榕树	三级	100	9.0	290	14	麻章区太平镇王村村委会王村内村周氏祠堂旁
44081110121500448	见血封喉	三级	100	12.0	260	20	麻章区太平镇王村村委会内村福堂德
44081110121500449	榕树	三级	100	10.0	315	19	麻章区太平镇王村村委会山尾下村福堂德
44081110121600958	榕树	三级	150	11.0	350	14	麻章区太平镇山后村委会学校东
44081110121600959	垂叶榕	三级	120	11.0	270	13	麻章区太平镇山后村委会小学东
44081110121600961	垂叶榕	三级	110	9.0	276	12	麻章区太平镇山后村委会唐氏宗祠前
44081110121600962	垂叶榕	三级	110	9.0	269	14	麻章区太平镇山后村委会唐氏宗祠前
44081110121600963	樟	三级	106	9.0	194	12	麻章区太平镇山后村委会学校前
44081110121600964	樟	三级	115	8.0	230	9	麻章区太平镇山后村委会学校前
44081110121700939	龙眼	三级	100	8.0	125	5	麻章区太平镇南夏村委会北村口
44081110121700940	垂叶榕	三级	150	12.0	350	14	麻章区太平镇南夏村委会北村口
44081110121700941	垂叶榕	三级	115	8.0	176	9	麻章区太平镇南夏村委会文化楼旁
44081110121700942	垂叶榕	三级	150	9.0	320	10	麻章区太平镇南夏村委会文化楼旁
44081110121700943	垂叶榕	三级	116	13.0	310	13	麻章区太平镇南夏村委会北村路口
44081110121700944	垂叶榕	三级	160	16.0	360	19	麻章区太平镇南夏村委会北村路口
44081110121700945	垂叶榕	三级	116	14.0	345	19	麻章区太平镇南夏村委会北村路口
44081110121700946	垂叶榕	三级	116	8.0	360	7	麻章区太平镇南夏村委会北村路口
44081110121700947	垂叶榕	三级	116	11.0	450	12	麻章区太平镇南夏村委会北村路口
44081110121700948	垂叶榕	三级	116	11.0	400	9	麻章区太平镇南夏村委会北村路口
44081110121700949	垂叶榕	三级	116	12.0	362	10	麻章区太平镇南夏村委会北村路口
44081110121700950	龙眼	三级	110	11.0	130	12	麻章区太平镇南夏村委会圣易宗祠
44081110121700951	龙眼	三级	100	11.0	135	11	麻章区太平镇南夏村委会圣易宗祠
44081110121700952	榕树	三级	110	13.0	475	16	麻章区太平镇南夏村委会圣易宗祠
44081110121700953	朴树	三级	160	12.0	230	12	麻章区太平镇南夏村委会灵岗庙旁
44081110121700954	垂叶榕	三级	150	15.0	350	16	麻章区太平镇南夏村委会灵岗庙旁
44081110121700955	榕树	三级	150	15.0	412	18	麻章区太平镇南夏村委会灵岗庙旁
44081110121700956	朴树	三级	150	15.0	232	13	麻章区太平镇南夏村委会灵岗庙旁
44081110121700957	榕树	三级	290	15.0	640	16	麻章区太平镇南夏村委会灵岗庙旁
44081110121800995	榕树	三级	120	10.0	456	12	麻章区太平镇里光村委会芦山小学旁
44081110121800996	见血封喉	三级	150	14.0	440	16	麻章区太平镇里光村委会芦山小学旁
44081110121800997	山棣	三级	110	12.0	248	10	麻章区太平镇里光村委会芦山小学旁
44081110121800998	龙眼	三级	120	8.5	153	8	麻章区太平镇里光村委会芦山小学旁

(续)

古树编号	树种	古树等级	树龄（年）	树高（米）	胸围（厘米）	冠幅（米）	位置
44081110121800999	朴树	三级	100	12.0	162	7	麻章区太平镇里光村委会芦山小学旁
44081110121801000	竹节树	三级	130	9.0	106	7	麻章区太平镇里光村委会芦山小学旁
44081110121801001	红鳞蒲桃	三级	105	13.0	137	6	麻章区太平镇里光村委会芦山小学旁
44081110121801002	竹节树	三级	121	9.0	110	6	麻章区太平镇里光村委会芦山小学旁
44081110121801003	红鳞蒲桃	三级	125	15.0	170	8	麻章区太平镇里光村委会芦山小学旁
44081110121801004	垂叶榕	三级	150	9.0	284	7	麻章区太平镇里光村委会芦山小学旁
44081110121801005	榕树	三级	180	10.0	540	18	麻章区太平镇里光村委会芦山村洪氏宗祠正门左前
44081110121801006	朴树	三级	120	9.0	212	10	麻章区太平镇里光村委会芦山村洪氏宗祠正门左前
44081110121801007	垂叶榕	三级	100	9.0	217	25	麻章区太平镇里光村委会芦山村土地庙后
44081110121801008	垂叶榕	三级	160	10.0	302	10	麻章区太平镇里光村委会芦山村古井旁
44081110121801009	垂叶榕	三级	100	8.0	232	9	麻章区太平镇里光村委会芦山村文裕公祠前
44081110121801010	榕树	三级	200	14.0	535	14	麻章区太平镇里光村委会芦山村文裕公祠
44081110121801012	山棕	三级	200	13.0	355	11	麻章区太平镇里光村委会芦山村文裕公祠前
44081110121801039	榕树	三级	189	14.0	510	22	麻章区太平镇里光村委会边坡村队宅门前
44081110121801040	垂叶榕	三级	120	12.0	440	20	麻章区太平镇里光村委会文里叶村村前
44081110121801041	鹊肾树	三级	100	6.5	120	9	麻章区太平镇里光村委会文里叶村五宫海西侧
44081110121801042	竹节树	三级	100	6.0	135	6	麻章区太平镇里光村委会文里叶村五宫海西侧
44081110121801043	竹节树	三级	100	10.0	93	9	麻章区太平镇里光村委会文里叶村五宫海西侧古井旁
44081110121801044	垂叶榕	三级	120	13.0	330	10	麻章区太平镇里光村委会文里叶村谷场前
44081110121801045	垂叶榕	三级	120	10.0	530	10	麻章区太平镇里光村委会文里叶村谷场前
44081110121801046	龙眼	三级	150	7.0	270	8	麻章区太平镇里光村委会文里叶村水塔东侧
44081110121801047	竹节树	三级	100	10.0	120	13	麻章区太平镇里光村委会文里叶村水塔东侧
44081110121801048	垂叶榕	三级	110	8.0	110	14	麻章区太平镇里光村委会文里叶村村前公厕
44081110121900451	荔枝	三级	100	8.0	195	8	麻章区太平镇六坑村委会恒太文化楼
44081110121900452	无患子	三级	100	10.0	180	8	麻章区太平镇六坑村委会恒太戏楼前
44081110121900453	樟	三级	130	10.0	250	10	麻章区太平镇六坑村委会恒太文化楼前
44081110121900454	五月茶	三级	200	4.8	320	23	麻章区太平镇六坑村委会恒太村戏楼后
44081110121900455	荔枝	三级	100	8.0	195	7	麻章区太平镇六坑村委会恒太村戏楼旁
44081110121900457	垂叶榕	三级	120	9.0	285	28	麻章区太平镇六坑村委会下六坑文化楼边
44081110121900458	竹节树	三级	260	12.0	180	10	麻章区太平镇六坑村委会下殿村
44081110121900459	垂叶榕	三级	100	10.0	360	20	麻章区太平镇六坑村委会下殿村福堂德
44081110121900460	红鳞蒲桃	三级	100	8.0	145	9	麻章区太平镇六坑村委会下殿村
44081110121900461	樟	三级	260	9.0	410	10	麻章区太平镇六坑村委会下殿村
44081110121900462	垂叶榕	三级	110	10.0	280	17	麻章区太平镇六坑村委会角塘村
44081110121900463	垂叶榕	三级	100	7.0	370	8	麻章区太平镇六坑村委会乌塘村文化楼
44081110121900464	假玉桂	三级	100	6.0	115	3	麻章区太平镇六坑村委会乌塘村文化楼
44081110121900465	垂叶榕	三级	115	9.0	280	6	麻章区太平镇六坑村委会乌塘村
44081110121900466	鹊肾树	三级	100	7.0	125	7	麻章区太平镇六坑村委会乌塘村
44081110122100450	见血封喉	三级	250	10.0	351	16	麻章区太平镇山尾村委会高南村村中
44081110122200760	竹节树	三级	130	8.5	98	9	麻章区太平镇洋村西村委会灵岗庙前
44081110122200761	朴树	三级	145	12.0	227	12	麻章区太平镇洋村西村委会西村路边
44081110122200762	榕树	三级	100	12.0	240	12	麻章区太平镇洋村西村委会西村路边
44081110122200763	荔枝	三级	100	9.0	175	8	麻章区太平镇洋村西村委会村南古村落
44081110122200764	荔枝	三级	100	11.0	197	11	麻章区太平镇洋村西村委会村南古村落
44081110122200765	垂叶榕	三级	100	9.0	229	11	麻章区太平镇洋村西村委会1号门前
44081110122200766	垂叶榕	三级	150	10.0	400	10	麻章区太平镇洋村西村委会端义公祠旁
44081110122200767	大叶山棕	三级	120	9.0	200	7	麻章区太平镇洋村西村委会四灵庙前
44081110122200768	朴树	三级	155	12.0	233	10	麻章区太平镇洋村西村委会四灵庙前
44081110122200769	垂叶榕	三级	120	9.0	300	12	麻章区太平镇洋村西村委会四灵庙前

第三章 湛江市古树名木目录

(续)

古树编号	树种	古树等级	树龄(年)	树高(米)	胸围(厘米)	冠幅(米)	位置
44081110122200770	龙眼	三级	120	9.0	150	7	麻章区太平镇洋村西村委会水塘旁
44081110122200771	垂叶榕	三级	150	10.0	330	11	麻章区太平镇洋村西村委会水塘旁
44081110122200772	榕树	三级	110	11.0	258	14	麻章区太平镇洋村西村委会池塘旁
44081110122200780	竹节树	三级	120	8.5	95	9	麻章区太平镇洋村西村委会梁妃强屋后
44081110122500925	垂叶榕	三级	100	9.0	220	17	麻章区太平镇文昌村委会福德堂旁
44081110122500926	竹节树	三级	150	12.0	116	6	麻章区太平镇文昌村委会福德堂旁
44081110122500927	红鳞蒲桃	三级	120	9.0	159	7	麻章区太平镇文昌村委会德福堂下田边
44081110122500928	竹节树	三级	180	8.5	130	9	麻章区太平镇文昌村委会德福堂前
44081110122500929	垂叶榕	三级	100	11.0	220	13	麻章区太平镇文昌村委会德福堂旁
44081110122500930	垂叶榕	三级	100	11.0	225	16	麻章区太平镇文昌村委会德福堂旁
44081110122500931	垂叶榕	三级	100	13.0	300	18	麻章区太平镇文昌村委会德福堂旁
44081110122500932	垂叶榕	三级	100	13.0	250	10	麻章区太平镇文昌村委会德福堂旁
44081110122500933	木麻黄	三级	100	15.0	240	12	麻章区太平镇文昌村委会吴氏宗祠
44081110122500934	垂叶榕	三级	110	11.0	260	13	麻章区太平镇文昌村委会吴氏宗祠
44081110122500935	朴树	三级	140	14.0	220	12	麻章区太平镇文昌村委会大周公祠前
44081110122500936	鹊肾树	三级	125	8.0	158	7	麻章区太平镇文昌村委会大周公祠前
44081110122500937	竹节树	三级	120	3.0	85	3	麻章区太平镇文昌村委会巡天庙旁
44081110122500938	华润楠	三级	120	11.0	158	8	麻章区太平镇文昌村委会巡天庙旁
44081110122600520	竹节树	三级	280	11.6	195	11	麻章区太平镇东黄村委会村内
44081110122600521	红鳞蒲桃	三级	100	8.0	162	8	麻章区太平镇东黄村委会村内
44081110122600522	竹节树	三级	170	7.0	123	5	麻章区太平镇东黄村委会村内
44081110122600523	竹节树	三级	130	12.0	100	7	麻章区太平镇东黄村委会村内
44081110122600524	竹节树	三级	110	6.0	85	7	麻章区太平镇东黄村委会村内
44081110122600525	垂叶榕	三级	110	6.0	258	9	麻章区太平镇东黄村委会东黄小学旁
44081110122600526	鹊肾树	三级	160	11.0	197	6	麻章区太平镇东黄村委会东黄小学旁
44081110122600527	竹节树	三级	190	8.0	135	10	麻章区太平镇东黄村委会东黄小学旁
44081110122600528	见血封喉	三级	100	18.0	282	13	麻章区太平镇东黄村委会高南村
44081110122600529	朴树	三级	150	19.0	250	19	麻章区太平镇东黄村委会高南古村
44081110122600530	朴树	三级	160	12.0	267	20	麻章区太平镇东黄村委会高南村古村
44081110122600531	见血封喉	三级	100	15.0	210	8	麻章区太平镇东黄村委会高南村公德堂旁
44081110122700569	竹节树	三级	160	7.6	117	9	麻章区太平镇百龙村委会池塘边
44081110122700570	岭南山竹子	三级	100	7.6	214		麻章区太平镇百龙村委会池塘边
44081110122700571	竹节树	三级	200	6.7	147	6	麻章区太平镇百龙村委会德堂福旁
44081110122700572	垂叶榕	三级	100	10.0	220	12	麻章区太平镇百龙村委会德堂福旁
44081110122700573	龙眼	三级	120	9.7	174	8	麻章区太平镇百龙村委会德堂福附近
44081110122700574	竹节树	三级	160	8.5	119	9	麻章区太平镇百龙村委会长房春祠后
44081110122700575	垂叶榕	三级	110	10.0	450	11	麻章区太平镇百龙村委会长房春祠旁
44081110122700576	竹节树	三级	250	14.0	173	7	麻章区太平镇百龙村委会村口
44081110122700577	丛花山矾	三级	100	6.0	108	8	麻章区太平镇百龙村委会村口
44081110122700578	红鳞蒲桃	三级	100	9.8	121	5	麻章区太平镇百龙村委会村口
44081110122800987	榕树	三级	200	15.0	467	21	麻章区太平镇韩家山村委会韩家山村老庙旁
44081110123000428	垂叶榕	三级	150	6.0	210	8	麻章区太平镇塘东村委会何次房祠前
44081110123000429	垂叶榕	三级	200	12.0	320	15	麻章区太平镇塘东村委会何次房祠前南侧
44081110123000430	垂叶榕	三级	120	10.0	240	11	麻章区太平镇塘东村委会何次房祠前东侧
44081110123000431	垂叶榕	三级	200	12.0	270	16	麻章区太平镇塘东村委会何次房祠门南侧50米
44081110123000432	垂叶榕	三级	200	9.5	320	12	麻章区太平镇塘东村委会何次房祠南侧55米
44081110123000433	垂叶榕	三级	200	7.0	230	10	麻章区太平镇塘东村委会何次房南侧60米
44081110123000434	垂叶榕	三级	200	8.0	220	9	麻章区太平镇塘东村委会何次房祠南70米
44081110123000612	垂叶榕	三级	120	10.0	343	15	麻章区太平镇塘东村委会海岚村土地庙旁

(续)

古树编号	树种	古树等级	树龄（年）	树高（米）	胸围（厘米）	冠幅（米）	位置
44081110123000613	垂叶榕	三级	100	10.0	200	9	麻章区太平镇塘东村委会海岚村土地庙后
44081110123000614	垂叶榕	三级	120	10.0	267	11	麻章区太平镇塘东村委会海岚村土地庙后
44081110123000615	垂叶榕	三级	120	10.0	475	13	麻章区太平镇塘东村委会海岚村土地庙后
44081110123000616	榕树	三级	100	13.0	441	12	麻章区太平镇塘东村委会海岚村土地庙后
44081110123000617	榕树	三级	100	12.0	510	12	麻章区太平镇塘东村委会海岚村文化楼前
44081110123000618	榕树	三级	100	12.0	324	13	麻章区太平镇塘东村委会海岚村文化楼前
44081110220100404	垂叶榕	三级	120	7.0	290	12	麻章区湖光镇祝美村委会吴景华屋前
44081110220100405	榕树	三级	105	10.0	320	16	麻章区湖光镇祝美村委会吴景华屋前
44081110220100406	垂叶榕	三级	120	9.0	290	9	麻章区湖光镇祝美村委会村前大塘
44081110220100407	垂叶榕	三级	110	9.0	270	11	麻章区湖光镇祝美村委会吴国文屋前
44081110220100408	榕树	三级	100	14.0	300	23	麻章区湖光镇祝美村委会庙堂后
44081110220100409	垂叶榕	三级	110	10.0	320	11	麻章区湖光镇祝美村委会吴再而屋前
44081110220100410	垂叶榕	三级	250	8.0	460	18	麻章区湖光镇祝美村委会吴氏公祠前
44081110220100411	垂叶榕	三级	200	8.0	330	10	麻章区湖光镇祝美村委会竹尾文化楼旁
44081110220100412	垂叶榕	三级	110	6.0	280	7	麻章区湖光镇祝美村委会竹尾文化楼前
44081110220100413	垂叶榕	三级	120	7.0	148	6	麻章区湖光镇祝美村委会竹尾文化楼旁
44081110220100414	榕树	三级	120	8.0	260	10	麻章区湖光镇祝美村委会竹尾文化楼北
44081110220100415	榕树	三级	110	10.0	350	13	麻章区湖光镇祝美村委会东河吴那生屋东
44081110220200143	榕树	三级	150	14.0	390	16	麻章区湖光镇旧县村委会旧县村东后
44081110220200144	榕树	三级	130	9.0	350	16	麻章区湖光镇旧县村委会旧县村东后
44081110220200145	垂叶榕	三级	120	7.0	270	8	麻章区湖光镇旧县村委会旧县村东后
44081110220200146	榕树	三级	100	9.0	410	16	麻章区湖光镇旧县村委会旧县村后坡园
44081110220200147	榕树	三级	100	12.0	300	10	麻章区湖光镇旧县村委会旧县小学
44081110220200148	榕树	三级	110	13.0	380	13	麻章区湖光镇旧县村委会秀才巷直走30米
44081110220200149	龙眼	三级	110	8.0	165	10	麻章区湖光镇旧县村委会秀才巷直走30米
44081110220200150	榄仁树	三级	100	7.0	218	6	麻章区湖光镇旧县村委会湖边村中巷
44081110220200151	榄仁树	三级	100	13.0	240	12	麻章区湖光镇旧县村委会湖边村中巷
44081110220200152	高山榕	三级	100	14.0	1600	17	麻章区湖光镇旧县村委会下埠郡主府对面
44081110220200153	榄仁树	三级	110	13.0	265	10	麻章区湖光镇旧县村委会下埠郡主庙前
44081110220200154	朴树	三级	110	12.0	185	8	麻章区湖光镇旧县村委会下埠郡主庙旁小巷
44081110220200155	榕树	三级	100	14.0	350	15	麻章区湖光镇旧县村委会下埠郡主庙旁小巷
44081110220200156	榕树	三级	100	14.0	340	14	麻章区湖光镇旧县村委会下埠郡主庙旁小巷
44081110220200157	鹊肾树	三级	200	6.0	260	6	麻章区湖光镇旧县村委会湖塘村广明家前
44081110220200158	榕树	三级	126	10.0	384	9	麻章区湖光镇旧县村委会湖塘村广明家前
44081110220200159	朴树	三级	150	12.0	300	9	麻章区湖光镇旧县村委会湖塘村广明家后
44081110220200160	乌墨	三级	110	10.0	250	10	麻章区湖光镇旧县村委会湖塘村广明家后
44081110220200161	朴树	三级	130	8.0	215	9	麻章区湖光镇旧县村委会湖塘村广福庙前
44081110220200163	榕树	三级	100	13.0	360	16	麻章区湖光镇旧县村委会湖塘村广福庙后
44081110220200164	樟	三级	150	9.0	250	9	麻章区湖光镇旧县村委会湖塘村康文家前
44081110220200166	朴树	三级	100	9.0	170	8	麻章区湖光镇旧县村委会湖塘村村东
44081110220200167	朴树	三级	100	8.0	178	9	麻章区湖光镇旧县村委会湖塘村村东
44081110220200168	朴树	三级	110	11.0	188	11	麻章区湖光镇旧县村委会湖塘村村东
44081110220200169	朴树	三级	130	12.0	210	11	麻章区湖光镇旧县村委会湖塘村村东
44081110220200170	龙眼	三级	150	9.0	180	8	麻章区湖光镇旧县村委会湖塘村村东
44081110220200171	龙眼	三级	120	10.0	150	7	麻章区湖光镇旧县村委会湖塘村村东
44081110220200172	龙眼	三级	150	12.0	180	10	麻章区湖光镇旧县村委会湖塘村村东
44081110220200173	榕树	三级	100	13.0	550	21	麻章区湖光镇旧县村委会湖边村平安大道路口附近
44081110220200174	朴树	三级	110	13.0	180	14	麻章区湖光镇旧县村委会湖边村平安大道路口附近
44081110220200175	龙眼	三级	110	6.0	145	4	麻章区湖光镇旧县村委会湖边村平安大道路口附近

第三章 湛江市古树名木目录

(续)

古树编号	树种	古树等级	树龄（年）	树高（米）	胸围（厘米）	冠幅（米）	位置
44081110220200176	龙眼	三级	150	7.0	180	5	麻章区湖光镇旧县村委会湖边村平安大道路口附近
44081110220200177	榕树	三级	100	14.0	480	14	麻章区湖光镇旧县村委会湖边村中巷
44081110220200178	龙眼	三级	100	8.0	285	7	麻章区湖光镇旧县村委会湖边村中巷
44081110220200179	榕树	三级	110	13.0	560	19	麻章区湖光镇旧县村委会湖边村文昌阁前
44081110220200180	龙眼	三级	180	8.0	190	7	麻章区湖光镇旧县村委会湖边村文昌阁前
44081110220200181	榕树	三级	110	12.0	500	18	麻章区湖光镇旧县村委会湖边村文昌阁前
44081110220200876	榕树	三级	100	15.0	443	16	麻章区湖光镇旧县村委会村口
44081110220200877	榕树	三级	113	13.0	550	24	麻章区湖光镇旧县村委会村口
44081110220200878	榕树	三级	113	8.0	390	13	麻章区湖光镇旧县村委会村西
44081110220200879	榕树	三级	134	15.0	500	18	麻章区湖光镇旧县村委会湖边村村中
44081110220201050	倒吊笔	三级	150	9.0	139	5	麻章区湖光镇旧县村委会湖塘村广福庙左侧墙边
44081110220400359	榕树	三级	110	14.0	600	29	麻章区湖光镇世乔村委会三宫庵
44081110220400360	榕树	三级	130	15.0	430	16	麻章区湖光镇世乔村委会承湖公祠旁
44081110220400361	台湾相思	三级	100	10.0	232	11	麻章区湖光镇世乔村委会承湖公祠旁
44081110220400362	朴树	三级	180	9.0	260	10	麻章区湖光镇世乔村委会后龙公路旁
44081110220400363	榕树	三级	150	14.0	630	17	麻章区湖光镇世乔村委会后龙公路旁
44081110220400364	榕树	三级	130	9.0	350	11	麻章区湖光镇世乔村委会中村
44081110220400365	樟	三级	200	10.0	330	10	麻章区湖光镇世乔村委会世乔小学前
44081110220400366	榕树	三级	120	10.0	290	13	麻章区湖光镇世乔村委会世乔小学前
44081110220400368	土坛树	三级	120	7.0	144	6	麻章区湖光镇世乔村委会新屋村
44081110220400369	榕树	三级	100	10.0	310	16	麻章区湖光镇世乔村委会新屋村公厕旁
44081110220400370	榕树	三级	140	8.0	320	17	麻章区湖光镇世乔村委会新屋村池塘旁
44081110220400371	榕树	三级	120	9.0	408	10	麻章区湖光镇世乔村委会新屋村池塘旁
44081110220400372	榕树	三级	100	11.0	320	13	麻章区湖光镇世乔村委会新屋村土地庙旁
44081110220500373	龙眼	三级	150	9.0	175	8	麻章区湖光镇高梅村委会高梅坡村春秋社庙
44081110220500374	龙眼	三级	100	9.0	145	8	麻章区湖光镇高梅村委会高梅坡村春秋社庙
44081110220500375	龙眼	三级	140	11.0	260	10	麻章区湖光镇高梅村委会高梅坡村
44081110220700860	乌墨	三级	153	14.0	250	11	麻章区湖光镇云脚村委会村委会后
44081110220700861	乌墨	三级	213	13.0	329	20	麻章区湖光镇云脚村委会村委会右侧
44081110220700862	土坛树	三级	243	6.0	138	8	麻章区湖光镇云脚村委会村委会右侧
44081110220700863	乌墨	三级	193	12.0	267	6	麻章区湖光镇云脚村委会村委会北侧宅内
44081110220700864	垂叶榕	三级	150	14.0	700	17	麻章区湖光镇云脚村委会村西田野路边
44081110220700865	龙眼	三级	163	8.0	164	7	麻章区湖光镇云脚村委会云脚小学东
44081110220700866	樟	三级	123	11.0	240	11	麻章区湖光镇云脚村委会村东
44081110220700867	樟	三级	123	13.0	250	13	麻章区湖光镇云脚村委会村东
44081110220700868	樟	三级	113	12.0	212	8	麻章区湖光镇云脚村委会村东
44081110220700869	榕树	三级	243	10.0	400	17	麻章区湖光镇云脚村委会村中土地庙旁
44081110220700870	榕树	三级	113	15.0	580	20	麻章区湖光镇云脚村委会风水山
44081110220700871	土坛树	三级	223	8.0	194	10	麻章区湖光镇云脚村委会湛江市文化管理委员会石碑
44081110220700872	竹节树	三级	194	10.0	96	6	麻章区湖光镇云脚村委会云脚古樟林中
44081110220700873	樟	三级	110	15.0	214	16	麻章区湖光镇云脚村委会古樟林公园牌旁
44081110220700874	樟	三级	113	13.0	220	11	麻章区湖光镇云脚村委会古樟林公园石碑沿路九百米
44081110220700875	榕树	三级	123	14.0	446	15	麻章区湖光镇云脚村委会彭氏宗祠后
44081110220900376	榕树	三级	100	13.0	440	22	麻章区湖光镇那柳村委会文化楼前
44081110220900377	榕树	三级	200	6.0	270	10	麻章区湖光镇那柳村委会文化楼前
44081110220900378	木麻黄	三级	110	20.0	255	15	麻章区湖光镇那柳村委会文化楼旁
44081110220900379	木棉	三级	100	18.0	260	17	麻章区湖光镇那柳村委会三房祖祠旁
44081110220900380	榕树	三级	100	13.0	256	28	麻章区湖光镇那柳村委会三房祖祠旁
44081110220900381	龙眼	三级	100	8.0	140	7	麻章区湖光镇那柳村委会村东南面韦挂明屋旁

(续)

古树编号	树种	古树等级	树龄（年）	树高（米）	胸围（厘米）	冠幅（米）	位置
44081110220900382	荔枝	三级	150	7.0	195	7	麻章区湖光镇那柳村委会村东南面韦桂明屋旁
44081110220900383	荔枝	三级	200	7.0	280	6	麻章区湖光镇那柳村委会村东南面韦桂明屋旁
44081110220900384	荔枝	三级	150	8.0	350	10	麻章区湖光镇那柳村委会韦桂明屋前
44081110220900385	樟	三级	140	14.0	245	12	麻章区湖光镇那柳村委会小路旁
44081110220900386	樟	三级	160	13.0	360	12	麻章区湖光镇那柳村委会十字路口旁
44081110220900387	樟	三级	130	11.0	220	9	麻章区湖光镇那柳村委会废弃旧屋旁
44081110220900388	樟	三级	140	10.0	243	13	麻章区湖光镇那柳村委会废弃旧屋旁
44081110221000389	榕树	三级	100	14.0	420	27	麻章区湖光镇体村村委会村口
44081110221100253	榕树	三级	150	28.0	750	25	麻章区湖光镇金兴村委会火山蛋石前
44081110221100254	榕树	三级	150	20.0	570	23	麻章区湖光镇金兴村委会火山蛋石前
44081110221100255	高山榕	三级	100	20.0	400	21	麻章区湖光镇金兴村委会火山蛋石前
44081110221100256	高山榕	三级	100	16.0	380	24	麻章区湖光镇金兴村委会火山蛋石前
44081110221100257	樟	三级	170	13.0	290	15	麻章区湖光镇金兴村委会火山蛋石前西侧路边
44081110221100258	樟	三级	149	12.0	260	13	麻章区湖光镇金兴村委会火山蛋石西侧路边
44081110221100390	榕树	三级	100	18.0	450	25	麻章区湖光镇金兴村委会忠王庙西侧
44081110221100391	龙眼	三级	140	8.0	210	10	麻章区湖光镇金兴村委会忠王庙前
44081110221100392	樟	三级	100	8.0	185	10	麻章区湖光镇金兴村委会忠王庙前
44081110221100393	樟	三级	130	9.0	290	9	麻章区湖光镇金兴村委会忠王庙旁
44081110221100394	榕树	三级	100	13.0	410	20	麻章区湖光镇金兴村委会村口
44081110221200395	垂叶榕	三级	160	8.0	245	12	麻章区湖光镇赤忏村委会北边鱼塘旁
44081110221200396	榕树	三级	110	8.0	165	8	麻章区湖光镇赤忏村委会北侧池塘旁
44081110221200397	龙眼	三级	160	5.0	190	5	麻章区湖光镇赤忏村委会林氏祠堂旁
44081110221200398	朴树	三级	130	12.0	210	15	麻章区湖光镇赤忏村委会二房春祠旁
44081110221200399	榕树	三级	100	14.0	390	21	麻章区湖光镇赤忏村委会武当山庙旁
44081110221200400	榕树	三级	110	20.0	410	29	麻章区湖光镇赤忏村委会林国强屋旁
44081110221200401	榕树	三级	110	10.0	410	15	麻章区湖光镇赤忏村委会徐由利屋前
44081110221200402	龙眼	三级	170	8.0	200	8	麻章区湖光镇赤忏村委会许由利屋前
44081110221200816	榕树	三级	100	14.0	350	13	麻章区湖光镇赤忏村委会赤忏村委会北侧马路旁
44081110221200817	榕树	三级	130	13.0	420	19	麻章区湖光镇赤忏村委会村委会马路旁
44081110221200818	见血封喉	三级	250	16.0	457	28	麻章区湖光镇赤忏村委会村委会马路旁
44081110221200819	榕树	三级	250	15.0	750	28	麻章区湖光镇赤忏村委会村委会后200米
44081110221200820	榕树	三级	150	14.0	700	27	麻章区湖光镇赤忏村委会苏氏祠堂前50米马路边
44081110221200821	榕树	三级	150	14.0	370	25	麻章区湖光镇赤忏村委会苏氏宗祠前池塘旁
44081110221200822	榕树	三级	130	9.0	490	13	麻章区湖光镇赤忏村委会苏氏祠堂前池塘附近
44081110221200823	鹊肾树	三级	170	7.0	215	9	麻章区湖光镇赤忏村委会长茶基地前
44081110221200824	榕树	三级	200	17.0	650	29	麻章区湖光镇赤忏村委会文化楼前
44081110221200848	垂叶榕	三级	100	9.0	266	11	麻章区湖光镇赤忏村委会五誓村老师公庙旁
44081110221200849	榕树	三级	110	12.0	361	12	麻章区湖光镇赤忏村委会南老村
44081110221200850	榕树	三级	120	12.0	433	14	麻章区湖光镇赤忏村委会南老村
44081110221200851	垂叶榕	三级	100	7.0	283	10	麻章区湖光镇赤忏村委会南老村刚毅村祠旁
44081110221200852	垂叶榕	三级	100	7.0	335	12	麻章区湖光镇赤忏村委会南老村刚毅春祠旁
44081110221200853	榕树	三级	140	12.0	580	17	麻章区湖光镇赤忏村委会洋山仔村
44081110221200854	樟	三级	120	10.0	298	9	麻章区湖光镇赤忏村委会洋山仔村
44081110221200855	榕树	三级	100	13.0	314	16	麻章区湖光镇赤忏村委会洋山仔村
44081110221300825	榕树	三级	100	9.0	310	18	麻章区湖光镇料村村委会内村村委会前池塘旁
44081110221300826	鹊肾树	三级	140	8.0	170	9	麻章区湖光镇料村村委会内村市场处
44081110221300827	樟	三级	110	15.0	218	9	麻章区湖光镇料村村委会料村菜市场后
44081110221300828	樟	三级	100	13.0	185	10	麻章区湖光镇料村村委会内村菜市场旁
44081110221300829	榕树	三级	120	13.0	500	19	麻章区湖光镇料村村委会村委会马路旁

(续)

古树编号	树种	古树等级	树龄（年）	树高（米）	胸围（厘米）	冠幅（米）	位置
44081110221300830	榕树	三级	120	11.0	480	12	麻章区湖光镇料村村委会外村卢兴房前
44081110221300831	榕树	三级	110	10.0	352	11	麻章区湖光镇料村村委会外村田边
44081110221300832	榕树	三级	120	13.0	380	12	麻章区湖光镇料村村委会外村
44081110221300833	榕树	三级	130	15.0	540	24	麻章区湖光镇料村村委会外村立田屋旁
44081110221300834	榕树	三级	110	12.0	386	13	麻章区湖光镇料村村委会外村三田屋旁
44081110221300835	樟	三级	120	14.0	227	10	麻章区湖光镇料村村委会外村三田屋旁
44081110221300836	樟	三级	250	11.0	400	10	麻章区湖光镇料村村委会外村文康屋前
44081110221300837	榕树	三级	140	14.0	360	22	麻章区湖光镇料村村委会外村立四屋前
44081110221300838	樟	三级	140	14.0	540	14	麻章区湖光镇料村村委会外村立四屋旁
44081110221300839	榕树	三级	110	13.0	430	12	麻章区湖光镇料村村委会外村来三屋前
44081110221300840	榕树	三级	120	12.0	269	9	麻章区湖光镇料村村委会外村及轩公祠旁
44081110221300841	榕树	三级	120	16.0	550	24	麻章区湖光镇料村村委会外村子奇屋后
44081110221300842	榕树	三级	100	9.0	296	9	麻章区湖光镇料村村委会外村虾厂内
44081110221300843	榕树	三级	110	12.0	350	13	麻章区湖光镇料村村委会外村口田边
44081110221300844	榕树	三级	130	14.0	700	24	麻章区湖光镇料村村委会外村口田边
44081110221300845	榕树	三级	130	7.0	226	9	麻章区湖光镇料村村委会后坡村长祖祠前
44081110221300846	垂叶榕	三级	130	10.0	210	10	麻章区湖光镇料村村委会后坡村房祖祠前
44081110221300847	樟	三级	150	15.0	270	11	麻章区湖光镇料村村委会五誓村老师公庙南百米
44081110221500264	竹节树	三级	200	9.0	147	9	麻章区湖光镇临西村委会海尾村孙来兴家旁
44081110221500266	斜叶榕	三级	110	6.0	286	13	麻章区湖光镇临西村委会海尾村土地庙旁
44081110221500267	竹节树	三级	190	7.0	136	7	麻章区湖光镇临西村委会海尾村土地庙旁
44081110221500268	竹节树	三级	190	6.0	130	4	麻章区湖光镇临西村委会海尾村土地庙西侧
44081110221500269	垂叶榕	三级	120	11.0	370	12	麻章区湖光镇临西村委会海尾村孙珠青家东边
44081110221500270	竹节树	三级	220	10.0	154	8	麻章区湖光镇临西村委会海尾村孙华荣家旁
44081110221500271	垂叶榕	三级	130	14.0	240	20	麻章区湖光镇临西村委会海尾村孙华荣西边
44081110221500272	竹节树	三级	180	11.0	128	6	麻章区湖光镇临西村委会海尾村村北
44081110221500273	竹节树	三级	170	10.0	123	6	麻章区湖光镇临西村委会海尾村村北
44081110221500274	垂叶榕	三级	120	10.0	480	12	麻章区湖光镇临西村委会海尾村村北
44081110221500275	垂叶榕	三级	130	12.0	376	18	麻章区湖光镇临西村委会海尾村村北
44081110221500276	竹节树	三级	150	11.0	106	8	麻章区湖光镇临西村委会海尾村村北
44081110221500277	垂叶榕	三级	130	12.0	360	12	麻章区湖光镇临西村委会海尾村村北
44081110221500278	垂叶榕	三级	130	11.0	610	13	麻章区湖光镇临西村委会海尾村村北
44081110221500279	红鳞蒲桃	三级	110	8.0	122	5	麻章区湖光镇临西村委会海尾村村北
44081110221500280	鹊肾树	三级	180	6.0	218	7	麻章区湖光镇临西村委会群麻坡村文化楼前
44081110221500281	鹊肾树	三级	140	7.0	170	6	麻章区湖光镇临西村委会群麻坡村东北
44081110221500282	鹊肾树	三级	180	8.0	220	6	麻章区湖光镇临西村委会群麻坡村东北
44081110221500283	榕树	三级	110	16.0	342	9	麻章区湖光镇临西村委会群麻坡村土地庙旁
44081110221500284	榕树	三级	110	15.0	300	8	麻章区湖光镇临西村委会群麻坡村土地庙旁
44081110221500285	鹊肾树	三级	110	7.0	141	8	麻章区湖光镇临西村委会群麻坡村土地庙旁
44081110221500286	榕树	三级	120	12.0	235	16	麻章区湖光镇临西村委会群麻坡村土地庙旁
44081110221500287	竹节树	三级	180	10.0	130	6	麻章区湖光镇临西村委会群麻坡村土地庙旁
44081110221500288	竹节树	三级	140	6.0	104	6	麻章区湖光镇临西村委会群麻坡村土地庙旁
44081110221500289	竹节树	三级	140	7.0	102	7	麻章区湖光镇临西村委会群麻坡村土地庙旁
44081110221500290	竹节树	三级	130	9.0	95	5	麻章区湖光镇临西村委会群麻坡村土地庙前
44081110221500291	榕树	三级	110	9.0	210	9	麻章区湖光镇临西村委会群麻坡村孙晓庄家
44081110221700856	樟	三级	110	12.0	258	13	麻章区湖光镇月岭村委会海大主校区行政楼旁东侧
44081110221700858	樟	三级	100	15.0	262	23	麻章区湖光镇月岭村委会海大主校区行政楼后
44081110221700859	樟	三级	100	15.0	261	20	麻章区湖光镇月岭村委会海大主校区兴农楼旁
44081110221800292	榕树	三级	110	14.0	260	12	麻章区湖光镇东岭村委会文化楼西侧

(续)

古树编号	树种	古树等级	树龄（年）	树高（米）	胸围（厘米）	冠幅（米）	位置
44081110221800293	龙眼	三级	130	6.0	161	7	麻章区湖光镇东岭村委会文化楼西侧
44081110221800294	鹊肾树	三级	160	8.0	200	9	麻章区湖光镇东岭村委会景福庙后
44081110221800295	鹊肾树	三级	130	7.0	165	6	麻章区湖光镇东岭村委会景福庙后
44081110221800296	鹊肾树	三级	180	7.0	228	6	麻章区湖光镇东岭村委会景福庙后
44081110221800297	鹊肾树	三级	160	9.0	200	8	麻章区湖光镇东岭村委会景福庙后
44081110221800298	榕树	三级	100	12.0	350	12	麻章区湖光镇东岭村委会景福庙旁
44081110221800416	榄仁树	三级	100	14.0	260	13	麻章区湖光镇东岭村委会良丰村村口斜对面
44081110221900299	榕树	三级	120	12.0	316	9	麻章区湖光镇西岭村委会圆明庵旁
44081110221900300	榕树	三级	130	5.0	350	4	麻章区湖光镇西岭村委会圆明庵旁
44081110221900301	榕树	三级	110	11.0	330	18	麻章区湖光镇西岭村委会余氏宗祠旁
44081110221900302	斜叶榕	三级	210	9.0	600	13	麻章区湖光镇西岭村委会谢宅旁
44081110221900303	榕树	三级	110	8.0	250	12	麻章区湖光镇西岭村委会谢氏宗祠旁
44081110221900304	榕树	三级	120	13.0	325	14	麻章区湖光镇西岭村委会孙宅旁
44081110221900305	榕树	三级	120	15.0	490	15	麻章区湖光镇西岭村委会孙宅旁
44081110222000306	樟	三级	140	12.0	260	7	麻章区湖光镇厚高村委会康皇庙
44081110222000307	樟	三级	130	11.0	248	10	麻章区湖光镇厚高村委会康皇庙前
44081110222000308	垂叶榕	三级	120	8.0	420	12	麻章区湖光镇厚高村委会康皇庙旁
44081110222000309	鹊肾树	三级	170	7.0	208	7	麻章区湖光镇厚高村委会康皇庙旁
44081110222000310	鹊肾树	三级	100	6.0	130	5	麻章区湖光镇厚高村委会福主庙旁
44081110222000311	垂叶榕	三级	110	6.0	250	9	麻章区湖光镇厚高村委会福主庙旁
44081110222100312	榕树	三级	110	12.0	350	25	麻章区湖光镇外坡村委会岭替灵岗庙前
44081110222100313	鹅掌柴	三级	100	10.0	200	8	麻章区湖光镇外坡村委会岭替灵岗庙前
44081110222100314	垂叶榕	三级	150	12.0	400	10	麻章区湖光镇外坡村委会岭替土地庙旁
44081110222100315	朴树	三级	180	14.0	280	11	麻章区湖光镇外坡村委会岭替公厕旁
44081110222100316	见血封喉	三级	100	14.0	250	18	麻章区湖光镇外坡村委会岭替公厕后面
44081110222100317	见血封喉	三级	120	16.0	334	12	麻章区湖光镇外坡村委会彭胜利屋后
44081110222100318	龙眼	三级	230	8.0	230	12	麻章区湖光镇外坡村委会蕃祉前
44081110222100319	樟	三级	160	12.0	290	19	麻章区湖光镇外坡村委会蕃祉东侧
44081110222100320	榕树	三级	120	11.0	400	18	麻章区湖光镇外坡村委会湖岩公祠前
44081110222100321	鹊肾树	三级	120	8.0	152	5	麻章区湖光镇外坡村委会外坡村武帝庙旁
44081110222100322	龙眼	三级	150	9.0	270	13	麻章区湖光镇外坡村委会外坡村武帝庙
44081110222100323	垂叶榕	三级	120	12.0	440	19	麻章区湖光镇外坡村委会外坡村武帝庙旁
44081110222100324	斜叶榕	三级	120	8.0	300	12	麻章区湖光镇外坡村委会武帝庙旁
44081110222100325	垂叶榕	三级	130	10.0	3250	10	麻章区湖光镇外坡村委会武帝庙旁
44081110222100326	垂叶榕	三级	130	10.0	370	11	麻章区湖光镇外坡村委会武帝庙旁
44081110222101023	斜叶榕	三级	113	11.0	310	11	麻章区湖光镇外坡村委会湖光岩白牛景区内
44081110222101024	斜叶榕	三级	113	12.0	290	14	麻章区湖光镇外坡村委会湖光岩尼姑庵侧
44081110222101025	斜叶榕	三级	113	14.0	462	13	麻章区湖光镇外坡村委会湖光岩白牛景区内
44081110222101026	斜叶榕	三级	113	11.0	212	10	麻章区湖光镇外坡村委会湖光岩白牛景区内
44081110222101027	牛蹄豆	三级	113	8.0	154	6	麻章区湖光镇外坡村委会湖光岩尼姑庵西侧
44081110222101031	见血封喉	三级	240	23.0	338	15	麻章区湖光镇外坡村委会湖光岩千年墙旁
44081110222101032	垂叶榕	三级	110	14.0	500	4	麻章区湖光镇外坡村委会湖光岩负离子区
44081110222101033	阔荚合欢	三级	100	13.8	230	18	麻章区湖光镇外坡村委会湖光岩风景区楞严寺两侧
44081110222101034	苏铁	三级	110	5.0	120	2	麻章区湖光镇外坡村委会湖光岩风景区楞严寺前门
44081110222101035	苏铁	三级	110	6.2	132	5	麻章区湖光镇外坡村委会湖光岩管理处楞严寺门前
44081110222101036	鸡蛋花	三级	110	8.1	138	10	麻章区湖光镇外坡村委会湖光岩楞严寺门前
44081110222101037	榕树	三级	110	16.0	510	25	麻章区湖光镇外坡村委会湖光岩楞严寺小卖部前
44081110222101051	木麻黄	三级	110	30.0	281	20	麻章区湖光镇外坡村委会湖光岩西门游客中心前50米
44081110222200403	见血封喉	三级	200	15.0	380	14	麻章区湖光镇园坡村委会村中戏台旁

第三章 湛江市古树名木目录

(续)

古树编号	树种	古树等级	树龄（年）	树高（米）	胸围（厘米）	冠幅（米）	位置
44081110222200417	乌墨	三级	150	21.0	315	20	麻章区湖光镇园坡村委会牛奶厂路下
44081110222200418	乌墨	三级	100	16.0	240	13	麻章区湖光镇园坡村委会牛奶厂路下
44081110222200419	竹节树	三级	100	8.0	99	6	麻章区湖光镇园坡村委会牛奶厂路下
44081110222200420	榕树	三级	110	18.0	380	33	麻章区湖光镇园坡村委会天后宫侧垃圾场旁
44081110222200421	樟	三级	220	14.0	365	14	麻章区湖光镇园坡村委会李红屋旁
44081110222200422	樟	三级	180	15.0	305	15	麻章区湖光镇园坡村委会李红屋旁
44081110222200423	乌墨	三级	100	12.0	227	12	麻章区湖光镇园坡村委会北排村李氏宗祠旁
44081110222200424	乌墨	三级	160	12.0	330	12	麻章区湖光镇园坡村委会东南侧田野
44081110222200425	见血封喉	三级	110	14.0	330	14	麻章区湖光镇园坡村委会园东南侧田野
44081110222200426	樟	三级	130	10.0	240	10	麻章区湖光镇园坡村委会园坡村村口
44081110222200427	樟	三级	120	8.0	220	7	麻章区湖光镇园坡村委会园坡村村口
44081110222400327	榕树	三级	120	15.0	700	27	麻章区湖光镇塘北村委会村委会旁
44081110222400328	乌墨	三级	110	12.0	250	9	麻章区湖光镇塘北村委会村委会西南侧路边
44081110222400329	见血封喉	三级	100	15.0	295	13	麻章区湖光镇塘北村委会公厕旁
44081110222400330	朴树	三级	120	10.0	197	9	麻章区湖光镇塘北村委会村口土地庙旁
44081110222400331	鹊肾树	三级	130	8.0	162	5	麻章区湖光镇塘北村委会村口土地庙旁
44081110222400332	榕树	三级	110	13.0	320	13	麻章区湖光镇塘北村委会村口
44081110222400333	鹊肾树	三级	130	6.0	160	5	麻章区湖光镇塘北村委会公厕旁
44081110222400334	鹊肾树	三级	140	7.0	170	5	麻章区湖光镇塘北村委会公厕旁
44081110222400335	榕树	三级	130	14.0	450	20	麻章区湖光镇塘北村委会文地村车吴二帅庙旁
44081110222400336	斜叶榕	三级	120	10.0	330	13	麻章区湖光镇塘北村委会文地村车吴二帅庙旁
44081110222400337	榕树	三级	130	13.0	500	17	麻章区湖光镇塘北村委会文地村车吴二帅庙旁
44081110222400338	竹节树	三级	120	8.0	105	5	麻章区湖光镇塘北村委会文地村车吴二帅庙旁
44081110222400339	榕树	三级	120	13.0	450	16	麻章区湖光镇塘北村委会蔡屋村东侧
44081110222400340	榕树	三级	100	14.0	460	12	麻章区湖光镇塘北村委会蔡屋村东侧
44081110222400341	榕树	三级	110	8.0	310	9	麻章区湖光镇塘北村委会蔡屋村东侧古井旁
44081110222400342	鹊肾树	三级	210	9.0	250	8	麻章区湖光镇塘北村委会蔡屋村东侧古井旁
44081110222400343	朴树	三级	150	14.0	227	13	麻章区湖光镇塘北村委会蔡屋村东侧古井旁
44081110222400344	榕树	三级	120	14.0	440	16	麻章区湖光镇塘北村委会蔡屋村东古井旁
44081110222400345	鹊肾树	三级	150	7.0	185	5	麻章区湖光镇塘北村委会蔡屋村天妃宫旁
44081110222400346	榕树	三级	150	12.0	560	15	麻章区湖光镇塘北村委会蔡屋村天妃宫旁
44081110222400347	榕树	三级	110	14.0	340	16	麻章区湖光镇塘北村委会蔡屋村天妃宫旁
44081110222400348	榕树	三级	112	11.0	310	12	麻章区湖光镇塘北村委会蔡屋村天妃宫旁
44081110222400349	榕树	三级	150	16.0	460	25	麻章区湖光镇塘北村委会蔡屋村天妃宫东侧
44081110222400350	榕树	三级	120	13.0	420	18	麻章区湖光镇塘北村委会蔡屋村天妃宫东侧
44081110222400351	榕树	三级	120	11.0	260	11	麻章区湖光镇塘北村委会蔡屋村天妃宫旁
44081110222400352	鹊肾树	三级	200	8.0	250	6	麻章区湖光镇塘北村委会蔡屋村天妃宫东侧
44081110222400353	土坛树	三级	100	8.0	160	7	麻章区湖光镇塘北村委会蔡屋村天妃宫旁
44081110222400354	鹊肾树	三级	190	9.0	220	7	麻章区湖光镇塘北村委会蔡屋村三房公祠
44081110222400355	鹊肾树	三级	160	5.0	210	3	麻章区湖光镇塘北村委会蔡屋村三房公祠
44081110222400356	鹊肾树	三级	170	8.0	210	9	麻章区湖光镇塘北村委会蔡屋村三房公祠后
44081110222400357	榕树	三级	100	15.0	600	25	麻章区湖光镇塘北村委会阳雪村文化楼南面
44081110222400358	榕树	三级	100	14.0	540	15	麻章区湖光镇塘北村委会阳雪村沈氏祠堂旁

表7 坡头区古树目录

古树编号	树种	古树等级	树龄（年）	树高（米）	胸围（厘米）	冠幅（米）	位置
44080400220100002	见血封喉	一级	510	16.3	690	17	坡头区麻斜街道办事处麻斜村委会
44080410121000016	垂叶榕	一级	500	5.6	175	13	坡头区坡头镇梧村村委会梧村三相堂前
44080410121000017	垂叶榕	一级	500	6.5	200	14	坡头区坡头镇梧村村委会梧村三相堂前
44080410220500015	垂叶榕	二级	310	10.2	465	18	坡头区乾塘镇米稔村委会沙岗村后山山脚
44080410320600019	子凌蒲桃	二级	300	8.8	526	14	坡头区龙头镇石窝村委会那洋村
44080400120200035	竹节树	二级	430	13.3	393	18	坡头区南调街道办南调村委会瑶贯村烈天府前
44080400200100001	垂叶榕	三级	210	10.5	350	17	坡头区麻斜街道办麻斜居委会候王庙内
44080400220100003	鹅掌柴	三级	100	15.0	205	14	坡头区麻斜街道办麻斜村委会新村环村后林
44080400220100004	鹅掌柴	三级	100	12.0	144	9	坡头区麻斜街道办麻斜村委会新村环村后林
44080410120600014	酸豆	三级	100	10.0	210	9	坡头区坡头镇岑霞村委会伏波村伏波庙前
44080410120800018	竹节树	三级	250	14.7	356	18	坡头区坡头镇博立村委会博立村天然生态林区内
44080410320600020	榕树	三级	160	12.9	486	16	坡头区龙头镇石窝村委会边坡村
44080410320500021	桂木	三级	100	12.2	236	13	坡头区龙头镇上圩村委会上水埠村
44080410320400027	高山榕	三级	100	18.0	254	18	坡头区龙头镇上蒙村委会尖山东村
44080410420700028	木棉	三级	200	17.7	480	22	坡头区官渡镇高岭村委会高岭村文化楼旁
44080410420500029	见血封喉	三级	100	15.4	350	16	坡头区官渡镇大垌村委会大垌村
44080410420500030	见血封喉	三级	100	11.2	303	15	坡头区官渡镇大垌村委会大垌村
44080400220000005	榕树	三级	200	8.3	330	19	坡头区麻斜街道办麻新村委会张屋村张双帅庙前
44080400220000006	榕树	三级	250	8.2	375	20	坡头区麻斜街道办麻新村委会张屋村张双帅庙前
44080400220000007	榄仁树	三级	110	8.0	213	12	坡头区麻斜街道办麻新村委会张屋村张双帅庙前
44080400220000008	垂叶榕	三级	250	6.2	220	13	坡头区麻斜街道办麻新村委会张屋村张双帅庙前
44080400220000009	榕树	三级	250	6.4	215	17	坡头区麻斜街道办麻新村委会张屋村张双帅庙前
44080400220000010	垂叶榕	三级	250	6.3	172	11	坡头区麻斜街道办麻新村委会张屋村张双帅庙前
44080410100100011	鸡蛋花	三级	118	6.3	140	6	坡头区坡头镇坡头居委会坡头镇府内
44080410100100012	鸡蛋花	三级	118	6.7	200	5	坡头区坡头镇坡头居委会坡头镇府内
44080410100100013	鸡蛋花	三级	118	5.8	115	4	坡头区坡头镇坡头居委会坡头镇府
44080410320400022	见血封喉	三级	100	11.9	290	15	坡头区龙头镇上蒙村委会尖山东村
44080410320400023	见血封喉	三级	100	9.5	223	15	坡头区龙头镇上蒙村委会尖山东村
44080410320400024	见血封喉	三级	100	12.0	385	18	坡头区龙头镇上蒙村委会尖山东村
44080410320400025	见血封喉	三级	100	10.2	193	9	坡头区龙头镇上蒙村委会尖山东村
44080410320400026	见血封喉	三级	100	12.3	400	16	坡头区龙头镇上蒙村委会尖山东村
44080410220000031	垂叶榕	三级	200	4.5	240	17	坡头区乾塘镇沙城村委会庞科兴屋东北侧
44080410220000032	鹊肾树	三级	100	11.6	138	8	坡头区乾塘镇沙城村委会庞科兴屋东北侧
44080410220000033	山棣	三级	100	9.5	220	13	坡头区乾塘镇沙城村委会谢观荣屋旁
44080410220000034	朴树	三级	160	7.5	200	5	坡头区乾塘镇沙城村委会陈伟杰屋门前
44080410320500036	红鳞蒲桃	三级	200	13.0	290	11	坡头区龙头镇上圩村委会下水埠村环村路东南边
44080410320500037	假玉桂	三级	150	13.0	230	16	坡头区龙头镇上圩村委会下水埠村环村路东南边
44080410320500038	见血封喉	三级	130	12.0	320	11	坡头区龙头镇上圩村委会下水埠村招敏屋后
44080410320500039	见血封喉	三级	100	14.0	260	9	坡头区龙头镇上圩村委会下水埠村招日平家左边
44080400200100040	牛蹄豆	三级	110	10.0	520	13	坡头区麻斜街道办麻斜居委会麻斜路新屋仔村
44080400200100041	牛蹄豆	三级	110	12.0	245	14	坡头区麻斜街道办麻斜居委会新屋仔村广场假山西侧
44080400200100042	牛蹄豆	三级	110	9.2	320	11	坡头区麻斜街道办麻斜居委会新屋仔村小广场假山东南侧
44080400200100043	牛蹄豆	三级	110	9.0	490	14	坡头区麻斜街道办麻斜居委会新屋仔村小广场
44080400200100044	牛蹄豆	三级	110	11.0	193	14	坡头区麻斜街道办麻斜居委会新屋仔村小广场

表8 赤坎区古树目录

古树编号	树种	古树等级	树龄（年）	树高（米）	胸围（厘米）	冠幅（米）	位置
44080200620000031	垂叶榕	一级	630	15.8	650	37	赤坎区调顺街道调顺村委会祠堂右侧
44080200100300007	垂叶榕	三级	168	17.0	450	19	赤坎区中华街道前进社区前进路41号
44080200100300008	垂叶榕	三级	170	15.3	430	17	赤坎区中华街道前进社区市政府内
44080200100300009	榕树	三级	150	16.5	400	22	赤坎区中华街道前进社区市政府内
44080200100300010	垂叶榕	三级	170	17.2	540	11	赤坎区中华街道前进社区市政府内
44080200100300011	榕树	三级	110	13.2	280	17	赤坎区中华街道前进社区市政府内
44080200100400005	龙眼	三级	180	10.2	200	11	赤坎区中华街道中华社区太康横路17号
44080200100400006	杧果	三级	110	21.5	227	8	赤坎区中华街道中华社区中华路36号
44080200100400069	石栗	三级	110	17.5	310	10	赤坎区中华街道中华社区十五小操场旁
44080200200100014	牛蹄豆	三级	110	18.5	258	19	赤坎区寸金街道寸金社区岭南学院
44080200200100052	牛蹄豆	三级	110	11.6	415	20	赤坎区寸金街道寸金社区寸金公园
44080200200100053	垂叶榕	三级	130	11.3	510	22	赤坎区寸金街道寸金社区寸金公园
44080200200100054	高山榕	三级	130	20.6	530	25	赤坎区寸金街道寸金社区寸金公园
44080200200100056	牛蹄豆	三级	110	14.1	150	4	赤坎区寸金街道寸金社区寸金公园内石拱桥旁
44080200300200012	人面子	三级	140	22.5	267	21	赤坎区民主街道海萍社区中山一路16号
44080200300200013	斜叶榕	三级	110	6.8	310	7	赤坎区民主街道海萍社区中山一路发展行
44080200400100001	垂叶榕	三级	134	16.1	260	11	赤坎区中山街道三和社区福建街
44080200400100002	榕树	三级	134	23.2	420	25	赤坎区中山街道三和社区第四小学内
44080200400100003	山楝	三级	120	10.5	276	18	赤坎区中山街道三和社区中山二路
44080200400100004	斜叶榕	三级	110	5.3	300	6	赤坎区中山街道三和社区文化宫内
44080200600100055	榕树	三级	120	12.8	100	12	赤坎区调顺街道调港社区天后宫西侧
44080200620000027	榕树	三级	130	20.3	560	19	赤坎区调顺街道调顺村委会西安路38号
44080200620000028	垂叶榕	三级	231	8.2	460	32	赤坎区调顺街道调顺村委会天后宫
44080200620000029	垂叶榕	三级	130	7.4	350	11	赤坎区调顺街道调顺村委会天后宫
44080200620000030	垂叶榕	三级	180	10.0	455	17	赤坎区调顺街道调顺村委会鱼塘边
44080200620000032	垂叶榕	三级	140	6.6	370	16	赤坎区调顺街道调顺村委会调顺三小
44080200720200057	鹊肾树	三级	290	10.5	310	8	赤坎区南桥街道文保村委会何氏宗祠东边
44080200720200058	龙眼	三级	140	7.5	170	6	赤坎区南桥街道文保村委会何氏宗祠东边
44080200720200059	垂叶榕	三级	120	11.5	260	15	赤坎区南桥街道文保村委会何氏宗祠前面
44080200720200060	垂叶榕	三级	210	11.8	457	24	赤坎区南桥街道文保村委会黄建山屋前
44080200720200061	垂叶榕	三级	130	16.5	350	15	赤坎区南桥街道文保村委会土地公
44080200720200062	垂叶榕	三级	100	15.0	230	16	赤坎区南桥街道文保村委会土地公
44080200720200063	垂叶榕	三级	230	11.5	520	27	赤坎区南桥街道文保村委会何武屋前
44080200720200064	垂叶榕	三级	190	12.5	190	27	赤坎区南桥街道文保村委会何武屋前
44080200720200065	垂叶榕	三级	230	15.1	500	24	赤坎区南桥街道文保村委会何武屋前
44080200720200066	榕树	三级	180	15.2	450	25	赤坎区南桥街道文保村委会何日福旧屋
44080200720200067	垂叶榕	三级	160	14.3	350	14	赤坎区南桥街道文保村委会黄氏宗祠侧边
44080200720200068	垂叶榕	三级	140	10.5	310	14	赤坎区南桥街道文保村委会黄保权屋后
44080200720300015	垂叶榕	三级	110	9.1	180	15	赤坎区南桥街道草苏村委会姚文仔屋旁
44080200720300016	鹊肾树	三级	110	6.3	145	10	赤坎区南桥街道草苏村委会草苏村委会屋后
44080200720300017	榕树	三级	110	7.2	300	13	赤坎区南桥街道草苏村委会草苏村委会屋后
44080200720300018	垂叶榕	三级	150	10.4	400	23	赤坎区南桥街道草苏村委会洪二村
44080200720300019	竹节树	三级	150	8.2	163	13	赤坎区南桥街道草苏村委会沙坡岭村
44080200720300020	榕树	三级	110	6.5	300	8	赤坎区南桥街道草苏村委会沙坡岭村
44080200720300021	榕树	三级	170	8.2	425	13	赤坎区南桥街道草苏村委会沙坡岭村
44080200720300022	朴树	三级	200	20.5	288	12	赤坎区南桥街道草苏村委会沙坡岭村

(续)

古树编号	树种	古树等级	树龄（年）	树高（米）	胸围（厘米）	冠幅（米）	位置
44080200720300023	垂叶榕	三级	190	13.1	480	8	赤坎区南桥街道草苏村委会沙坡岭村
44080200720300024	榕树	三级	170	11.6	420	18	赤坎区南桥街道草苏村委会沙坡岭村
44080200720300025	垂叶榕	三级	140	7.5	400	13	赤坎区南桥街道草苏村委会东菊村
44080200720300026	垂叶榕	三级	150	8.2	385	10	赤坎区南桥街道草苏村委会东菊村
44080200820200045	垂叶榕	三级	110	7.0	230	11	赤坎区北桥街道东山村委会祠堂后
44080200820200046	垂叶榕	三级	120	8.4	300	7	赤坎区北桥街道东山村委会祠堂后
44080200820200047	垂叶榕	三级	120	7.2	300	9	赤坎区北桥街道东山村委会祠堂后
44080200820200048	垂叶榕	三级	120	12.3	350	11	赤坎区北桥街道东山村委会祠堂后
44080200820200049	榕树	三级	120	10.3	450	13	赤坎区北桥街道东山村委会陈外村
44080200820200050	垂叶榕	三级	110	9.3	270	7	赤坎区北桥街道东山村委会陈内村
44080200820200051	樟	三级	150	11.5	260	14	赤坎区北桥街道东山村委会陈内村
44080200820300037	斜叶榕	三级	110	7.0	450	4	赤坎区北桥街道新坡村委会新坡小学前
44080200820300038	垂叶榕	三级	180	9.1	450	9	赤坎区北桥街道新坡村委会祠堂旁
44080200820300039	垂叶榕	三级	280	10.8	600	28	赤坎区北桥街道新坡村委会华光庙后
44080200820500033	樟	三级	190	16.8	315	22	赤坎区北桥街道丰厚村委会六九小组晒谷场
44080200820500034	樟	三级	120	17.2	220	10	赤坎区北桥街道丰厚村委会六九小组晒谷场
44080200820500035	垂叶榕	三级	120	10.3	320	16	赤坎区北桥街道丰厚村委会淡笔塘
44080200820500036	垂叶榕	三级	120	10.2	320	16	赤坎区北桥街道丰厚村委会淡笔塘
44080200820600040	垂叶榕	三级	280	12.5	600	21	赤坎区北桥街道金田村委会文化楼前
44080200820600041	铁冬青	三级	180	8.1	230	6	赤坎区北桥街道金田村委会高田村
44080200820600042	铁冬青	三级	140	7.5	180	7	赤坎区北桥街道金田村委会高田村
44080200820700043	高山榕	三级	150	22.2	500	28	赤坎区北桥街道文章村委会天后宫内
44080200820700044	榕树	三级	230	21.0	400	19	赤坎区北桥街道文章村委会文章村

表9 霞山区古树目录

古树编号	树种	古树等级	树龄（年）	树高（米）	胸围（厘米）	冠幅（米）	位置
44080301220800059	垂叶榕	一级	510	11.0	634	20	霞山区海头街道办事处深田村委会世祠屋前
44080300420400016	垂叶榕	二级	310	10.0	280	14	霞山区友谊街道办调罗村委会陈广惠屋北侧
44080300420400021	垂叶榕	二级	330	11.0	628	21	霞山区友谊街道办调罗村委会水质净化站东北侧
44080300420400031	垂叶榕	二级	420	17.0	282.6	24	霞山区友谊街道办调罗村委会福德庙东侧
44080300420400033	垂叶榕	二级	310	8.0	300	14	霞山区友谊街道办调罗村委会福德庙右侧树林中
44080300520000036	垂叶榕	二级	360	10.6	160	16	霞山区新兴街道办新村村委会新村南六横巷林镇全院内
44080301220600070	垂叶榕	二级	360	13.2	590	28	霞山区海头街道办东纯村委会杨易春屋南侧
44080301220600071	垂叶榕	二级	360	10.5	950	24	霞山区海头街道办东纯村委会杨易春屋南侧
44080301220600072	垂叶榕	二级	360	9.5	360	20	霞山区海头街道办东纯村委会杨易春屋南侧
44080301220600076	垂叶榕	二级	310	12.6	820	15	霞山区海头街道办东纯村委会沙场路口
44080301220900107	垂叶榕	二级	420	10.5	680	13	霞山区海头街道办坛上村委会本山祠堂门前
44080301221000113	垂叶榕	二级	320	18.0	628	13	霞山区海头街道办新建村委会调丰村吴那良屋后
44080301221000116	垂叶榕	二级	300	10.0	130	21	霞山区海头街道办新建村委会远虑公祠后约150米
44080301020300128	垂叶榕	二级	310	13.0	610	20	霞山区东新街道办南山村委会路边厕所旁
44080300920500153	垂叶榕	二级	310	9.0	360	16	霞山区建设街道办蓬莱村委会福德庙西侧
44080301220600207	垂叶榕	二级	310	8.0	500	17	霞山区海头街道办东纯村委会沙场路口
44080301220300217	鹊肾树	二级	300	9.5	283	12	霞山区海头街道办后洋村委会蔡文杰屋南侧
44080300420300001	榕树	三级	160	16.0	632	22	霞山区友谊街道办宝满村委会梁英良屋前
44080300420300002	榕树	三级	260	12.5	530	26	霞山区友谊街道办宝满村委会梁英良屋侧
44080300420300003	垂叶榕	三级	210	6.0	232	11	霞山区友谊街道办宝满村委会梁得武屋前
44080300420300004	榕树	三级	210	15.1	340	13	霞山区友谊街道办宝满村委会梁那成店铺前
44080300420300006	朴树	三级	100	13.2	196	10	霞山区友谊街道办宝满村委会梁有良屋侧
44080300420300007	榕树	三级	100	12.7	270	9	霞山区友谊街道办宝满村委会旧供销社前
44080300420300008	垂叶榕	三级	100	14.0	314	16	霞山区友谊街道办宝满村委会旧供销社前
44080300420300009	垂叶榕	三级	150	7.5	296	16	霞山区友谊街道办宝满村委会北境华光庙堂屋后
44080300420500010	榕树	三级	130	13.1	317	20	霞山区友谊街道办北月村委会陈伟生屋旁
44080300420000011	垂叶榕	三级	160	9.2	350	11	霞山区友谊街道办龙画村委会杨有兴院内
44080300420100012	山柿	三级	110	10.0	190	12	霞山区友谊街道办石头村委会林玲华屋前
44080300420400013	垂叶榕	三级	160	8.0	345	12	霞山区友谊街道办调罗村委会陈耀庚屋前
44080300420400014	垂叶榕	三级	130	9.0	295.2	14	霞山区友谊街道办调罗村委会陈才表屋前
44080300420400015	垂叶榕	三级	190	4.0	577.8	7	霞山区友谊街道办调罗村委会陈伟银家前
44080300420400018	垂叶榕	三级	110	10.5	250	17	霞山区友谊街道办调罗村委会陈伟华屋南侧
44080300420400019	垂叶榕	三级	210	14.0	596.6	16	霞山区友谊街道办调罗村委会陈才福屋西侧
44080300420400020	鹊肾树	三级	210	9.0	141.3	6	霞山区友谊街道办调罗村委会陈才福屋西侧
44080300420400022	垂叶榕	三级	210	10.0	350	10	霞山区友谊街道办调罗村委会污水净化场南侧
44080300420400023	垂叶榕	三级	140	10.5	254	9	霞山区友谊街道办调罗村委会陈康美屋前
44080300420400024	垂叶榕	三级	180	11.0	207	10	霞山区友谊街道办调罗村委会陈一和院内
44080300420400025	垂叶榕	三级	160	9.5	250	10	霞山区友谊街道办调罗村委会陈一和院内
44080300420400026	垂叶榕	三级	210	8.0	210	8	霞山区友谊街道办调罗村委会陈国华屋内
44080300420400027	榕树	三级	160	13.9	304	15	霞山区友谊街道办调罗村委会东村九斗
44080300420400028	垂叶榕	三级	110	11.9	189	14	霞山区友谊街道办调罗村委会东村九斗
44080300420400029	斜叶榕	三级	130	5.0	300	6	霞山区友谊街道办调罗村委会陈桶生屋西侧
44080300420400030	榕树	三级	160	10.0	350	12	霞山区友谊街道办调罗村委会陈来盛院内
44080300420400032	樟	三级	110	11.0	230	8	霞山区友谊街道办调罗村委会福德庙右侧
44080300520000034	垂叶榕	三级	160	9.0	342.3	17	霞山区新兴街道办新村村委会后坡仔古井边
44080300520000035	垂叶榕	三级	230	8.0	280	11	霞山区新兴街道办新村村委会铁路旁边
44080300520000037	斜叶榕	三级	140	11.5	341	14	霞山区新兴街道办新村村委会林满屋前

(续)

古树编号	树种	古树等级	树龄（年）	树高（米）	胸围（厘米）	冠幅（米）	位置
44080300520000038	垂叶榕	三级	210	10.5	613.9	14	霞山区新兴街道办新村村委会下井水沟边
44080300520000039	龙眼	三级	120	12.5	219.8	13	霞山区新兴街道办新村村委会横四路巷旁
44080300520000041	竹节树	三级	200	11.0	260	11	霞山区新兴街道办新村村委会林小斌屋旁
44080300520000042	见血封喉	三级	150	15.0	410	13	霞山区新兴街道办新村村委会北横二巷65号后
44080300520000043	台湾相思	三级	110	10.0	149.5	8	霞山区新兴街道办新村村委会北横二路巷子65号后
44080300520000044	鹊肾树	三级	200	10.0	145.4	8	霞山区新兴街道办新村村委会林永联屋西侧
44080300520000045	垂叶榕	三级	150	12.7	140	11	霞山区新兴街道办新村村委会南三横巷21号门前
44080301220400046	垂叶榕	三级	150	11.0	520	14	霞山区海头街道办陈铁村委会上村文化楼广场前
44080301220400047	樟	三级	150	15.0	280	14	霞山区海头街道办陈铁村委会上村文化楼广场前
44080301220400048	垂叶榕	三级	160	8.0	250	11	霞山区海头街道办陈铁村委会王祖庙西五百米田野
44080301220400049	垂叶榕	三级	210	7.5	200	16	霞山区海头街道办陈铁村委会官营村134号屋前
44080301220400050	垂叶榕	三级	120	8.5	270	9	霞山区海头街道办陈铁村委会官营村136号屋前
44080301220400051	垂叶榕	三级	110	8.0	230	11	霞山区海头街道办陈铁村委会官营村134号屋前
44080301220400052	垂叶榕	三级	110	9.0	245	10	霞山区海头街道办陈铁村委会官营村136号屋前
44080301220400053	垂叶榕	三级	160	15.0	225	14	霞山区海头街道办陈铁村委会官营村132号屋前
44080301220400054	垂叶榕	三级	110	10.0	220	9	霞山区海头街道办陈铁村委会王祖庙后
44080301220400055	榕树	三级	160	14.0	395	23	霞山区海头街道办陈铁村委会陈铁村小学内
44080301220400056	竹节树	三级	100	11.0	157	13	霞山区海头街道办陈铁村委会王祖庙后
44080301220400057	龙眼	三级	100	7.0	169	7	霞山区海头街道办陈铁村委会王祖庙侧
44080301220400058	龙眼	三级	100	8.0	131	9	霞山区海头街道办陈铁村委会王祖庙侧
44080301220800060	垂叶榕	三级	220	11.0	795	16	霞山区海头街道办深田村委会世祠屋前
44080301220800061	垂叶榕	三级	190	3.5	132	3	霞山区海头街道办深田村委会世祠屋旁
44080301220800062	垂叶榕	三级	190	6.0	124	7	霞山区海头街道办深田村委会世祠屋旁
44080301220800063	垂叶榕	三级	160	6.0	302	7	霞山区海头街道办深田村委会世祠屋旁
44080301220800064	榕树	三级	110	17.0	369.9	19	霞山区海头街道办深田村委会刘会绍屋前
44080301220800065	榕树	三级	130	14.0	408.2	18	霞山区海头街道办深田村委会刘黎光屋前
44080301220800066	垂叶榕	三级	130	9.0	471	13	霞山区海头街道办深田村委会刘来兴屋前
44080301220800068	黄槿	三级	100	9.0	129.4	18	霞山区海头街道办深田村委会池塘北边
44080301220800069	榕树	三级	120	14.0	335	7	霞山区海头街道办深田村委会世祠屋前
44080301220600073	垂叶榕	三级	180	8.4	533.8	15	霞山区海头街道办东纯村委会沙场路口
44080301220600074	垂叶榕	三级	180	8.7	790	18	霞山区海头街道办东纯村委会沙场路口
44080301220600075	垂叶榕	三级	180	12.5	541.4	17	霞山区海头街道办东纯村委会沙场路口水沟旁
44080301220600077	垂叶榕	三级	100	9.5	660	16	霞山区海头街道办东纯村委会东纯村路口东50米处
44080301220600078	鹊肾树	三级	120	10.5	52.8	10	霞山区海头街道办东纯村委会苗圃旁
44080301220600079	垂叶榕	三级	160	10.2	331	21	霞山区海头街道办东纯村委会沙场路口东50米处
44080301220600080	垂叶榕	三级	160	11.2	300	18	霞山区海头街道办东纯村委会沙场路口东50米处
44080301220600081	垂叶榕	三级	110	8.0	280	13	霞山区海头街道办东纯村委会第五小学前
44080301220600082	垂叶榕	三级	140	7.0	430	18	霞山区海头街道办东纯村委会第五小学内
44080301220600083	垂叶榕	三级	210	9.5	444	14	霞山区海头街道办东纯村委会潘林屋对面
44080301220600084	鹊肾树	三级	160	5.0	75.4	6	霞山区海头街道办东纯村委会潘林屋对面
44080301220600085	垂叶榕	三级	110	7.5	300	15	霞山区海头街道办东纯村委会第五小学东纯校区内
44080301220600086	垂叶榕	三级	120	8.5	310.9	15	霞山区海头街道办东纯村委会杨氏宗祠北面
44080301220600087	榕树	三级	120	17.0	300	14	霞山区海头街道办东纯村委会杨氏宗祠东面
44080301220600088	榕树	三级	130	13.0	286	17	霞山区海头街道办东纯村委会帝帅庙南面
44080301220600089	垂叶榕	三级	240	19.3	602	21	霞山区海头街道办东纯村委会杨桂才屋前
44080301220600090	鹊肾树	三级	110	14.5	133.4	8	霞山区海头街道办东纯村委会杨桂才屋南侧
44080301220600091	垂叶榕	三级	110	12.0	585	18	霞山区海头街道办东纯村委会东纯小学南侧
44080301220600092	垂叶榕	三级	110	10.2	439.6	12	霞山区海头街道办东纯村委会东纯小学南侧

(续)

古树编号	树种	古树等级	树龄（年）	树高（米）	胸围（厘米）	冠幅（米）	位置
44080301220600093	铁冬青	三级	110	6.5	157	7	霞山区海头街道办东纯村委会杨氏宗祠北面
44080301220600094	鹊肾树	三级	120	10.6	124	10	霞山区海头街道办东纯村委会苗圃旁
44080301220600096	龙眼	三级	100	15.0	139.7	7	霞山区海头街道办东纯村委会杨氏宗祠旁
44080301220600097	朴树	三级	100	17.3	180	15	霞山区海头街道办东纯村委会杨氏宗祠旁
44080301220600099	垂叶榕	三级	120	18.6	204	18	霞山区海头街道办东纯村委会杨氏宗祠与关帝庙之间
44080301220600100	阴香	三级	100	13.5	148.8	14	霞山区海头街道办东纯村委会杨氏宗祠旁
44080301220600101	斜叶榕	三级	100	6.5	500	10	霞山区海头街道办东纯村委会杨氏宗祠旁
44080301220600103	铁冬青	三级	110	11.0	94.2	8	霞山区海头街道办东纯村委会杨桂才屋前
44080301220600104	铁冬青	三级	210	9.0	177.1	6	霞山区海头街道办东纯村委会杨桂才屋前
44080301220900105	垂叶榕	三级	220	4.5	500	8	霞山区海头街道办坛上村委会彭淑茹屋前
44080301220900106	垂叶榕	三级	250	12.5	316	13	霞山区海头街道办坛上村委会吴有叶屋前
44080301220900108	垂叶榕	三级	260	9.0	365	19	霞山区海头街道办坛上村委会村庙后
44080301220900109	垂叶榕	三级	160	12.0	240	10	霞山区海头街道办坛上村委会吴良浩屋前
44080301220900110	垂叶榕	三级	160	10.0	326	12	霞山区海头街道办坛上村委会吴良泉屋侧
44080301220900111	垂叶榕	三级	160	13.5	382	14	霞山区海头街道办坛上村委会吴良泉屋侧
44080301221000114	垂叶榕	三级	130	13.0	320	16	霞山区海头街道办新建村委会调丰村祠堂侧
44080301221000115	榕树	三级	160	15.0	457	15	霞山区海头街道办新建村委会黄西村
44080301220700117	榕树	三级	120	7.0	327	14	霞山区海头街道办岑擎村委会文化广场小卖部旁
44080301220700118	榕树	三级	100	8.0	270	14	霞山区海头街道办岑擎村委会文化广场池塘边
44080301220700119	杧果	三级	200	10.0	220	10	霞山区海头街道办岑擎村委会景宪庙前
44080300520000040	岭南山竹子	三级	100	15.5	103.6	9	霞山区新兴街道办新村村委会北四横巷
44080301020200120	垂叶榕	三级	110	9.3	286	12	霞山区东新街道办坛坡村委会吴彭生屋后
44080301020200121	垂叶榕	三级	210	9.5	500	14	霞山区东新街道办坛坡村委会吴彭生屋侧
44080301020200122	垂叶榕	三级	160	7.2	339.1	7	霞山区东新街道办坛坡村委会吴碧屋侧
44080301020200123	垂叶榕	三级	160	11.0	469.7	14	霞山区东新街道办坛坡村委会吴华进院内
44080301020200124	榕树	三级	110	11.2	339.1	15	霞山区东新街道办坛坡村委会吴辉景院内
44080301020200125	垂叶榕	三级	110	6.0	279.5	8	霞山区东新街道办坛坡村委会吴林康屋侧
44080301020200126	垂叶榕	三级	160	8.5	570	13	霞山区东新街道办坛坡村委会文华庙旁边
44080301020200127	垂叶榕	三级	100	8.5	220.1	12	霞山区东新街道办坛坡村委会土地庙旁
44080301020300130	垂叶榕	三级	150	11.0	340.1	16	霞山区东新街道办南山村委会霞山村一巷21号旁
44080301020200131	垂叶榕	三级	210	18.0	251.2	16	霞山区东新街道办坛坡村委会沙坡村吴珠文屋侧
44080301020200132	垂叶榕	三级	110	6.2	251.2	14	霞山区东新街道办坛坡村委会沙坡村后山
44080301020200133	垂叶榕	三级	130	8.0	285.7	11	霞山区东新街道办坛坡村委会沙坡村吴那富屋侧
44080301020200134	垂叶榕	三级	110	6.0	180	11	霞山区东新街道办坛坡村委会沙坡村后山水沟旁
44080301020200137	垂叶榕	三级	100	9.8	740	18	霞山区东新街道办坛坡村委会沙坡村后山
44080300320000139	榕树	三级	130	15.0	220	9	霞山区工农街道办谢屋村委会南村5巷13号门前
44080300320100140	笔管榕	三级	110	5.6	201	11	霞山区工农街道办霞山村委会东村第九小学门前
44080300320100141	榕树	三级	110	11.0	360	16	霞山区工农街道办霞山村委会第九小学内
44080300320100142	榕树	三级	140	21.0	270	28	霞山区工农街道办霞山村委会东村水厂道对面公共卫生间旁
44080300320100143	高山榕	三级	110	18.0	310	22	霞山区工农街道办霞山村委会东村水厂道路对面
44080300600100144	十字架树	三级	116	7.1	119	8	霞山区海滨街道办海昌社区海滨公园北区
44080300600100145	十字架树	三级	116	8.7	96	7	霞山区海滨街道办海昌社区海滨公园北区
44080300600100148	十字架树	三级	116	5.5	100	6	霞山区海滨街道办海昌社区海滨公园南区墙外
44080300600100149	十字架树	三级	116	6.5	87	5	霞山区海滨街道办海昌社区天主教堂院内
44080300600100150	十字架树	三级	116	4.5	79	7	霞山区海滨街道办海昌社区海滨公园内
44080300920500151	垂叶榕	三级	130	6.0	230	7	霞山区建设街道办蓬莱村委会哪吒庙北侧
44080300920500152	垂叶榕	三级	210	8.0	350	15	霞山区建设街道办蓬莱村委会池塘边西侧
44080300920500154	榕树	三级	200	10.0	215	24	霞山区建设街道办蓬莱村委会陈氏宗祠堂西侧

(续)

古树编号	树种	古树等级	树龄（年）	树高（米）	胸围（厘米）	冠幅（米）	位置
44080300920500155	垂叶榕	三级	100	6.0	170	16	霞山区建设街道办蓬莱村委会哪吒庙北侧路旁
44080300900300156	榕树	三级	130	16.0	460	23	霞山区建设街道办建设社区市机械厂电房内
44080300900300157	笔管榕	三级	180	10.5	588	17	霞山区建设街道办建设社区市机械厂二分厂车间房
44080300900300158	垂叶榕	三级	140	13.0	360	21	霞山区建设街道办建设社区机械厂二分厂压溶厂内
44080300900300159	榕树	三级	130	15.0	500	18	霞山区建设街道办建设社区市机械厂二分厂围墙边
44080300920300160	榕树	三级	110	11.0	510	29	霞山区建设街道办百儒村委会陈何容院内
44080300920400161	垂叶榕	三级	110	7.0	250	12	霞山区建设街道办溪墩村委会陈候保屋侧
44080300920400162	垂叶榕	三级	150	6.0	310	7	霞山区建设街道办溪墩村委会冼太庙祠堂西侧
44080300100300163	樟	三级	230	28.0	380	28	霞山区解放街道办民治社区海滨西一路南海舰队司令部
44080300100300164	龙眼	三级	130	14.5	188.4	9	霞山区解放街道办民治社区南海舰队司令部别墅内
44080300100100165	樟	三级	230	18.0	373	19	霞山区解放街道办文体社区海洋大学教工宿舍6栋侧
44080300100100166	樟	三级	160	19.0	320	17	霞山区解放街道办文体社区海洋大学教工宿舍6栋门前
44080300100100167	樟	三级	160	22.0	345	13	霞山区解放街道办文体社区海洋大学南院
44080300100100168	榕树	三级	160	27.5	870	26	霞山区解放街道办文体社区金山大厦门前
44080300200500169	榕树	三级	160	12.0	430	15	霞山区爱国街道办汉口社区原公安霞山分局院二号宿舍楼旁
44080300200500170	垂叶榕	三级	160	10.0	480	15	霞山区爱国街道办汉口社区长堤码头路三岔路口中
44080300200500171	法国柿	三级	116	9.0	160	7	霞山区爱国街道办汉口社区原市公安分局
44080300200500172	法国柿	三级	116	9.0	230	6	霞山区爱国街道办汉口社区原市公安分局门口旁
44080300200500173	鸡蛋花	三级	110	12.0	350	14	霞山区爱国街道办汉口社区市政府第三宿舍区内
44080300200500174	榕树	三级	100	11.0	310	22	霞山区爱国街道办汉口社区长堤码头路右侧
44080300200500175	垂叶榕	三级	100	16.0	229.8	13	霞山区爱国街道办汉口社区法国公使馆内
44080300200500176	竹节树	三级	150	10.0	138	11	霞山区爱国街道办文体路海大继续教育学院门口左侧
44080300220000177	榕树	三级	150	9.0	293	17	霞山区爱国街道办特呈村委会新屋村戏台前
44080300220000178	榕树	三级	150	12.0	320	18	霞山区爱国街道办特呈村委会新屋村戏台前
44080300220000179	榕树	三级	210	14.0	493	15	霞山区爱国街道办特呈村委会新屋村西塘边
44080300220000180	榕树	三级	110	8.0	453	17	霞山区爱国街道办特呈村委会新屋村西塘边
44080300220000181	榕树	三级	110	6.0	282.6	9	霞山区爱国街道办特呈村委会新屋村宫会庙旁
44080300220000182	榕树	三级	110	11.0	450	17	霞山区爱国街道办特呈村委会后场村水井边
44080300220000183	榕树	三级	110	12.5	310	16	霞山区爱国街道办特呈村委会后场村陈那株屋前
44080300220000184	榕树	三级	160	5.0	300	5	霞山区爱国街道办特呈村委会后场村水井旁陈华福富屋后
44080300220000185	榕树	三级	210	17.0	572	20	霞山区爱国街道办特呈村委会东村陈那连屋前
44080300220000186	榕树	三级	190	11.0	470	16	霞山区爱国街道办特呈村委会东村戏台东
44080300220000187	榕树	三级	190	8.0	560	19	霞山区爱国街道办特呈村委会东村陈华均屋前
44080300220000188	榕树	三级	210	8.0	667	14	霞山区爱国街道办特呈村委会东村戏台北
44080300220000189	榕树	三级	110	13.5	314	12	霞山区爱国街道办特呈村委会里村塘西
44080300220000190	榕树	三级	120	10.0	450	11	霞山区爱国街道办特呈村委会后场村东北路旁
44080300220000191	榕树	三级	100	11.0	250	15	霞山区爱国街道办特呈村委会东村戏台前
44080300220000192	榕树	三级	100	9.0	290	19	霞山区爱国街道办特呈村委会新屋村戏台井边南侧
44080300220000193	榄仁树	三级	120	6.0	240	8	霞山区爱国街道办特呈村委会新屋村会宫庙前
44080300220000195	榕树	三级	100	8.0	232.4	14	霞山区爱国街道办特呈村委会新屋村西塘边
44080300220000196	榕树	三级	100	6.0	188.4	6	霞山区爱国街道办特呈村委会新屋村西塘边
44080300220000197	鹊肾树	三级	100	7.0	126	7	霞山区爱国街道办特呈村委会新屋村西塘边
44080300220000198	鹊肾树	三级	100	5.0	98	6	霞山区爱国街道办特呈村委会新屋村西塘边
44080300220000199	榕树	三级	100	13.0	330	14	霞山区爱国街道办特呈村委会新屋村戏台南侧
44080300220000200	鹊肾树	三级	200	7.5	179	8	霞山区爱国街道办特呈村委会新屋村宫会庙旁
44080300220000201	鹊肾树	三级	100	6.6	144.4	8	霞山区爱国街道办特呈村委会里村塘西
44080300220000202	榕树	三级	200	9.5	190	9	霞山区爱国街道办特呈村委会北宫村陈家洪屋前
44080300220000203	鹊肾树	三级	120	7.0	131.9	7	霞山区爱国街道办特呈村委会后场村东北路旁

(续)

古树编号	树种	古树等级	树龄（年）	树高（米）	胸围（厘米）	冠幅（米）	位置
44080300220000204	鹊肾树	三级	120	7.0	185.3	6	霞山区爱国街道办特呈村委会后场村东北路旁
44080300200500206	柚木	三级	116	13.0	203	9	霞山区爱国街道办汉口社区法国公使馆内左侧
44080301220300208	见血封喉	三级	100	12.0	293	14	霞山区海头街道办后洋村委会蔡光荣屋前
44080301220300209	鹊肾树	三级	120	8.0	147	6	霞山区海头街道办后洋村委会铁路口土地公旁
44080301220300210	鹊肾树	三级	200	9.0	220	4	霞山区海头街道办后洋村委会蔡汉文门前
44080301220300211	鹊肾树	三级	200	8.0	273	9	霞山区海头街道办后洋村委会蔡文杰屋北侧近铁路
44080301220300212	鹊肾树	三级	100	10.0	134	8	霞山区海头街道办后洋村委会蔡文杰屋北侧
44080301220300213	鹊肾树	三级	100	9.0	123.5	11	霞山区海头街道办后洋村委会蔡文杰屋东侧
44080301220300214	鹊肾树	三级	170	9.5	183	8	霞山区海头街道办后洋村委会蔡文杰屋东侧
44080301220300215	鹊肾树	三级	100	6.2	117	8	霞山区海头街道办后洋村委会蔡文杰屋东南侧
44080301220300216	鹊肾树	三级	110	6.0	142	5	霞山区海头街道办后洋村委会蔡文杰屋东南侧
44080301220300218	鹊肾树	三级	100	4.0	65	3	霞山区海头街道办后洋村委会蔡文杰屋东南侧
44080301220300219	鹊肾树	三级	150	7.0	187	6	霞山区海头街道办后洋村委会铁路口
44080301220300220	鹊肾树	三级	120	8.0	154	7	霞山区海头街道办后洋村委会铁路口土地公前
44080301220300221	鹊肾树	三级	160	8.0	195	7	霞山区海头街道办后洋村委铁路口土地公正前百米处
44080301220300222	龙眼	三级	260	11.0	217	11	霞山区海头街道办后洋村委会旧水井边
44080301220300223	见血封喉	三级	100	13.0	342	15	霞山区海头街道办后洋村委会蔡之标屋前
44080301220300224	朴树	三级	100	11.0	232	15	霞山区海头街道办后洋村委会康皇庙前田野边
44080300420400225	构棘	三级	110	7.5	40	6	霞山区友谊街道办调罗村委会陈来盛院内
44080300420400226	垂叶榕	三级	110	5.0	305	13	霞山区友谊街道办调罗村委会陈桶生屋西侧
44080300420400227	朴树	三级	100	13.0	180	12	霞山区友谊街道办调罗村委会东村九斗
44080300420400228	垂叶榕	三级	120	10.0	206	10	霞山区友谊街道办调罗村委会三司庙后方
44080300520000229	朴树	三级	160	13.0	250	12	霞山区新兴街道办新村委会后坡仔古井旁
44080301220700230	垂叶榕	三级	150	12.0	550	17	霞山区海头街道办岑擎村委会文化广场池塘边
44080301220700231	垂叶榕	三级	150	12.0	270	19	霞山区海头街道办岑擎村委会文化广场池塘边
44080301220700232	鹊肾树	三级	120	10.0	145	12	霞山区海头街道办岑擎村委会景宪庙旁

表10 湛江经济技术开发区古树目录

古树编号	树种	古树等级	树龄（年）	树高（米）	胸围（厘米）	冠幅（米）	位置
44080500321100252	竹节树	一级	500	13.0	315	13	湛江开发区东山街道办事处昌逻村委会北边村
44080500220200489	见血封喉	一级	560	19.0	540	15	湛江开发区乐华街道办事处平乐下村委会北区二路
44080500320500088	龙眼	二级	400	6.0	280	4	湛江开发区东山街道办什足村委会脚踏村天官庙前
44080500320600130	竹节树	二级	320	10.0	220	8	湛江开发区东山街道办调石村委会潭息村东南面道路边
44080500320600147	竹节树	二级	300	10.5	200	10	湛江开发区东山街道办调石村委会潭息村
44080500320600155	竹节树	二级	440	15.0	280	15	湛江开发区东山街道办调石村委会鱼弄村南面十字路口
44080500320600157	竹节树	二级	300	12.5	250	12	湛江开发区东山街道办调石村委会黄山村东南面
44080500321000191	竹节树	二级	480	13.5	300	20	湛江开发区东山街道办龙池村委会龙池村中心屋边
44080500321000210	竹节树	二级	350	8.0	230	13	湛江开发区东山街道办龙池村委会调那仔村沈氏支祠前
44080500321000219	竹节树	二级	430	13.0	275	14	湛江开发区东山街道办龙池村委会调那仔村沈氏祠堂北边
44080500321100253	竹节树	二级	320	12.0	213	11	湛江开发区东山街道办昌逻村委会北边村东边陈友兴旧屋旁
44080500321300009	高山榕	二级	480	14.0	800	24	湛江开发区东山街道办东头山村委会东头山村中心房屋间
44080500420300427	龙眼	二级	320	11.0	280	7	湛江开发区东简街道办青南村委会北坡村林昌屋前
44080500420300446	山柿	二级	300	6.0	175	12	湛江开发区东简街道办青南村委会草陆坡村农家风情苑旁
44080500520100280	榕树	二级	300	17.0	800	20	湛江开发区民安街道办西山村委会西山村风水池旁
44080500520100284	榕树	二级	320	14.0	650	22	湛江开发区民安街道办西山村委会西山村沈桐青后
44080500520100290	竹节树	二级	350	8.5	230	9	湛江开发区民安街道办西山村委会迈林坡村沈乃进屋后
44080500520200386	海红豆	二级	400	11.0	525	12	湛江开发区民安街道办文亚村委会文亚村谢荣生屋旁
44080500520500333	龙眼	二级	320	10.0	280	12	湛江开发区民安街道办新安村委会那何村何海生屋前
44080500520800364	海红豆	二级	310	16.0	450	19	湛江开发区民安街道办三明村委会三盘村小广场路边
44080500520900373	樟	二级	360	14.0	550	21	湛江开发区民安街道办调旧村委会后坡村南边
44080500520900379	龙眼	二级	300	11.0	275	11	湛江开发区民安街道办调旧村委会新村南边
44080500521000392	鹊肾树	二级	320	8.0	350	9	湛江开发区民安街道办中和村委会田交仔村西边邦境庙路边
44080500100300490	垂叶榕	三级	100	12.0	280	16	湛江开发区泉庄街道办龙潮社区龙潮村中
44080500200200486	榕树	三级	180	15.0	460	17	湛江开发区乐华街道办海滨东社区村中东一路
44080500200200487	榕树	三级	220	16.0	550	20	湛江开发区乐华街道办海滨东社区村中东二路
44080500200200488	垂叶榕	三级	110	7.5	320	6	湛江开发区乐华街道办海滨东社区村中东三路
44080500220200491	榕树	三级	120	13.5	340	18	湛江开发区乐华街道办平乐下村委会小学校园
44080500220200492	榕树	三级	110	9.5	320	8	湛江开发区乐华街道办平乐下村委会北区祠堂
44080500300100106	榕树	三级	280	13.0	630	19	湛江开发区东山街道办东坡村委会上湛村
44080500320200030	榕树	三级	100	12.0	300	12	湛江开发区东山街道办龙头村委会龙安村
44080500320200031	榕树	三级	100	12.0	300	12	湛江开发区东山街道办龙头村委会龙安村
44080500320200032	榕树	三级	100	10.0	300	10	湛江开发区东山街道办龙头村委会龙安村
44080500320200033	榕树	三级	170	16.0	430	14	湛江开发区东山街道办龙头村委会龙安村
44080500320200034	垂叶榕	三级	160	15.0	420	15	湛江开发区东山街道办龙头村委会龙安村
44080500320200035	垂叶榕	三级	240	12.0	550	11	湛江开发区东山街道办龙头村委会龙安村
44080500320200036	榕树	三级	150	12.0	400	10	湛江开发区东山街道办龙头村委会龙安村
44080500320200037	垂叶榕	三级	220	15.0	520	14	湛江开发区东山街道办龙头村委会龙安村
44080500320200038	榕树	三级	110	12.0	320	10	湛江开发区东山街道办龙头村委会龙安村
44080500320200039	垂叶榕	三级	150	12.0	400	12	湛江开发区东山街道办龙头村委会龙安村
44080500320200040	榕树	三级	140	12.0	380	13	湛江开发区东山街道办龙头村委会龙安村
44080500320200041	龙眼	三级	150	9.0	175	8	湛江开发区东山街道办龙头村委会龙安村
44080500320200042	榕树	三级	160	13.0	420	14	湛江开发区东山街道办龙头村委会龙安村
44080500320200043	榕树	三级	140	15.0	380	13	湛江开发区东山街道办龙头村委会龙安村
44080500320200044	鹊肾树	三级	160	8.0	200	6	湛江开发区东山街道办龙头村委会龙安村
44080500320200045	垂叶榕	三级	160	14.0	420	17	湛江开发区东山街道办龙头村委会龙安村
44080500320200046	垂叶榕	三级	110	9.5	320	9	湛江开发区东山街道办龙头村委会龙安村

(续)

古树编号	树种	古树等级	树龄（年）	树高（米）	胸围（厘米）	冠幅（米）	位置
440805003202000047	榕树	三级	220	13.0	520	16	湛江开发区东山街道办龙头村委会龙安村
440805003202000048	榕树	三级	130	9.0	340	11	湛江开发区东山街道办龙头村委会龙安村
440805003202000049	垂叶榕	三级	170	16.0	600	14	湛江开发区东山街道办龙头村委会龙安村
440805003202000050	榕树	三级	170	15.0	440	15	湛江开发区东山街道办龙头村委会龙安村
440805003202000051	杧果	三级	100	13.0	220	8	湛江开发区东山街道办龙头村委会龙安村
440805003202000052	榕树	三级	250	13.0	570	17	湛江开发区东山街道办龙头村委会龙安村
440805003202000053	榕树	三级	100	10.0	290	10	湛江开发区东山街道办龙头村委会龙安村
440805003202000054	垂叶榕	三级	200	10.0	500	11	湛江开发区东山街道办龙头村委会龙安村
440805003202000055	榕树	三级	150	11.0	400	10	湛江开发区东山街道办龙头村委会龙安村
440805003202000056	榕树	三级	180	12.0	450	11	湛江开发区东山街道办龙头村委会龙安村
440805003202000057	榕树	三级	160	13.0	360	13	湛江开发区东山街道办龙头村委会龙安村
440805003203000089	榕树	三级	240	13.0	550	9	湛江开发区东山街道办东坡村委会南村
440805003203000090	榕树	三级	100	8.0	300	10	湛江开发区东山街道办东坡村委会南村
440805003203000091	榕树	三级	100	9.0	320	13	湛江开发区东山街道办东坡村委会南村
440805003203000092	榕树	三级	120	17.0	360	18	湛江开发区东山街道办东坡村委会上湛村
440805003203000093	榕树	三级	100	11.0	300	13	湛江开发区东山街道办东坡村委会上湛村
440805003203000094	榕树	三级	140	14.0	380	19	湛江开发区东山街道办东坡村委会南村
440805003203000095	榕树	三级	110	12.0	320	11	湛江开发区东山街道办东坡村委会上湛村
440805003203000096	鹊肾树	三级	150	10.5	190	7	湛江开发区东山街道办东坡村委会上湛村
440805003203000098	榕树	三级	180	16.0	460	20	湛江开发区东山街道办东坡村委会上湛村
440805003203000100	榕树	三级	160	16.0	430	22	湛江开发区东山街道办东坡村委会上湛村
440805003203000101	榕树	三级	140	17.0	400	20	湛江开发区东山街道办东坡村委会上湛村
440805003203000102	榕树	三级	290	22.0	650	25	湛江开发区东山街道办东坡村委会上湛村
440805003203000103	鹊肾树	三级	110	11.0	140	9	湛江开发区东山街道办东坡村委会上湛村
440805003203000104	榕树	三级	110	15.0	330	20	湛江开发区东山街道办东坡村委会上湛村
440805003203000105	榕树	三级	100	15.0	310	17	湛江开发区东山街道办东坡村委会上湛村
440805003203000108	榕树	三级	100	15.0	280	18	湛江开发区东山街道办东坡村委会上湛村
440805003203000109	榕树	三级	100	14.0	290	19	湛江开发区东山街道办东坡村委会上湛村
440805003203000110	榕树	三级	120	13.0	350	13	湛江开发区东山街道办东坡村委会上湛村
440805003203000112	榕树	三级	120	16.0	320	13	湛江开发区东山街道办东坡村委会上湛村
440805003203000113	榕树	三级	140	15.0	370	18	湛江开发区东山街道办东坡村委会上湛村
440805003203000114	榕树	三级	160	15.0	450	20	湛江开发区东山街道办东坡村委会上湛村
440805003203000115	朴树	三级	140	13.0	230	17	湛江开发区东山街道办东坡村委会上湛村
440805003203000116	鹊肾树	三级	160	10.0	210	8	湛江开发区东山街道办东坡村委会上湛村
440805003203000117	朴树	三级	140	11.0	210	10	湛江开发区东山街道办东坡村委会上湛村
440805003203000118	榕树	三级	100	13.0	300	19	湛江开发区东山街道办东坡村委会上湛村
440805003203000119	鹊肾树	三级	170	9.0	210	9	湛江开发区东山街道办东坡村委会上湛村
440805003203000120	鹊肾树	三级	120	8.0	150	7	湛江开发区东山街道办东坡村委会上湛村
440805003203000121	榕树	三级	100	12.0	300	13	湛江开发区东山街道办东坡村委会赵屋村
440805003203000122	榕树	三级	210	12.0	500	11	湛江开发区东山街道办东坡村委会赵屋村
440805003203000123	榕树	三级	180	14.0	460	28	湛江开发区东山街道办东坡村委会东坡小学
440805003203000124	凤凰木	三级	120	10.0	260	8	湛江开发区东山街道办东坡村委会东坡小学
440805003203000125	榕树	三级	100	11.0	290	12	湛江开发区东山街道办东坡村委会东坡小学
440805003203000126	鹊肾树	三级	150	8.0	210	6	湛江开发区东山街道办东坡村委会东坡小学
440805003203000127	榕树	三级	120	15.0	320	23	湛江开发区东山街道办东坡村委会南坡村
440805003203000128	朴树	三级	160	12.0	250	12	湛江开发区东山街道办东坡村委会南村
440805003203000129	榕树	三级	110	12.0	300	14	湛江开发区东山街道办东坡村委会北村
440805003203000143	垂叶榕	三级	180	8.0	400	16	湛江开发区东山街道办调石村委会潭息村

(续)

古树编号	树种	古树等级	树龄（年）	树高（米）	胸围（厘米）	冠幅（米）	位置
44080500320400058	鹊肾树	三级	140	6.5	170	7	湛江开发区东山街道办调伦村委会西内村
44080500320400059	杧果	三级	200	25.0	330	19	湛江开发区东山街道办调伦村委会西内村
44080500320400060	龙眼	三级	230	10.0	230	12	湛江开发区东山街道办调伦村委会西内村
44080500320400061	垂叶榕	三级	250	18.0	370	16	湛江开发区东山街道办调伦村委会西内村
44080500320400062	鹊肾树	三级	230	8.0	270	6	湛江开发区东山街道办调伦村委会西内村
44080500320400063	杧果	三级	280	12.0	440	13	湛江开发区东山街道办调伦村委会西内村
44080500320400064	海红豆	三级	120	13.0	230	12	湛江开发区东山街道办调伦村委会西内村
44080500320400065	高山榕	三级	260	18.0	580	18	湛江开发区东山街道办调伦村委会西内村
44080500320400066	鹊肾树	三级	130	9.0	160	7	湛江开发区东山街道办调伦村委会西内村
44080500320400067	榕树	三级	150	12.0	400	21	湛江开发区东山街道办调伦村委会西内村
44080500320400068	垂叶榕	三级	180	6.0	400	9	湛江开发区东山街道办调伦村委会简池村
44080500320400069	荔枝	三级	100	16.0	210	13	湛江开发区东山街道办调伦村委会西坡村
44080500320400072	荔枝	三级	140	16.0	260	17	湛江开发区东山街道办调伦村委会西坡村
44080500320400073	杧果	三级	250	15.0	390	12	湛江开发区东山街道办调伦村委会西坡村
44080500320400074	杧果	三级	180	11.0	300	9	湛江开发区东山街道办调伦村委会西坡村
44080500320400075	杧果	三级	160	10.0	275	9	湛江开发区东山街道办调伦村委会西坡村
44080500320400076	垂叶榕	三级	150	13.0	400	12	湛江开发区东山街道办调伦村委会西坡村
44080500320400077	榕树	三级	150	12.0	340	16	湛江开发区东山街道办调伦村委会西坡村
44080500320400078	杧果	三级	180	12.0	310	13	湛江开发区东山街道办调伦村委会西坡村
44080500320400079	榕树	三级	230	15.0	500	18	湛江开发区东山街道办调伦村委会西坡村
44080500320400080	垂叶榕	三级	190	11.0	430	7	湛江开发区东山街道办调伦村委会西坡村
44080500320400081	垂叶榕	三级	180	15.0	400	13	湛江开发区东山街道办调伦村委会黄家村
44080500320500082	垂叶榕	三级	180	10.0	400	13	湛江开发区东山街道办什足村委会皮僚村
44080500320500083	朴树	三级	200	9.0	290	9	湛江开发区东山街道办什足村委会皮僚村
44080500320500084	榕树	三级	160	20.0	350	17	湛江开发区东山街道办什足村委会脚踏村
44080500320500085	荔枝	三级	270	12.0	400	9	湛江开发区东山街道办什足村委会脚踏村
44080500320500087	榕树	三级	230	15.0	500	16	湛江开发区东山街道办什足村委会脚踏村
44080500320500255	榕树	三级	130	9.0	360	14	湛江开发区东山街道办什足村委会东山村
44080500320600131	竹节树	三级	200	12.0	140	8	湛江开发区东山街道办调石村委会潭息村
44080500320600132	竹节树	三级	210	11.0	150	8	湛江开发区东山街道办调石村委会潭息村
44080500320600133	竹节树	三级	260	9.5	180	10	湛江开发区东山街道办调石村委会潭息村
44080500320600135	假玉桂	三级	120	10.0	200	9	湛江开发区东山街道办调石村委会潭息村
44080500320600136	竹节树	三级	260	15.0	180	13	湛江开发区东山街道办调石村委会潭息村
44080500320600137	竹节树	三级	290	13.0	200	17	湛江开发区东山街道办调石村委会潭息村
44080500320600138	高山榕	三级	150	16.0	400	22	湛江开发区东山街道办调石村委会潭息村
44080500320600139	榕树	三级	200	12.0	500	23	湛江开发区东山街道办调石村委会潭息村
44080500320600140	榕树	三级	150	14.0	400	22	湛江开发区东山街道办调石村委会潭息村
44080500320600141	红鳞蒲桃	三级	160	15.0	200	13	湛江开发区东山街道办调石村委会潭息村
44080500320600142	竹节树	三级	220	9.0	160	7	湛江开发区东山街道办调石村委会潭息村
44080500320600145	竹节树	三级	160	12.0	120	9	湛江开发区东山街道办调石村委会潭息村
44080500320600148	高山榕	三级	200	13.0	500	26	湛江开发区东山街道办调石村委会鱼弄村
44080500320600149	竹节树	三级	280	12.0	200	8	湛江开发区东山街道办调石村委会鱼弄村
44080500320600150	高山榕	三级	200	20.0	500	27	湛江开发区东山街道办调石村委会鱼弄村
44080500320600151	榕树	三级	120	12.0	340	26	湛江开发区东山街道办调石村委会鱼弄村
44080500320600152	鹊肾树	三级	160	11.0	210	8	湛江开发区东山街道办调石村委会鱼弄村
44080500320600153	鹊肾树	三级	100	10.0	130	8	湛江开发区东山街道办调石村委会鱼弄村
44080500320600154	榕树	三级	120	13.0	350	15	湛江开发区东山街道办调石村委会鱼弄村
44080500320600156	榕树	三级	100	16.0	301	21	湛江开发区东山街道办调石村委会鱼弄村

第三章 湛江市古树名木目录

(续)

古树编号	树种	古树等级	树龄（年）	树高（米）	胸围（厘米）	冠幅（米）	位置
44080500320600158	鹊肾树	三级	140	10.0	180	8	湛江开发区东山街道办调石村委会黄山村
44080500320600159	岭南山竹子	三级	200	8.0	145	8	湛江开发区东山街道办调石村委会黄山村
44080500320600160	竹节树	三级	220	11.0	151	11	湛江开发区东山街道办调石村委会黄山村
44080500320600161	竹节树	三级	260	13.0	180	9	湛江开发区东山街道办调石村委会坡尾村
44080500320600162	竹节树	三级	240	10.0	170	12	湛江开发区东山街道办调石村委会坡尾村
44080500320600163	竹节树	三级	240	12.0	170	12	湛江开发区东山街道办调石村委会坡尾村
44080500320600164	垂叶榕	三级	120	11.0	290	18	湛江开发区东山街道办调石村委会坡尾村
44080500320600165	鹊肾树	三级	120	10.0	171	6	湛江开发区东山街道办调石村委会坡尾村
44080500320600167	华润楠	三级	100	10.0	100	6	湛江开发区东山街道办调石村委会调市村
44080500320600170	榕树	三级	150	12.5	405	29	湛江开发区东山街道办调石村委会调市村
44080500320700171	杧果	三级	160	12.5	275	14	湛江开发区东山街道办北山村委会石头村
44080500320700172	榕树	三级	140	14.0	370	21	湛江开发区东山街道办北山村委会石头坡
44080500320700173	榕树	三级	140	13.0	360	12	湛江开发区东山街道办北山村委会北上村
44080500320700174	垂叶榕	三级	100	5.5	280	7	湛江开发区东山街道办北山村委会北下村
44080500320700175	垂叶榕	三级	110	12.0	300	13	湛江开发区东山街道办北山村委会北下村
44080500320700176	垂叶榕	三级	100	12.0	290	13	湛江开发区东山街道办北山村委会北下村
44080500320700178	榕树	三级	120	12.0	340	10	湛江开发区东山街道办北山村委会北下村
44080500320700179	榄仁树	三级	130	12.8	390	9	湛江开发区东山街道办北山村委会北下村
44080500320700181	榄仁树	三级	110	13.0	245	14	湛江开发区东山街道办北山村委会北下村
44080500320700182	垂叶榕	三级	150	9.5	405	6	湛江开发区东山街道办北山村委会溪打村
44080500320700183	榕树	三级	160	16.0	430	24	湛江开发区东山街道办北山村委会溪打村
44080500320700184	垂叶榕	三级	120	14.0	350	18	湛江开发区东山街道办北山村委会溪打村
44080500320700185	垂叶榕	三级	130	13.0	300	15	湛江开发区东山街道办北山村委会溪打村
44080500320700187	垂叶榕	三级	160	10.0	430	10	湛江开发区东山街道办北山村委会溪打村
44080500320700188	垂叶榕	三级	140	10.0	450	11	湛江开发区东山街道办北山村委会溪打村
44080500320700189	垂叶榕	三级	110	12.0	320	13	湛江开发区东山街道办北山村委会溪打村
44080500320800248	榕树	三级	168	14.0	420	19	湛江开发区东山街道办文参村委会文下村
44080500320900240	榕树	三级	180	14.5	450	15	湛江开发区东山街道办调文村委会联和村
44080500320900241	榕树	三级	210	14.5	500	12	湛江开发区东山街道办调文村委会联和村
44080500320900242	榕树	三级	100	12.5	500	16	湛江开发区东山街道办调文村委会唐文海门前
44080500320900243	榕树	三级	122	13.5	360	13	湛江开发区东山街道办调文村委会下落村
44080500320900244	榕树	三级	270	12.0	590	19	湛江开发区东山街道办调文村委会新北村广场
44080500320900245	榕树	三级	290	19.0	650	21	湛江开发区东山街道办调文村委会新北村
44080500320900246	樟	三级	160	15.0	280	12	湛江开发区东山街道办调文村委会新北村土地公前
44080500320900247	垂叶榕	三级	115	8.5	310	9	湛江开发区东山街道办调文村委会新北村
44080500321000025	榕树	三级	180	13.0	470	20	湛江开发区东山街道办龙池村委会郑边村
44080500321000026	榕树	三级	160	12.0	440	16	湛江开发区东山街道办龙池村委会郑边村
44080500321000027	榕树	三级	160	12.0	410	16	湛江开发区东山街道办龙池村委会郑边村
44080500321000028	高山榕	三级	100	14.0	320	20	湛江开发区东山街道办龙池村委会郑边村
44080500321000029	榕树	三级	150	13.0	1287.4	17	湛江开发区东山街道办龙池村委会郑边村
44080500321000190	鹊肾树	三级	110	7.0	145	6	湛江开发区东山街道办龙池村委会龙池仔村
44080500321000192	鹊肾树	三级	140	8.0	180	7	湛江开发区东山街道办龙池村委会龙池仔村
44080500321000193	榕树	三级	140	10.0	370	13	湛江开发区东山街道办龙池村委会龙池仔村
44080500321000194	榕树	三级	220	13.0	550	16	湛江开发区东山街道办龙池村委会龙池仔村
44080500321000197	垂叶榕	三级	100	13.0	280	15	湛江开发区东山街道办龙池村委会龙池仔村
44080500321000198	垂叶榕	三级	100	13.0	285	17	湛江开发区东山街道办龙池村委会龙池仔村
44080500321000199	垂叶榕	三级	100	13.0	285	27	湛江开发区东山街道办龙池村委会龙池仔村
44080500321000200	龙眼	三级	150	12.0	175	9	湛江开发区东山街道办龙池村委会龙池仔村

(续)

古树编号	树种	古树等级	树龄（年）	树高（米）	胸围（厘米）	冠幅（米）	位置
44080500321000201	竹节树	三级	180	9.0	130	10	湛江开发区东山街道办龙池村委会龙池仔村
44080500321000202	竹节树	三级	210	9.5	145	11	湛江开发区东山街道办龙池村委会龙池仔村
44080500321000203	鹊肾树	三级	120	10.1	160	9	湛江开发区东山街道办龙池村委会龙池仔村
44080500321000204	垂叶榕	三级	100	11.0	305	13	湛江开发区东山街道办龙池村委会龙池仔村
44080500321000205	垂叶榕	三级	180	14.0	451	22	湛江开发区东山街道办龙池村委会龙池仔村
44080500321000206	垂叶榕	三级	110	11.0	310	25	湛江开发区东山街道办龙池村委会龙池仔村
44080500321000207	岭南山竹子	三级	150	9.5	125	9	湛江开发区东山街道办龙池村委会调那仔村
44080500321000208	红鳞蒲桃	三级	140	13.5	180	10	湛江开发区东山街道办龙池村委会调那仔村
44080500321000209	红鳞蒲桃	三级	140	12.5	180	7	湛江开发区东山街道办龙池村委会调那仔村
44080500321000211	岭南山竹子	三级	100	7.5	110	9	湛江开发区东山街道办龙池村委会调那仔村
44080500321000212	竹节树	三级	220	11.0	160	8	湛江开发区东山街道办龙池村委会调那仔村
44080500321000213	竹节树	三级	260	12.0	180	13	湛江开发区东山街道办龙池村委会调那仔村
44080500321000214	竹节树	三级	220	12.0	160	13	湛江开发区东山街道办龙池村委会调那仔村
44080500321000216	榕树	三级	150	15.6	403	18	湛江开发区东山街道办龙池村委会调那仔村
44080500321000220	杧果	三级	110	13.0	230	9	湛江开发区东山街道办龙池村委会调那仔村
44080500321000221	鹊肾树	三级	150	6.0	190	5	湛江开发区东山街道办龙池村委会调那仔村
44080500321000222	竹节树	三级	220	8.5	160	8	湛江开发区东山街道办龙池村委会调那仔村
44080500321000224	杧果	三级	120	13.0	240	10	湛江开发区东山街道办龙池村委会调那仔村
44080500321000226	红鳞蒲桃	三级	130	8.0	165	7	湛江开发区东山街道办龙池村委会调那仔村
44080500321000229	岭南山竹子	三级	150	10.0	110	8	湛江开发区东山街道办龙池村委会调那仔村
44080500321000230	岭南山竹子	三级	150	7.0	110	5	湛江开发区东山街道办龙池村委会调那仔村
44080500321000231	岭南山竹子	三级	290	8.2	200	7	湛江开发区东山街道办龙池村委会调那仔村
44080500321000232	红鳞蒲桃	三级	120	11.0	160	10	湛江开发区东山街道办龙池村委会调那仔村
44080500321000233	红鳞蒲桃	三级	100	6.0	145	2	湛江开发区东山街道办龙池村委会调那仔村
44080500321000235	红鳞蒲桃	三级	110	12.5	140	9	湛江开发区东山街道办龙池村委会调那仔村
44080500321000237	红鳞蒲桃	三级	120	7.5	160	6	湛江开发区东山街道办龙池村委会调那仔村
44080500321000238	红鳞蒲桃	三级	150	11.0	190	7	湛江开发区东山街道办龙池村委会调那仔村
44080500321000239	垂叶榕	三级	140	15.0	380	24	湛江开发区东山街道办龙池村委会调那仔村
44080500321000249	榕树	三级	180	13.0	450	19	湛江开发区东山街道办龙池村委会东山圩村
44080500321100001	榕树	三级	210	16.0	510	21	湛江开发区东山街道办昌逻村委会什二昌村
44080500321100002	鹊肾树	三级	120	5.5	150	5	湛江开发区东山街道办昌逻村委会什二昌村
44080500321100003	红鳞蒲桃	三级	110	9.0	130	4	湛江开发区东山街道办昌逻村委会什二昌村
44080500321100004	杧果	三级	150	11.0	270	9	湛江开发区东山街道办昌逻村委会什二昌村
44080500321100022	海红豆	三级	100	6.0	195	8	湛江开发区东山街道办昌逻村委会调逻村
44080500321100023	榕树	三级	140	12.0	370	11	湛江开发区东山街道办昌逻村委会调逻村
44080500321100024	鹊肾树	三级	150	8.0	1190	7	湛江开发区东山街道办昌逻村委会调逻村
44080500321100250	榕树	三级	105	12.0	300	12	湛江开发区东山街道办昌逻村委会北边村
44080500321100251	朴树	三级	130	13.0	215	11	湛江开发区东山街道办昌逻村委会北边村
44080500321100254	垂叶榕	三级	125	11.0	330	15	湛江开发区东山街道办昌逻村委会北边村
44080500321200011	榕树	三级	160	13.0	430	17	湛江开发区东山街道办调山村委会调山村
44080500321200012	榕树	三级	160	11.0	430	17	湛江开发区东山街道办调山村委会调山村
44080500321200013	鹊肾树	三级	180	8.0	230	7	湛江开发区东山街道办调山村委会调山村东村仔
44080500321200014	高山榕	三级	140	16.0	380	17	湛江开发区东山街道办调山村委会调山村内北村
44080500321200015	杧果	三级	100	12.0	220	10	湛江开发区东山街道办调山村委会櫓屈村
44080500321200016	杧果	三级	160	13.0	280	8	湛江开发区东山街道办调山村委会櫓屈村
44080500321200017	杧果	三级	180	16.0	300	14	湛江开发区东山街道办调山村委会櫓屈村
44080500321200018	杧果	三级	110	18.0	230	9	湛江开发区东山街道办调山村委会櫓屈村
44080500321200019	杧果	三级	180	13.0	300	18	湛江开发区东山街道办调山村委会东村仔

第三章　湛江市古树名木目录

(续)

古树编号	树种	古树等级	树龄（年）	树高（米）	胸围（厘米）	冠幅（米）	位置
44080500321200020	龙眼	三级	180	8.0	210	6	湛江开发区东山街道办调山村委会东村仔
44080500321200021	朴树	三级	160	15.0	250	9	湛江开发区东山街道办调山村委会东村仔
44080500321300006	高山榕	三级	220	14.0	530	24	湛江开发区东山街道办东头山村委会东头山村
44080500321300007	朴树	三级	180	13.0	270	8	湛江开发区东山街道办东头山村委会东头山村
44080500321300008	高山榕	三级	260	14.0	580	17	湛江开发区东山街道办东头山村委会东头山村
44080500321300010	高山榕	三级	240	15.0	550	13	湛江开发区东山街道办东头山村委会东头山村
44080500420100447	榕树	三级	120	10.0	350	6	湛江开发区东简街道办东简村委会东坑村
44080500420100448	榕树	三级	150	9.0	400	12	湛江开发区东简街道办东简村委会东坑村
44080500420100449	榕树	三级	130	9.0	350	12	湛江开发区东简街道办东简村委会东坑村
44080500420300413	垂叶榕	三级	200	10.0	501	12	湛江开发区东简街道办青南村委会南坡北村
44080500420300414	垂叶榕	三级	150	12.0	400	17	湛江开发区东简街道办青南村委会南坡北村
44080500420300415	垂叶榕	三级	110	10.0	320	23	湛江开发区东简街道办青南村委会南坡北村
44080500420300416	垂叶榕	三级	200	10.0	500	10	湛江开发区东简街道办青南村委会南坡西村公厕旁
44080500420300417	垂叶榕	三级	150	12.0	400	13	湛江开发区东简街道办青南村委会南坡西村
44080500420300418	垂叶榕	三级	120	11.0	300	14	湛江开发区东简街道办青南村委会南坡西村
44080500420300419	垂叶榕	三级	120	10.0	350	14	湛江开发区东简街道办青南村委会南坡西村
44080500420300420	杧果	三级	170	12.0	280	12	湛江开发区东简街道办青南村委会北坡村
44080500420300421	酸豆	三级	150	10.0	320	11	湛江开发区东简街道办青南村委会北坡村
44080500420300422	酸豆	三级	150	12.0	275	12	湛江开发区东简街道办青南村委会北坡村
44080500420300423	酸豆	三级	150	12.0	205	11	湛江开发区东简街道办青南村委会北坡村
44080500420300424	酸豆	三级	150	12.0	430	12	湛江开发区东简街道办青南村委会北坡村
44080500420300425	鹊肾树	三级	110	7.0	145	6	湛江开发区东简街道办青南村委会北坡村
44080500420300426	鹊肾树	三级	120	10.0	150	6	湛江开发区东简街道办青南村委会北坡村
44080500420300428	龙眼	三级	150	9.0	180	8	湛江开发区东简街道办青南村委会北坡村
44080500420300429	龙眼	三级	190	8.0	210	12	湛江开发区东简街道办青南村委会北坡村
44080500420300430	龙眼	三级	200	7.0	220	6	湛江开发区东简街道办青南村委会北坡村
44080500420300431	龙眼	三级	240	10.0	240	11	湛江开发区东简街道办青南村委会北坡村
44080500420300432	龙眼	三级	150	10.0	180	11	湛江开发区东简街道办青南村委会北坡村
44080500420300433	龙眼	三级	160	10.0	190	11	湛江开发区东简街道办青南村委会北坡村
44080500420300434	龙眼	三级	160	9.0	190	7	湛江开发区东简街道办青南村委会北坡村
44080500420300435	龙眼	三级	260	6.0	250	5	湛江开发区东简街道办青南村委会北坡村
44080500420300436	鹊肾树	三级	210	8.0	250	8	湛江开发区东简街道办青南村委会北坡村
44080500420300437	鹊肾树	三级	100	8.0	130	7	湛江开发区东简街道办青南村委会北坡村
44080500420300438	垂叶榕	三级	170	9.0	450	12	湛江开发区东简街道办青南村委会北坡村
44080500420300439	垂叶榕	三级	120	12.5	350	20	湛江开发区东简街道办青南村委会北坡村
44080500420300440	龙眼	三级	150	10.0	175	7	湛江开发区东简街道办青南村委会北坡村
44080500420300441	龙眼	三级	160	8.0	190	7	湛江开发区东简街道办青南村委会北坡村
44080500420300442	朴树	三级	140	14.0	225	12	湛江开发区东简街道办青南村委会北坡村
44080500420300443	鹊肾树	三级	100	6.0	130	7	湛江开发区东简街道办青南村委会北坡村
44080500420300444	龙眼	三级	210	10.0	220	12	湛江开发区东简街道办青南村委会北坡村
44080500420300445	榕树	三级	230	15.0	550	26	湛江开发区东简街道办青南村委会南园村
44080500420300507	暗罗	三级	120	5.0	80	4	湛江开发区东简街道办青南村委会北坡村
44080500420400462	垂叶榕	三级	100	11.0	300	11	湛江开发区东简街道办奄里村委会庵里上村
44080500420400463	榄仁树	三级	110	13.0	330	17	湛江开发区东简街道办奄里村委会庵里下村
44080500420500451	鹊肾树	三级	140	8.0	180	7	湛江开发区东简街道办东南村委会东南
44080500420500452	斜叶榕	三级	110	8.0	300	8	湛江开发区东简街道办东南村委会后湾村
44080500420500453	朴树	三级	190	8.0	280	12	湛江开发区东简街道办东南村委会后湖村
44080500420500454	鹊肾树	三级	150	7.0	185	7	湛江开发区东简街道办东南村委会后湖村

(续)

古树编号	树种	古树等级	树龄（年）	树高（米）	胸围（厘米）	冠幅（米）	位置
44080500420500455	鹊肾树	三级	160	6.0	200	6	湛江开发区东简街道办东南村委会后湖村
44080500420500456	鹊肾树	三级	140	6.5	180	6	湛江开发区东简街道办东南村委会后湖村
44080500420500457	鹊肾树	三级	120	6.0	160	6	湛江开发区东简街道办东南村委会后湖村
44080500420500458	鹊肾树	三级	200	8.0	250	9	湛江开发区东简街道办东南村委会后湖村
44080500420500459	鹊肾树	三级	120	8.5	150	7	湛江开发区东简街道办东南村委会后湖村
44080500420500460	朴树	三级	170	11.0	260	11	湛江开发区东简街道办东南村委会后湖村
44080500420500461	榕树	三级	230	14.0	550	15	湛江开发区东简街道办东南村委会盐灶村
44080500420500508	朴树	三级	150	9.0	247	12	湛江开发区东简街道办东南村委会后湖村祠堂东北边
44080500420500509	斜叶榕	三级	130	7.5	405	12	湛江开发区东简街道办东南村委会龙好村
44080500420600450	高山榕	三级	200	13.0	500	18	湛江开发区东简街道办龙水村委会大园村
44080500520100273	杧果	三级	250	12.0	400	12	湛江开发区民安街道办西山村委会南池村
44080500520100274	榕树	三级	100	13.0	285	18	湛江开发区民安街道办西山村委会南池村
44080500520100275	榕树	三级	100	14.0	310	21	湛江开发区民安街道办西山村委会南池村
44080500520100276	鹊肾树	三级	260	9.0	300	8	湛江开发区民安街道办西山村委会下山村
44080500520100277	榕树	三级	100	14.0	310	12	湛江开发区民安街道办西山村委会下山村
44080500520100278	榕树	三级	120	14.0	340	17	湛江开发区民安街道办西山村委会下山村
44080500520100279	榕树	三级	140	14.5	350	18	湛江开发区民安街道办西山村委会下山村
44080500520100281	榕树	三级	260	15.0	600	19	湛江开发区民安街道办西山村委会西山村
44080500520100282	榕树	三级	160	13.0	420	17	湛江开发区民安街道办西山村委会西山村
44080500520100283	榕树	三级	120	13.0	360	14	湛江开发区民安街道办西山村委会西山村
44080500520100285	杧果	三级	140	13.0	260	16	湛江开发区民安街道办西山村委会后坡村
44080500520100286	杧果	三级	140	12.0	260	13	湛江开发区民安街道办西山村委会后坡村
44080500520100287	杧果	三级	100	7.0	220	7	湛江开发区民安街道办西山村委会后坡村
44080500520100288	杧果	三级	110	8.0	230	11	湛江开发区民安街道办西山村委会后坡村
44080500520100289	阳桃	三级	130	8.0	195	10	湛江开发区民安街道办西山村委会后坡村
44080500520100292	榕树	三级	140	17.0	380	21	湛江开发区民安街道办西山村委会迈林坡村
44080500520100293	红鳞蒲桃	三级	140	5.5	180	5	湛江开发区民安街道办西山村委会迈林坡村
44080500520100294	榕树	三级	150	11.0	400	16	湛江开发区民安街道办西山村委会大熟村
44080500520100295	垂叶榕	三级	120	11.5	330	11	湛江开发区民安街道办西山村委会林海村
44080500520100296	垂叶榕	三级	140	10.0	340	12	湛江开发区民安街道办西山村委会林海村
44080500520200387	榄仁树	三级	100	13.0	310	14	湛江开发区民安街道办文亚村委会文亚村
44080500520200388	龙眼	三级	200	10.0	220	12	湛江开发区民安街道办文亚村委会文亚新村
44080500520200389	榕树	三级	130	11.0	550	18	湛江开发区民安街道办文亚村委会文亚新村
44080500520200390	阳桃	三级	100	10.0	180	10	湛江开发区民安街道办文亚村委会文亚新村
44080500520400297	榕树	三级	150	13.5	401	18	湛江开发区民安街道办龙湾村委会五固村
44080500520400298	榕树	三级	210	12.0	510	13	湛江开发区民安街道办龙湾村委会北域村
44080500520400299	榕树	三级	210	12.0	510	13	湛江开发区民安街道办龙湾村委会温窖村
44080500520400300	鹊肾树	三级	100	6.0	130	7	湛江开发区民安街道办龙湾村委会温窖村
44080500520400301	朴树	三级	130	7.5	205	10	湛江开发区民安街道办龙湾村委会土相村
44080500520400302	朴树	三级	170	13.0	265	12	湛江开发区民安街道办龙湾村委会土相村
44080500520400303	鹊肾树	三级	240	7.0	280	7	湛江开发区民安街道办龙湾村委会龙佃村
44080500520400304	鹊肾树	三级	150	9.0	185	8	湛江开发区民安街道办龙湾村委会龙佃村
44080500520400305	鹊肾树	三级	160	7.5	160	7	湛江开发区民安街道办龙湾村委会龙佃村
44080500520400306	鹊肾树	三级	190	8.0	230	7	湛江开发区民安街道办龙湾村委会龙佃村
44080500520400307	榕树	三级	110	9.0	301	16	湛江开发区民安街道办龙湾村委会龙佃村
44080500520400308	鹊肾树	三级	110	8.0	145	6	湛江开发区民安街道办龙湾村委会龙佃村
44080500520400309	鹊肾树	三级	140	6.0	180	5	湛江开发区民安街道办龙湾村委会龙佃村
44080500520400310	鹊肾树	三级	190	7.5	230	8	湛江开发区民安街道办龙湾村委会龙佃村

第三章 湛江市古树名木目录

(续)

古树编号	树种	古树等级	树龄(年)	树高(米)	胸围(厘米)	冠幅(米)	位置
44080500520400311	鹊肾树	三级	160	7.0	200	8	湛江开发区民安街道办龙湾村委会龙佃村
44080500520400312	榕树	三级	140	12.0	380	16	湛江开发区民安街道办龙湾村委会龙佃村
44080500520400313	榕树	三级	110	11.0	300	17	湛江开发区民安街道办龙湾村委会龙佃村
44080500520400314	榕树	三级	230	13.0	550	16	湛江开发区民安街道办龙湾村委会龙舍村
44080500520400315	朴树	三级	200	14.0	290	17	湛江开发区民安街道办龙湾村委会龙舍村
44080500520400316	朴树	三级	130	11.0	210	12	湛江开发区民安街道办龙湾村委会龙舍村
44080500520400317	朴树	三级	220	12.5	310	14	湛江开发区民安街道办龙湾村委会龙舍村
44080500520400318	朴树	三级	180	12.0	270	10	湛江开发区民安街道办龙湾村委会龙舍村
44080500520400319	鹊肾树	三级	130	6.0	160	6	湛江开发区民安街道办龙湾村委会龙舍村
44080500520400320	榕树	三级	140	11.0	370	15	湛江开发区民安街道办龙湾村委会龙舍村
44080500520400321	榕树	三级	150	12.0	410	19	湛江开发区民安街道办龙湾村委会龙舍村
44080500520500322	龙眼	三级	130	8.0	160	8	湛江开发区民安街道办新安村委会那何村
44080500520500323	龙眼	三级	190	10.5	210	10	湛江开发区民安街道办新安村委会那何村
44080500520500324	龙眼	三级	150	10.0	180	9	湛江开发区民安街道办新安村委会那何村
44080500520500325	龙眼	三级	130	6.0	160	6	湛江开发区民安街道办新安村委会那何村
44080500520500326	龙眼	三级	190	11.0	210	13	湛江开发区民安街道办新安村委会那何村
44080500520500327	龙眼	三级	150	12.0	180	12	湛江开发区民安街道办新安村委会那何村
44080500520500328	海红豆	三级	110	10.0	220	12	湛江开发区民安街道办新安村委会那何村
44080500520500329	榕树	三级	110	12.0	300	13	湛江开发区民安街道办新安村委会那何村
44080500520500330	龙眼	三级	170	9.0	190	9	湛江开发区民安街道办新安村委会那何村
44080500520500331	龙眼	三级	150	11.0	180	12	湛江开发区民安街道办新安村委会那何村
44080500520500332	樟	三级	180	14.0	310	14	湛江开发区民安街道办新安村委会那何村
44080500520500334	朴树	三级	220	12.0	310	16	湛江开发区民安街道办新安村委会那何村
44080500520500335	榕树	三级	140	14.0	380	15	湛江开发区民安街道办新安村委会后边村
44080500520500336	刺桐	三级	120	11.0	395	12	湛江开发区民安街道办新安村委会后边村李氏宗祠前
44080500520500337	垂叶榕	三级	120	10.0	330	12	湛江开发区民安街道办新安村委会西园村
44080500520500338	榕树	三级	150	12.0	400	16	湛江开发区民安街道办新安村委会邓屋村
44080500520500339	榕树	三级	280	11.0	655	22	湛江开发区民安街道办新安村委会邓屋村
44080500520500340	朴树	三级	180	13.5	270	15	湛江开发区民安街道办新安村委会邓屋村
44080500520500341	枕果	三级	140	14.0	260	10	湛江开发区民安街道办新安村委会海坡中村
44080500520500342	榕树	三级	130	11.0	350	12	湛江开发区民安街道办新安村委会海坡北村
44080500520500343	朴树	三级	100	9.0	170	10	湛江开发区民安街道办新安村委会海坡北村
44080500520500344	鹊肾树	三级	190	8.0	230	9	湛江开发区民安街道办新安村委会海坡北村
44080500520500345	鹊肾树	三级	130	8.0	170	9	湛江开发区民安街道办新安村委会海坡北村
44080500520500346	鹊肾树	三级	150	9.0	190	8	湛江开发区民安街道办新安村委会海坡北村
44080500520500347	鹊肾树	三级	270	5.0	300	5	湛江开发区民安街道办新安村委会海坡北村
44080500520500348	垂叶榕	三级	220	6.0	505	7	湛江开发区民安街道办新安村委会海坡北村
44080500520500349	榕树	三级	110	13.0	310	13	湛江开发区民安街道办新安村委会海坡北村
44080500520500350	鹊肾树	三级	100	8.0	135	5	湛江开发区民安街道办新安村委会海坡北村
44080500520500351	垂叶榕	三级	110	9.0	310	11	湛江开发区民安街道办新安村委会海坡北村
44080500520500352	龙眼	三级	150	11.0	175	10	湛江开发区民安街道办新安村委会海坡北村
44080500520500353	榕树	三级	170	12.0	450	14	湛江开发区民安街道办新安村委会邓屋村
44080500520500354	鹊肾树	三级	230	8.0	265	7	湛江开发区民安街道办新安村委会邓屋村
44080500520600256	鹊肾树	三级	160	7.0	205	6	湛江开发区民安街道办三星村委会内林村
44080500520600257	朴树	三级	150	9.0	240	11	湛江开发区民安街道办三星村委会内林村
44080500520600258	鹊肾树	三级	200	8.0	250	7	湛江开发区民安街道办三星村委会内林村
44080500520600259	海红豆	三级	100	13.0	205	11	湛江开发区民安街道办三星村委会内林村
44080500520600260	鹊肾树	三级	100	6.0	135	6	湛江开发区民安街道办三星村委会内林村

(续)

古树编号	树种	古树等级	树龄（年）	树高（米）	胸围（厘米）	冠幅（米）	位置
44080500520600261	鹊肾树	三级	120	7.5	155	8	湛江开发区民安街道办三星村委会内林村
44080500520600262	阔荚合欢	三级	100	13.0	200	15	湛江开发区民安街道办三星村委会内林村
44080500520600263	榕树	三级	160	13.0	450	22	湛江开发区民安街道办三星村委会梁屋村
44080500520600264	垂叶榕	三级	150	10.0	400	17	湛江开发区民安街道办三星村委会梁屋村
44080500520600265	榕树	三级	220	12.0	530	18	湛江开发区民安街道办三星村委会梁屋村
44080500520600266	榕树	三级	160	13.0	420	17	湛江开发区民安街道办三星村委会尼山村
44080500520600267	榕树	三级	160	13.5	420	18	湛江开发区民安街道办三星村委会尼山村
44080500520600268	榕树	三级	150	13.5	400	19	湛江开发区民安街道办三星村委会尼山村
44080500520600269	榕树	三级	220	7.0	550	8	湛江开发区民安街道办三星村委会尼山村
44080500520600270	鹊肾树	三级	140	10.0	175	9	湛江开发区民安街道办三星村委会西姜村
44080500520600272	榕树	三级	120	12.0	360	17	湛江开发区民安街道办三星村委会西姜村
44080500520700365	榕树	三级	150	13.0	400	17	湛江开发区民安街道办丹寮村委会丹寮村
44080500520700366	朴树	三级	120	10.0	200	8	湛江开发区民安街道办丹寮村委会丹寮村
44080500520700367	垂叶榕	三级	160	12.0	410	14	湛江开发区民安街道办丹寮村委会丹雾村
44080500520700368	杧果	三级	110	11.0	230	12	湛江开发区民安街道办丹寮村委会丹寮村
44080500520700369	榕树	三级	100	9.0	300	11	湛江开发区民安街道办丹寮村委会丹寮村
44080500520800355	榕树	三级	150	15.0	400	22	湛江开发区民安街道办三明村委会三盘村
44080500520800356	海红豆	三级	170	12.0	300	14	湛江开发区民安街道办三明村委会三盘村
44080500520800357	鹊肾树	三级	110	9.0	140	6	湛江开发区民安街道办三明村委会三盘村
44080500520800358	台湾相思	三级	100	12.0	275	10	湛江开发区民安街道办三明村委会三盘村
44080500520800359	龙眼	三级	240	12.5	240	14	湛江开发区民安街道办三明村委会三盘村
44080500520800360	榕树	三级	290	14.0	650	20	湛江开发区民安街道办三明村委会三盘村
44080500520800361	海红豆	三级	180	12.5	320	14	湛江开发区民安街道办三明村委会三盘村
44080500520800362	海红豆	三级	110	6.0	220	7	湛江开发区民安街道办三明村委会三盘村
44080500520800363	榕树	三级	130	12.5	360	22	湛江开发区民安街道办三明村委会三盘村
44080500520900370	榕树	三级	100	12.0	300	11	湛江开发区民安街道办调旧村委会盐灶坡
44080500520900371	榕树	三级	200	6.0	500	8	湛江开发区民安街道办调旧村委会后坡村
44080500520900372	榕树	三级	100	12.0	310	12	湛江开发区民安街道办调旧村委会后坡村
44080500520900374	樟	三级	110	11.0	210	10	湛江开发区民安街道办调旧村委会后坡村
44080500520900375	榕树	三级	150	11.0	410	15	湛江开发区民安街道办调旧村委会后坡村
44080500520900376	鹊肾树	三级	240	11.0	280	8	湛江开发区民安街道办调旧村委会后坡村
44080500520900377	龙眼	三级	220	12.0	235	12	湛江开发区民安街道办调旧村委会后坡村
44080500520900380	榄仁树	三级	110	10.5	315	9	湛江开发区民安街道办调旧村委会新村
44080500520900381	垂叶榕	三级	110	12.5	320	19	湛江开发区民安街道办调旧村委会溪尾东村
44080500520900382	榕树	三级	220	11.5	550	20	湛江开发区民安街道办调旧村委会内村
44080500520900383	榕树	三级	110	12.3	340	20	湛江开发区民安街道办调旧村委会北逻村
44080500520900384	荔枝	三级	160	9.0	290	11	湛江开发区民安街道办调旧村委会山头村
44080500520900385	杧果	三级	200	12.0	335	16	湛江开发区民安街道办调旧村委会山头村
44080500521000391	杧果	三级	110	11.0	230	12	湛江开发区民安街道办中和村委会田交仔村
44080500521000393	岭南山竹子	三级	100	8.0	120	6	湛江开发区民安街道办中和村委会田交村
44080500521000394	岭南山竹子	三级	100	7.0	130	7	湛江开发区民安街道办中和村委会田交村
44080500521000395	岭南山竹子	三级	100	8.0	120	6	湛江开发区民安街道办中和村委会田交村
44080500521000396	红鳞蒲桃	三级	120	9.0	165	8	湛江开发区民安街道办中和村委会田交村
44080500521000397	红鳞蒲桃	三级	120	9.0	150	7	湛江开发区民安街道办中和村委会田交村
44080500521000398	红鳞蒲桃	三级	120	11.0	150	8	湛江开发区民安街道办中和村委会田交村
44080500521000399	岭南山竹子	三级	120	8.0	200	6	湛江开发区民安街道办中和村委会田交村
44080500521000400	龙眼	三级	280	10.0	260	9	湛江开发区民安街道办中和村委会田交村
44080500521000401	龙眼	三级	180	8.0	210	9	湛江开发区民安街道办中和村委会田交村

古树编号	树种	古树等级	树龄（年）	树高（米）	胸围（厘米）	冠幅（米）	位置
44080500521000402	龙眼	三级	180	10.0	210	10	湛江开发区民安街道办中和村委会田交村
44080500521000403	杧果	三级	200	14.0	330	18	湛江开发区民安街道办中和村委会客屋村
44080500521000404	垂叶榕	三级	160	15.0	420	15	湛江开发区民安街道办中和村委会吴屋
44080500521000405	杧果	三级	250	13.0	400	18	湛江开发区民安街道办中和村委会文舟上村
44080500521000406	杧果	三级	250	11.0	400	11	湛江开发区民安街道办中和村委会文丹上村
44080500521000407	杧果	三级	220	16.0	350	18	湛江开发区民安街道办中和村委会文丹上村
44080500521000408	杧果	三级	210	16.0	340	15	湛江开发区民安街道办中和村委会文丹上村
44080500521000409	杧果	三级	150	12.0	270	10	湛江开发区民安街道办中和村委会文丹上村
44080500521000410	杧果	三级	180	14.0	310	17	湛江开发区民安街道办中和村委会文丹上村
44080500521000411	杧果	三级	120	13.0	240	15	湛江开发区民安街道办中和村委会文丹上村
44080500521000412	杧果	三级	160	14.0	280	15	湛江开发区民安街道办中和村委会文舟上村
44080510020100480	榕树	三级	130	13.0	360	24	湛江开发区硇洲镇宋皇村委会上马村
44080510020100481	幌伞枫	三级	100	13.0	200	10	湛江开发区硇洲镇宋皇村委会上马村
44080510020100482	桂木	三级	100	13.0	265	12	湛江开发区硇洲镇宋皇村委会上马村
44080510020100483	榕树	三级	110	14.0	310	28	湛江开发区硇洲镇宋皇村委会宋皇村
44080510020100484	鹊肾树	三级	140	7.0	180	7	湛江开发区硇洲镇宋皇村委会晏庭村
44080510020200464	见血封喉	三级	110	17.0	450	13	湛江开发区硇洲镇孟岗村委会杨尾村
44080510020300485	榕树	三级	120	11.0	327	15	湛江开发区硇洲镇潭北村委会天轩村
44080510020300493	榕树	三级	100	11.0	285	14	湛江开发区硇洲镇潭北村委会洲屋村硇洲灯塔旁
44080510020300494	榕树	三级	110	12.0	300	13	湛江开发区硇洲镇潭北村委会洲屋村硇洲灯塔旁
44080510020300495	榕树	三级	130	14.0	350	14	湛江开发区硇洲镇潭北村委会洲屋村硇洲灯塔旁
44080510020300496	榕树	三级	130	12.0	365	12	湛江开发区硇洲镇潭北村委会洲屋村硇洲灯塔旁
44080510020300497	榕树	三级	110	14.0	300	12	湛江开发区硇洲镇潭北村委会洲屋村硇洲灯塔旁
44080510020300498	榕树	三级	110	13.0	300	13	湛江开发区硇洲镇潭北村委会洲屋村硇洲灯塔前分叉路口
44080510020300499	榕树	三级	110	5.0	302	8	湛江开发区硇洲镇潭北村委会洲屋村硇洲灯塔旁
44080510020300500	榕树	三级	110	14.0	310	16	湛江开发区硇洲镇潭北村委会洲屋村硇洲灯塔旁
44080510020300501	榕树	三级	120	11.0	280	8	湛江开发区硇洲镇潭北村委会洲屋村硇洲灯塔院内
44080510020300502	榕树	三级	120	12.0	280	11	湛江开发区硇洲镇潭北村委会洲屋村硇洲灯塔院内
44080510020300503	榕树	三级	120	14.0	305	17	湛江开发区硇洲镇潭北村委会洲屋村硇洲灯塔院内
44080510020300504	榕树	三级	100	14.0	280	14	湛江开发区硇洲镇潭北村委会洲屋村硇洲灯塔院内
44080510020300505	榕树	三级	110	12.0	305	13	湛江开发区硇洲镇潭北村委会洲屋村
44080510020300506	榕树	三级	110	12.0	305	14	湛江开发区硇洲镇潭北村委会洲屋村
44080510020400475	榕树	三级	150	14.0	400	20	湛江开发区硇洲镇北港村委会黄屋村
44080510020400476	鹊肾树	三级	190	7.5	230	8	湛江开发区硇洲镇北港村委会潭北赛
44080510020400477	榕树	三级	120	9.0	342	14	湛江开发区硇洲镇北港村委会潭北赛
44080510020400478	榕树	三级	110	9.0	310	13	湛江开发区硇洲镇北港村委会潭北赛
44080510020400479	榕树	三级	110	10.0	310	17	湛江开发区硇洲镇北港村委会潭北赛
44080510020500465	竹节树	三级	240	12.0	164	11	湛江开发区硇洲镇南港村委会兆庆村
44080510020500466	鹊肾树	三级	140	9.0	172	6	湛江开发区硇洲镇南港村委会锦马村
44080510020500467	榕树	三级	150	13.0	400	16	湛江开发区硇洲镇南港村委会德斗村
44080510020500468	朴树	三级	160	14.0	251	13	湛江开发区硇洲镇南港村委会德斗村
44080510020500469	朴树	三级	160	11.0	253	14	湛江开发区硇洲镇南港村委会德斗村
44080510020500470	鹊肾树	三级	130	10.0	170	9	湛江开发区硇洲镇南港村委会德斗村
44080510020500471	朴树	三级	160	13.0	253	12	湛江开发区硇洲镇南港村委会德斗村
44080510020500472	竹节树	三级	230	12.0	163	11	湛江开发区硇洲镇南港村委会潭杰村
44080510020500473	樟	三级	110	12.0	215	12	湛江开发区硇洲镇南港村委会潭杰村
44080510020500474	榕树	三级	180	13.0	480	19	湛江开发区硇洲镇南港村委会潭杰村

表11 南三岛滨海旅游示范区古树目录

古树编号	树种	古树等级	树龄（年）	树高（米）	胸围（厘米）	冠幅（米）	位置
44088410021000473	鹊肾树	二级	320	8.3	350	10	南三区南三镇五里村委会大山脚村庙后
44088410021100301	红鳞蒲桃	二级	420	20.0	420	13	南三区南三镇巴东村委会下黄其村土地公前
44088410021100333	垂叶榕	二级	340	15.0	680	18	南三区南三镇巴东村委会下木历村西北
44088410000100096	鹊肾树	三级	140	13.5	180	11	南三区南三镇南三居委会新沟村
44088410020000178	鹊肾树	三级	140	14.5	176	8	南三区南三镇田头村委会岭脚村
44088410020000179	鹊肾树	三级	210	14.5	250	8	南三区南三镇田头村委会岭脚村
44088410020000198	山棟	三级	100	8.2	200	8	南三区南三镇田头村委会田头村北
44088410020000199	鹊肾树	三级	100	12.3	130	7	南三区南三镇田头村委会田头村
44088410020000200	龙眼	三级	120	14.5	150	11	南三区南三镇田头村委会田头村
44088410020000201	鹊肾树	三级	210	14.2	250	9	南三区南三镇田头村委会田头村
44088410020000202	朴树	三级	110	4.2	190	5	南三区南三镇田头村委会田头村
44088410020000203	朴树	三级	140	12.4	220	11	南三区南三镇田头村委会田头村北
44088410020000206	朴树	三级	110	20.5	190	10	南三区南三镇田头村委会田头村北
44088410020000207	榕树	三级	120	3.5	340	4	南三区南三镇田头村委会田头村
44088410020000208	凤凰木	三级	100	16.5	175	13	南三区南三镇田头村委会田头村
44088410020000209	凤凰木	三级	100	12.5	190	13	南三区南三镇田头村委会田头村
44088410020000210	山棟	三级	100	16.5	190	13	南三区南三镇田头村委会田头村
44088410020000211	鹊肾树	三级	130	12.5	160	9	南三区南三镇田头村委会田头村
44088410020000213	朴树	三级	100	19.5	175	11	南三区南三镇田头村委会田头村西北
44088410020000214	倒吊笔	三级	110	18.5	170	12	南三区南三镇田头村委会田头村
44088410020000215	山棟	三级	100	18.6	190	13	南三区南三镇田头村委会田头村
44088410021000216	朴树	三级	130	16.4	210	13	南三区南三镇田头村委会田头村中
44088410020000217	朴树	三级	160	16.5	245	13	南三区南三镇田头村委会田头村中
44088410020000218	鹊肾树	三级	150	12.5	190	10	南三区南三镇田头村委会田头村
44088410020000219	鹊肾树	三级	140	12.5	170	9	南三区南三镇田头村委会田头村
44088410020000220	朴树	三级	120	16.2	200	11	南三区南三镇田头村委会田头村西南角
44088410020000221	朴树	三级	150	16.4	230	14	南三区南三镇田头村委会田头村
44088410020000222	山棟	三级	100	18.3	190	13	南三区南三镇田头村委会田头村
44088410020000223	朴树	三级	110	12.5	190	9	南三区南三镇田头村委会田头村
44088410020000224	鹊肾树	三级	140	8.5	180	8	南三区南三镇田头村委会田头村
44088410020000225	鹊肾树	三级	100	12.5	130	9	南三区南三镇田头村委会田头村
44088410020000226	鹊肾树	三级	100	12.5	130	9	南三区南三镇田头村委会田头村
44088410020000227	山棟	三级	100	16.5	200	13	南三区南三镇田头村委会田头村
44088410020000228	鹊肾树	三级	190	12.5	230	9	南三区南三镇田头村委会田头村
44088410020000232	鹊肾树	三级	100	10.5	130	9	南三区南三镇田头村委会田头村
44088410020000233	鹊肾树	三级	140	10.3	170	9	南三区南三镇田头村委会田头村
44088410020000235	鹊肾树	三级	100	10.4	135	7	南三区南三镇田头村委会田头村
44088410020000236	龙眼	三级	150	14.5	175	11	南三区南三镇田头村委会田头村
44088410020000237	山棟	三级	100	20.5	190	15	南三区南三镇田头村委会田头村
44088410020000238	朴树	三级	130	14.6	210	11	南三区南三镇田头村委会田头村
44088410020000239	朴树	三级	110	13.5	190	11	南三区南三镇田头村委会田头村
44088410020000240	龙眼	三级	100	16.4	130	11	南三区南三镇田头村委会田头村中
44088410020000241	红花羊蹄甲	三级	110	10.5	180	10	南三区南三镇田头村委会田头村
44088410020000242	龙眼	三级	110	12.5	145	10	南三区南三镇田头村委会田头村中
44088410020000243	石栗	三级	110	14.5	240	11	南三区南三镇田头村委会田头村
44088410020000244	朴树	三级	140	7.5	220	6	南三区南三镇田头村委会田头村
44088410020000245	龙眼	三级	100	18.5	135	11	南三区南三镇田头村委会田头村

(续)

古树编号	树种	古树等级	树龄（年）	树高（米）	胸围（厘米）	冠幅（米）	位置
44088410020000246	鹊肾树	三级	170	14.5	210	11	南三区南三镇田头村委会田头村
44088410020000247	鹊肾树	三级	100	10.5	135	7	南三区南三镇田头村委会田头村
44088410020000248	朴树	三级	110	16.5	180	11	南三区南三镇田头村委会田头村东北
44088410020000250	鹊肾树	三级	110	12.4	140	9	南三区南三镇田头村委会田头村
44088410020000251	鹊肾树	三级	100	10.5	130	7	南三区南三镇田头村委会田头村
44088410020000254	鹊肾树	三级	100	10.5	130	7	南三区南三镇田头村委会田头村
44088410020000255	鹊肾树	三级	140	6.5	180	7	南三区南三镇田头村委会田头村
44088410020000257	龙眼	三级	120	14.5	150	11	南三区南三镇田头村委会田头村
44088410020000258	龙眼	三级	120	14.5	151	11	南三区南三镇田头村委会田头村
44088410020000259	倒吊笔	三级	100	20.5	140	8	南三区南三镇田头村委会田头村中
44088410020000260	朴树	三级	110	16.2	190	10	南三区南三镇田头村委会垭蛇村
44088410020100513	朴树	三级	150	13.2	240	9	南三区南三镇光明村委会陈坭村
44088410020100514	朴树	三级	100	12.4	180	9	南三区南三镇光明村委会陈村
44088410020100515	朴树	三级	160	7.4	260	6	南三区南三镇光明村委会陈村
44088410020100516	朴树	三级	150	14.5	240	9	南三区南三镇光明村委会陈村庙前
44088410020100517	朴树	三级	120	13.5	200	9	南三区南三镇光明村委会陈村村东南
44088410020100518	龙眼	三级	100	15.2	130	9	南三区南三镇光明村委会陈村
44088410020100519	朴树	三级	160	15.5	260	7	南三区南三镇光明村委会陈村村西
44088410020100520	鹊肾树	三级	120	9.5	150	9	南三区南三镇光明村委会李村
44088410020100521	龙眼	三级	140	15.5	170	10	南三区南三镇光明村委会李村
44088410020100522	朴树	三级	180	9.5	270	9	南三区南三镇光明村委会李村
44088410020100523	朴树	三级	120	15.4	200	9	南三区南三镇光明村委会李村村东北
44088410020100524	鹊肾树	三级	120	15.6	200	9	南三区南三镇光明村委会李村
44088410020100525	鹊肾树	三级	120	8.5	150	8	南三区南三镇光明村委会李村
44088410020100526	鹊肾树	三级	120	10.3	150	8	南三区南三镇光明村委会李村
44088410020100528	鹊肾树	三级	100	9.5	130	8	南三区南三镇光明村委会黄村
44088410020100530	鹊肾树	三级	100	8.5	130	8	南三区南三镇光明村委会黄村
44088410020100531	鹊肾树	三级	120	12.5	150	7	南三区南三镇光明村委会黄村
44088410020100532	鹊肾树	三级	120	9.5	150	8	南三区南三镇光明村委会黄村
44088410020100533	鹊肾树	三级	140	12.5	180	9	南三区南三镇光明村委会黄村
44088410020100534	鹊肾树	三级	100	10.6	140	9	南三区南三镇光明村委会黄村
44088410020100535	朴树	三级	120	14.5	210	12	南三区南三镇光明村委会黄村村北
44088410020100536	鹊肾树	三级	100	12.6	130	9	南三区南三镇光明村委会黄村
44088410020100537	鹊肾树	三级	120	9.5	150	8	南三区南三镇光明村委会梁村
44088410020100538	鹊肾树	三级	100	8.5	130	7	南三区南三镇光明村委会梁村村北
44088410020100539	鹊肾树	三级	100	10.5	140	8	南三区南三镇光明村委会梁村
44088410020100540	朴树	三级	100	15.5	180	11	南三区南三镇光明村委会梁村
44088410020100541	鹊肾树	三级	100	8.5	130	7	南三区南三镇光明村委会梁村
44088410020100542	鹊肾树	三级	140	12.5	180	9	南三区南三镇光明村委会苏村村西路边
44088410020100543	朴树	三级	120	16.5	200	11	南三区南三镇光明村委会苏村村北
44088410020100544	鹊肾树	三级	120	10.0	150	7	南三区南三镇光明村委会苏村村东北
44088410020100545	鹊肾树	三级	100	10.5	140	7	南三区南三镇光明村委会黄上村
44088410020100546	鹊肾树	三级	120	10.3	150	7	南三区南三镇光明村委会黄上村
44088410020100547	鹊肾树	三级	100	8.5	130	6	南三区南三镇光明村委会皇上村
44088410020100548	龙眼	三级	100	12.5	130	9	南三区南三镇光明村委会黄上村
44088410020100549	朴树	三级	120	15.5	210	11	南三区南三镇光明村委会黄上村
44088410020200550	朴树	三级	140	8.5	220	11	南三区南三镇海丰村委会大辣村
44088410020200551	朴树	三级	280	16.5	370	15	南三区南三镇海丰村委会大辣村村中

(续)

古树编号	树种	古树等级	树龄（年）	树高（米）	胸围（厘米）	冠幅（米）	位置
44088410020300045	阳桃	三级	100	8.5	172.7	6	南三区南三镇新南村委会下永南村
44088410020300046	山棣	三级	130	14.5	240	13	南三区南三镇新南村委会边环村
44088410020300047	朴树	三级	100	8.5	169	9	南三区南三镇新南村委会中环村
44088410020300048	鹊肾树	三级	110	8.5	140	9	南三区南三镇新南村委会中环村
44088410020300049	朴树	三级	180	8.5	270	12	南三区南三镇新南村委会芷环村
44088410020300050	朴树	三级	120	7.3	200	7	南三区南三镇新南村委会上永南村
44088410020300052	山棣	三级	160	16.5	250	9	南三区南三镇新南村委会上永南村
44088410020300053	樟	三级	100	9.5	188	9	南三区南三镇新南村委会上永南村
44088410020300054	榕树	三级	180	12.5	480	13	南三区南三镇新南村委会姓游村
44088410020300055	朴树	三级	100	16.5	185	7	南三区南三镇新南村委会姓游村村东
44088410020300056	榕树	三级	200	8.5	540	9	南三区南三镇新南村委会姓游村
44088410020300057	刺桐	三级	110	12.5	205	11	南三区南三镇新南村委会姓游村
44088410020300058	朴树	三级	100	8.5	169	7	南三区南三镇新南村委会山塘村村中
44088410020300059	鹊肾树	三级	100	7.5	130	8	南三区南三镇新南村委会山塘村
44088410020300060	阳桃	三级	110	10.5	180	10	南三区南三镇新南村委会山塘村
44088410020300062	朴树	三级	170	21.5	255	11	南三区南三镇新南村委会山塘村
44088410020300063	樟	三级	180	18.5	310	7	南三区南三镇新南村委会山塘村村西
44088410020300064	鹊肾树	三级	120	10.5	150	7	南三区南三镇新南村委会清训村村西
44088410020300065	鹊肾树	三级	180	10.2	215	7	南三区南三镇新南村委会清训村
44088410020300066	鹊肾树	三级	210	10.2	250	7	南三区南三镇新南村委会清训村
44088410020300068	朴树	三级	120	12.2	200	13	南三区南三镇新南村委会清训村
44088410020300069	山棣	三级	110	14.5	210	11	南三区南三镇新南村委会清训村村中
44088410020300070	朴树	三级	130	11.5	205	10	南三区南三镇新南村委会清训村村中
44088410020300071	朴树	三级	130	15.3	210	11	南三区南三镇新南村委会清训村村北
44088410020300072	龙眼	三级	100	9.5	130	8	南三区南三镇新南村委会清训村
44088410020300077	黄葛树	三级	100	11.5	300	11	南三区南三镇新南村委会新沟村
44088410020300078	朴树	三级	120	12.4	210	11	南三区南三镇新南村委会新沟村
44088410020300079	朴树	三级	140	12.4	250	11	南三区南三镇新南村委会新沟村
44088410020300080	朴树	三级	110	16.6	180	13	南三区南三镇新南村委会新沟村
44088410020300082	鹊肾树	三级	150	12.6	185	10	南三区南三镇新南村委会新沟村
44088410020300083	朴树	三级	140	16.7	180	13	南三区南三镇新南村委会新沟村
44088410020300084	鹊肾树	三级	160	12.8	200	9	南三区南三镇新南村委会新沟村
44088410020300085	鹊肾树	三级	120	12.5	155	9	南三区南三镇新南村委会新沟村
44088410020300089	鹊肾树	三级	100	11.5	140	8	南三区南三镇新南村委会新沟村
44088410020300090	鹊肾树	三级	100	9.5	130	7	南三区南三镇新南村委会新沟村
44088410020300091	鹊肾树	三级	100	10.5	140	9	南三区南三镇新南村委会新沟村
44088410020300092	鹊肾树	三级	140	12.2	180	10	南三区南三镇新南村委会新沟村
44088410020300093	高山榕	三级	100	8.6	300	11	南三区南三镇新南村委会新沟村
44088410020300095	朴树	三级	140	12.5	220	12	南三区南三镇新南村委会新沟村土地公旁
44088410020300097	朴树	三级	120	14.5	180	11	南三区南三镇新南村委会新沟村
44088410020300098	朴树	三级	120	18.5	180	13	南三区南三镇新南村委会新沟村
44088410020300099	榕树	三级	120	18.5	180	13	南三区南三镇新南村委会新沟村
44088410020300100	鹊肾树	三级	140	18.6	175	12	南三区南三镇新南村委会新沟村
44088410020300101	鹊肾树	三级	220	18.2	260	12	南三区南三镇新南村委会新沟村
44088410020300103	朴树	三级	160	16.2	168	13	南三区南三镇新南村委会下坭芋村
44088410020300104	鹊肾树	三级	100	10.2	130	9	南三区南三镇新南村委会下坭芋村
44088410020300105	鹊肾树	三级	120	14.5	160	11	南三区南三镇新南村委会下坭芋村
44088410020400073	朴树	三级	160	14.5	250	11	南三区南三镇灯塔村委会天坭村西南

第三章 湛江市古树名木目录

(续)

古树编号	树种	古树等级	树龄（年）	树高（米）	胸围（厘米）	冠幅（米）	位置
44088410020400074	鹊肾树	三级	130	9.5	168	7	南三区南三镇灯塔村委会天坭村
44088410020400076	朴树	三级	130	15.5	180	11	南三区南三镇灯塔村委会天坭村南
44088410020400125	朴树	三级	100	16.5	180	11	南三区南三镇灯塔村委会天九村
44088410020400127	朴树	三级	100	16.5	175	11	南三区南三镇灯塔村委会天九村
44088410020400128	榕树	三级	210	15.5	505	15	南三区南三镇灯塔村委会天九村土地公旁
44088410020400129	鹊肾树	三级	140	14.5	170	11	南三区南三镇灯塔村委会天九村村东
44088410020400130	朴树	三级	100	16.5	190	15	南三区南三镇灯塔村委会天九村
44088410020400131	山楝	三级	100	20.5	300	17	南三区南三镇灯塔村委会天九村
44088410020400132	朴树	三级	100	18.5	167	13	南三区南三镇灯塔村委会天九村西北
44088410020400133	朴树	三级	150	20.5	250	17	南三区南三镇灯塔村委会天九村中
44088410020400134	朴树	三级	120	18.5	200	15	南三区南三镇灯塔村委会天九村
44088410020400135	阔荚合欢	三级	100	16.5	250	11	南三区南三镇灯塔村委会大王庙
44088410020400136	龙眼	三级	140	18.5	170	10	南三区南三镇灯塔村委会伦兴村
44088410020400137	鹊肾树	三级	100	18.5	130	9	南三区南三镇灯塔村委会伦兴村
44088410020400138	鹊肾树	三级	100	16.5	130	15	南三区南三镇灯塔村委会伦兴村
44088410020400139	鹊肾树	三级	100	12.2	140	9	南三区南三镇灯塔村委会伦兴村
44088410020400140	鹊肾树	三级	100	14.5	127	11	南三区南三镇灯塔村委会伦兴村
44088410020400141	鹊肾树	三级	110	16.2	145	13	南三区南三镇灯塔村委会伦兴村
44088410020400142	鹊肾树	三级	180	16.3	230	13	南三区南三镇灯塔村委会伦兴村
44088410020400143	鹊肾树	三级	150	16.5	190	13	南三区南三镇灯塔村委会伦兴村
44088410020400145	朴树	三级	160	18.5	250	15	南三区南三镇灯塔村委会沙腰村中
44088410020400146	鹊肾树	三级	100	16.5	140	11	南三区南三镇灯塔村委会沙腰村
44088410020400147	鹊肾树	三级	100	12.2	130	9	南三区南三镇灯塔村委会沙腰村
44088410020400148	朴树	三级	160	20.5	245	15	南三区南三镇灯塔村委会沙腰村
44088410020400149	鹊肾树	三级	100	12.5	140	7	南三区南三镇灯塔村委会沙头村庙后
44088410020400150	鹊肾树	三级	110	12.2	150	7	南三区南三镇灯塔村委会沙头村庙后
44088410020400151	鹊肾树	三级	100	12.3	140	7	南三区南三镇灯塔村委会沙头村庙后
44088410020400152	鹊肾树	三级	260	16.2	300	13	南三区南三镇灯塔村委会雷锡村
44088410020400153	鹊肾树	三级	280	12.2	310	9	南三区南三镇灯塔村委会雷锡村
44088410020400154	朴树	三级	110	25.5	190	9	南三区南三镇灯塔村委会雷锡村
44088410020400155	鹊肾树	三级	100	14.1	127	11	南三区南三镇灯塔村委会雷锡村西
44088410020400156	朴树	三级	100	10.1	127	9	南三区南三镇灯塔村委会雷锡村
44088410020400157	朴树	三级	100	20.2	180	15	南三区南三镇灯塔村委会雷锡村西
44088410020400158	朴树	三级	120	14.3	200	11	南三区南三镇灯塔村委会雷锡村
44088410020400159	榄仁树	三级	100	18.0	205	14	南三区南三镇灯塔村委会招村
44088410020400161	鹊肾树	三级	140	14.3	180	9	南三区南三镇灯塔村委会招村
44088410020400162	鹊肾树	三级	100	16.1	140	13	南三区南三镇灯塔村委会高岑村东
44088410020400163	鹊肾树	三级	140	16.1	170	13	南三区南三镇灯塔村委会高岑村东
44088410020400164	鹊肾树	三级	140	15.8	170	13	南三区南三镇灯塔村委会高岑村
44088410020400165	鹊肾树	三级	100	12.4	135	9	南三区南三镇灯塔村委会高岑村中
44088410020400166	龙眼	三级	240	18.1	240	14	南三区南三镇灯塔村委会高岑村
44088410020400167	朴树	三级	120	20.4	210	13	南三区南三镇灯塔村委会卢村
44088410020400168	龙眼	三级	120	18.1	150	11	南三区南三镇灯塔村委会卢村
44088410020400169	鹊肾树	三级	120	16.1	160	11	南三区南三镇灯塔村委会卢村
44088410020400170	朴树	三级	120	24.1	210	25	南三区南三镇灯塔村委会卢村
44088410020400171	鹊肾树	三级	160	16.0	200	13	南三区南三镇灯塔村委会卢村村东北
44088410020400172	鹊肾树	三级	100	11.9	135	9	南三区南三镇灯塔村委会卢村村东北
44088410020400173	鹊肾树	三级	100	11.8	130	9	南三区南三镇灯塔村委会卢村村东北

（续）

古树编号	树种	古树等级	树龄（年）	树高（米）	胸围（厘米）	冠幅（米）	位置
44088410020400174	鹊肾树	三级	140	14.3	180	11	南三区南三镇灯塔村委会卢村
44088410020500176	龙眼	三级	160	15.5	190	10	南三区南三镇白沙村委会木渭村
44088410020500177	垂叶榕	三级	140	8.5	380	12	南三区南三镇白沙村委会垌口村
44088410020500180	山楝	三级	100	20.5	200	13	南三区南三镇白沙村委会岭脚村北
44088410020500181	朴树	三级	100	19.5	168	11	南三区南三镇白沙村委会岭脚村北
44088410020500182	朴树	三级	100	16.3	167	11	南三区南三镇白沙村委会岭脚村北
44088410020500183	朴树	三级	110	16.2	182	13	南三区南三镇白沙村委会岭脚村北
44088410020500184	朴树	三级	190	8.2	280	5	南三区南三镇白沙村委会岭脚村
44088410020500186	山楝	三级	120	17.2	260	11	南三区南三镇白沙村委会岭脚村
44088410020500187	红鳞蒲桃	三级	130	14.2	170	13	南三区南三镇白沙村委会岭脚村
44088410020500188	鹊肾树	三级	130	12.2	160	9	南三区南三镇白沙村委会岭脚村
44088410020500189	鹊肾树	三级	100	12.4	127	9	南三区南三镇白沙村委会岭脚村
44088410020500191	鹊肾树	三级	100	14.2	127	11	南三区南三镇白沙村委会岭脚村
44088410020500195	朴树	三级	110	12.5	180	10	南三区南三镇白沙村委会岭脚村西南
44088410020500196	朴树	三级	110	16.6	177	13	南三区南三镇白沙村委会岭脚村西南
44088410020500197	鹊肾树	三级	100	14.5	130	11	南三区南三镇白沙村委会岭脚庙边
44088410020600261	假玉桂	三级	100	13.2	200	11	南三区南三镇蓝田村委会长兴村
44088410020600262	鹊肾树	三级	140	12.2	175	9	南三区南三镇蓝田村委会新村
44088410020600263	朴树	三级	140	15.5	225	11	南三区南三镇蓝田村委会新村
44088410020600264	鹊肾树	三级	100	12.5	127	8	南三区南三镇蓝田村委会新村
44088410020600265	朴树	三级	100	15.5	193	11	南三区南三镇蓝田村委会新村
44088410020600267	鹊肾树	三级	110	10.5	140	7	南三区南三镇蓝田村委会新村
44088410020600268	山楝	三级	110	16.5	200	11	南三区南三镇蓝田村委会新村
44088410020600269	朴树	三级	120	18.5	210	12	南三区南三镇蓝田村委会老梁村
44088410020600270	朴树	三级	140	14.5	220	11	南三区南三镇蓝田村委会老梁村
44088410020600271	朴树	三级	140	14.5	220	11	南三区南三镇蓝田村委会老梁村
44088410020600274	鹊肾树	三级	100	12.5	130	8	南三区南三镇蓝田村委会老梁村
44088410020600276	榄仁树	三级	100	18.5	170	11	南三区南三镇蓝田村委会老梁村
44088410020600279	朴树	三级	140	19.4	220	11	南三区南三镇蓝田村委会蓝田村
44088410020600281	朴树	三级	120	18.5	205	8	南三区南三镇蓝田村委会蓝田村
44088410020600282	龙眼	三级	120	18.5	205	8	南三区南三镇蓝田村委会蓝田村
44088410020600283	鹊肾树	三级	140	19.5	175	9	南三区南三镇蓝田村委会蓝田村
44088410020600284	鹊肾树	三级	100	12.5	130	8	南三区南三镇蓝田村委会蓝田村
44088410020600285	鹊肾树	三级	100	12.5	130	7	南三区南三镇蓝田村委会蓝田村
44088410020600286	朴树	三级	160	15.5	210	11	南三区南三镇蓝田村委会蓝田村
44088410020600288	山楝	三级	130	16.5	250	13	南三区南三镇蓝田村委会邓屋村
44088410020600289	鹊肾树	三级	100	12.5	130	9	南三区南三镇蓝田村委会邓屋村
44088410020600290	山楝	三级	120	20.5	210	15	南三区南三镇蓝田村委会蓝田村
44088410020600291	鹊肾树	三级	120	12.5	160	8	南三区南三镇蓝田村委会蓝田村
44088410020600292	山楝	三级	120	18.5	210	15	南三区南三镇蓝田村委会蓝田村
44088410020600294	鹊肾树	三级	100	14.3	130	9	南三区南三镇蓝田村委会蓝田村
44088410020600296	鹊肾树	三级	100	14.5	127	9	南三区南三镇蓝田村委会下木渭村
44088410020600297	鹊肾树	三级	100	8.5	130	6	南三区南三镇蓝田村委会下木渭村
44088410020600298	黄葛树	三级	150	18.5	370	16	南三区南三镇蓝田村委会下木渭村
44088410020600300	黄葛树	三级	110	16.5	290	15	南三区南三镇蓝田村委会下木渭村
44088410020700001	榕树	三级	120	9.8	335	17	南三区南三镇南米村委会围岭村
44088410020700002	榕树	三级	180	9.3	450	17	南三区南三镇南米村委会围岭村
44088410020700003	榕树	三级	150	8.2	405	14	南三区南三镇南米村委会围岭村

第三章 湛江市古树名木目录

(续)

古树编号	树种	古树等级	树龄(年)	树高(米)	胸围(厘米)	冠幅(米)	位置
440884100020700004	榕树	三级	150	9.5	390	16	南三区南三镇南米村委会围岭村
440884100020700005	鹊肾树	三级	170	8.5	210	9	南三区南三镇南米村委会围岭村
440884100020700006	鹊肾树	三级	210	8.5	250	13	南三区南三镇南米村委会围岭村
440884100020700007	朴树	三级	190	9.5	280	12	南三区南三镇南米村委会围岭村东北环村路旁
440884100020700009	鹊肾树	三级	190	11.5	230	17	南三区南三镇南米村委会竹根村
440884100020700015	朴树	三级	110	10.5	190	13	南三区南三镇南米村委会米稔村
440884100020700016	朴树	三级	110	14.5	191	16	南三区南三镇南米村委会米稔村
440884100020700017	朴树	三级	160	13.5	250	15	南三区南三镇南米村委会米稔村南路边
440884100020700018	朴树	三级	100	12.5	180	13	南三区南三镇新南村委会新沟村
440884100020700019	朴树	三级	100	11.4	181	13	南三区南三镇新南村委会新沟村
440884100020700020	朴树	三级	170	12.5	260	14	南三区南三镇新南村委会新沟村
440884100020700021	朴树	三级	100	12.6	180	13	南三区南三镇新南村委会新沟村
440884100020700022	朴树	三级	150	12.6	240	13	南三区南三镇新南村委会新沟村
440884100020700026	鹊肾树	三级	120	7.5	150	6	南三区南三镇南米村委会米稔村
440884100020700027	山棟	三级	110	16.3	200	12	南三区南三镇南米村委会米稔村
440884100020700028	山棟	三级	120	16.5	280	14	南三区南三镇南米村委会米稔村
440884100020700029	鹊肾树	三级	100	12.5	130	6	南三区南三镇南米村委会米稔村
440884100020700030	朴树	三级	180	15.5	270	13	南三区南三镇南米村委会米稔村
440884100020700031	朴树	三级	180	14.2	270	12	南三区南三镇南米村委会米稔村
440884100020700032	朴树	三级	150	12.5	230	10	南三区南三镇南米村委会米稔村
440884100020700033	朴树	三级	100	12.5	180	10	南三区南三镇南米村委会米稔村东北
440884100020700034	山棟	三级	100	15.5	180	11	南三区南三镇南米村委会米稔村
440884100020700035	鹊肾树	三级	230	7.2	270	6	南三区南三镇南米村委会米稔村
440884100020700036	朴树	三级	100	10.5	180	10	南三区南三镇南米村委会米稔村
440884100020700037	鹊肾树	三级	100	6.5	135	5	南三区南三镇南米村委会米稔村
440884100020700038	朴树	三级	100	13.4	180	11	南三区南三镇南米村委会米稔村
440884100020700106	山棟	三级	110	16.5	200	13	南三区南三镇南米村委会南头塘村
440884100020700107	山棟	三级	110	16.5	210	11	南三区南三镇南米村委会南头塘村西北
440884100020700108	朴树	三级	120	16.5	212	13	南三区南三镇南米村委会南头塘村西北
440884100020700110	山棟	三级	100	18.5	192	13	南三区南三镇南米村委会南头塘村
440884100020700113	倒吊笔	三级	100	7.2	175	5	南三区南三镇南米村委会南头塘村
440884100020700116	龙眼	三级	180	16.5	205	13	南三区南三镇南米村委会竹根村村中路边
440884100020700117	刺桐	三级	110	16.5	292	13	南三区南三镇南米村委会竹根村
440884100020700118	刺桐	三级	100	12.5	260	9	南三区南三镇南米村委会砖窑村
440884100020700119	朴树	三级	120	16.6	210	11	南三区南三镇南米村委会砖窑村村东北
440884100020700120	朴树	三级	120	16.5	180	13	南三区南三镇南米村委会砖窑村村西北
440884100020700121	鹊肾树	三级	140	14.5	180	11	南三区南三镇南米村委会砖窑村
440884100020700123	鹊肾树	三级	220	9.5	260	5	南三区南三镇南米村委会砖窑村
440884100020700124	榕树	三级	140	15.5	390	15	南三区南三镇南米村委会围岭村
440884100020700376	朴树	三级	100	16.5	180	9	南三区南三镇南米村委会米粘村
440884100020700377	山棟	三级	100	17.5	210	13	南三区南三镇南米村委会米粘村
440884100020700378	朴树	三级	120	16.5	200	13	南三区南三镇南米村委会米粘村
440884100020700379	鹊肾树	三级	100	10.5	130	7	南三区南三镇南米村委会米粘村
440884100020700380	山棟	三级	110	22.5	240	15	南三区南三镇南米村委会米粘村
440884100020700381	朴树	三级	110	22.5	240	15	南三区南三镇南米村委会米粘村
440884100020800010	垂叶榕	三级	120	7.5	340	17	南三区南三镇麻弄村委会塘尾村村中
440884100020800011	鹊肾树	三级	170	7.5	210	9	南三区南三镇麻弄村委会塘尾村
440884100020800013	朴树	三级	100	13.5	180	11	南三区南三镇麻弄村委会塘尾村北

(续)

古树编号	树种	古树等级	树龄（年）	树高（米）	胸围（厘米）	冠幅（米）	位置
44088410020800014	朴树	三级	100	13.5	182	13	南三区南三镇麻弄村委会塘尾村村北
44088410020800039	龙眼	三级	110	7.4	146	5	南三区南三镇麻弄村委会麻弄村
44088410020800040	龙眼	三级	150	12.6	177	9	南三区南三镇麻弄村委会麻弄村北
44088410020800041	山楝	三级	110	15.5	200	13	南三区南三镇麻弄村委会麻弄村
44088410020800042	榕树	三级	100	10.5	280	16	南三区南三镇麻弄村委会麻弄村
44088410020800043	朴树	三级	180	16.4	270	12	南三区南三镇麻弄村委会麻弄村
44088410020800044	朴树	三级	140	15.5	230	12	南三区南三镇麻弄村委会麻弄村
44088410020800382	鹊肾树	三级	160	17.5	200	8	南三区南三镇麻弄村委会新定村
44088410020900357	朴树	三级	100	13.5	180	9	南三区南三镇南窑村委会霞瑶村
44088410020900358	榕树	三级	100	16.5	280	13	南三区南三镇南窑村委会霞瑶村
44088410020900361	鹊肾树	三级	100	9.5	130	7	南三区南三镇南窑村委会霞瑶村
44088410020900362	朴树	三级	120	10.5	200	9	南三区南三镇南窑村委会凤辇村
44088410020900363	朴树	三级	100	13.5	180	10	南三区南三镇南窑村委会凤辇村
44088410020900364	鹊肾树	三级	100	9.2	130	5	南三区南三镇南窑村委会新乡村
44088410020900365	鹊肾树	三级	140	4.3	180	5	南三区南三镇南窑村委会新乡村
44088410020900366	榕树	三级	140	17.0	370	15	南三区南三镇南窑村委会新乡村
44088410020900367	鹊肾树	三级	120	14.4	150	8	南三区南三镇南窑村委会新乡村
44088410020900368	朴树	三级	100	16.4	170	11	南三区南三镇南窑村委会新乡村
44088410020900369	黄葛树	三级	100	18.2	250	15	南三区南三镇南窑村委会新乡村
44088410020900371	鹊肾树	三级	100	9.5	140	7	南三区南三镇南窑村委会潲背村
44088410020900372	鹊肾树	三级	120	10.5	150	7	南三区南三镇南窑村委会潲背村
44088410020900373	鹊肾树	三级	100	5.2	140	5	南三区南三镇南窑村委会潲背村
44088410020900374	鹊肾树	三级	120	8.5	160	6	南三区南三镇南窑村委会潲背村
44088410020900375	鹊肾树	三级	120	16.5	150	7	南三区南三镇南窑村委会潲背村
44088410021000434	鹊肾树	三级	100	10.3	130	6	南三区南三镇五里村委会五南村
44088410021000435	竹节树	三级	100	15.6	130	9	南三区南三镇五里村委会五南村
44088410021000436	龙眼	三级	100	14.4	130	11	南三区南三镇五里村委会新来村
44088410021000438	朴树	三级	120	16.5	200	11	南三区南三镇五里村委会新来村南
44088410021000439	鹊肾树	三级	110	12.4	145	8	南三区南三镇五里村委会新来村
44088410021000441	鹊肾树	三级	100	10.5	130	8	南三区南三镇五里村委会新来村
44088410021000442	龙眼	三级	100	14.6	135	8	南三区南三镇五里村委会新来村
44088410021000444	龙眼	三级	110	14.6	142	9	南三区南三镇五里村委会新来村中
44088410021000446	高山榕	三级	100	10.5	273	17	南三区南三镇五里村委会新来学校中
44088410021000447	朴树	三级	140	15.6	230	11	南三区南三镇五里村委会上郭头村南路边
44088410021000448	鹊肾树	三级	100	7.4	130	5	南三区南三镇五里村委会上郭头村
44088410021000449	鹊肾树	三级	100	8.1	130	5	南三区南三镇五里村委会上郭头村
44088410021000450	鹊肾树	三级	160	9.5	200	7	南三区南三镇五里村委会上郭头村
44088410021000451	朴树	三级	120	15.5	200	11	南三区南三镇五里村委会山儿村村东
44088410021000453	竹节树	三级	180	10.2	130	8	南三区南三镇五里村委会山儿村
44088410021000454	山楝	三级	120	16.2	220	13	南三区南三镇五里村委会山儿村
44088410021000455	榕树	三级	150	14.5	400	11	南三区南三镇五里村委会老谢村庙边
44088410021000456	榕树	三级	170	15.5	450	13	南三区南三镇五里村委会老谢村
44088410021000457	鹊肾树	三级	120	10.5	150	8	南三区南三镇五里村委会岭仔村
44088410021000458	鹊肾树	三级	100	6.5	140	5	南三区南三镇五里村委会岭仔村
44088410021000459	朴树	三级	120	16.4	190	11	南三区南三镇五里村委会岭仔村中
44088410021000460	龙眼	三级	100	16.2	130	10	南三区南三镇五里村委会岭仔村
44088410021000461	鹊肾树	三级	120	14.2	160	9	南三区南三镇五里村委会岭仔村
44088410021000462	龙眼	三级	100	16.8	130	9	南三区南三镇五里村委会岭仔村

(续)

古树编号	树种	古树等级	树龄（年）	树高（米）	胸围（厘米）	冠幅（米）	位置
44088410021000466	鹊肾树	三级	110	7.5	150	6	南三区南三镇五里村委会岭仔村
44088410021000467	鹊肾树	三级	100	9.5	130	8	南三区南三镇五里村委会岭仔村
44088410021000468	龙眼	三级	180	16.8	200	10	南三区南三镇五里村委会东边村
44088410021000469	朴树	三级	110	15.6	190	10	南三区南三镇五里村委会东边村村东
44088410021000470	鹊肾树	三级	120	7.5	150	7	南三区南三镇五里村委会东边村
44088410021000471	鹊肾树	三级	110	10.5	140	8	南三区南三镇五里村委会东边村
44088410021000472	鹊肾树	三级	100	9.5	130	7	南三区南三镇五里村委会东边村
44088410021000474	鹊肾树	三级	130	6.5	170	6	南三区南三镇五里村委会大山脚村
44088410021000475	鹊肾树	三级	100	7.5	130	7	南三区南三镇五里村委会大山脚村
44088410021000491	鹊肾树	三级	100	8.2	130	5	南三区南三镇五里村委会黄村
44088410021000492	榕树	三级	100	15.4	300	9	南三区南三镇五里村委会黄村
44088410021000493	榕树	三级	160	15.2	450	17	南三区南三镇五里村委会黄村
44088410021100303	红鳞蒲桃	三级	165	16.5	200	13	南三区南三镇巴东村委会上黄其村
44088410021100305	朴树	三级	110	14.5	180	11	南三区南三镇巴东村委会上黄其村
44088410021100306	龙眼	三级	126	14.4	155	9	南三区南三镇巴东村委会上黄其村
44088410021100307	樟	三级	100	25.5	190	9	南三区南三镇巴东村委会上黄其村
44088410021100308	竹节树	三级	178	6.4	125	5	南三区南三镇巴东村委会上黄其村
44088410021100309	柞木	三级	100	18.5	125	7	南三区南三镇巴东村委会上其黄村
44088410021100310	红鳞蒲桃	三级	187	13.5	220	11	南三区南三镇巴东村委会上黄其村
44088410021100311	鹊肾树	三级	105	12.5	135	7	南三区南三镇巴东村委会南兴村
44088410021100312	鹊肾树	三级	140	13.2	180	8	南三区南三镇巴东村委会南兴村
44088410021100313	鹊肾树	三级	100	12.5	130	7	南三区南三镇巴东村委会南兴村
44088410021100314	鹊肾树	三级	100	7.3	130	6	南三区南三镇巴东村委会南兴村
44088410021100315	鹊肾树	三级	220	14.5	260	11	南三区南三镇巴东村委会南兴村
44088410021100316	鹊肾树	三级	110	9.1	140	6	南三区南三镇巴东村委会南兴村
44088410021100317	朴树	三级	110	15.2	190	10	南三区南三镇巴东村委会南兴村
44088410021100318	鹊肾树	三级	110	12.2	140	8	南三区南三镇巴东村委会南兴村
44088410021100319	鹊肾树	三级	100	3.5	130	2	南三区南三镇巴东村委会南兴村
44088410021100320	牛蹄豆	三级	140	19.2	270	16	南三区南三镇巴东村委会南兴村
44088410021100322	鹊肾树	三级	160	8.5	200	7	南三区南三镇巴东村委会南兴村
44088410021100323	鹊肾树	三级	100	12.2	140	8	南三区南三镇巴东村委会南兴村
44088410021100324	鹊肾树	三级	100	11.5	130	8	南三区南三镇巴东村委会南兴村
44088410021100325	鹊肾树	三级	100	10.2	130	8	南三区南三镇巴东村委会南兴村北
44088410021100326	朴树	三级	150	16.5	240	11	南三区南三镇巴东村委会南兴村
44088410021100328	鹊肾树	三级	100	9.1	130	7	南三区南三镇巴东村委会南兴村
44088410021100329	榕树	三级	110	5.2	290	6	南三区南三镇巴东村委会南兴村
44088410021100331	竹节树	三级	170	10.5	120	11	南三区南三镇巴东村委会南兴村
44088410021100332	榕树	三级	150	15.4	390	19	南三区南三镇巴东村委会下木历村西北
44088410021100334	鹊肾树	三级	120	12.2	150	8	南三区南三镇巴东村委会下木历村
44088410021100335	龙眼	三级	110	19.2	145	13	南三区南三镇巴东村委会下木历村
44088410021100336	朴树	三级	130	16.3	180	12	南三区南三镇巴东村委会下木历村南
44088410021100337	朴树	三级	110	16.3	180	11	南三区南三镇巴东村委会下木历村南
44088410021100338	朴树	三级	110	14.5	190	11	南三区南三镇巴东村委会下木历村
44088410021100339	朴树	三级	110	16.5	190	11	南三区南三镇巴东村委会下木历村
44088410021100340	鹊肾树	三级	100	12.2	130	9	南三区南三镇巴东村委会下木历村
44088410021100341	龙眼	三级	150	18.4	175	11	南三区南三镇巴东村委会下木历村
44088410021100342	鹊肾树	三级	120	6.3	150	5	南三区南三镇巴东村委会下木历村
44088410021100343	鸡蛋花	三级	100	8.5	140	9	南三区南三镇巴东村委会上木历村东

(续)

(续)

古树编号	树种	古树等级	树龄（年）	树高（米）	胸围（厘米）	冠幅（米）	位置
44088410021100344	榕树	三级	100	8.5	280	9	南三区南三镇巴东村委会上木历村
44088410021100345	榕树	三级	110	12.4	320	12	南三区南三镇巴东村委会上木历村
44088410021100346	鹊肾树	三级	130	15.3	170	8	南三区南三镇巴东村委会上木历村
44088410021100347	鹊肾树	三级	120	7.4	150	6	南三区南三镇巴东村委会上木历村
44088410021100348	鹊肾树	三级	150	9.3	190	7	南三区南三镇巴东村委会上木历村
44088410021100349	鹊肾树	三级	100	7.3	130	6	南三区南三镇巴东村委会上木历村
44088410021100350	鹊肾树	三级	100	9.2	130	6	南三区南三镇巴东村委会上木历村东北
44088410021100351	朴树	三级	110	18.3	180	13	南三区南三镇巴东村委会上木历村
44088410021100352	鹊肾树	三级	120	8.6	150	7	南三区南三镇巴东村委会上木历村
44088410021100353	鹊肾树	三级	100	8.5	130	7	南三区南三镇巴东村委会上木历村
44088410021100354	鹊肾树	三级	100	7.2	130	6	南三区南三镇巴东村委会上木历村
44088410021100355	鹊肾树	三级	130	9.4	170	8	南三区南三镇巴东村委会上木历村
44088410021100356	鹊肾树	三级	100	9.4	130	7	南三区南三镇巴东村委会上木历村
44088410021100476	榕树	三级	100	13.5	300	11	南三区南三镇巴东村委会上地聚村
44088410021100477	朴树	三级	130	16.5	210	13	南三区南三镇巴东村委会下地聚村
44088410021100478	朴树	三级	110	6.5	185	8	南三区南三镇巴东村委会下地聚村西北
44088410021100479	鹊肾树	三级	100	13.2	140	8	南三区南三镇巴东村委会下地聚村西北
44088410021100480	朴树	三级	110	12.5	185	9	南三区南三镇巴东村委会下地聚村西北
44088410021100481	鹊肾树	三级	100	8.5	130	7	南三区南三镇巴东村委会下地聚村
44088410021100482	朴树	三级	130	16.5	210	13	南三区南三镇巴东村委会下地聚村
44088410021100483	榕树	三级	100	12.5	300	16	南三区南三镇巴东村委会下地聚村
44088410021100484	竹节树	三级	250	4.5	180	9	南三区南三镇巴东村委会中地聚村北
44088410021100485	朴树	三级	120	16.4	195	12	南三区南三镇巴东村委会中地聚村
44088410021100486	朴树	三级	180	15.4	270	11	南三区南三镇巴东村委会中地聚村
44088410021100487	鹊肾树	三级	130	8.5	170	8	南三区南三镇巴东村委会中地聚村
44088410021100488	朴树	三级	100	14.2	180	11	南三区南三镇巴东村委会新和村中
44088410021100489	龙眼	三级	110	12.3	140	7	南三区南三镇巴东村委会新和村中
44088410021100490	红鳞蒲桃	三级	140	12.3	180	15	南三区南三镇巴东村委会路西庙边
44088410021100495	朴树	三级	120	15.2	190	11	南三区南三镇巴东村委会新华村
44088410021100496	龙眼	三级	100	14.3	130	7	南三区南三镇巴东村委会新华村西
44088410021100497	龙眼	三级	100	14.2	140	9	南三区南三镇巴东村委会新华村西
44088410021100498	龙眼	三级	100	13.2	130	9	南三区南三镇巴东村委会新华村西
44088410021100500	竹节树	三级	210	9.2	150	12	南三区南三镇巴东村委会新华土地公前
44088410021100501	朴树	三级	120	15.4	190	10	南三区南三镇巴东村委会麻林村
44088410021100503	朴树	三级	110	15.2	180	11	南三区南三镇巴东村委会麻林村
44088410021100505	竹节树	三级	160	10.2	120	7	南三区南三镇巴东村委会麻林村西
44088410021100507	鹊肾树	三级	100	9.5	140	7	南三区南三镇巴东村委会麻林村
44088410021100509	鹊肾树	三级	100	9.5	130	6	南三区南三镇巴东村委会巴东村
44088410021100510	鹊肾树	三级	100	9.5	130	6	南三区南三镇巴东村委会巴东村
44088410021100511	鹊肾树	三级	100	8.2	130	6	南三区南三镇巴东村委会巴东村
44088410021100512	朴树	三级	140	9.5	230	7	南三区南三镇巴东村委会上坡村
44088410021200383	鹊肾树	三级	120	9.5	160	7	南三区南三镇东湖村委会调东村
44088410021200384	鹊肾树	三级	120	8.1	160	7	南三区南三镇东湖村委会调东村
44088410021200385	鹊肾树	三级	100	11.5	135	8	南三区南三镇东湖村委会调东村
44088410021200386	鹊肾树	三级	160	14.5	200	10	南三区南三镇东湖村委会调东村
44088410021200387	龙眼	三级	100	16.5	130	11	南三区南三镇东湖村委会调东村
44088410021200388	黄葛树	三级	120	14.5	320	11	南三区南三镇东湖村委会调东村
44088410021200389	鹊肾树	三级	100	8.5	135	6	南三区南三镇东湖村委会调东村

(续)

古树编号	树种	古树等级	树龄（年）	树高（米）	胸围（厘米）	冠幅（米）	位置
44088410021200390	红鳞蒲桃	三级	120	11.5	157	10	南三区南三镇东湖村委会调东村
44088410021200391	鹊肾树	三级	120	8.2	160	8	南三区南三镇东湖村委会调东村
44088410021200392	杧果	三级	100	22.5	217	15	南三区南三镇东湖村委会大坡村
44088410021200393	朴树	三级	200	16.5	300	13	南三区南三镇东湖村委会大坡村
44088410021200394	竹节树	三级	120	9.5	97	8	南三区南三镇东湖村委会大坡村
44088410021200395	竹节树	三级	220	9.5	160	9	南三区南三镇东湖村委会大坡村
44088410021200396	波罗蜜	三级	100	22.5	300	11	南三区南三镇东湖村委会大坡村
44088410021200397	榕树	三级	120	16.4	345	15	南三区南三镇东湖村委会湖村
44088410021200398	龙眼	三级	210	15.3	225	12	南三区南三镇东湖村委会湖村
44088410021200399	鹊肾树	三级	120	10.5	170	6	南三区南三镇东湖村委会湖村
44088410021200400	朴树	三级	100	18.5	170	13	南三区南三镇东湖村委会湖村
44088410021200401	鹊肾树	三级	240	10.5	280	8	南三区南三镇东湖村委会湖村
44088410021200402	朴树	三级	120	16.6	205	11	南三区南三镇东湖村委会湖村
44088410021200403	朴树	三级	120	16.6	200	13	南三区南三镇东湖村委会湖村
44088410021200404	鹊肾树	三级	120	9.2	170	6	南三区南三镇东湖村委会湖村
44088410021200405	榕树	三级	150	16.2	400	11	南三区南三镇东湖村委会湖村
44088410021200407	鹊肾树	三级	100	8.5	140	6	南三区南三镇东湖村委会湖村
44088410021200408	朴树	三级	100	11.2	150	10	南三区南三镇东湖村委会湖村
44088410021200409	龙眼	三级	100	12.5	135	9	南三区南三镇东湖村委会上垌村
44088410021200410	朴树	三级	100	12.5	170	10	南三区南三镇东湖村委会上垌村
44088410021200411	高山榕	三级	150	15.6	400	17	南三区南三镇东湖村委会北海仔村
44088410021200412	荔枝	三级	100	14.5	145	9	南三区南三镇东湖村委会北海仔村
44088410021200413	樟	三级	160	12.5	280	9	南三区南三镇东湖村委会禾地坡村
44088410021200414	竹节树	三级	120	9.6	100	7	南三区南三镇东湖村委会禾地坡村
44088410021200415	龙眼	三级	180	15.2	200	9	南三区南三镇东湖村委会禾地坡村
44088410021200416	龙眼	三级	120	16.7	160	9	南三区南三镇东湖村委会禾地坡村
44088410021200417	龙眼	三级	120	15.2	160	11	南三区南三镇东湖村委会禾地坡村
44088410021200418	竹节树	三级	120	12.2	100	8	南三区南三镇东湖村委会禾地坡村
44088410021200419	竹节树	三级	130	16.2	115	9	南三区南三镇东湖村委会禾地坡村
44088410021200420	竹节树	三级	120	16.4	110	9	南三区南三镇东湖村委会禾地坡村
44088410021200421	竹节树	三级	120	15.5	110	9	南三区南三镇东湖村委会禾地坡村
44088410021200422	龙眼	三级	100	14.3	130	9	南三区南三镇东湖村委会禾地坡村
44088410021200423	龙眼	三级	110	15.2	145	9	南三区南三镇东湖村委会禾地坡村
44088410021200424	竹节树	三级	120	16.3	100	8	南三区南三镇东湖村委会禾地坡村
44088410021200425	朴树	三级	140	15.5	230	11	南三区南三镇东湖村委会北涯头村
44088410021200426	朴树	三级	250	13.6	340	11	南三区南三镇东湖村委会北涯头村
44088410021200427	朴树	三级	160	14.4	260	11	南三区南三镇东湖村委会北涯头村
44088410021200428	榕树	三级	100	15.6	300	17	南三区南三镇东湖村委会北涯头村
44088410021200429	鹊肾树	三级	120	15.4	170	8	南三区南三镇东湖村委会北涯头村
44088410021200430	鹊肾树	三级	100	7.8	140	4	南三区南三镇东湖村委会北涯头村
44088410021200431	鹊肾树	三级	100	10.4	130	7	南三区南三镇东湖村委会调安村
44088410021200432	黄葛树	三级	120	14.6	305	11	南三区南三镇东湖村委会调安村
44088410021200433	龙眼	三级	100	8.6	130	6	南三区南三镇东湖村委会调安村

表12 湛江市名木目录

古树编号	树种	名木类型	栽植人	栽植时间	树龄（年）	树高（米）	胸围（厘米）	冠幅（米）	位置	历史故事
44080500200400511	鳄梨	纪念树	叶剑英	1952年	57	5.0	90	5	湛江海滨宾馆	此树为老一辈革命家，曾任全国人大常委会委员长叶剑英同志种植。1952年，华南垦殖局招待科（海滨宾馆的前身）建成，当时兼任华南垦殖局局长的叶剑英常在湛江市指导工作，在海滨招待苏联援华专家时种下了这棵树。
44080500200400515	油棕	纪念树	朱德	1957年1月	62	18.0	120	6	湛江海滨宾馆	油棕有"世界油王"之称，具有较高的经济价值。1957年1月，时任全国人大常委会委员长朱德视察湛江，下榻粤西行署招待所（海滨宾馆前身），并亲手种下这棵油棕树。
44080500200400516	油棕	纪念树	陶铸	1961年	57	18.0	136	6	湛江海滨宾馆	1961年，时任国务院副总理、中共中央中南局第一书记陶铸到湛江视察工作，下榻海滨招待所。陶铸指示要发展多种经营的农业经济，兴办海滨农场，大量种植橡胶、油棕、剑麻等经济作物，并亲手在招待所1号楼后（即现在的5号楼后，6号楼前）种下这棵"摇钱树。"
44081110222101028	格木	友谊树	胡志明	1962年2月	57	18.5	225	11	湖光岩西门游客中心前	此三株格木是由越南民主共和国赠送，种植时间1962年，别名白格。1962年2月越南民主共和国前国家主席胡志明访问中国，并到湛江湖光岩来参观，亲赠植铁刀木三棵，作为中越友好的象征。
44081110222101029	格木	友谊树	胡志明	1962年2月	57	13.7	118	7	湖光岩西门游客中心前	
44081110222101030	格木	友谊树	胡志明	1962年2月	57	12.0	117	7	湖光岩西门游客中心前	
44080500200400519	吉贝	纪念树	王震	1962年	57	25.0	250	6	湛江海滨宾馆	1962年，老一辈革命家，时任农垦部部长王震指示要兴办海滨农场，大面积种植经济作物。响应他的号召，宾馆在七号楼前开垦了一个亚热带经济作物园，其时，王震同志在园中种下了这棵树，并取名"五子登科"。
44080300600100146	白兰	纪念树	陈毅及夫人张茜	1963年2月2日	56	14.0	152	6	霞山区海滨街道办事处市海滨公园内	据2012年8月27日湛江新闻报道的《海滨公园的时代印痕》介绍：1963年2月2日，中共中央政治局委员、国务院副总理陈毅偕夫人张茜到湛江视察时，连声赞誉湛江是"中国的日内瓦"，并在陈明仁、黄明德等领导的陪同下，亲手在海滨公园内种下两株白玉兰树。
44080300600100147	白兰	纪念树	陈毅及夫人张茜	1963年2月3日	56	7.0	124	8	霞山区海滨街道办事处市海滨公园内	
44088110420800515	南洋杉	纪念树	陈毅及夫人张茜	1963年2月	56	24.0	150	3	鹤地水库建库开河招待所门前（右侧一株）	1963年2月2日，时任国务院副总理、外交部长陈毅元帅及夫人在湛江地委孟宪德书记陪同下到河唇青年运河管理局视察工作，并在办公室门口花坛两侧与其夫人张茜各栽植南洋杉一株（男左女右）。这两株南洋杉植后生长十分茂盛，枝条呈轮状平伸，叶片针型工整，一层层向上叠生，树冠形同一座巍峨的宝塔，肃穆庄重，从容大度，犹如共和国元帅的风采，人们尊称为"元帅杉"，又称"将军树"。青年运河管理局的干部、职工对此两棵树爱护备至，精心培育、管理，虽经多次台风暴雨袭击，依然无恙。1965年因管理局办公楼装修，两棵树按男左女右位移栽至办公室楼的正门口。
44088110420800516	南洋杉	纪念树	陈毅及夫人张茜	1963年2月	56	26.0	165	3	鹤地水库建库开河招待所门前（左侧一株）	
44080500200400512	白兰	纪念树	陈毅	1963年	56	12.0	210	10	湛江海滨宾馆	1963年，陈毅元帅到湛江市视察工作，下榻海滨招待所，并种下了这棵树。
44080500200400521	垂叶榕	纪念树	朱德	1963年	56	4.0	260	7	湛江海滨宾馆观海楼前	1963年，朱德委员长下榻海滨招待所，与干部职工在观海楼前合影时种下这棵树"迎客榕"。
44080500200400518	油棕	纪念树	叶剑英	1975年	44	15.0	160	4	湛江海滨宾馆	1975年，老一辈革命家，曾任全国人大常委会委员长叶剑英同志视察湛江时，下榻海滨宾馆种下这棵树。